中国石油科技进展丛书（2006—2015 年）

采 油 工 程

主　编：刘　合
副主编：李益良　张立新　郑立臣

石油工业出版社

内 容 提 要

本书主要介绍了"十一五"和"十二五"期间采油工程技术领域的主要进展,内容包括人工举升、增产改造、堵水调剖、分层注入、生产完井等方面中出现的新技术、新装备、新工具,对采油工程管理、石油仿生工程等方面的最新进展也有涉及,并提出了采油工程技术的发展趋势。

本书可供从事采油工程的技术人员、管理人员及石油院校相关专业师生参考。

图书在版编目（CIP）数据

采油工程／刘合主编 . — 北京 ：石油工业出版社，2019. 1

（中国石油科技进展丛书 . 2006—2015 年）

ISBN 978-7-5183-3004-1

Ⅰ . ①采… Ⅱ . ①刘… Ⅲ . ①石油开采–技术发展 Ⅳ . ①TE35

中国版本图书馆 CIP 数据核字（2018）第 281559 号

出版发行：石油工业出版社

　　　　　（北京安定门外安华里 2 区 1 号　100011）

　　　　　网　　址：www. petropub. com

　　　　　编辑部：(010) 64210387　图书营销中心：(010) 64523633

经　　销：全国新华书店

印　　刷：北京中石油彩色印刷有限责任公司

2019 年 1 月第 1 版　2019 年 1 月第 1 次印刷

787×1092 毫米　开本：1/16　印张：18

字数：430 千字

定价：150. 00 元

《采油工程》编写组

主　　编：刘　合

副 主 编：李益良　张立新　郑立臣

编写人员：

裴晓含	王　林	赵瑞东	师俊峰	吴行才	孙福超
巩宏亮	杜伟山	王文钢	郝忠献	朱世佳	冯仁东
任　爽	桑　宇	张燕明	叶勤友	杨贤友	付海峰
叶银珠	许寒冰	张　松	贾　旭	唐孝芬	高兴军
郭志强	刘顺生	梁武全	石　刚	朱振坤	巨亚锋
于九政	孟思炜	贾德利	高　扬	郑国兴	张国文
童　征	唐　凯	张卫平	廖成龙	俞佳庆	付玉坤
李　涛	陈　强	王立杰	付　涛	魏松波	陈　琳
杨清海	张喜顺	韩伟业	黄守志	孙　强	明尔扬
张绍林	魏　然				

序

习近平总书记指出，创新是引领发展的第一动力，是建设现代化经济体系的战略支撑，要瞄准世界科技前沿，拓展实施国家重大科技项目，突出关键共性技术、前沿引领技术、现代工程技术、颠覆性技术创新，建立以企业为主体、市场为导向、产学研深度融合的技术创新体系，加快建设创新型国家。

中国石油认真学习贯彻习近平总书记关于科技创新的一系列重要论述，把创新作为高质量发展的第一驱动力，围绕建设世界一流综合性国际能源公司的战略目标，坚持国家"自主创新、重点跨越、支撑发展、引领未来"的科技工作指导方针，贯彻公司"业务主导、自主创新、强化激励、开放共享"的科技发展理念，全力实施"优势领域持续保持领先、赶超领域跨越式提升、储备领域占领技术制高点"的科技创新三大工程。

"十一五"以来，尤其是"十二五"期间，中国石油坚持"主营业务战略驱动、发展目标导向、顶层设计"的科技工作思路，以国家科技重大专项为龙头、公司重大科技专项为抓手，取得一大批标志性成果，一批新技术实现规模化应用，一批超前储备技术获重要进展，创新能力大幅提升。为了全面系统总结这一时期中国石油在国家和公司层面形成的重大科研创新成果，强化成果的传承、宣传和推广，我们组织编写了《中国石油科技进展丛书（2006—2015年）》（以下简称《丛书》）。

《丛书》是中国石油重大科技成果的集中展示。近些年来，世界能源市场特别是油气市场供需格局发生了深刻变革，企业间围绕资源、市场、技术的竞争日趋激烈。油气资源勘探开发领域不断向低渗透、深层、海洋、非常规扩展，炼油加工资源劣质化、多元化趋势明显，化工新材料、新产品需求持续增长。国际社会更加关注气候变化，各国对生态环境保护、节能减排等方面的监管日益严格，对能源生产和消费的绿色清洁要求不断提高。面对新形势新挑战，能源企业必须将科技创新作为发展战略支点，持续提升自主创新能力，加快构筑竞争新优势。"十一五"以来，中国石油突破了一批制约主营业务发展的关键技术，多项重要技术与产品填补空白，多项重大装备与软件满足国内外生产急需。截至2015年底，共获得国家科技奖励30项、获得授权专利17813项。《丛书》全面系统地梳理了中国石油"十一五""十二五"期间各专业领域基础研究、技术开发、技术应用中取得的主要创新性成果，总结了中国石油科技创新的成功经验。

《丛书》是中国石油科技发展辉煌历史的高度凝练。中国石油的发展史，就是一部创业创新的历史。建国初期，我国石油工业基础十分薄弱，20世纪50年代以来，随着陆相生油理论和勘探技术的突破，成功发现和开发建设了大庆油田，使我国一举甩掉贫油的帽子；此后随着海相碳酸盐岩、岩性地层理论的创新发展和开发技术的进步，又陆续发现和建成了一批大中型油气田。在炼油化工方面，"五朵金花"炼化技术的开发成功打破了国外技术封锁，相继建成了一个又一个炼化企业，实现了炼化业务的不断发展壮大。重组改制后特别是"十二五"以来，我们将"创新"纳入公司总体发展战略，着力强化创新引领，这是中国石油在深入贯彻落实中央精神、系统总结"十二五"发展经验基础上、根据形势变化和公司发展需要作出的重要战略决策，意义重大而深远。《丛书》从石油地质、物探、测井、钻完井、采油、油气藏工程、提高采收率、地面工程、井下作业、油气储运、石油炼制、石油化工、安全环保、海外油气勘探开发和非常规油气勘探开发等15个方面，记述了中国石油艰难曲折的理论创新、科技进步、推广应用的历史。它的出版真实反映了一个时期中国石油科技工作者百折不挠、顽强拼搏、敢于创新的科学精神，弘扬了中国石油科技人员秉承"我为祖国献石油"的核心价值观和"三老四严"的工作作风。

《丛书》是广大科技工作者的交流平台。创新驱动的实质是人才驱动，人才是创新的第一资源。中国石油拥有21名院士、3万多名科研人员和1.6万名信息技术人员，星光璀璨、人文荟萃、成果斐然。这是我们宝贵的人才资源。我们始终致力于抓好人才培养、引进、使用三个关键环节，打造一支数量充足、结构合理、素质优良的创新型人才队伍。《丛书》的出版搭建了一个展示交流的有形化平台，丰富了中国石油科技知识共享体系，对于科技管理人员系统掌握科技发展情况，做出科学规划和决策具有重要参考价值。同时，便于科研工作者全面把握本领域技术进展现状，准确了解学科前沿技术，明确学科发展方向，更好地指导生产与科研工作，对于提高中国石油科技创新的整体水平，加强科技成果宣传和推广，也具有十分重要的意义。

掩卷沉思，深感创新艰难、良作难得。《丛书》的编写出版是一项规模宏大的科技创新历史编纂工程，参与编写的单位有 60 多家，参加编写的科技人员有 1000 多人，参加审稿的专家学者有 200 多人次。自编写工作启动以来，中国石油党组对这项浩大的出版工程始终非常重视和关注。我高兴地看到，两年来，在各编写单位的精心组织下，在广大科研人员的辛勤付出下，《丛书》得以高质量出版。在此，我真诚地感谢所有参与《丛书》组织、研究、编写、出版工作的广大科技工作者和参编人员，真切地希望这套《丛书》能成为广大科技管理人员和科研工作者的案头必备图书，为中国石油整体科技创新水平的提升发挥应有的作用。我们要以习近平新时代中国特色社会主义思想为指引，认真贯彻落实党中央、国务院的决策部署，坚定信心、改革攻坚，以奋发有为的精神状态、卓有成效的创新成果，不断开创中国石油稳健发展新局面，高质量建设世界一流综合性国际能源公司，为国家推动能源革命和全面建成小康社会作出新贡献。

2018 年 12 月

丛书前言

石油工业的发展史，就是一部科技创新史。"十一五"以来尤其是"十二五"期间，中国石油进一步加大理论创新和各类新技术、新材料的研发与应用，科技贡献率进一步提高，引领和推动了可持续跨越发展。

十余年来，中国石油以国家科技发展规划为统领，坚持国家"自主创新、重点跨越、支撑发展、引领未来"的科技工作指导方针，贯彻公司"主营业务战略驱动、发展目标导向、顶层设计"的科技工作思路，实施"优势领域持续保持领先、赶超领域跨越式提升、储备领域占领技术制高点"科技创新三大工程；以国家重大专项为龙头，以公司重大科技专项为核心，以重大现场试验为抓手，按照"超前储备、技术攻关、试验配套与推广"三个层次，紧紧围绕建设世界一流综合性国际能源公司目标，组织开展了50个重大科技项目，取得一批重大成果和重要突破。

形成40项标志性成果。（1）勘探开发领域：创新发展了深层古老碳酸盐岩、冲断带深层天然气、高原咸化湖盆等地质理论与勘探配套技术，特高含水油田提高采收率技术，低渗透/特低渗透油气田勘探开发理论与配套技术，稠油/超稠油蒸汽驱开采等核心技术，全球资源评价、被动裂谷盆地石油地质理论及勘探、大型碳酸盐岩油气田开发等核心技术。（2）炼油化工领域：创新发展了清洁汽柴油生产、劣质重油加工和环烷基稠油深加工、炼化主体系列催化剂、高附加值聚烯烃和橡胶新产品等技术，千万吨级炼厂、百万吨级乙烯、大氮肥等成套技术。（3）油气储运领域：研发了高钢级大口径天然气管道建设和管网集中调控运行技术、大功率电驱和燃驱压缩机组等16大类国产化管道装备，大型天然气液化工艺和20万立方米低温储罐建设技术。（4）工程技术与装备领域：研发了G3i大型地震仪等核心装备，"两宽一高"地震勘探技术，快速与成像测井装备、大型复杂储层测井处理解释一体化软件等，8000米超深井钻机及9000米四单根立柱钻机等重大装备。（5）安全环保与节能节水领域：

研发了 CO_2 驱油与埋存、钻井液不落地、炼化能量系统优化、烟气脱硫脱硝、挥发性有机物综合管控等核心技术。（6）非常规油气与新能源领域：创新发展了致密油气成藏地质理论，致密气田规模效益开发模式，中低煤阶煤层气勘探理论和开采技术，页岩气勘探开发关键工艺与工具等。

取得 15 项重要进展。（1）上游领域：连续型油气聚集理论和含油气盆地全过程模拟技术创新发展，非常规资源评价与有效动用配套技术初步成型，纳米智能驱油二氧化硅载体制备方法研发形成，稠油火驱技术攻关和试验获得重大突破，井下油水分离同井注采技术系统可靠性、稳定性进一步提高；（2）下游领域：自主研发的新一代炼化催化材料及绿色制备技术、苯甲醇烷基化和甲醇制烯烃芳烃等碳一化工新技术等。

这些创新成果，有力支撑了中国石油的生产经营和各项业务快速发展。为了全面系统反映中国石油 2006—2015 年科技发展和创新成果，总结成功经验，提高整体水平，加强科技成果宣传推广、传承和传播，中国石油决定组织编写《中国石油科技进展丛书（2006—2015 年）》（以下简称《丛书》）。

《丛书》编写工作在编委会统一组织下实施。中国石油集团董事长王宜林担任编委会主任。参与编写的单位有 60 多家，参加编写的科技人员 1000 多人，参加审稿的专家学者 200 多人次。《丛书》各分册编写由相关行政单位牵头，集合学术带头人、知名专家和有学术影响的技术人员组成编写团队。《丛书》编写始终坚持：一是突出站位高度，从石油工业战略发展出发，体现中国石油的最新成果；二是突出组织领导，各单位高度重视，每个分册成立编写组，确保组织架构落实有效；三是突出编写水平，集中一大批高水平专家，基本代表各个专业领域的最高水平；四是突出《丛书》质量，各分册完成初稿后，由编写单位和科技管理部共同推荐审稿专家对稿件审查把关，确保书稿质量。

《丛书》全面系统反映中国石油 2006—2015 年取得的标志性重大科技创新成果，重点突出"十二五"，兼顾"十一五"，以科技计划为基础，以重大研究项目和攻关项目为重点内容。丛书各分册既有重点成果，又形成相对完整的知识体系，具有以下显著特点：一是继承性。《丛书》是《中国石油"十五"科技进展丛书》的延续和发展，凸显中国石油一以贯之的科技发展脉络。二是完整性。《丛书》涵盖中国石油所有科技领域进展，全面反映科技创新成果。三是标志性。《丛书》在综合记述各领域科技发展成果基础上，突出中国石油领先、高端、前沿的标志性重大科技成果，是核心竞争力的集中展示。四是创新性。《丛书》全面梳理中国石油自主创新科技成果，总结成功经验，有助于提高科技创新整体水平。五是前瞻性。《丛书》设置专门章节对世界石油科技中长期发展做出基本预测，有助于石油工业管理者和科技工作者全面了解产业前沿、把握发展机遇。

《丛书》将中国石油技术体系按 15 个领域进行成果梳理、凝练提升、系统总结，以领域进展和重点专著两个层次的组合模式组织出版，形成专有技术集成和知识共享体系。其中，领域进展图书，综述各领域的科技进展与展望，对技术领域进行全覆盖，包括石油地质、物探、测井、钻完井、采油、油气藏工程、提高采收率、地面工程、井下作业、油气储运、石油炼制、石油化工、安全环保节能、海外油气勘探开发和非常规油气勘探开发等 15 个领域。31 部重点专著图书反映了各领域的重大标志性成果，突出专业深度和学术水平。

《丛书》的组织编写和出版工作任务量浩大，自 2016 年启动以来，得到了中国石油天然气集团公司党组的高度重视。王宜林董事长对《丛书》出版做了重要批示。在两年多的时间里，编委会组织各分册编写人员，在科研和生产任务十分紧张的情况下，高质量高标准完成了《丛书》的编写工作。在集团公司科技管理部的统一安排下，各分册编写组在完成分册稿件的编写后，进行了多轮次的内部和外部专家审稿，最终达到出版要求。石油工业出版社组织一流的编辑出版力量，将《丛书》打造成精品图书。值此《丛书》出版之际，对所有参与这项工作的院士、专家、科研人员、科技管理人员及出版工作者的辛勤工作表示衷心感谢。

人类总是在不断地创新、总结和进步。这套丛书是对中国石油 2006—2015 年主要科技创新活动的集中总结和凝练。也由于时间、人力和能力等方面原因，还有许多进展和成果不可能充分全面地吸收到《丛书》中来。我们期盼有更多的科技创新成果不断地出版发行，期望《丛书》对石油行业的同行们起到借鉴学习作用，希望广大科技工作者多提宝贵意见，使中国石油今后的科技创新工作得到更好的总结提升。

2018 年 12 月

前　言

采油工程是将油气从储层经由井筒高效采出至地面的系统工程，伴随着油气田开发的整个生命周期，是实现油气资源高效开采的重要核心，主要涉及生产完井、增产改造、分层注采、人工举升等工程技术领域。采油工程技术通过不断的技术创新，为支撑油气工业发展和保障国家油气能源安全做出了重大贡献。"十一五"和"十二五"期间，中国石油在生产完井、增产改造、分层注采、人工举升等方面的技术水平均有所突破和提高，采油工程技术得到了长足发展，形成了一系列先进成熟的采油工程技术，并广泛应用于现场。

为了全面、准确地反映"十一五"和"十二五"期间中国石油采油工程技术的发展和创新成果，根据中国石油天然气集团公司科技管理部的安排，组织本行业专家编写《中国石油科技进展丛书（2006—2015年)》中的《采油工程》，旨在总结2006—2015年来采油工艺、新型采油装备研制、采油工程新技术推广与应用等方面取得的成绩和形成的特色技术，提炼采油工程技术发展中形成的新理念和新思路，并展望采油工程技术未来的发展趋势。

在多方协商的基础上，成立了由刘合、李益良、张立新、郑立臣、裴晓含、王林、吴行才、孙福超、高扬、魏松波、陈强等业内专家组成的《采油工程》编写组，由刘合任主编，提出编写思路和框架，并对核心内容进行审定，由李益良、张立新、郑立臣负责全书统稿工作。编写组召开了多次会议，广泛征求意见，讨论本书编写提纲和内容，确定各章节负责人和执笔专家。

中国石油天然气集团公司科技管理部领导和有关专家对本书提出了宝贵意见和建议。特别感谢中国石油天然气股份有限公司副总裁孙龙德，中国石油天然气集团公司科技管理部相关领导，以及中国石油勘探与生产分公司原党委书记吴奇给予我们的关心和指导。石油工业出版社有限公司副总经理周家尧对本书的编写工作提出了许多很好的建议，在此一并表示感谢。

由于编者水平有限，书中难免存在不妥之处，敬请广大读者批评指正。

目 录

第一章 绪 论

采油工程技术是将油气从地层采出至地面的综合工程技术,涵盖机械采油采气、注水、生产测试、修井、防砂、储层改造、堵水调剖等多专业领域,其中每一个领域都是一个系统工程。作为油气田生产的关键环节,采油工程在油田储量发现、产能建设和提高采收率等各个阶段都发挥着重要的作用。

近年来,中国石油天然气集团公司(以下简称中国石油)的采油工程领域通过技术不断创新,支撑了我国油气开采工程核心技术的不断进步和发展方式的转变,主要体现在技术能力水平持续提升,动用的储层品位不断下降,生产运行指标明显改善,研发推广了一大批先进实用技术,以电动潜油柱塞泵、电动潜油螺杆泵、采油采气工程优化设计与决策支持系统、水平井多段压裂工具、深部调驱、第四代分层注水等为代表系列采油工程技术,支撑了双高老油田的稳产,支撑了低产低渗透油气藏、非常规油气资源的有效动用,取得良好的社会效益和经济效益。

本书旨在总结中国石油"十一五"和"十二五"期间采油工程技术取得的成绩、形成的特色技术,提炼近十年采油工程技术发展中形成的新理念和新思路,展望采油工程技术未来的发展趋势。

一、人工举升技术

截至 2015 年底,中国石油机采井井数超过 20 万口,人工举升的能耗巨大。传统及新型举升方式仍有一些技术瓶颈亟待攻克,针对斜井、水平井等特殊井型的无杆举升技术的发展严重滞后于需求。中国石油组织攻关,在游梁抽油机技术、无杆举升技术、稠油热采、采油工程决策系统等硬件、软件两个方面都取得了一定进展。

针对游梁式抽油机,通过动态优化调整电动机转速和输出转矩,根据系统负载变化,并充分利用平衡重惯性,实现电动机功率平稳输出,保障抽油泵效率的同时实现系统柔性高效运行。从电流法调平衡到功率法调平衡,再到恒功率理念的提出和实施,传统抽油机举升作业不断得到优化,对降低举升环节能耗贡献巨大。

针对无杆举升发展了电动潜油柱塞泵、电动潜油螺杆泵、大排量气举等技术。形成了电动潜油柱塞泵举升技术,突破了直线电动机优化设计、举升系统优化和故障诊断等关键技术,完善了机组减振、远程管理、直线电动机闭环控制等配套技术。形成了电动潜油螺杆泵举升技术,主要包含井下低速大扭矩直驱电动机、井下直驱配套工具等。电动潜油柱塞泵、电动潜油螺杆泵两项无杆举升技术填补了潜油电泵的空白,使中低产井的高效举升成为可能。与此同时,中国石油的气举技术已经成为采油采气领域的一个重要品牌。"十一五"和"十二五"期间,进一步突破高产气举优化、大尺寸气举工具等关键技术,使气举适应产量区间进一步扩大;设计了注气、采油以及化学注入等三通道一体化气举管柱,提高了作业效率;实现斜井投捞作业。

针对热采井举升设计了高温滑片采油泵，其定子转子均为全金属件，泵体耐温达250℃。滑片采油泵也成为继螺杆泵之后又一极具潜力的举升技术。

此外，开发了采油工程决策软件V3.0，补齐了国内该技术领域的短板，解决了以往采油工程软件功能单一的问题，建立采油工程优化和管理网络平台；建立了井筒真三维力学模型，实现了双驴头、调径变距、异相等异型抽油机井的优化设计；建立新型油井宏观管理图版；开发功图法一步到位精确调平衡；开发稠油举升优化诊断模块；建立了蒸汽吞吐井优化设计方法；研制手机—服务器跨平台系统，实现移动生产管理，将先进技术从办公室推向生产一线，实现油气井高效管理和快速反应。

二、油水井增产改造

水平井压裂、体积压裂概念的提出加速了大型压裂技术出现。大排量、大液量使油管不再适应大型压裂设计的需求，于是产生了固井滑套压裂、连续油管拖动复合桥塞压裂、可溶解桥塞压裂等革命性技术，多段压裂、全通径压裂逐渐成为新一代压裂技术的关键词，从而推动了致密油气、非常规油气的有效开发。

"十二五"期间开发了一系列压裂工艺及配套作业工具体系，如投球滑套压裂工艺及配套工具、复合桥塞及大通径桥塞多段压裂技术、连续油管环空加砂多段压裂技术、裸眼封隔器滑套多段压裂技术、可降解纤维暂堵转向压裂技术、可溶桥塞压裂技术、机械编码滑套压裂技术、电控滑套压裂技术等。其中复合桥塞及大通径桥塞多段压裂技术，结合多段分簇射孔作业，可在水平段形成多条裂缝，有效改造体积更大、增产效果更好，已成为目前国内外页岩气藏开发的主体储层改造技术。可溶桥塞作为桥塞技术的升级换代工具，能够大幅降低后期作业费用和作业风险，具有非常广阔的发展前景。

大型全三维水力压裂物理模拟实验可模拟各种地层条件下的水力压裂试验，试验中利用声发射设备对多裂缝的起裂和延伸过程进行实时动态监测，是目前压裂理论研究和论证的重要试验手段。

无水压裂技术可以节约水资源，其类别可以分为二氧化碳无水压裂技术、液氮压裂技术、液态甲烷压裂技术、液化石油气（LPG）压裂技术等，在环保、减少储层伤害、提高压裂效率等方面具有其独特优势。

三、深部调驱提高采收率技术

我国陆相沉积非均质油田水驱开发的技术瓶颈是水驱不均导致的波及系数和波及程度低。非均质油田提高水驱采收率的传统方法是千方百计地扩大波及体积，通常采用精细分层注水、调剖堵水、压裂酸化、聚合物驱等方法，但随着油田含水率的上升，剩余油高度分散存在于储层深部，这些传统端点和线的措施方法的效果逐渐变差。

通过近十年的研究和试验，提出了注采流场整体治理的水驱波及控制思路，明确了深部调驱的技术内涵，创新提出了"同步调驱"技术理论，建立了油藏整体治理的"分类分级调驱"技术方法。总结了优势通道的识别、量化及剩余油研究的主要方法和进展，研制出高强弹性缓膨颗粒、柔性微凝胶SMG、无机凝胶涂层等多种高效封堵新材料和堵调驱的系列新化学剂，建立了一套化学剂（材料）性能评价和物理模拟指标方法，在新疆、辽河、华北、大港、长庆等油田应用，获得了显著的效果，降低了操作成本。深部调驱技术已发展为一项常规的提高采收率的方式方法，深部调驱技术正在由生产措施（调剖、调驱等单一技术）向开发方式（提高采收率）转变。

四、分层注水技术

我国水驱开发油藏储层非均质性强，分层注水对油田持续高产、稳产起到了重要作用，大庆油田依靠注水开发 5000 万吨稳产 27 年，目前仍有 67%产量来自水驱，分层注水今后很长一段时间内仍将是中国油田控水稳油和持续发展的关键技术。发展分层注水技术，实现有效注水，是提高单井产量和采收率的重要手段。分层注水技术经过 60 年的发展形成了"桥式偏心+电缆测调"的主体分注技术，技术适应性不断提高和完善，满足了常规注水井的开发需要。针对大斜度井、定向井和深井投捞困难、对接成功率低的问题，开发了"桥式同心+电缆测调"分层注水工艺，并得到了规模应用。上述两种工艺实现了常规井的分层注水和测调，但是无法获取注水过程中的分层参数，无法实现配注量自动测调，导致注水合格率下降快。为此，近年来又发展了分层注水全过程监测与自动控制技术，将温度、压力、流量传感器和电池、电动机、传动总成等长期放置在井下，实现分层参数的连续监测和配注量的自动测调，在大庆、长庆、吉林、华北等油田已经现场试验了150 多口井，取得了初步的认识，提高了注水合格率，提高了井下分层参数的监测水平，为注水开发方案调整提供了更加详细的数据。

我国油田已进入高含水开发期，"十一五"期间中国石油开展了井下油水旋流分离装置与螺杆泵配合的井下油水分离方法研究；"十二五"期间研发了井下油水旋流分离工艺，在 5½in❶ 套管内初步实现了的井下分离与注采，验证了分离设备稳定性、工艺管柱的可靠性。

随着技术的不断成熟，分层注水、井下油水分离等技术将进一步向着自动化、智能化方向发展，对于确保双高老油田稳产还将继续发挥关键作用。

五、完井技术

完井技术作为油田开发中承上启下的重要环节，不但需要发挥沟通油气藏和井筒的传统功能，还需要为优化和提高后期生产改造效果创造条件。与之前传统的分层、分段完井技术，系列防砂完井技术相比，中国石油开展的 3D 射孔技术、智能完井技术更加强调与油藏工程、钻井工程、后期生产工艺和作业措施的结合。

3D 射孔技术包括定面、定向、定射角等一系列新型的射孔技术以及其互相结合应用的工艺，该类型射孔技术的核心是通过控制布孔方式、射孔方向、射孔角度，形成工程需要的应力集中面，达到控制裂缝启裂、延伸方向，优化生产改造效果的目的。

智能完井技术是在油气井进行常规完井之后，在生产管柱上安装了永久性井下测控装备并下入井中，从而在井底重建油气层与生产管柱之间的连通渠道，实现其分层优化生产目的的一种生产完井方式。该技术在借鉴和吸收国内外前沿技术的基础上，开发了液控型和电控型两种不同类型的智能井装备，填补了国内空白。针对水平井控水，AICD 通过特定的结构设计，使井下自动控水阀对于油和水具有不同的工作特性，相同流量下，水流经

---

❶ 1in＝25.4mm。

阀产生的阻力比油的高，从而实现控水、增油的目的。

六、低油价下工程技术一体化管理的新模式与实施

节约采油工程各个环节的生产成本、创新管理模式的代表性技术主要包括油管再制造与集约化建井技术。

油田存在大量抽油机、抽油杆、套管、油管等废置资产，通过合理的再生、再制造技术将其充分利用、变废为宝，既能降低生产成本，又能显著提升企业的环保水平。目前，油管再制造技术主要以废旧油管为基础，采用先进的表面工程处理技术，成本只有新油管的 50%，而在使用性能上到达甚至超过新油管，同时油管再制造技术可以实现批量化、产业化的生产方式，对环境的不良影响显著降低。目前，国内已经成功研发了纳米复合电刷镀技术、喷涂技术、激光熔覆技术、纳米涂料技术等多种油管再制造技术，获得了较好的应用效果。随着再制造技术和油田装备管理模式的发展，抽油机、抽油泵等的再制造也将成为产业热点。

将工厂化钻井、油井集约化建井有机结合，实现降本增效，代表着油藏工程一体化的发展趋势。集约化建井与常规建井相比具有提高土地使用效率、运行及管理成本低、投资回收期短等优势。在油水井地下坐标分散的情况下，钻井工程要将多口井的井口集中规划在有限的地面位置上，虽然造成平台井井斜角大、井底位移长、井眼轨迹复杂，但综合效益突出。吉林油田新立Ⅲ区块 1 号、2 号大平台集约化建井总投资节约逾 5000 万元，吨油运行成本降低 87%，内部收益率提高 4%，投产效率提高 72%，建井周期减少 2.7d，地面建设周期减少 26d。

七、采油工程新材料与石油工程仿生技术

在低油价下，材料作为新技术的重要载体在降低生产运营成本中发挥着重要作用。通过综合运用物理和化学方法、材料模拟计算、先进的合成技术和试验评价技术等一系列的研究过程，创造出满足各种采油采气工具、装备和工艺的新材料。一大批新材料在采油工程领域得到长足发展：遇油遇水膨胀橡胶用于封隔器，下入尺寸小，到位后与油水作用膨胀，实现层间封隔；可溶金属和可降解高分子材料在井下环境中可实现自行溶解，采用可溶金属制造的井下工具，免除后续磨铣等人工干预操作，大大提高作业效率，降低了施工成本。

仿生的思维和方法被引入到石油工程领域，初步形成了系列石油仿生新技术，如仿生钻头和钻井液、仿生防砂技术、仿生膨胀锥技术、井下通信技术等，攻克了一系列采油工程发展的技术瓶颈，解决了油气田开发的很多技术难题。泡沫金属与骨骼结构具有相似性，其强度高，通流面积大，增加了完井防砂工具的设计选项；通过激光加工特殊表面，使膨胀锥的表面减摩降阻，对极压条件下的工具设计具有启发作用；与钻井中使用的钻井液脉冲通信技术类似，振动波仿生通信有可能成为实现地面——井下无线通信的重要技术，从而实现采油井筒与地面的真正物连。毫无疑问，这些技术和理念创新将对采油工程技术的发展产生日益重要的影响。

第二章 人工举升技术

人工举升的作用是将油气开采至地面,是原油开采中的重要环节。截至 2013 年底,中国石油机采井近 20 万口,机采井产液量约占油井总产液量的 99%。油井在井身结构、产量、流体性质等方面的差异促进了人工举升技术的多元化发展。几十年来,已经逐渐形成了抽油机、地面驱动螺杆泵、潜油电泵、气举等主体举升技术,并形成了配套的举升方式优选方法、系统分析方法及系统优化方法。为了进一步解决低产井、定向井、聚合物驱井等特殊井举升暴露出的抽油机举升无效能耗高、杆管偏磨严重、地面设备存在安全隐患、低洼地区及环保区影响正常生产、管理维护工作量大等问题,"十二五"期间中国石油重点攻关了抽油机柔性动态控制技术,液压抽油机技术,以及电动潜油柱塞泵、电动潜油螺杆泵、大排量气举等无杆举升技术,开发了采油工程优化软件。

第一节 抽油机高效举升技术

作为人工举升地面装备的主体,游梁式抽油机及其各种改进型式、无游梁抽油机等的机械传动链的节能挖潜已接近极限。在此形势下,电动机拖动、自动控制、液压传动技术的发展使抽油机系统的提效工作更加精细化。

一、游梁式抽油机柔性动态控制技术

游梁式抽油机悬点速度呈正弦曲线变化,举升系统及其各零部件承受交变载荷,并随速度的变化而变化,且载荷波动幅度较大。特别是启动过程中,所需扭矩会更大,为此需要配备较大功率的电动机。这就导致举升系统电动机功率利用率低、系统效率低、部分零部件寿命低等一系列问题。为此,多年来国内外一直在开展改善抽油机举升运行状况的研究与实践。

国内游梁式抽油机在结构(双驴头、下偏杠铃、异相机等)及拖动系统(高转差电动机、变频调速、伺服驱动调速和调压等控制技术)的改进带来了一定的节能效果,但没有从根本上改变一个冲程内四连杆机构的载荷波动状况,电动机电流和功率随载荷波动幅度仍较大,导致抽油机系统各部件载荷波动较大,运行效率偏低等问题依然存在。

通过动态优化调整电动机转速和输出转矩,根据游梁式抽油机系统负载变化,并充分利用平衡重惯性,实现电动机功率平稳输出,可改善设备受力状态,保障抽油泵效率的同时实现系统柔性高效运行,达到提高系统效率,节能降耗的目的。

电动机转速动态变化会带动抽油杆运行状态发生改变,进而对抽油机系统带来一系列的影响。开展抽油机柔性动态控制机理及试验研究,通过电动机变速运行优化抽油杆运行方式,来追求抽油泵最佳运行效果,实现抽油机系统的高效举升。

1. 游梁式抽油机柔性动态控制机理

1）常规游梁式抽油机运动分析

游梁式抽油机是有杆抽油设备系统的地面装置，由拖动装置、减速箱、机架和四连杆机构等部分组成。通过传动皮带轮和减速箱将拖动装置的高速旋转运动变为曲柄轴的低速旋转运动，曲柄轴的旋转运动由四连杆机构变为悬绳器的往复运动。悬绳器下面接抽油杆柱，抽油杆柱带动抽油泵柱塞（或活塞）在泵筒内上下往复直线运动，从而将油井内的油举升到地面。

2）抽油机悬点载荷分析

抽油机悬点载荷是抽油机选型的主要依据，其大小主要由抽油杆柱重量、液柱重量、惯性载荷、振动载荷及摩擦载荷等因素决定。

（1）悬点上冲程载荷分析。

当悬点从下死点向上移动时，抽油泵柱塞上的游动阀在上部液柱压力作用下关闭，而固定阀在柱塞下面泵筒内外压力差作用下打开。由于游动阀关闭，使悬点承受抽油杆自重 $P_\text{杆}$ 和柱塞上液柱重量 $P_\text{液}$，这两个载荷的作用方向都是向下的。同时，由于固定阀打开，使油管外一定沉没度的液柱对柱塞下表面产生向上的压力 $P_\text{压}$。以上所述为上冲程悬点静载荷，此外，上冲程过程中悬点还受到动载荷的作用，其上冲程悬点载荷大小为

$$P_\text{上} = P_\text{静止} + P_\text{惯} + P_\text{振} + P_\text{摩} \tag{2-1}$$

式中　$P_\text{静止}$——上冲程静载荷，N；

　　　$P_\text{惯}$——抽油杆柱及液柱的惯性载荷，N；

　　　$P_\text{振}$——悬点在下死点处向上运动时的振动载荷，N；

　　　$P_\text{摩}$——液体与杆柱、柱塞和泵筒之间的摩擦阻力，N。

（2）悬点下冲程载荷分析。

当悬点从上死点往下移动时，游动阀由于柱塞上下压力差打开，而固定阀在泵筒内外压力作用下而关闭。游动阀打开，使悬点只承受抽油杆柱在液体中重量 $P'_\text{杆}$。而固定阀关闭，使液柱重量移到固定阀和油管上。因此，下冲程时悬点的静载荷 $P_\text{静下} = P'_\text{杆}$；考虑摩擦载荷[1]、惯性载荷以及振动载荷[1]，下冲程悬点载荷的大小为[2]

$$P_\text{下} = P_\text{静下} - P_\text{惯} - P_\text{振} - P_\text{摩} \tag{2-2}$$

通过载荷分析可知悬点最大载荷和最小载荷分别出现在上冲程刚开始的下死点和下冲程刚开始的上死点附近，所以最大载荷和最小载荷公式分别为

$$P_\text{max} = P_\text{静止} + P_\text{惯上} + P_\text{振} + P_\text{摩上} \tag{2-3}$$

$$P_\text{min} = P_\text{静下} - P_\text{惯下} - P_\text{振} - P_\text{摩下} \tag{2-4}$$

式中　$P_\text{惯上}$——上冲程的惯性载荷，N；

　　　$P_\text{惯下}$——下冲程的惯性载荷，N；

　　　$P_\text{摩上}$——上冲程的摩擦载荷，N；

　　　$P_\text{摩下}$——下冲程的摩擦载荷，N。

3）游梁式抽油机变角速度时的运动分析和动力分析

当游梁式抽油机采用变速驱动模式运行时（比如高转差率电动机或变频调速控制柜），

曲柄角速度 ω 不再保持不变。因此必须进行曲柄变角速度下的游梁式抽油机的运动和动力分析，以便解决在变速驱动时游梁式抽油机的各种设计计算问题，它也是评价这类电动机应用的合理性与经济性的理论基础。

（1）曲柄变角速度时游梁式抽油机的运动分析。

①悬点位移。

游梁式抽油机的悬点位移与曲柄转角之间的关系只是一种几何关系，它只取决于抽油机四连杆的几何尺寸，而与曲柄角速度是否变化无关。

②悬点速度。

因为曲柄角速度不再是常数，游梁摆动的角速度也随之变化，所以悬点速度也随曲柄角速度变化而变化。

③悬点加速度。

在曲柄变角速度的情况下，游梁摆动的角加速度由两项组成。第一项相当于曲柄角速度不变时由于四连杆机构的固有特性产生的游梁角加速度，曲柄角速度已不是常数，第二项是由于曲柄角速度变化而产生的附加角加速度。

（2）曲柄变角速度时游梁式抽油机的动力分析。

游梁式抽油机只用一个电动机驱动，属于单自由度机械，可以简化为绕定轴转动的等效转动构件。在游梁式抽油机中取曲柄作为等效转动构件最为方便。

在曲柄变角速度情况下，减速器输出轴扭矩应当等于载荷扭矩、平衡扭矩、游梁惯性引起的扭矩与曲柄轴惯性扭矩之和。匀速运行时，减速箱扭矩计算一般忽略了游梁惯性和曲柄惯性扭矩的影响。

2. 游梁式抽油机变速驱动优化计算方法

常规游梁式抽油机在匀速拖动运行时，抽油机拖动装置与四连杆传动机构的负载分布在一个周期内是不均匀的，部分时间内负载率极低甚至被反拖动，而又有部分时间负载率过大甚至于超载。过高和过低的负载率，对抽油机系统各部件以及系统的安全运行都会产生消极作用。如果在游梁式抽油机运行的单个周期内，在保证平均角速度不变的情况下，对电动机角速度做重新分配，在降低能耗的同时充分发挥抽油机系统惯性力，减弱抽油机各部件负载波动的作用，使抽油机井高效平稳运行。

因此，本方法综合考虑了抽油机井低效和冲击性强等缺点，提出基于功率预测的变速拖动曲线优化控制方法。

选取抽油机井参数：抽油机结构尺寸参数、运动件转动惯量及传动比、平衡块数目、位置及重量；电动机工作特性参数；井身结构参数；生产运行参数；井液成分参数。其中电动机的工作特性参数由室内电动机负载特性试验台测试获取，并拟合成相应特性函数；皮带、减速箱及四连杆传动效率由试验井模拟试验获取并回归成函数公式。

抽油机井系统的运动分析和动力分析按给定的公式进行计算，包括悬点位移、速度、加速度、载荷，减速箱输出扭矩、电动机轴扭矩和功率等。

本方法按电流平衡法进行抽油机平衡调整，电流平衡度是该方法的一个关键参数，它是下冲程峰值电流与上冲程峰值电流的比值。根据抽油机平衡原理建立的动力学数学模型计算结果及现场测试表明，对于常规游梁式抽油机，电流平衡度为 65%～85% 时，抽油机井处于最节能状态，此时上冲程和下冲程平均功率接近相等。当变速拖动抽油机井时，惯性扭矩发生作用，能够降低峰值载荷，减弱甚至消除负扭矩。因此当载荷降低后，变速拖动前的平衡扭矩就相对较大，会导致整个抽油机处于过平衡的状态，有时反而有"减速箱超载"现象的出现，所以实施变速拖动措施前应该按电流平衡法进行平衡调整。图 2-1 和图 2-2 显示了电流平衡度与周期载荷系数、节电率的关系，抽油机平衡度越好，节电率越高，本方法以此为依据进行平衡调整。

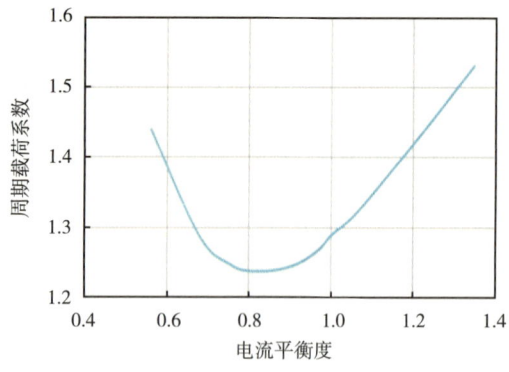 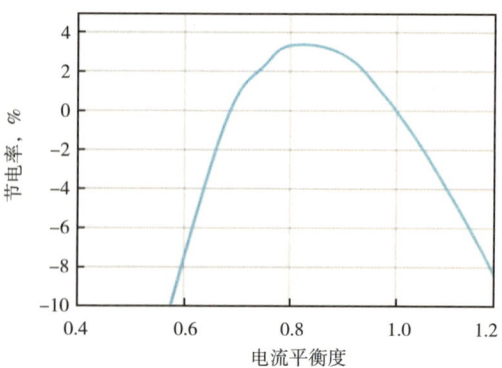

图 2-1　电流平衡度与周期载荷系数的关系　　图 2-2　电流平衡度与电动机节电率的关系

以综合节电率最大为目标的变速优化目标函数和约束条件如式（2-5）至式（2-7）所示，其中综合节电率的计算以变速拖动调整前的匀速拖动计算结果为比较。

目标函数：

$$\psi_{\max} = \max[f(X_1,\ X_1,\ \cdots,\ X_n)] \qquad (2-5)$$

其中

$$\psi = \left(1 - \frac{P + kQ}{P_c + kQ_c}\right) \times 100\% \qquad (2-6)$$

式中　X_i——计算目标函数的一系列相关参数；

　　　$f(X_1,\ X_2,\ \cdots,\ X_n)$——计算目标函数的计算函数；

　　　ψ——综合节电率，%；

　　　$\psi_{\max}$——最大综合节电率，%；

　　　P——有功功率，kW；

　　　Q——无功功率，kVar；

　　　P_c——恒速下的有功功率，kW；

　　　Q_c——恒速下的无功功率，kVar；

　　　k——无功经济当量，对于抽油机用电动机一般取 0.05~0.08。

约束条件：

$$\begin{cases} 65\% \leqslant \gamma \leqslant 80\%（常规抽油机） \\ \sigma_{\max} \leqslant [\sigma] \\ FCL \leqslant FCL_c \\ T_{\max} \leqslant T_e \\ Y \geqslant Y_c \end{cases} \qquad (2-7)$$

式中　γ——电流平衡度，%；

FCL——周期载荷系数;

FCL_c——恒速拖动时的周期载荷系数;

σ_{max}——杆柱工作最大应力,MPa;

$[\sigma]$——杆柱最大许用应力,MPa;

T_{max}——减速箱最大输出轴扭矩,N·m;

Y——产量,t/d;

Y_c——恒速拖动时的产量,t/d;

T_e——减速箱额定扭矩,N·m。

$$\gamma = \frac{I_{down}}{I_{up}} \qquad (2-8)$$

式中 I_{up}——上冲程峰值电流,A;

I_{down}——下冲程峰值电流,A。

$$FCL = \frac{\sqrt{\frac{1}{n}\sum I_i^2}}{\frac{1}{n}\sum I_i} \qquad (2-9)$$

式中 I_i——输入电流,A。

3. 游梁式抽油机柔性动态控制系统

从地面驱动与传动系统来看,游梁式抽油机的最佳驱动方式是按负载需要动态控制。目前应用的各种控制技术都只是简单的周期变速控制,而不能做到按抽油机负载需要,提供所需功率,为了解决游梁式抽油机启动困难、能耗高、载荷冲击大等问题,开发了一种游梁式抽油机柔性动态控制系统,该系统通过多参数回馈分析,按需调整电动机驱动速度与驱动力矩,有效降低系统峰值扭矩,使驱动系统的能量输出更加均衡,最终达到节能降耗,延长整机使用寿命的目的,具体流程如图 2-3 所示。

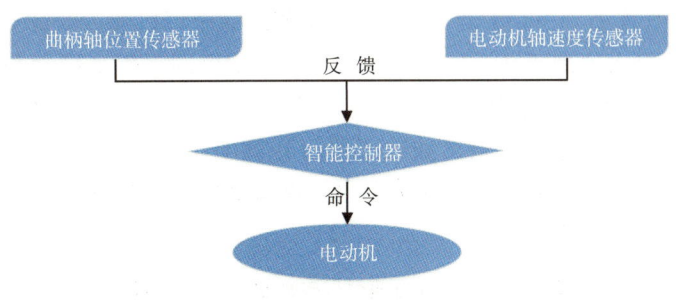

图 2-3 流程图

游梁式抽油机柔性动态控制系统主要由多功能计算机控制单元、电动机随动驱动器以及运动状态传感器组成。电动机随动驱动器根据多功能计算机控制器下达的优化运行指令,调控电动机在曲柄不同位置的速度与功率以及光杆在不同位置的速度与加速度。系统组成如图 2-4 所示。

4. 游梁式抽油机柔性动态控制技术效果评价

游梁式抽油机井应用动态控制装置后,不但可以达到节能降耗的目的,还可改善抽油机系统的工作环境，提高系统寿命，降低运行成本，同时可以解决超负荷井因电动机超载停机问题，提高了油井运行时率。在节电、节约成本和减少维修费用等几方面均能够取得较高的经济效益。

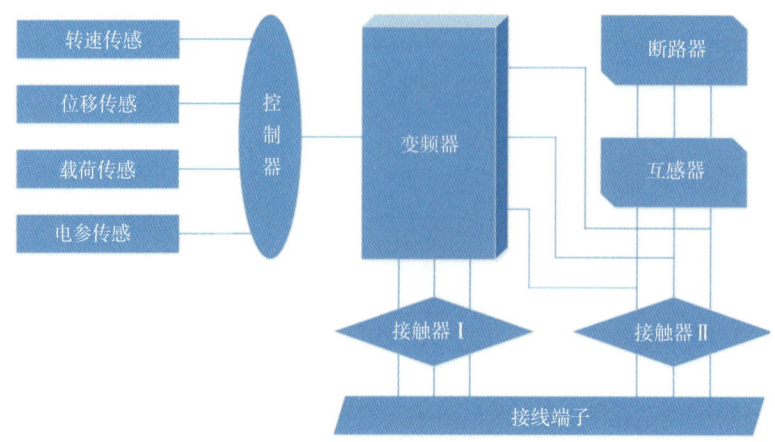

图 2-4　系统组成

表 2-1 为常规抽油机井系统运行的基本参数，其他相关的转动惯量、抽油机结构参数、传动比在此不赘述。平衡调整按电流平衡法进行，取值 0.65。

表 2-1　常规抽油机变速优化基本运行参数

抽油机型号	CYJ10-3-37HB	冲程，m	3	含水率，%	90
冲次，min^{-1}	6	泵挂深度，m	1000	油管直径，mm	62
泵径，mm	57	动液面，m	800	杆柱直径，mm	22

表 2-2 为变速与恒速运行电动机工作参数对比的数据，电动机的驱动速度最大值增加了 45.23%，最小值减小了 36.11%，此速度变化范围完全可以通过调频变速装置实现。电动机轴的输出扭矩最大值减小了 12.87%，有利于电动机的工作平稳性和工作效率；最小值增加了 12.77%，不利于电动机的工作，但是电动机负扭矩整个幅值都较低，可以忽略负扭矩对电动机的影响。电动机输出轴功率峰值降低了 43.31%，远大于其扭矩降低的幅值，说明变速驱动有其独特的优点，即可以大幅度降低电动机的输出功率，也会有效地提高电动机的工作效率和工作寿命。

表 2-2　变速与恒速运行电动机工作参数对比

峰值	电动机输出轴					
	转速，r/min	变化率，%	扭矩，N·m	变化率，%	功率，W	变化率，%
最大值（恒速）	740.000	45.23	250.939	-12.87	19445.944	-43.31
最大值（变速）	1074.668		218.639		11023.011	
最小值（恒速）	740.000	-36.11	-43.843	12.77	-3397.502	38.23
最小值（变速）	472.790		-49.441		-4696.328	

由表 2-3 可知，相对于恒速驱动，在变速驱动时减速箱曲柄轴的角速度最大值增加了 43.31%，最小值减小了 36.94%，变速驱动运行的速度范围较宽，但都在电动机的合理运行范围内。光杆扭矩的变化幅度并不大，最大值和最小值变化幅度都不超过 1.5%。减速箱输出轴净扭矩变化较大，最大值降低了 12.91%，有利于减速箱的安全运行，但是最小值却向不利于减速箱寿命的方向增加。

表 2-3 变速与恒速运行减速箱输出轴工作参数对比

峰值	减速箱输出轴							
	角速度 rad/s	变化率 %	角加速度 rad/s²	变化率 %	光杆扭矩 N·m	变化率 %	净扭矩 N·m	变化率 %
最大值（恒速）	0.628	43.31	0.00	—	65509.225	-1.32	28519.67	-12.91
最大值（变速）	0.900		0.008		64642.532		24837.484	
最小值（恒速）	0.628	-36.94	0	—	-34711.942	-0.19	-5867.924	12.33
最小值（变速）	0.396		-0.012		-34647.318		-6591.433	

由表 2-4 可知，悬点速度最大值减小了 19.43%，非常有利于减小悬点载荷的振动载荷部分。但是加速度最大值增加了 45.44%，不利于减小悬点载荷的惯性载荷部分。速度和加速度的逆向变化，导致悬点载荷变化的不确定性，仅从速度和加速度的变化曲线无法判读悬点载荷的变化。悬点峰值载荷降低了 5.91%，说明优化的速度曲线能有效地改善抽油杆的工作环境。

表 2-4 变速与恒速运行光杆悬点工作参数对比

峰值	光杆悬点							
	位移 m	变化率 %	速度 m/s	变化率 %	加速度 m/s²	变化率 %	载荷 N	变化率 %
最大值（恒速）	3.001	0	1.014	-19.43	0.900	45.44	47293.554	-5.91
最大值（变速）	3.001		0.817		1.309		44496.155	
最小值（恒速）	0	—	-0.931	10.20	-0.525	8.76	21482.857	5.47
最小值（变速）	0		-1.026		-0.571		22659.018	

表 2-5 表示常规抽油机在常规恒速下运行和变速优化运行下电动机性能参数对比，当驱动速度以最优方式驱动抽油机运行时，均方根电流下降 6.91%，表明电动机发热量会减少，有利于电动机使用年限的提高。电流平衡度提高 33.62%，达到 92.982%，接近于 1，说明从电流角度看，上冲程和下冲程的峰值电流更接近，但此时不能再用电流平衡法对抽油机的节能性能进行评价。无论有功功率还是无功功率在变速驱动时，都有不同程度的降低，变速驱动下综合节电率达到 22.39%，说明变速驱动具有良好的节能效果。

图 2-5 表示恒速和变速驱动时的电动机转速曲线对比，变速曲线的基波为一条周期为 180°的近似正弦曲线，初始相位角约 210°。柔性动态控制以降载、降扭矩、降功率为优化目标，相应的变速曲线不同于相关文献的曲线，即初始相位角不同。通过图 2-6 至图 2-12 中曲线和表 2-4 至表 2-6 中数据，不难发现优化后的变速驱动曲线能很好地达到抽油机井的平稳高效运行目标。

表 2-5 变速优化后电动机性能对比评价

状态类别	电动机工作参数值		
	恒速	变速	变化率,%
均方根，A	25.670	23.897	-6.91
电流平衡度,%	69.588	92.982	33.62
平均有功功率，kW	6.199	4.655	-24.91
平均无功功率，kVar	10.035	9.749	-2.85
折算综合有功功率，kW	7.002	5.435	-22.38

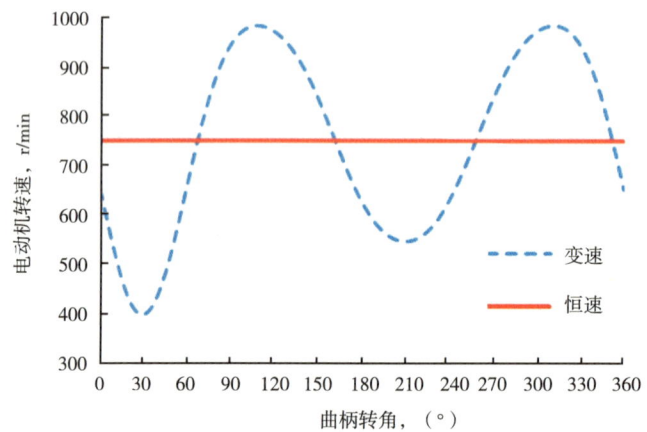

图 2-5 恒速和变速驱动时的电动机转速曲线对比

图 2-6 为恒速和变速驱动时的电动机轴功率曲线对比，变速驱动可以以电动机轴功率曲线周期载荷系数最小为目标，即电动机输出功率的均方根值最小，这也代表此时电动机运行最平稳、效率最高、波动最小，对电动机冲击也最小。

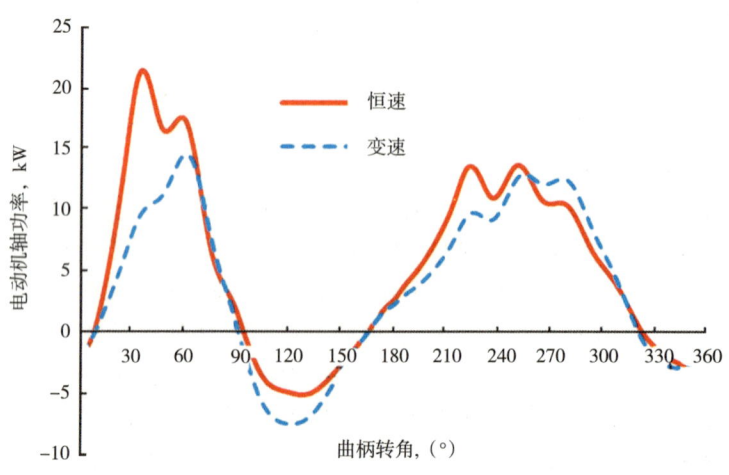

图 2-6 恒速和变速驱动时的电动机轴功率曲线对比

图 2-7 为恒速和变速驱动时的电动机轴扭矩曲线对比，相对于减速箱输出轴的净扭矩曲线，电动机轴的扭矩曲线总是更平缓些，这与电动机轴的等效转动惯量及驱动速度有关，电动机轴承更注重输出功率的平缓性，功率波动小，意味着电动机可以高效运行，这也是我们进行变速驱动优化的重要目标之一。

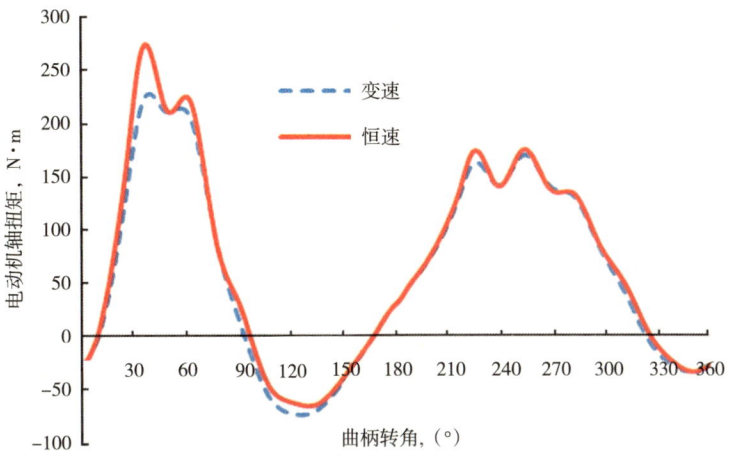

图 2-7　恒速和变速驱动时的电动机轴扭矩曲线对比

图 2-8 为恒速和变速驱动时的减速箱输出净扭矩曲线对比，经过变速优化调整运行，减速箱的峰值净扭矩降低，达到了降扭矩的目标。对于减速箱来说应该注意的是如果恒速运行时的电流平衡度在 1 附近或处于过平衡状态是不利于变速优化的，当目标函数考虑的单一时，有可能出现减速箱过载现象，此时如果恒速时减速箱已经处于满载运行，变速不当会破坏齿轮箱。

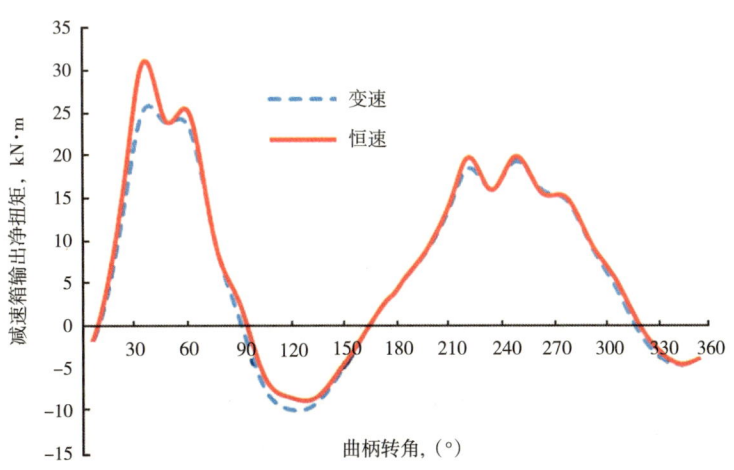

图 2-8　恒速和变速驱动时的减速箱输出净扭矩曲线对比

图 2-9 为恒速和变速驱动时的悬点速度曲线对比，由图可以看出优化速度的最大值有所增加，这并不同于一般文献资料中给定的速度曲线，主要是优化目标不同导致，柔性动态控制以降低功率、扭矩和载荷峰值为目标，而且计算结果表明三个目标参数都有不同程

度的降低。图 2-9 表明变速驱动曲线的峰值点后移，与恒速时的位置有改变。

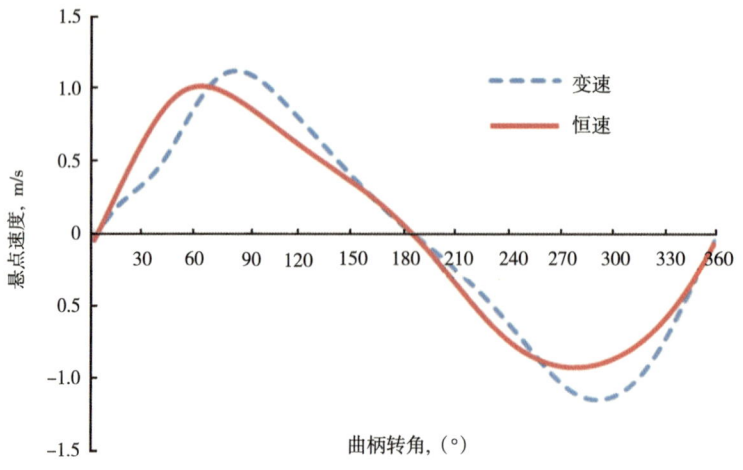

图 2-9　恒速和变速驱动时的悬点速度曲线对比

图 2-10 为恒速和变速驱动时的悬点加速度曲线对比，变速时的悬点加速度峰值与恒速时的相差并不多，但是峰值点改变了其转角位置，从悬点载荷曲线上看，悬点加速度并没有对光杆产生不利影响。

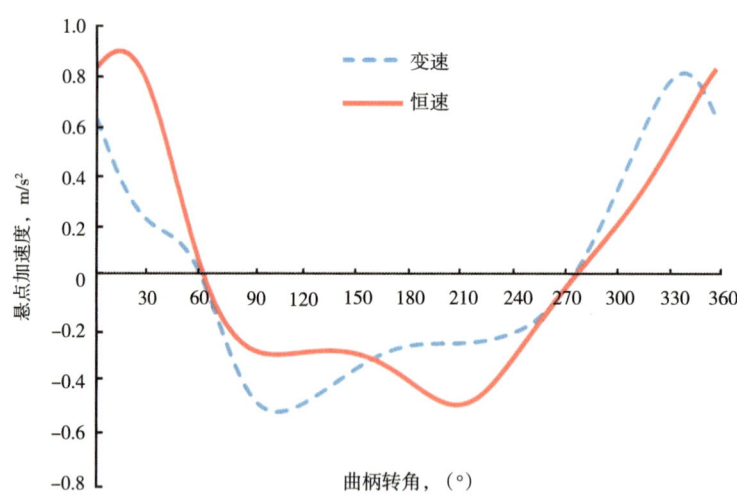

图 2-10　恒速和变速驱动时的悬点加速度曲线对比

图 2-11 为恒速和变速驱动时的悬点示功图曲线对比，由图可以明显看出悬点载荷的最大值有了明显的降低，上冲程和下冲程的曲线也更加平缓，说明速度和加速度改变的综合效果可以有效减缓悬点处的冲击载荷。

图 2-12 为恒速和变速驱动时的泵示功图曲线对比，变速运行后泵位移从 2.908m 增加到 2.916m，泵行程增加很小仅有 0.28%。泵示功图相差也很小，变速后峰值泵载荷略有增加，从 20.567kN 增到 21.23kN，增幅为 2.74%。

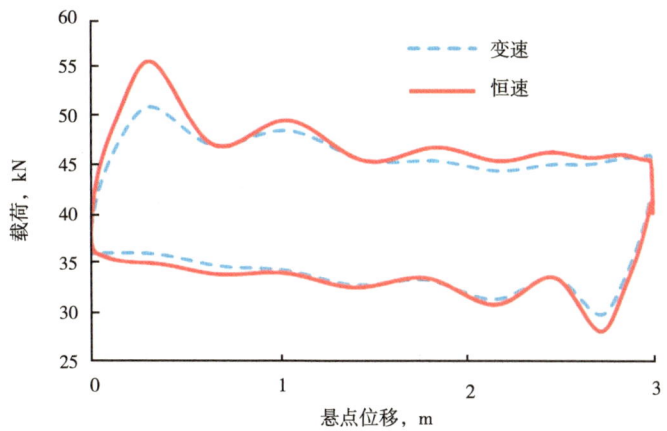

图 2-11 恒速和变速驱动时的悬点示功图曲线对比

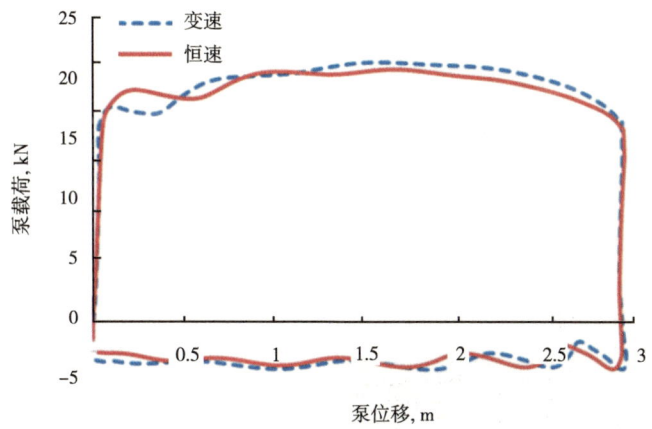

图 2-12 恒速和变速驱动时的泵示功图曲线对比

5. 游梁式抽油机柔性动态控制技术应用效果

截至 2014 年 10 月 31 日，抽油机动态控制技术累计应用 1103 口井，其中国内其他油田应用 100 口井，大庆油田在用 1003 口井，并开展了不同工况下 462 口井测试评价。

总体应用效果：功率峰值平均降低 43.5%，系统效率由 20% 上升到 24.9%，提高了 4.9 个百分点，节电率 17.0%，取得良好效果。在新疆、吉林、冀东、大港等油田试验应用也见到了初步效果，其中新疆油田 20 口井，系统效率由 16.0% 提高到 20.3%，提高了 4.3 个百分点，节电率 18.5%。据初步统计，该项技术应用提高举升能力，年增油 60062t，获经济效益 21094 万元；降能耗年节电 $888.5 \times 10^4 kW \cdot h$，获经济效益 567 万元；应用近三年累计获经济效益 58051 万元。

抽油机柔性动态控制技术是一种智能控制系统，能够实现低速平稳启动，运行过程中通过伺服系统实时根据负载变化调整电动机输出转矩，实现过程优化控制，并充分利用平衡重惯性实现高效运行，可改善抽油机系统的工作环境，在提高抽油机井举升能力的同时，还能够延长抽油设备的运行寿命，降低运行成本，具有良好的推广应用前景。

二、液压抽油机技术

液压抽油机是针对低渗透油田单井产量低、采用传统游梁式抽油机举升成本高的问题而研发的，它的应用可以降低单井一次性投入，实现经济有效生产。液压抽油机系统由主机、液压站、电控箱 3 个独立单元构成，工作时由液压站的液压泵向主机的液压缸提供动力驱动，通过液压活塞的伸长和收缩带动活塞连杆及滑轮上下往复运动，实现提升液体。1 个液压站可以带动 2 口井生产，地面采用动滑轮结构进行生产，易实现长冲程。

图 2-13　一拖一型液压抽油机

1. 一拖一型液压抽油机

液压油经液压泵出口至换向阀，由换向阀反复换向实现主机上行和下行。一拖一型液压站站尺寸参数为长 3240mm×宽 2250mm×高 2200mm。五型抽油机最大悬点负荷 50kN，最大冲程 1800mm；该冲程对应冲次 2 次/min；油缸外径抽油 130mm，内径 80mm；活塞杆直径 60mm，行程 900mm；油泵输入功率 5.5kW、转速 960r/min。

通过一拖一型液压抽油机（图 2-13）现场试验，验证了液压举升的可行性，同时也暴露出了以下几点问题：（1）修井作业时，需要用吊车拆除抽油机，增加了修井作业的工作量和费用。（2）换向阀换向时振动较大。（3）由于采用的是一拖一方案，为了控制抽油杆下行速度，在回油路上采用了节流调速措施，造成了能量损耗。抽油杆重量未采取配重平衡措施，抽油杆上行时，主机要驱动抽油杆上行作无用功，造成能量损耗。

2. 一拖二型液压抽油机

1）一拖二型系统液压原理

双机联动时两台主机下腔连通（图 2-14），换向阀出口 A 和出口 B 分别接两台主机上腔。工作时一台主机上行，另一台下行。单机工作时，换向阀出口 A 和出口 B 分别接单台主机的上腔和下腔，通过开关截止阀即可实现。一拖二型液压站尺寸参数为长 1900mm×宽 1700mm×高 2100mm，系统体积仅为一拖一型的 1/2 左右。

液压站有电压、电流、功率等监控组件，并具有压力超限、油温超限、低液位自动停机保护功能（图 2-15）。液压站内设有带显示屏的控制面板，可以控制主泵、加热器、冷却器等设备的启停，通过手动/自动转换开关，操作者可以随时切换设备控制方式，并手动控制设备的上行/下行。显示屏能够实时显示各项参数、绘制曲线和示功图，操作者可以通过控制面板上的 USB 接口导出数据。系统能够根据设定的限定值自动调整工作状态。

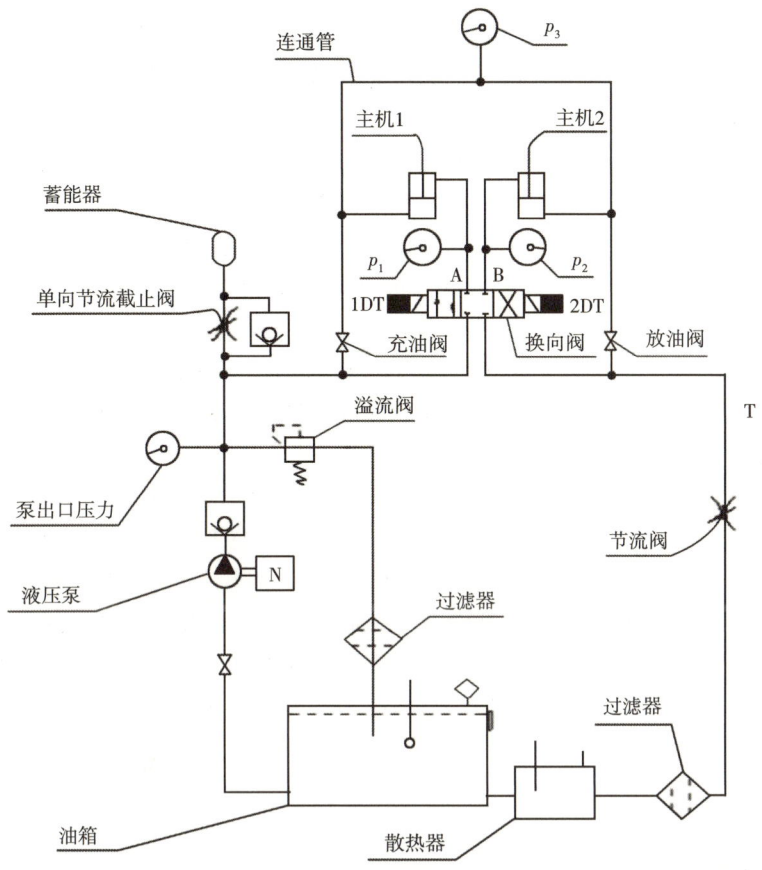

图 2-14　一拖二型液压抽油机原理图

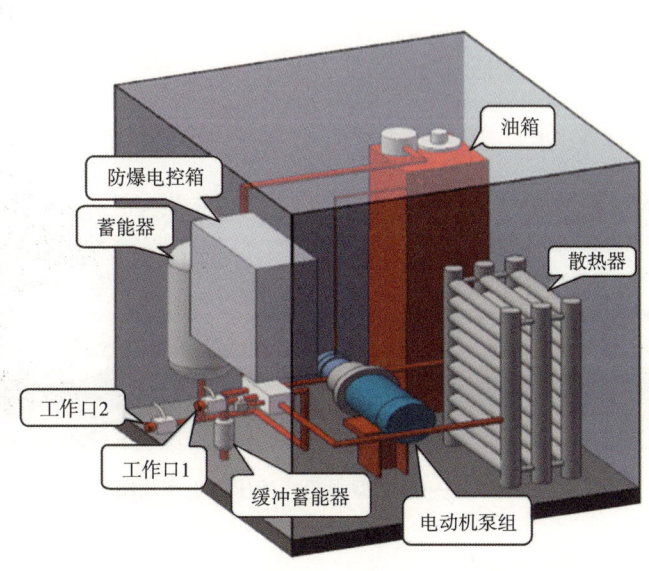

图 2-15　一拖二型液压抽油机流程图

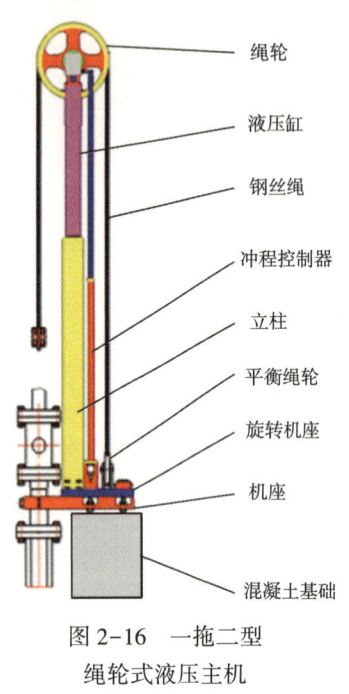

图 2-16 一拖二型
绳轮式液压主机

该液压系统具有以下特点：（1）由于两台主机下腔连通，所以平衡效果好；（2）由于是双作用缸，所以主机运行速度总是在液压泵排量控制之下，并且两台主机永远同步；（3）通过连通管充油、放油调节冲程值，调冲程方便；（4）双机联动时节能效果好；（5）换向阀增加了换向时间调节器，减小了换向冲击；（6）用5个截止阀的不同开、关状态组合实现双机联动/单机工作转换；（7）根据主机1和主机2的位移信号，实时检测冲程值，当冲程值误差超出设定值范围时，补油泵和充油、放油换向阀自动启动，对冲程值进行自动调整，冲程值达到要求时即停止调整，无须人为干预。

2）一拖二型液压主机

（1）一拖二型绳轮式液压主机。

在一拖一型液压抽油机的基础上，改进将一拖二型液压抽油机的机座装在井口下部的套管外径上，同时用混凝土基础固定，主机的液压缸和立柱同轴线（图2-16）。其优点在于：安装时不拆井口、不改生产流程、立柱受力好、混凝土基础牢固，换向时主机顶部晃动小。该主机于2015年9月安装在扶余采油厂，至今仍在正常运行（图2-17）。

图 2-17 一拖二型绳轮式液压主机实物图

（2）一拖二型直连式液压主机。

考虑到一拖二型绳轮式液压主机采用滑轮方式生产，钢丝绳寿命短，地面设备重心偏于井口，受力不稳，特别是在中深井，悬点载荷较大时，易造成地面设备倾倒。因此，对其进行了改进和完善，将地面设备直接坐于四通上，并与井口对中，形成适合于中深井的井口直连式液压主机（图2-18），其特点是：①对套管无偏载，伤害小；②活塞杆取代光杆，直接与抽油杆对接；③无绳轮、无钢丝绳、无悬绳器，无密封盒，结构简单；④液压冲击小、振动小、发热小、节能；⑤采用长冲程时，地面设备过高，作业不便。

3. 现场应用

截至2015年底，现场共安装液压抽油机12套，22口井。其工艺特点：（1）重量轻，结构小巧，安装过程和运输方式便捷。液压抽油机重量只有同型号游梁抽油机的10%~20%，又无须额外的混凝土底座工程，非常易于安装，整个安装过程可以在2~3h完成，无须重型设备辅助。（2）冲程、冲次可以无级调节，可以实现长冲程、低冲次、大泵径举升，减少杆管磨损。冲程、冲次的优化有利于减少抽油杆弹性变形引起的冲程损失，提高抽油泵的充满系数，延长抽油泵阀和抽油杆的使用寿命，减少抽油杆载荷

图2-18 直连式一拖二型液压主机实物图

的脉动次数。（3）效率高，节能效果显著。有杆抽油系统的总效率主要取决于电动机的效率、抽油机的效率、抽油泵的效率和下冲程抽油杆重力势能的回收利用程度等因素。尽管液压抽油机本身的效率与游梁式抽油机相近，但可以通过使电动机在高效区工作，充分回收利用下冲程抽油杆的重力势能，提高抽油泵的充满系数和效率。因此，使用液压抽油机的抽油系统的总效率比使用游梁抽油机的明显要高，尤其是一机多井时更加明显。

第二节 电动潜油柱塞泵举升技术

电动潜油柱塞泵适用于低产液斜井、水平井的节能高效举升，在提高泵效和节电的同时有效消除杆管偏磨，降低修井作业频率。"十二五"期间，随着潜油直线电动机技术的突破和配套技术的完善，电动潜油柱塞泵的检泵周期突破600d。

一、技术原理及组成

电动潜油柱塞泵举升技术是柱塞式抽油泵和潜油直线电动机结合，潜油直线电动机动子与抽油泵的柱塞相连接，利用电缆传输电能给井下潜油直线电动机供电，电动机动子直

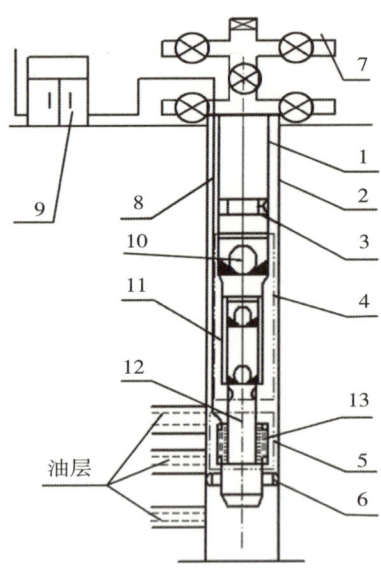

图 2-19　电动潜油柱塞泵原理示意图
1—油管；2—套管；3—泄油器；
4—柱塞式抽油泵；5—电动机；
6—油管扶正器；7—井口；8—电缆；
9—地面变频调控装置；10—固定阀；
11—游动阀；12—电动机动子；
13—电动机定子绕组

接驱动柱塞式抽油泵往复运动，完成井液举升。该技术系统主要由潜油直线电动机、柱塞式抽油泵、泄油器、井口、电缆和地面变频调速控制装置组成（图 2-19）。

电动潜油柱塞泵举升装置主要由三部分组成：（1）井下机组部分包括直线电动机、柱塞式抽油泵（图 2-20）；（2）电力传输部分包括变压器、潜油电缆；（3）地面控制部分包括地面变频调控装置（图 2-21）、井口（图 2-22）。

图 2-20　机组及泵

图 2-21　地面控制柜

图 2-22　采油井井口

二、电动潜油柱塞泵举升关键技术

1. 潜油直线电动机的结构设计

潜油直线电动机的工作原理是：在定子中通过交流电流后，产生一个磁场，动子在圆筒形初级磁场的定子内做直线运动。通过改变供电相序改变动子的运动方向，从而实现电动机动子的往复运动，结构原理如图 2-23 所示。

利用强磁材料缩小直线电动机径向尺寸，采用轴向多级串联满足直线电动机推力要求，按照同步理论实现精确控制，同时考虑井下工况，完成了圆筒型直线电动机的设计，其具有以下特点。

（1）定子铁芯和绕组结构设计满足电磁感应的匹配耦合，动子结构如图 2-24 和图 2-25 所示。

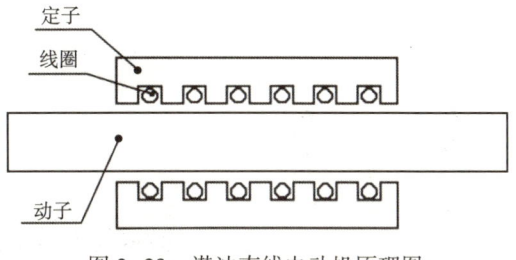

图 2-23 潜油直线电动机原理图

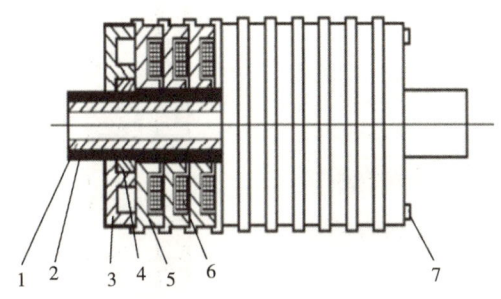

图 2-24 动子结构图

1—厚壁钢管；2—钢管或铅管；3—端盖；
4—滑动轴承；5—环形钢心；6—饼式绕组；7—螺栓；

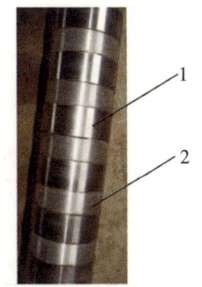

图 2-25 动子照片

1—隔环；2—永磁体

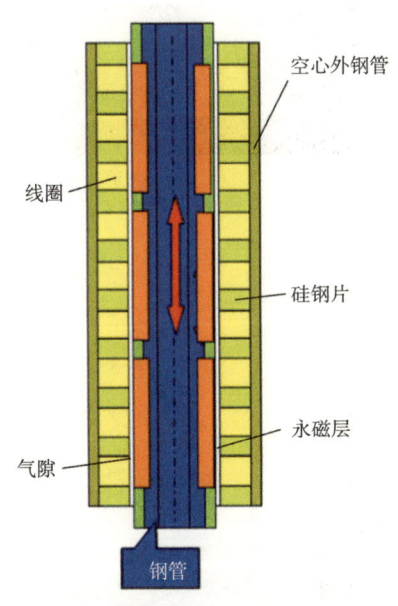

图 2-26 电动机结构示意图

（2）动子的全密封设计：分别将动子永磁体及定子绕组完全密封，实现了永磁体及绕组与井液的完全隔离，避免了机组被腐蚀的现象，大幅度提高了机组的运行寿命。

（3）动子永磁体和中心杆的键槽配合设计，防止了由永磁体转动造成的磨损。

（4）电动机定子内衬喷涂耐磨层，增强了内衬的耐磨性能。

（5）根据直线电动机气隙磁场的需求，在不影响举升力前提下，确定加大电动机气隙为 0.3mm，有效避免了电动机卡死现象（图 2-26）。

（6）改进加工工艺，减小定子和动子的轴向尺寸误差，从根本上降低机组振动，改进的机组部件如图 2-27 所示。

（7）采用特殊填料和工艺保证井下防水防油、耐温、耐压性能可靠，部分电动机制造工艺如图 2-28所示。

（8）机组采用光杆与刮砂杯防砂结构，并增加排砂结构，解决砂卡问题。电动机动子上下采用光杆与刮砂杯防砂结构，并增加排砂结构，刮砂杯电动机防砂结构如图 2-29 所示，刮砂杯防砂原理如图 2-30 所示。

（a）强磁材料全密闭结构

（b）动子元件整体焊接
表面喷焊耐磨层

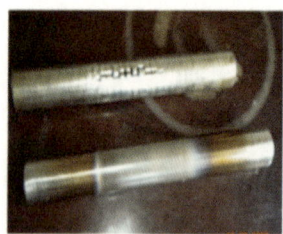

（c）电动机定子内衬喷涂耐磨层

（d）带键的导磁体

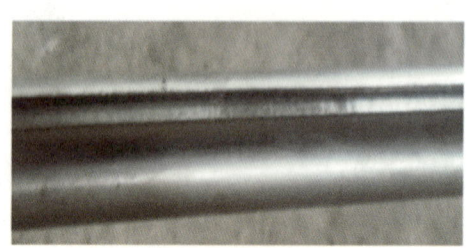

（e）带槽结构的动子中心杆

（f）动子、定子相对尺寸示意图

图2-27　改进的机组部件

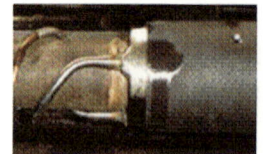

（a）密闭焊接

（b）高温烧结

（c）高压缸检测

图2-28　电动机制造技术

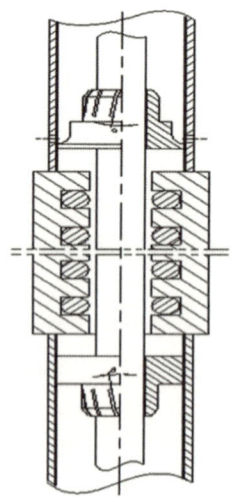

图2-29　刮砂杯电动机防砂结构

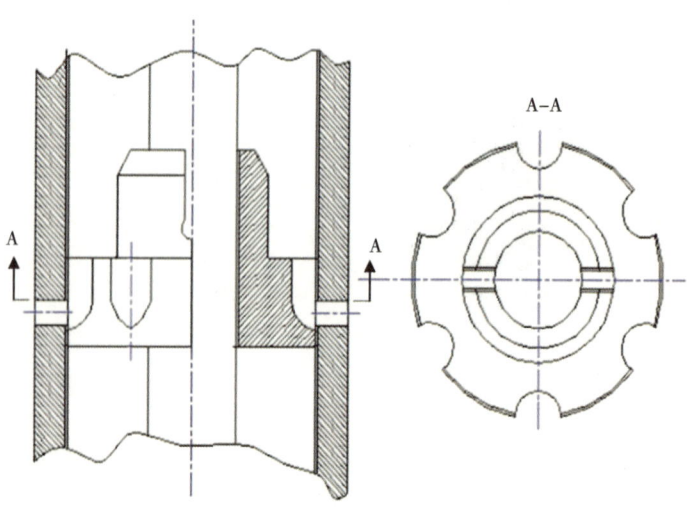

图2-30　刮砂杯结构

2. 抽油泵结构设计

潜油直线电动机配套的抽油泵结构如图 2-31 所示，将常规抽油泵的固定阀设计在泵筒上部，泵筒内的柱塞上、下各有一个游动阀，实现柱塞通过下部动力直接驱动，往复运动完成抽汲。

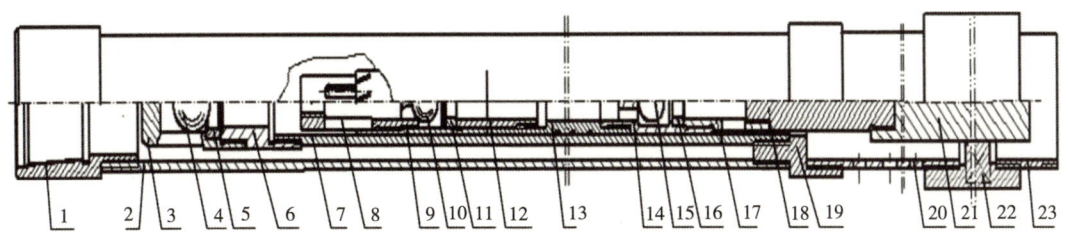

图 2-31　电动潜油柱塞泵抽油泵结构图

1—上接头；2—外筒；3—固定阀罩；4—固定阀球；5—固定阀座；6—泵筒接头；7—泵筒；8—柱塞上阀罩；
9—刮砂杯；10—柱塞上阀球；11—柱塞上阀座；12—接头；13—柱塞；14—柱塞下阀罩；15—柱塞下阀球；
16—柱塞下阀座；17—柱塞进油接头；18—连杆；19—泵筒固定接头；20—筛管；21—电动机动子或推杆；
22—电动机定子；23—下接头

1）抽油泵防砂结构设计

针对压裂井、出砂油井，除了采用成熟的刮砂杯防砂技术进入口采用绕丝防砂筛管外，还增加沉砂筒的结构，解决了电动潜油柱塞泵的防砂问题，具体结构原理如图 2-31 所示。

2）抽油泵阀体结构设计

弹簧复位导向阀设计：常规抽油泵阀体的阀球在阀罩内是多方向复合运动，有多个自由度，致使阀球坐封滞后、关闭不严而影响泵效，尤其是在倾斜状态下，滞后现象更加明显。弹簧复位导向阀其结构如图 2-32 所示，阀球被 4 条扶正筋扶正，只有一个自由度，运动时球心只能沿着阀罩的轴线运动，液体从 4 条扶正筋的周围流过。该结构具有较大的流道面积和较小的开启高度，可减少吸入阻力和阀坐封的滞后时间，以满足定向井举升需要。

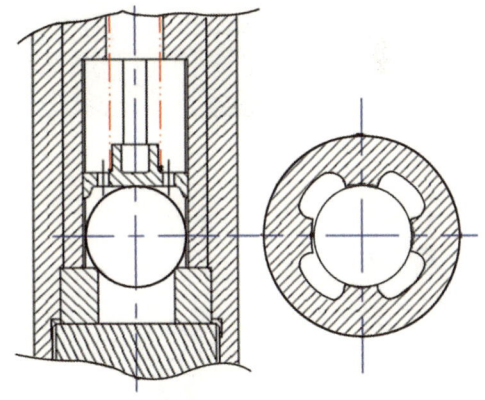

图 2-32　弹簧复位阀罩导向泵阀结构图

定向复位导向阀设计：加长固定阀的弹簧长度和增设游动阀复位弹簧，研制出定向复位阀，适应水平井举升的需要（图 2-33、图 2-34）。

抽油泵阀采用螺纹密封设计如图 2-35 所示，有效解决了电泵固定阀座被腐蚀出深沟的现象；通过热处理工艺和连接工艺设计增加了抽油泵柱塞与连杆连接处的强度，有效避免了试验过程中出现抽油泵柱塞与连杆连接处容易断脱的问题，满足了深井大负荷举升的需要。通过以上三部分的设计，提高了机组运行可靠性，延长了平均检泵周期。

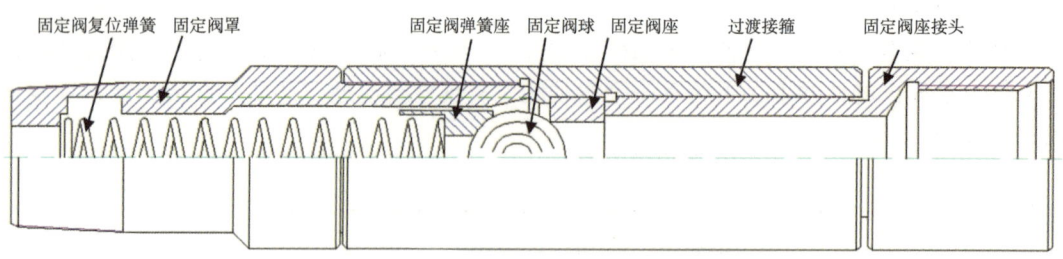

固定阀复位弹簧　固定阀罩　固定阀弹簧座　固定阀球　固定阀座　过渡接箍　固定阀座接头

图 2-33　固定阀定向复位阀

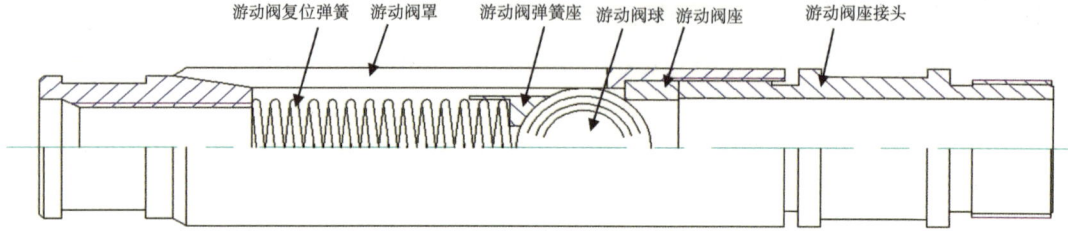

游动阀复位弹簧　游动阀罩　游动阀弹簧座　游动阀球　游动阀座　游动阀座接头

图 2-34　游动阀定向复位阀

图 2-35　改进后的泵阀

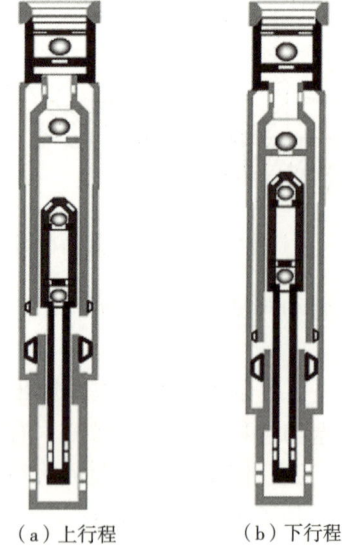

（a）上行程　　（b）下行程

图 2-36　新型双作用减载泵示意图

3. 新型双作用减载泵

新型双作用减载抽油泵能够实现一次进液两次排液，有效降低运行载荷。相对普通泵多设计一个流道，受管柱外径尺寸限制，泵的最大外径小于114mm，同时，还要考虑上泵筒和下泵筒的同轴度，尽量减少柱塞上死点和下死点的漏失量，其结构如图2-36所示。

新型双作用减载泵有效解决了电动潜油柱塞泵单向举升，上行程和下行程载荷差较大，柱塞推杆受力大，易发生失稳振动和变形的问题。

4. 电动潜油柱塞泵提高举升力技术

（1）动子永磁材料的选择：针对五种永磁材料进行分析，综合考虑剩磁、矫顽力、磁能积等主要磁参数，选择钕铁硼作为强磁材料，牌号为 N33EH，5

种永磁材料技术参数对比见表2-6。

（2）将绕组线圈由圆形截面优化为矩形截面，以此提高定子线圈的槽满率。

（3）增大绕组线圈的外径尺寸：在保证电流通过率的前提下，增加线圈匝数。

通过以上措施，有效增加了磁场强度，提高了电动机动力性能，电动机举升力提高到3.5t；经过现场试验验证，潜油直线电动机机组可以适用条件：套管内径124~127mm、最大全角变化率5.81°/25m、深度不大于1800m、地层温度不大于120℃。机组整体耐压不小于30MPa、最大举升力可达35kN。

表2-6 永磁材料技术参数对比表

性能	铁氧体	铝镍钴	SmCo5	Sm2Co17	NdFeB
剩磁，T	0.44	1.15	0.90	1.12	1.25
磁感应矫顽力，kA/m	222.80	127.40	636.80	533.30	796.00
内禀矫顽力，kA/m	230.80	127.40	1194.00	549.20	875.60
最大磁能积，kJ/m³	36.60	87.60	143.30	246.70	286.50
密度，g/cm³	5.00	7.30	8.40	8.40	7.40
居里点，℃	450.00	800.00	740.00	820.00	312.00
磁温度系数，%/℃	-0.19	-0.02	-0.04	-0.03	-0.13
使用温度，℃	200.00	500.00	250.00	350.00	130.00

5. 地面变频调控技术

地面变频调控技术原理如下。

第一步：首先利用变频技术将三相交流电整流为单相直流，然后逆变为所需频率的三相方波交流电。

第二步：采用控制技术和高性能电子元件，完成匀速步进、间歇供电、反复启停、步进和反复换向、断电后自动重启、自动报警保护、系统雷击保护等功能。

三、电动潜油柱塞泵配套技术

1. 清防蜡技术

电动潜油柱塞泵采油比普通抽油机采油更容易在油管内壁结蜡，原因是普通抽油机的抽油杆及接箍在油井管壁结蜡点附近往复运动会撞击、刮削掉蜡块，阻止蜡块成长，而电动潜油柱塞泵采油没有抽油杆，在油管的结蜡点附近的蜡块如果不能及时清除，很容易造成油管堵死，如图2-37所示。

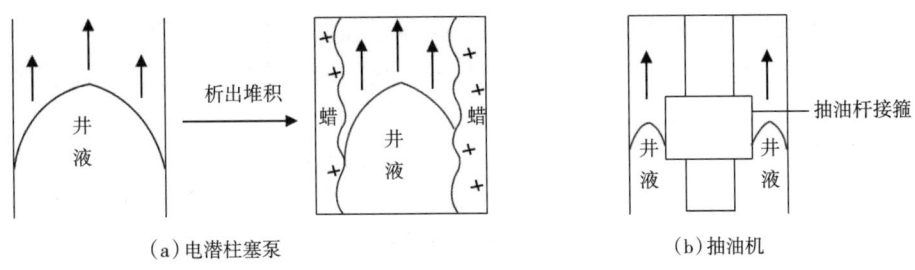

图2-37 电动潜油柱塞泵与抽油机井液流动对比示意图

针对上述问题，为电动潜油柱塞泵设计了4种清防蜡技术。

1）井口固定绞车清蜡系统

井口固定绞车清蜡系统主要通过程序控制电动机，驱动钢丝滚筒实现刮蜡器在电动潜油柱塞泵井油管内定期清蜡。按照最大载荷为10kN对清蜡绞车的机构设计，目前采用4kW电动机，减速器的减速比为1:5。

采用机械清蜡方式，在下钻过程中，旋转钻头依靠导轨丝杠和滚珠自旋下行，并在导向体作用下保证旋转钻头沿轴线方向下行进行冲击钻铣，同时带动弧形刮蜡片旋转对管壁积蜡进行刮削。

图2-38　CPRS井下防蜡防垢器

2）CPRS井下防蜡防垢器

利用本身产生的电化学反应，使油包水的乳化结构稳定，防止蜡从胶束结构中释放出来而形成固态沉积（图2-38）。试验1口井，试验前洗井周期为100d，试验后正常运行203d后电流突变，219d后电动机卡阻停机（非结蜡导致），与试验前比，洗井周期延长了103d。

3）防蜡复合材料内涂层油管工艺

由多种稀有金属元素作为油管表面合金层催化体，向油液提供电子，使油液发生电化作用，从而使原油中的蜡和胶体物质呈悬浮状态，不易聚集吸附在管壁上，液相中的各种离子及杂质不易相互作用结蜡，并能使已结蜡脱落。

室内实验表明，涂层油管较普通油管能防止蜡在油管表面的吸附，具有防蜡作用。

4）电热杆清防蜡工艺

电加热杆清防蜡系统如图2-39所示。

地面电控系统用于井下负载供电方式的调节、控制、安全保护、故障检测，保证系统工作性能稳定、可靠，使井下电加热抽油杆及管柱始终处于相对平衡状态，达到油井正常加热生产的目的。

井下绝缘系统能够保证加热生产过程中电气回路的唯一性，使电能只通过油管和电热抽油杆向下传导，并在设计的加热范围内进行电热转换；同时使采油井口及地面设备不带电，保证采油作业的绝对安全。

电气回路系统主要包括井口接线器、杆管接触器和连通器3部分组成，其作用是将电能可靠的接入油管和电热抽油杆，并在电热杆的上端与油管连接，在油管下部安装一套连通器构成井下负载的电气回路。

井口电缆密封系统能够保证电缆的接入，达到密封井口的作用。

该工艺的温度控制系统用于油井管柱内原油温度的高低调节。在地面控制柜内装有温度显示器，由热电偶导线，加装在绝缘电热杆的绝缘层内通过井口随电热杆一起下入到油管内，检测油管内的液体温度，再根据温度要求，经过变频器调节出油温度的高低。

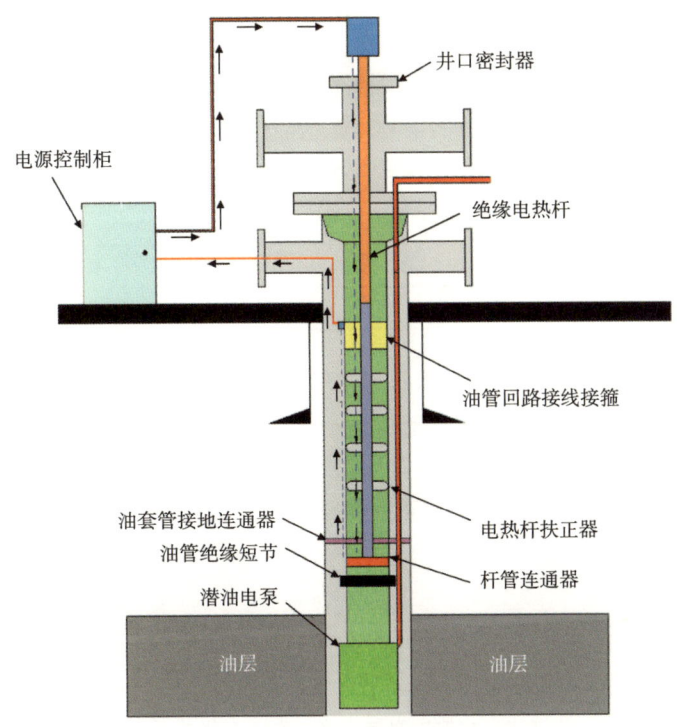

图 2-39 电加热杆清防蜡系统示意图

热电偶是一种接触式测量温度的传感器，与相应的温度指示仪表配合使用，可以准确地测量、控制、调节被测物体的温度。热电偶具有性能稳定，结构简单，使用方便，经济耐用，体积小和容易维护等优点。

前期在徐 104-斜 15 和徐 104-斜 17 两口井进行了电热杆管清防蜡装置的现场试验。徐 104-斜 15 井于 2008 年 11 月新井投产，进行电动潜油柱塞泵举升工艺试验，投产后一段时间发现该井日产液量在 10t 以上，并且含水率低，原油油质黏稠，电动机运行时，上行频率需调节至最低 8Hz，即举升力调至最大才能正常启抽运行，经常蜡堵停井。2009 年 5 月安装电热杆管清防蜡装置，设计加热井段 900m，功率 5kW 下连续加热生产，该井运行 70 多天未发生停井现象，上电流和下电流均无变化，对比该井试验前后生产数据见表 2-7。

表 2-7 徐 104-斜 15 电热杆管清防蜡工艺试验前后生产数据对比

项目	泵径	日产液	日产油	含水率	液面	沉没度	冲次	上频率	下频率	上电流	下电流	吨液耗电
	mm	t	t	%	m	m	次/min	Hz	Hz	A	A	kW·h
试验前	38	12	11.8	1.9	885	714	7	8	20	40	11	20.8
试验后	44	12	11.5	4.4	1027	561	6	10	20	29	4	10.9
差值	6	0	-0.3	2.5	142	-153	-1	2	0	-11	-7	-9.9

由试验前后生产数据对比表可以看出，电动机工作上频率为 10Hz，使运行时上电流和下电流有明显下降，从而降低了吨液耗电 9.9kW·h，反映出应用电热杆管清防蜡工艺

后，能够降低举升过程中油流的阻力，使直线电动机的举升力能够充分地发挥，减少无用功损失，降低能耗。

摸索结蜡规律，采用间歇供电方式，减少能耗，确定加热周期为10d内加热3d，停7d，加热功率5kW，可保证正常生产，日耗电36kW·h（表2-8）。

表2-8　徐104-斜15井一个加热周期内电流变化情况

运行上电流加热，A			运行上电流停加热，A						
第一天	第二天	第三天	第一天	第二天	第三天	第四天	第五天	第六天	第七天
30	29	29	30	30	30	32	36	38	40

为了验证电热杆清防蜡工艺的加热能力和原油温度对直线电动机举升力的影响，对不同加热功率下的井口出液温度和直线电动机运行电流进行了连续实时监测，数据见表2-9。由温度和电流变化曲线看出，随加热功率的增大，出液温度逐渐升高，运行电流缓慢下降。在各段功率下1.5h以内，井口出液温度达到最高并稳定，关闭加热后，在0.5h以内，井口出液温度回归常温。通过试验，证明电热杆清蜡装置加热效率高，油温越高，举升阻力越小。

从上述清防蜡技术优选试验情况及效果上看，电热杆清防蜡工艺清防蜡效果好，持久耐用，重复使用性能好，更适合小排量（30m³/d）、无杆采油工艺的清防蜡。

表2-9　加热功率与温度、电流变化关系表

加热时间 h	加热功率，kW																	
	<5		5		7		8.5		10		13		14		15		18.5	
	温度 ℃	电流 A	温度 ℃	电流 A	温度 ℃	电流 A	温度 ℃	电流 A	温度 ℃	电流 A	温度 ℃	电流 A	温度 ℃	电流 A	温度 ℃	电流 A	温度 ℃	电流 A
0.5	22.5	30	24.7	30	25.5	29	27.8	29	30.5	28	31	26	31.8	26	33.0	26	36.5	26
1.0	21.3	30	24.9	29	27.3	29	30.0	28	33.0	27	34	26	35.5	26	37.0	26	38.0	26
1.5	21.5	30	24.9	29	27.5	29	33.0	28	33.0	26	35	26	36.5	26	37.5	26	40.2	26
2.0	21.5	30	24.9	29	27.5	29	30.2	28	33.0	26	35	26	36.5	26	37.5	26	40.2	26

2. 电缆保护器结构及效果

由于电动潜油柱塞泵运行时振动较大，常常造成电缆卡子松动、脱落，导致电缆被刮碰、破损，甚至发生故障停机，在定向井、水平井当中情况更为严重。为此设计了捆绑式电缆保护器（图2-40），将电缆捆绑在油管接箍处。捆绑式电缆保护器虽然防止了接箍处电缆的刮碰，但是不能防止电缆上下蹿动。经结构改进，重新设计出锁紧式电缆保护器（图2-41），既防止了电缆刮碰，还避免了电缆上下蹿动，减少了电缆故障发生。

3. 减振装置

潜油直线电动机运行时产生较大的振动，该振动不仅影响机组和井下部件的寿命，还会造成潜油电缆的刮碰和磨损。为此设计加工了上提式、下放式橡胶密封减振卡瓦（图2-42）。卡瓦上设计了一长一短2个滑道，卡瓦下井时，将滑套调整在短滑道上，活动爪闭合，确保下井顺利。当机组下到预定位置时，适当上提管柱后，再下放管柱，使滑套进入长滑道，然后再上提管柱，使活动爪张开，卡在套管上，同时密封胶圈在压力的作

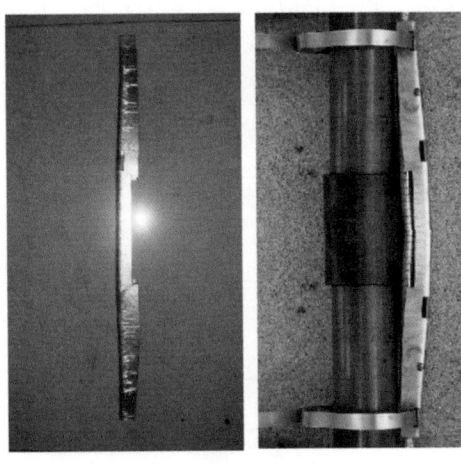

图 2-40 捆绑式电缆保护器　　　　图 2-41 锁紧式电缆保护器

用下发生径向膨胀变形，在套管内壁形成弹性密封，以此降低电动机运行时产生的振动。该技术对 28 口井进行了现场试验，减振效果明显。

4. 无线远程监测技术

电动潜油柱塞泵无线远程监测系统由多个远程监测系统（RTU）、中心接收单元和中心监控系统 3 大部分组成（图 2-43）。

远程监测系统（RTU）安装在电动潜油柱塞泵控制柜中，在单片机的控制下，三相计量芯片实时采集线路电压和电流，计量三相有功、无功、频率、相位等参数，一旦检测到线路来电、停电、抽油机启抽或停井，即通过 GSM 网络向监控中心发送包含电动潜油柱塞泵负荷信息的状态信号和电量参数；中心系统接收单元收到报警信号后，通过 RS-232 串口输入计算机，监控管

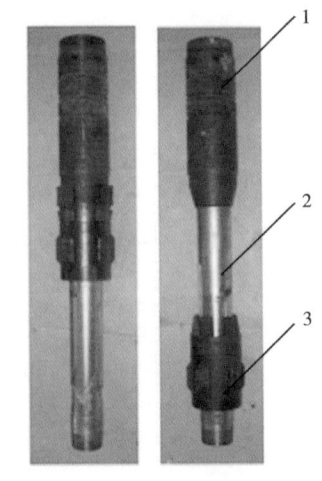

图 2-42 橡胶密封式减振卡瓦
1—密封胶圈；2—滑道；3—滑套

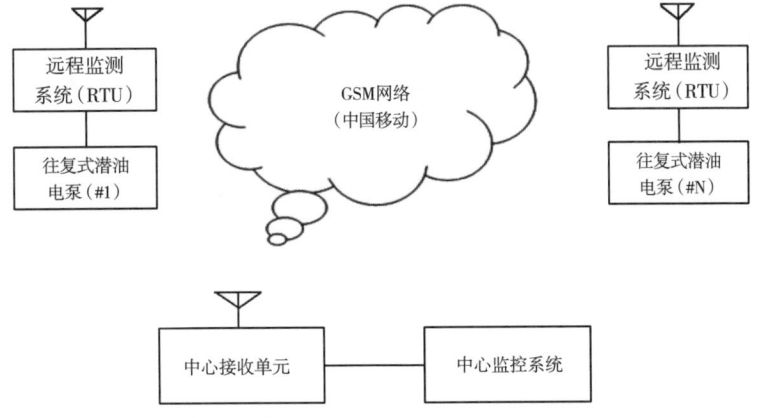

图 2-43 电动潜油柱塞泵无线远程监测系统组成框图

理软件处理接收到的信号，根据报警类型通过声光信号和文字信息进行显示，同时存盘以备查询、统计和分析。无线远程监测系统软件流程图、远程监测系统（RTU）框图如图 2-44、图 2-45 所示。

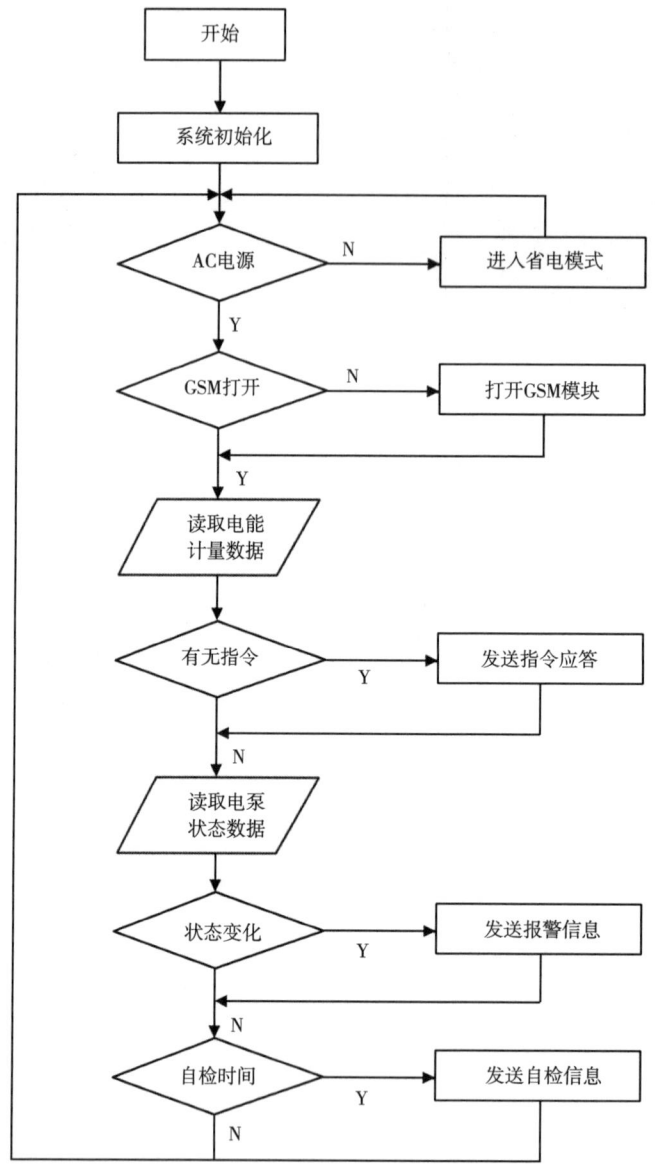

图 2-44　无线远程监测系统软件流程图

　　无线远程监测系统可实现移动监控和管理，可及时、准确、便捷地监测控制电动潜油柱塞泵工作状态。

　　5. 工况分析及故障诊断技术

　　1）系统组成

　　（1）电流互感器：将输入直线电动机的直流电流转换成 DAQ 系统可采集的电流信号，

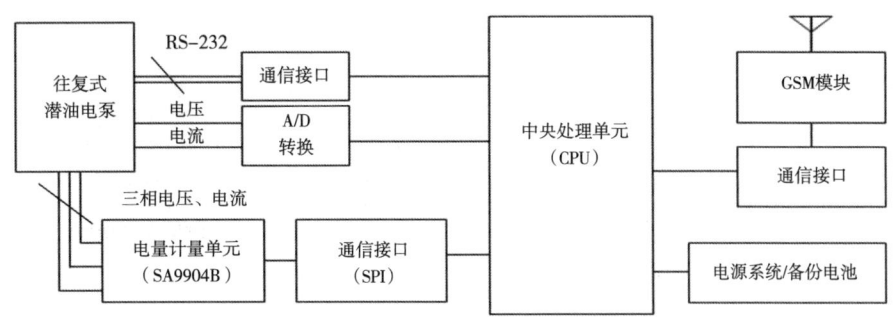

图 2-45　远程监测系统（RTU）框图

测量线圈的精度高达 0.2。

（2）电压互感器：将输入直线电动机的直流电压转换成 DAQ 系统可采集的电压信号，测量线圈的精度高达 0.2。

（3）USB 采集卡：采用高精度 A/D 采集卡 USB-6008，其具有模拟输入、模拟输出、数字 I/O、计数器/计时器等典型功能，将互感器采集的电信号转换成数字量信号，通过数据线将数据输送给计算机进行保存。

（4）计算机：利用 labview 软件的 DAQ 助手，以 500Hz 的采样频率对现场数据进行多次采样，通过 DAQ 程序前面板可在计算机上实时看到采集到的预处理的电流、电压曲线，应用 DAQ 框图程序设置数据保存路径，得到实时的电压、电流数据。基于 labview 开发环境的数据采集系统设计框图如图 2-46 所示。

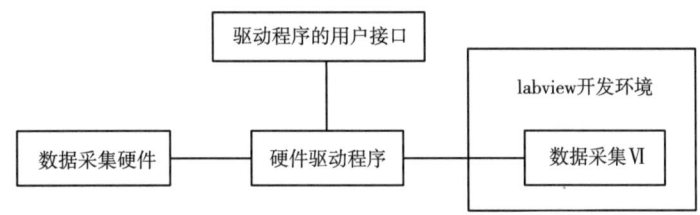

图 2-46　基于 labview 的数据采集系统设计框图

2）工作过程

首先在确定直线电动机动子运行的上频率和下频率、柱塞泵冲次、井况，并做好测试前的记录。通过电压互感器采集输入直线电动机电压的直流数值，使用电流互感器采集直线电动机电流值，将所采集的各路数据存储到数据采集卡中，通过数据线输送给计算机。利用 labview 软件的 DAQ 助手实时存储电压、电流数据，通过 $P=UI$ 得到实时功率数据并存储。工作示意图如图 2-47 所示。

6. 小结

通过对电动潜油柱塞泵举升技术的研究和试验，取得了以下认识：（1）电动潜油柱塞泵取消了抽油杆，彻底解决抽油机井杆管偏磨的问题，尤其是定向井，节省了管杆更换费用和抽油杆扶正器的使用费用。（2）由于取消了减速器和四连杆机构，提高了传动效率。同时采用间歇供电方式，实际用电时间只占整个冲次的 24.5%，平均日耗电下降 47% 以

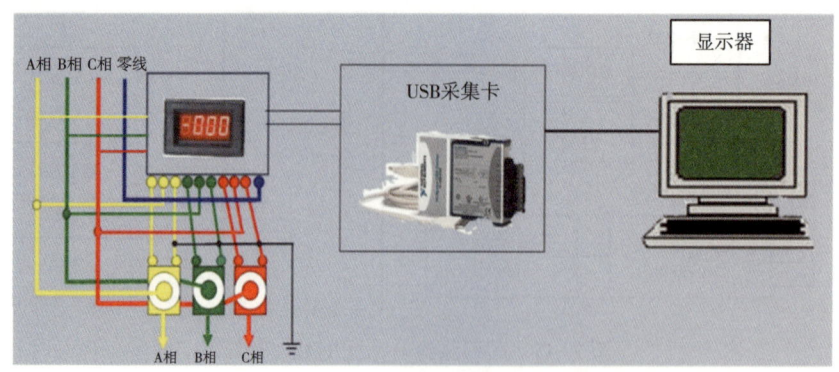

图 2-47　数据采集平台

上。（3）地面设备简化，管理节点少，调参便捷、方便，降低了运行维护费用和工人劳动强度。（4）电动潜油柱塞泵举升技术能够适应井深不大于 1800m、温度不大于 120℃、产量不大于 30m³/d 的油井，尤其对 10m³/d，1500m 以下的油井有较好的适应性。

电动潜油柱塞泵举升技术可以满足低产井和定向井的举升需要。尽管在运行可靠性、机组控制和清防蜡技术等方面仍需继续完善，但从试验情况看，降投资、降成本、降能耗效果明显，有望形成规模应用，为低渗透油田的经济有效开发提供新途径。

第三节　电动潜油螺杆泵举升技术

电动潜油螺杆泵通过井下电动机带动螺杆泵旋转，利用螺杆泵的高容积效率，实现中低排量定向井、斜井、水平井的高效无杆举升。井下永磁同步电动机、高承载保护器及柔性传动等技术的突破，消除了传动电动潜油螺杆泵系统中的减速器，大大延长了检泵周期。

一、技术原理

电动潜油螺杆泵采油是一种节能高效的举升方式。它能够克服潜油电泵携砂能力差的缺点，避免地面驱动螺杆泵杆管磨损、容易结蜡的问题，其系统效率和节能效果明显高于游梁式抽油机和皮带抽油机，井口装置简单、占地面积小。电潜螺杆泵不仅适合稠油井、含砂井、含蜡井的开采，在水平井、斜井、沼泽及海上油井的开发中也具有明显优势。电动潜油螺杆泵已分别在河南油田、胜利油田、大庆油田等多个油田成功应用[4,5]。

早期电动潜油螺杆泵主要采用异步电动机，四级电动机同步转速 1500r/min，通过减速器进行减速后驱动螺杆泵旋转，但是由于套管尺寸小，限制了减速器的结构，导致系统可靠性不够。

随着电动机技术和永磁体材料技术的突破，科研人员开始研发低速大扭矩电动机井下直接驱动螺杆泵。相比早期结构，永磁同步电动机可以低速运行，省略了减速器，提高了系统可靠性。工作时，地面电力通过地面变压器、控制柜、接线盒和电缆输送到井下，驱动潜油电动机旋转，接着通过中间动力传递系统带动潜油螺杆泵转子旋转举升液体。通过地面调节变频控制柜输出频率，对潜油电动机输出转速进行无级调节，变频器通过矢量控制方式控制电动机，保证电动机能够大扭矩输出。

二、系统结构

电动潜油螺杆泵系统结构如图 2-48 所示，自下而上主要包括井下低速大扭矩电动机、井下电动机保护器、柔性传动系统、螺杆泵和电缆等。

1. 井下低速大扭矩直驱电动机

井下电动机的功率是由驱动电压和电流决定的，同步电动机电磁功率计算如下：

$$P' = \frac{K_E}{\eta_N \cos\varphi_N} P_N \qquad (2-10)$$

式中 P'——电动机电磁功率，W；

η_N——额定负载时的效率；

$\cos\varphi_N$——额定负载时的功率因数；

K_E——满载电势标幺值，即额定负载时，感应电势与端电压的比值；

P_N——额定功率。

结构上，该电动机为永磁同步电动机，转子外表面粘贴永磁体，外径控制在 60mm 以内，耐温 180℃；定子采用硅钢片冲压，外径控制在 100mm 以内，气隙控制在 0.8mm（图 2-49）。由于细长电动机制造工艺复杂，尤其是定子绕线难度大，所以目前一般将电动机做成分段结构，再根据功率要求进行组

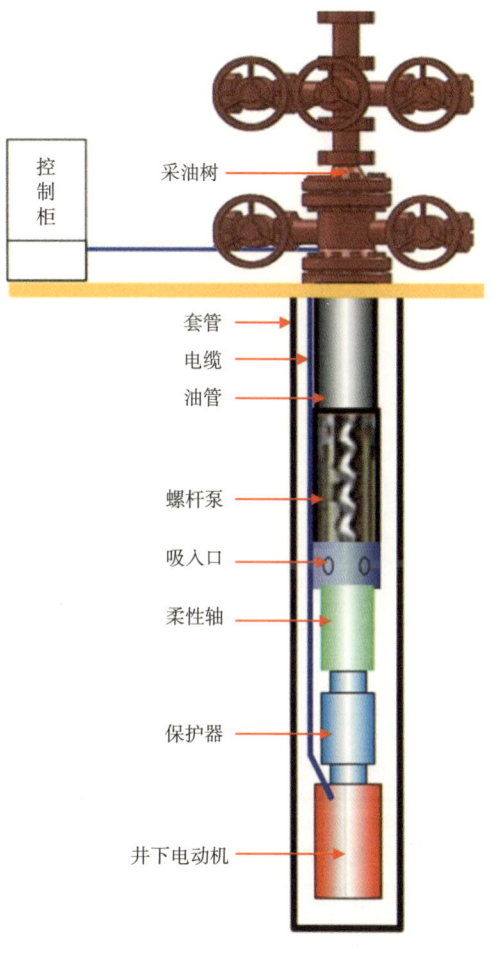

图 2-48 电动潜油螺杆泵系统图

装。井下电动机通过地面变频控制实现低速运转，设计额定电压 380V，额定电流 36A，转速区间 50~500r/min，外径 114mm，适用于 5½in 套管[6]。

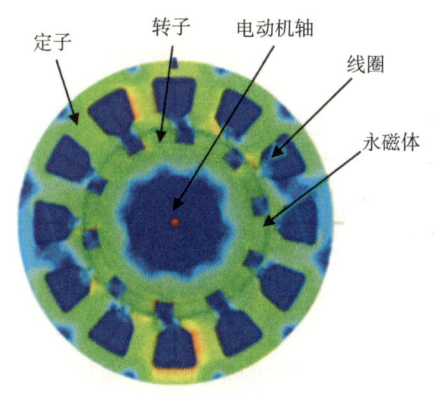

图 2-49 电动机数值模拟模型

永磁同步电动机和感应电动机相比，不需要无功励磁电流，可以显著提高功率因数，室内试验测试 12kW 电动机的性能如下：空载电流小于 1A，发挥了同步电动机启动性能好的优势，能实现过载 1.5 倍要求，最大达到 570 N·m。从图 2-50 可以看出电动机效率始终维持 70%以上，并随着负载率增加保持稳定。

根据油井的产量和泵挂不同，为了在满足需求的情况下尽量降低成本，针对不同井况需求设计了不同系列电动机（表 2-10）。油井产量可以通过电动机转速的调节来调整，适用排量范围宽。

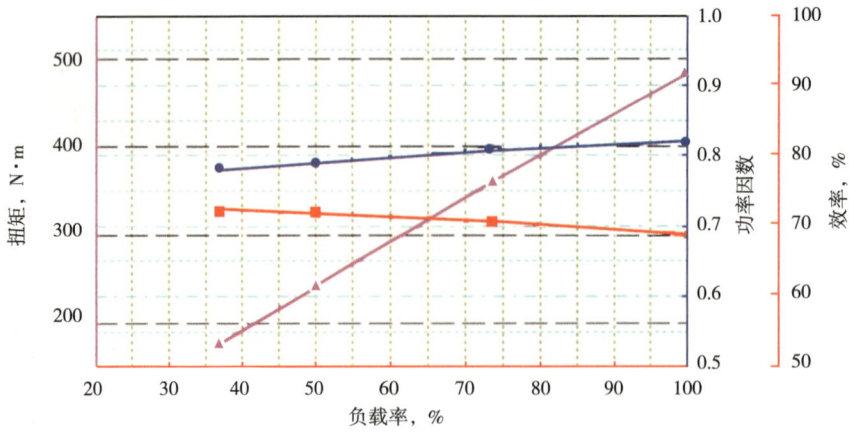

图 2-50　井下电动机性能曲线

表 2-10　井下直驱电动机系列参数

系列	功率 kW	长度 m	最大扭矩 N·m	适应油井产量（扬程 1400m） m³/d
1	7.5	4.4	400	≤10
2	9	5.2	480	≤20
3	10.5	6	510	≤30
4	12	6.7	570	≤40
5	15	8.3	700	≤60

2. 井下电动机保护器

在电潜螺杆泵举升系统的采油过程中，电动机在运转时产生热量，其启动和停止后温度差大概在 40℃左右。电动机内部充满了电动机油，电动机油在电动机启动时受热膨胀，停止后随温度下降体积收缩，为了保持电动机内部与井筒压力平衡，需要用保护器进行电动机油的吸收和补充。保护器的结构类型多种多样，目前主要采用沉降式保护器，原理是根据不同液体密度不同、不相溶解、分层沉淀进行工作，结构原理如图 2-51 所示。保护器长约 3500mm，外径 98mm，传递扭矩不小于 800N·m。保护器外壳与电动机外壳通过法兰连接，保护器轴与电动机转子轴连接。

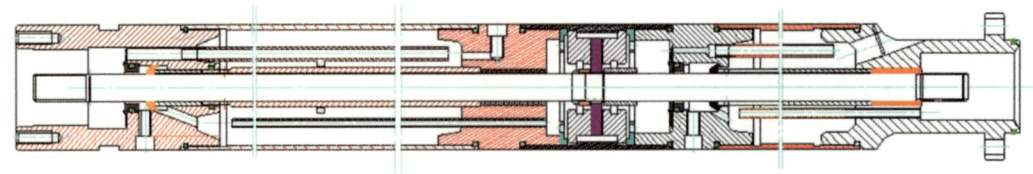

图 2-51　电动机保护器结构图

在电潜螺杆泵中，保护器另一个重要作用就是承受螺杆泵产生的轴向力，螺杆泵稳定工作时，螺杆所承受的轴向力 F 由下列 3 部分组成：

$$F = F_1 + F_2 + F_3 \tag{2-11}$$

式中 F_1——由泵排端和吸入端的液体压力差所产生的轴向力，N；

$\quad$ F_2——密封腔室中液体在衬套中移动时对螺杆泵作用的轴向力，N；

$\quad$ F_3——当螺杆泵表面沿衬套表面做相对滑动时，螺杆泵所受的半干摩擦里以及由于螺杆对称提高的"迎面效应"（即螺杆棱线面迎着衬套棱线面产生碰撞）而引起的衬套棱线沿着螺杆轴线的反作用，N。

$$F_1 = A_{eff}\Delta p = (\pi R^2 + 16eR)\Delta p \qquad (2-12)$$

式中 A_{eff}——螺杆泵定子的内腔有效截面积，mm^2；

$\quad$ e——泵转子偏心距，mm；

$\quad$ R——转子截面圆半径，mm；

$\quad$ Δp——螺杆泵进出口压差，MPa。

$$F_2 = \frac{\mu nLT}{60\delta}(6R + 8e) \qquad (2-13)$$

式中 R——螺杆泵的断面半径，mm；

$\quad$ T——定子导程，mm；

$\quad$ μ——液体的绝对黏度，Pa·s；

$\quad$ n——螺杆的转速，r/min；

$\quad$ δ——螺杆与衬套副表面沿密封线的间隙值，mm；

$\quad$ L——衬套的全长，mm。

在螺杆—衬套副具有过盈值的条件下，F_2 等于零。

$$F_3 = \frac{\pi^3 R^2 Le\rho_r n^2}{900}f + f\frac{\pi bl}{2}\left(-\frac{C\delta}{\delta + Bh_r} \times 10^5\right) \qquad (2-14)$$

式中 ρ_r——螺杆的密度；

$\quad$ f——螺杆和衬套表面的半干摩擦系数，对于镀铬螺杆和浇铸橡胶的平滑表面，在水中工作时，f 可取 0.2~0.3；

$\quad$ C 和 B——与橡胶有关的常数；

$\quad$ h_r——橡胶的平均厚度，mm；

$\quad$ δ——橡胶的受压变形值，等于过盈值，mm。

在井下驱动螺杆泵系统中，螺杆泵的轴向力必须要重视，会对井下机械部件产生较大的损害，相比普通的电泵保护器，电潜螺杆泵电动机保护器重点设计了止推系统，使得保护器轴向承载能力大于 60kN。

3. 井下柔性传动系统

电潜螺杆泵系统工作时，电动机输出同心运动，而螺杆泵是行星转动，动力从电动机到螺杆泵时必须经过运动的转换，这就是井下柔性传动系统的主要作用。设计原理是利用球铰连接原理，形成偏心联轴器，满足螺杆泵转子旋转的需求。柔性轴的上端与螺杆泵转子连接，下端通过花键轴与保护器相连；柔性轴的外壳上端通过油管螺纹与螺杆泵外壳相连，外壳下端通过法兰与保护器外壳相连。井下柔性传动系统结构如图 2-52 所示。柔性轴的外径为 102mm，总长约 1.3m。液体吸入口在螺杆泵下方。柔性传动总成设计有排砂口，防止砂子沉积。

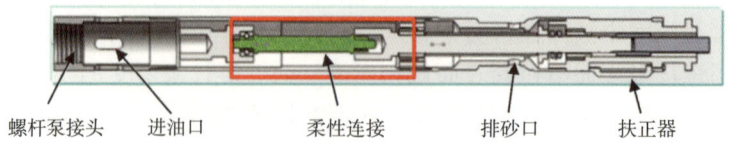

螺杆泵接头　　进油口　　　　柔性连接　　　　排砂口　　扶正器

图 2-52　井下柔性传动系统结构图

4. 地面控制系统

地面控制系统采用 ABB 矢量变频器，转速、扭矩、电流闭环控制，通过变频实现转速调节，通过电流实现扭矩控制。还可以实现开机软启动，防止启动电流冲击，具有电动机过载保护，地面手动无级调速等功能。控制柜显示界面如图 2-53 所示。

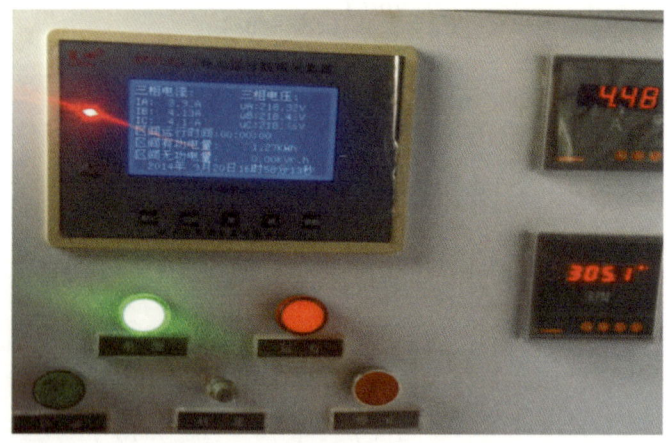

图 2-53　地面控制柜显示界面

通过 GPRS 远程数据传输，实现运行数据的远程监测与控制，可以远程控制电动机的启停和转速。远程监控界面如图 2-54 所示。

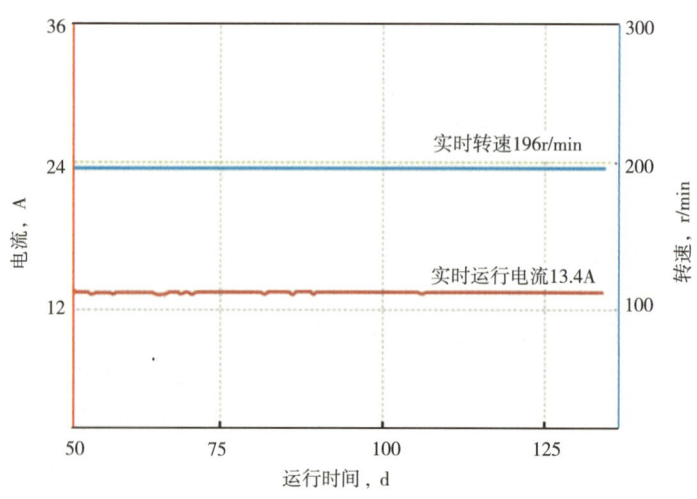

图 2-54　远程监控界面

5. 低启动扭矩潜油螺杆泵

与普通地面驱动螺杆泵相比，潜油螺杆泵启动扭矩和工作扭矩要求更小、耐温溶胀能力更高，从而降低对直驱潜油电动机组的驱动能力需求，降低整个井下系统的工作负载，保证系统寿命和工作可靠性（图2-55）。

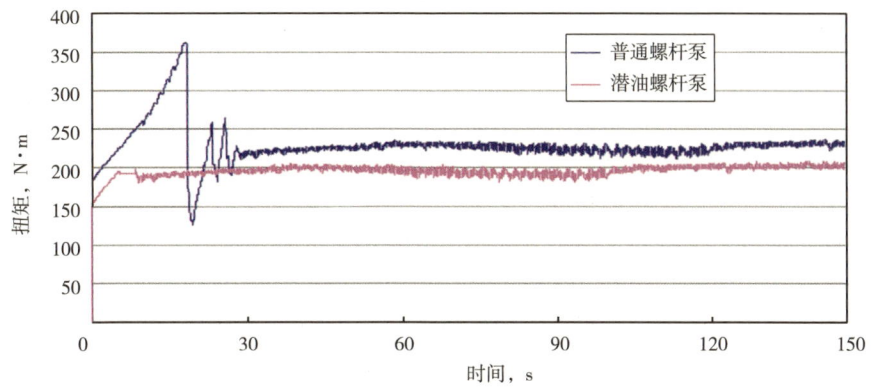

图 2-55 普通螺杆泵和潜油螺杆泵性能对比曲线

采用高速小泵型潜油螺杆泵实现同等举升能力，降低泵启动扭矩和工作扭矩；通过橡胶选配、泵结构参数优化、制造工艺改进，提高泵高速状态下的耐磨耐老化性能，降低启动扭矩和摩擦扭矩，保证泵黏接、疲劳寿命。

三、现场试验情况

该技术累计对40余口井进行现场试验，截至2015年底在用井20口，平均泵挂929m，最深泵挂3000m，平均泵径35.5mm，平均转速200r/min，平均日产液37.2t，平均泵效70.3%，平均日耗电80.5kW·h，与同排量地面驱动螺杆泵相比节电38.3%，平均检泵周期426d，最长检泵周期达到1047d。

（1）彻底解决了有杆举升方式存在的杆管偏磨的问题。随着斜井和水平井数量的增多，由于杆管偏磨造成的开销急剧增加。潜油直驱螺杆泵取消了抽油杆，可以减少作业成本，提高检泵周期，特别是对于斜井和水平井影响巨大。

（2）潜油螺杆泵更加的节能。当油井产量低的时候，有杆泵的系统做功主要作用在抽油杆上，导致有杆泵的系统效率非常低。使用潜油螺杆泵能显著提高系统效率，降低能耗，降低油田的耗电成本，减少了大气的碳排放。

（3）潜油螺杆泵的井口占地面的很小。现场试验中，同样产量的8型机占地面积14m²，高7m。而潜油直驱螺杆泵的占地面积不足1m²，高度不足1m。这种特点可以使多口井布置在同一个平台上，管理和维护起来更加的方便，同时减少了油田的征地成本。

（4）潜油螺杆泵更加安全环保。它不需要普通抽油机使用的大量的围栏来和安全设施用来确保人和牲畜不会发生危险；不需要定期更换密封盒，减少了维护的成本；不会发生地面驱动螺杆泵那样的螺杆泵反转事故；由于减少了井口漏油的风险，降低了环境污染的风险，更加适合在环境敏感区和洪泛区内进行采油；噪声更小，游梁式的抽油机工作噪声大于50dB，如果保养不及时，噪声会更大，潜油螺杆泵的电动机安置在井下，可以减少环境噪声污染，更适合放在离社区近的油井上。

第四节　气举举升技术

在所有的人工举升方式中，气举采油是最接近自喷的人工举升方式，它操作简单，易实现集中化和自动化管理，是一种有效、高产、经济的采油方式。

我国在气举采油技术研究方面起步虽晚，但进展比较快，尤其继吐哈气举技术中心成立后，形成了具有独立知识产权的气举采油技术序列及配套工具。经过十多年持续不断研究、创新和实践，针对不同油气藏类型、气源情况及油品性质的生产需求，形成连续气举、间歇气举、气举创新技术系列等，配套研发气举工具 5 大类 48 种 98 个规格，开发了优化设计软件；建成了先进的气举采油模拟试验系统、大斜度模拟井试验装置、气举阀特性实验室和井下工具质量检验站，形成了我国完整的气举采油技术系列及研究体系。

近年来我国油田开发进一步强化天然气资源和能量的综合利用，在海外油气开发"有油快流"的要求下，气举采油技术发挥了其生产优势，解决了不同类型油气井生产难题，有效提高油田开发效益。

一、连续气举采油技术

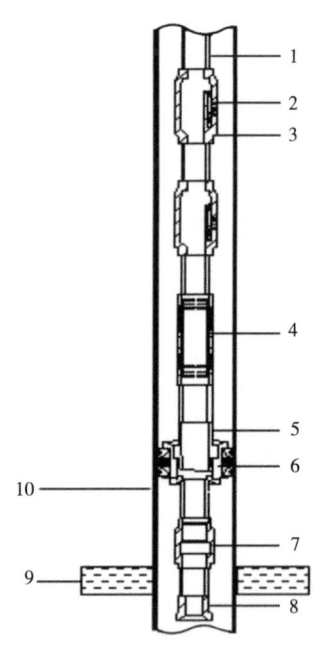

图 2-56　吐哈气举技术中心连续
气举管柱结构示意图
1—油管；2—投捞式气举阀；
3—投捞式气举工作筒；4—滑套；
5—密封插管；6—Y453 永久式封
隔器；7—坐放短节；8—喇叭口；
9—油层；10—套管

1. 技术简介

连续气举采油是不间断地将一定量的高压气体经气举阀注入生产管柱，与井液混合形成混合流体，从而降低井液密度，放大生产压差，将井液举升至地面。

该技术具有以下特点：（1）适用产量范围广，能够满足不同产能油井开发需求，典型单井产量 $20 \sim 3200 \mathrm{m}^3/\mathrm{d}$；（2）井下工具运动部件少，寿命长，能实现 3 年以上不动管柱；（3）适应环境能力强，受地层出砂、气、井斜、腐蚀环境以及恶劣的地表环境等因素的影响小；（4）可通过钢丝作业更换气举阀，作业成本低；（5）易实现集中化和自动化管理，在地面可实现产量调节，运行成本低；（6）占地少，无污染，适于居民区和海上油田的开采。

2. 管柱结构

吐哈气举技术中心提供了一种连续气举管柱，其结构由上部管柱和下部管柱组成（图 2-56），上部管柱可通过密封插管下入和起出。

上部管柱包括：（1）至少一级带有气举阀的偏心工作筒，用于向油井内注入气体；（2）滑套，位于偏心工作筒下部，用于建立或关闭油套环空之间的过流通道；（3）密封插管，插入封隔器，用于上下管柱的连接和释放。

下部管柱包括：（1）Y453 永久式封隔器，锚定于油井套管，用于密封油套环空；（2）坐放短节，位于封隔器下部,为单流阀和堵塞器等流量控制类工具提供载体;(3)喇叭口,作为油管的一部分安装于生产管柱底部,方便油井测试。

吐哈气举技术中心连续气举管柱结构简单,管柱使用寿命长,配套防硫工具,可用于含 H_2S 的油气井,一趟管柱实现了气举生产、洗井、不压井作业等功能,具有油层保护功能。其技术指标见表2-11。

表2-11 连续气举采油管柱技术指标

项目	技术指标
完井管柱寿命,a	≥3
配套生产管柱,mm	60.3、73.0、88.9、114.3
管柱承压,MPa	≤70
举升高度,m	≤4500
适应井斜,(°)	65
腐蚀环境	H_2S 含量≤6%,CO_2 含量≤1%
适用套管尺寸,mm	≥121.36

3. 应用情况

该项技术广泛应用于海内外油田。至"十二五"末,连续气举采油技术在哈萨克斯坦让那若尔油田高含硫环境中规模应用,管柱平均寿命5年,最长11年。气举规模由初期的11口增长至492口,扩大了40倍,年产油量超过 $200×10^4t$,是世界陆上单个油藏规模最大的气举整装油田。

在阿扎德甘油田应用55口井,施工成功率100%,投产成功率100%,连续5年未发生安全环保事件,油田日产原油 $1.1×10^4t$,超过合同目标($1.0×10^4t$),效果显著,叩开了中东市场的大门,为"立足中东"奠定了基础。

应用于苏丹六区,气举规模达36口井,单井最大产量328t/d,单井平均增产3.8倍,气举井年产能力 $103×10^4t$。

2009年,应用于冀东南堡油田大斜度井上,建成中国石油滩海大斜度井气举采油示范基地。气举井规模达120口,管柱下入最大井斜角为78.81°,单井平均增产率31.27%,截至2012年底,已累计产油 $120×10^4t$,建成年产 $30×10^4t$ 气举生产区。

二、本井气气举采油技术

1. 技术简介

本井气气举采油技术是一种针对同一口油井同时具备独立的油、气两套层系的特殊油井进行气举开发的一种方式。

本井气气举采油技术不需要外加高压气源,利用油井本身的高压气层进行油层的气举开采,高压气层气体通过气举阀连续不断地向油管内注入,在油管内与井液混合,从而降低井液密度,达到举升采油的目的。该技术既可合理控制高压气层的产气量,又可达到开采油层油的目的。

2. 管柱结构

根据油井内高压气层和油层的所处位置的不同,吐哈气举技术中心设计了4种本井气举采油完井管柱，如图2-57所示。图2-57（a）、图2-57（b）是油层在气层下部的2种完井管柱；图2-57（c）是油层在气层的上部的完井管柱；图2-57（d）是气层在中间、油层在上侧和下侧的完井管柱。

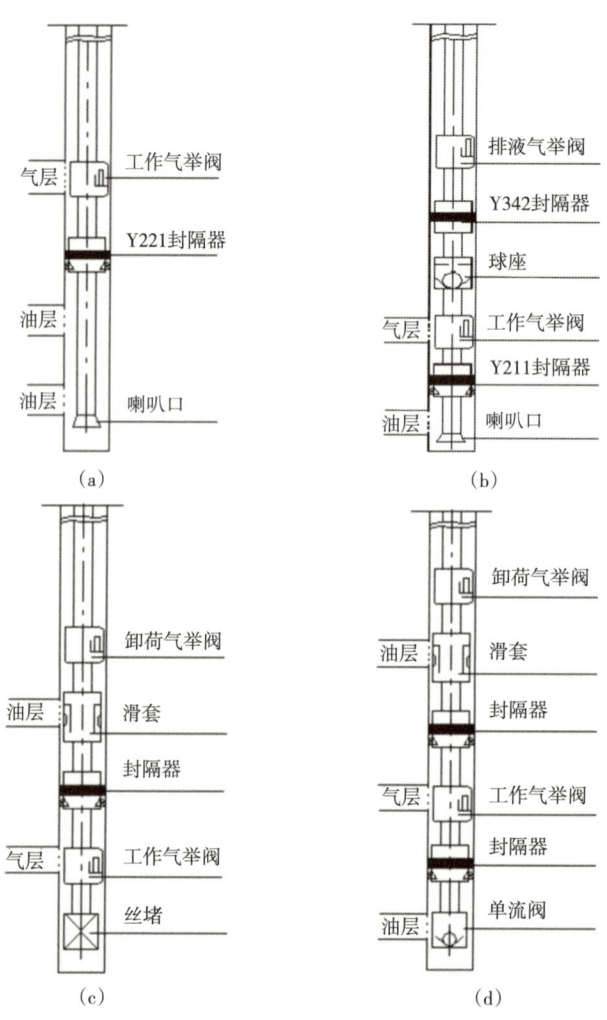

图2-57　本井气气举采油完井管柱图

完井管柱主要配套工具有卸荷（排液）气举阀、封隔器、工作气举阀等。在气举采油投产时，利用外加气完成井筒液体排空，实现气举采油顺利投产；工作气举阀采用控制阀，是本井气气举采油的关键工具，它的作用是合理控制高压气层的产出，并为本井气连续气举采油提供足够的气量和压力，实现正常的连续气举采油；封隔器将油井的高压气层和油层进行隔离，保证本井气连续气举采油的顺利进行。

3. 应用情况

本井气采油技术在W8-57井进行成功应用。该井属于吐哈油田温米油田温8块的一口开发井，油井井下2套层系，油层中深2430m，油藏地层压力23MPa，气层中深2400m，气层地层压力22MPa，设计采用3.2mm阀孔注气生产，注气深度2400m。油井进行本井气气举应用前，井口油压17MPa，只出气，不产油，油气层开发呈现明显的层间干扰，采用本井气气举生产后，油井产液 $23m^3/d$，产气 $3\times10^4 m^3/d$，油井生产平稳。

三、本井气柱塞气举技术

柱塞气举技术是气举采油系列技术之一，是间歇气举典型代表，适用于低产、低效连续气举井接替及高气油比井生产。其原理是油气井利用油套环空储集的气体推动油管内柱塞向上运动，柱塞在被举升液体和气体之间起分隔作用，有效阻止气体上窜和液体回落，从而提高举升效率。

吐哈气举技术中心在近几年已完成柱塞气举技术研究，形成了柱塞气举技术工艺、完成管柱、配套工具等，柱塞气举技术得到国产化。本井气柱塞气举技术作为柱塞气举技术的典型技术，得到了较好应用。

1. 技术简介

本井气柱塞气举技术是高气液比井利用井筒伴生气能量，通过环空储集气体，推动油管内柱塞及上部井液到达地面，主要用于气井排液，有效排除井底积液；也可应用于高气油比的油井，提高油井的产量或延长自喷期。

该技术无须外加能源，其采油成本低；生产自动化程度高，运行成本低；柱塞的往复运行，起到清、防蜡效果。由于配套设备占地少，无污染，适于居民区、海上油气田、孤立油气井开采。

2. 管柱结构

管柱设计遵循3大原则：（1）井下管柱结构简单，全井无变径；（2）井底干净、不出砂；（3）不动管柱进行井下设备安装。因此，完井管柱采用原井管柱，通过钢丝作业按照设计深度将井下设备油管卡定器、柱塞缓冲器自下而上依次投入井内，钢丝作业完成后，即可投产，图2-58为本井气柱塞气举完井管柱示意图。

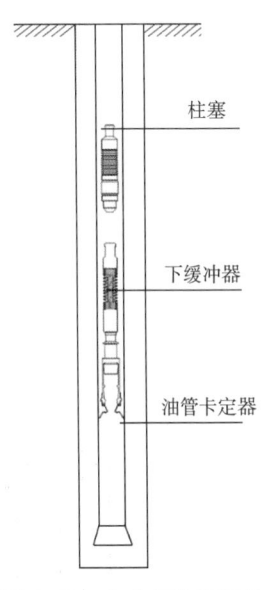

图2-58 本井气柱塞气举完井管柱示意图

管柱配套工具包括柱塞、下缓冲器、油管卡定器3种（图2-59），其中柱塞是柱塞举升系统中唯一的运动部件，它在油管内往复运动，其作用是在举升过程中对液体和气体进行分隔，形成气液分界面，降低在举升过程中的滑脱损失；油管卡定器及下缓冲器在井下组合并坐于油管设定位置，实现了柱塞的下行安全限位，提高工具的使用寿命。

本井气柱塞气举完井管柱参数见表2-12。

表2-12 本井气柱塞气举完井管柱参数表

项目名称	技术指标
完井管柱寿命，a	>3
配套生产管柱，mm	60.3、73
管柱承压，MPa	<35
举升高度，m	<4000
产量范围，m^3/d	41

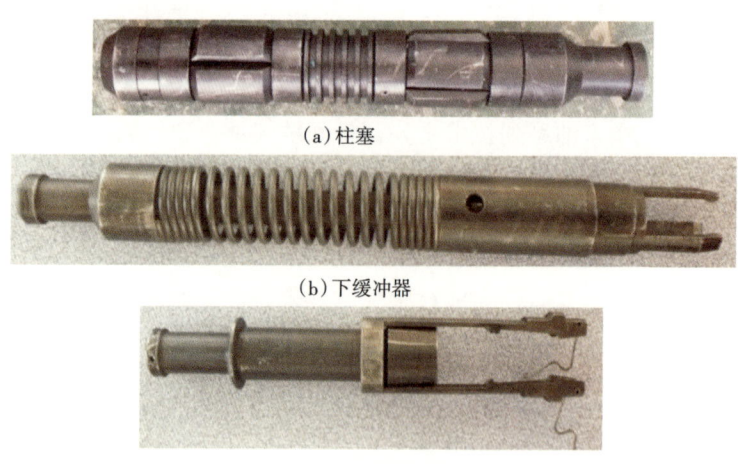

（a）柱塞

（b）下缓冲器

（c）油管卡定器

图 2-59　管柱配套实物图

3. 应用效果

截至 2015 年底，该技术在吐哈油田丘东气田累计应用 19 口井、胜北区块应用 1 口井，最大应用井斜为 38.19°，最大举升深度为 3380m。平均单井增产气量 3100m³/d，平均增产率 62%，最大增产率 114%。

四、气举联作技术

1. 电潜泵—气举联合采油技术[7]

随着深层油气层不断地发现和开采，单一的举升方式受限于其自身的举升能力和产油效率，已不能满足生产需求，因此组合举升方法的运用日益普及。

1）技术原理

电潜泵—气举联合采油技术是一种集电潜泵与气举采油技术于一体的组合举升技术，是在电潜泵上部的油管柱上安装气举阀，通过气举阀将地层产出气与地面增压后的高压气体一起注入油管，降低油管内的液体密度，减少悬点载荷，从而能增大泵的沉没度，增加油井产量（图 2-60）。

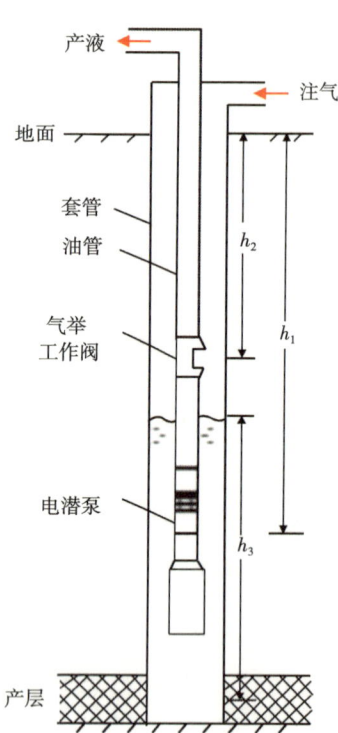

图 2-60　电潜泵—气举联合采油系统管柱结构示意图

2）管柱结构

根据组合生产管柱结构及气举气源情况，电潜泵—气举组合举升可分为 4 种方式（图 2-61）。

（1）安装封隔器、通过环空气举 [图 2-61（a）]。在此条件下环空注气气举对动液面、下部电潜泵等没有直接影响，但不利于地层产出流体中分离出的伴生气的排出，因此主要用于高含水井或气液比很低、不需要实施气液分离的井。

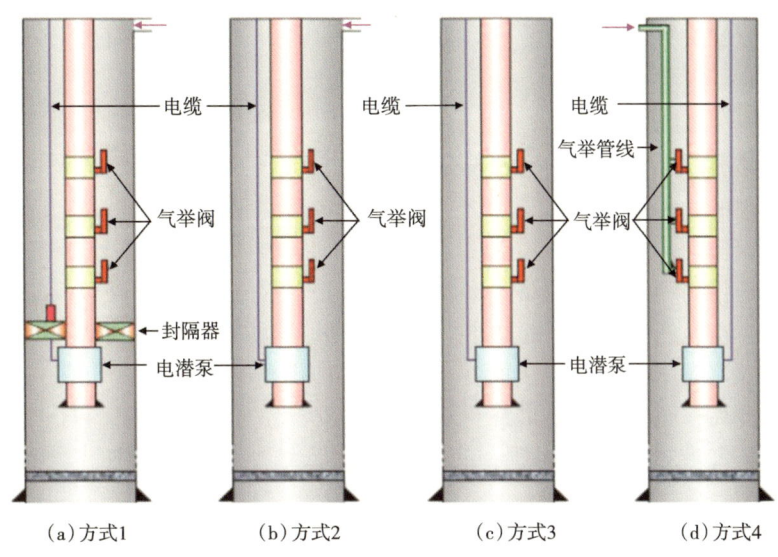

图2-61 电潜泵—气举组合举升工艺管柱结构示意图

（2）不安装封隔器、外来高压气通过环空气举［图2-61（b）］。该管柱结构有利于下部深井泵工作时的气液分离，因此适用于气液比较高的井，但由于气举时环空套压较单独电泵举升时显著升高，必然使得动液面下移，影响下部电潜泵的工作。

（3）不安装封隔器、通过自产伴生气气举［图2-61（c）］。该结构需要首先启动电潜泵生产，在关闭套管阀门条件下，环空积聚的伴生气最终被引入油管中辅助电泵举升，其伴生气引入油管后的生产规律与图2-61（b）基本相同。该管柱结构一般用于气液比较高、伴生气量大的井，其特点是气举气源来自本井伴生气，因此可称为自力式气举。同图2-61（b）一样，由于套压升高、环空液面加深，下部电潜泵的工作将受到影响。

（4）不安装封隔器、外来高压气通过单独的气举管线实施气举［图2-61（d）］。利用专门研制的可与注气管线直接相连的气举阀，通过环空注气管线实施气举，避免了从环空直接气举对动液面深度的影响，同时还能有效解决含二氧化碳等酸性气体气举时对上部套管的腐蚀问题。

电潜泵—气举联合采油工艺由于采用2套子系统同时工作，因而具有单一举升系统所不具备的独特优势：（1）其子系统的启动压力、运行功率明显较单一举升系统低，可根据现场情况选用最经济的组合，使井下设备的选择范围更广；（2）当某一子系统失效时，另一子系统可以较小的产量维持生产直至整个系统恢复正常；（3）由于组合灵活，可通过调整子系统的运行功率使系统在最佳状态下运行，防止系统过载。

3）应用情况

2009年，重庆气矿某井由于井筒积液严重，关井停产，应用电潜泵—气举联合采油系统进行了排水采气，不外加注入气，电潜泵提供的压力由21.1MPa降至9.8MPa，由此减少的压降使选用的泵级数由468级降至221级，减少了247级；电潜泵所需功率由110.8kW降至52.0kW，只占原运行功率的46.9%。对比单一电潜泵排水采气工艺设计与组合举升排水采气工艺效果，组合举升设计的泵的排出压力明显降低，选用泵级数与泵功率显著下降。

应用表明，该项技术利用气举原理将气体注入油管内部，进一步降低了油管液体密度，提高电潜泵举升效率的同时，进一步加深举升深度，降低电潜泵级数，节约电潜泵投资及运行成本。

2. 气举助抽采油技术[8]

气举助抽是有杆泵—气举的一种复合举升方式，它是利用地层气能量，解决高气油比抽油井生产问题的一种新途径。

1）技术原理

气举助抽是将高气油比的抽油井流体在进泵前，气体通过井下高效气锚等防气工具被分离出来进入环空，然后在泵上的适当位置通过助流阀注入油管，使注气点以上液体密度降低，减小管内流动压力梯度，从而达到降低泵排出压力和机、杆负荷，使冲程损失减小，容积效率提高，漏失减小，最终提高泵效、改善整个系统（机、杆、泵）的工作状况，既能解决高气液比井防气问题，又能防止套管结蜡。气举助抽工艺流程如图2-62所示。

2）管柱结构

气举助抽技术的实现是在油管上安装助流阀，同时关闭套管闸门，让产出气通过助流阀注入油管来实现的，方式简单易行且无风险。气举助抽完井管柱结构如图2-63所示。

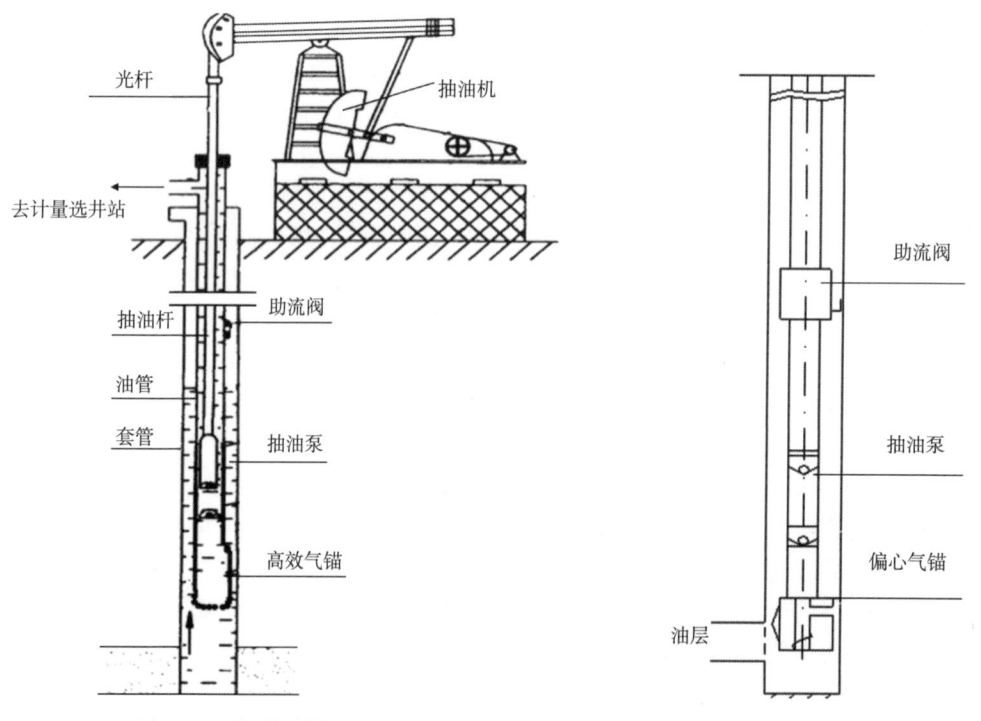

图2-62 气举助抽工艺流程　　　　　图2-63 气举助抽完井管柱图

气举助抽的核心配套工具为助流阀。助流阀无加载元件、结构简单，气体通过阀孔能形成特殊的流动形态。和普通气举阀相比，助流阀可以减小压力损失，同时在相同的过流面积和压力下可获得更大的过气量。通过理论计算可以根据不同的过气量精确配备不同尺寸的阀孔。

气举助抽采油的技术特点是：（1）降低泵排出压力，使泵内气体及时排出，提高泵的容积效率；（2）减小液柱载荷、降低冲程损失；（3）防止油井生产时套喷及套管结蜡；（4）延长杆、泵寿命，减小泵的漏失；（5）一定条件下可进一步加深泵挂，降低井底流压。

3）应用情况

吐哈油田 W8-21 井在作业前的产液量 $1.83m^3/d$，产油 $1.45t/d$，含水率 2.4%，作业后油井产液量上升到 $13.17m^3/d$，排液结束后基本稳定在 $7m^3/d$ 左右，含水率 3.6%。另外，从杆柱工况来分析，也取得了很好的效果。作业后载荷明显下降。该井作业前最大载荷 86kN，最小载荷 69kN；助抽后最大载荷 64kN，最小载荷 52kN（图 2-64）。作业前后最大、最小载荷变化减小，如图 2-65 所示。

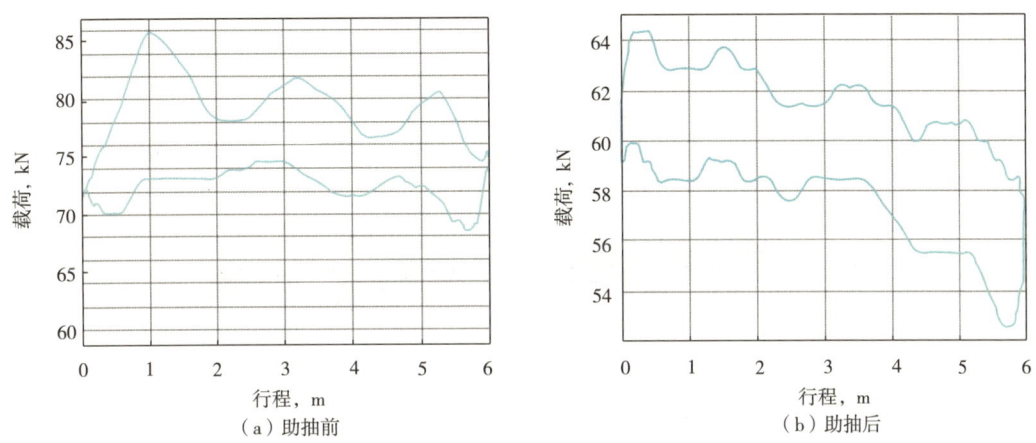

（a）助抽前　　　　　　　　　　　　（b）助抽后

图 2-64　助抽前后示功图对比

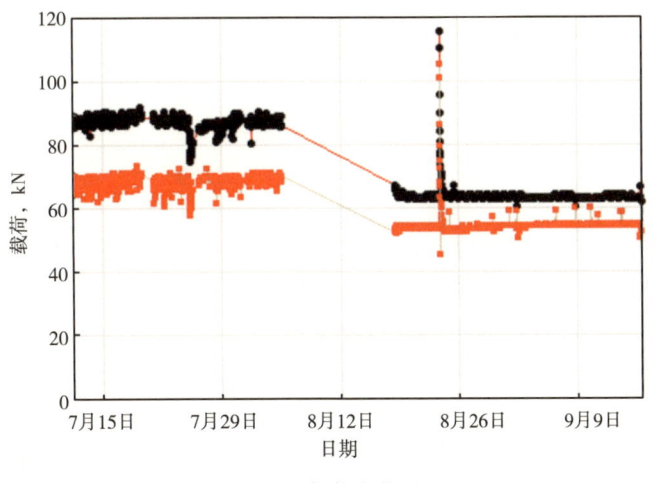

图 2-65　载荷变化对比

油井的其他生产数据显示最大扭矩减小（图 2-66），电动机耗电减少；平衡度更佳（图 2-67）。

通过以上分析可以看出，在油管上安装助流阀后，环空大量游离气注入油管，大大降低泵上液柱梯度，有效降低泵的排出压力以及抽油杆载荷。

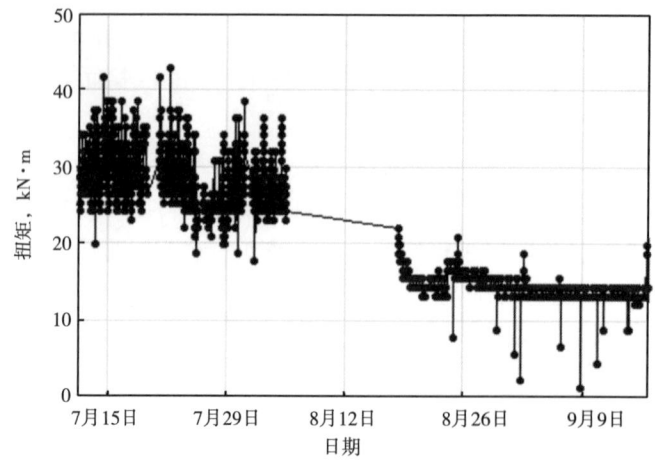

图 2-66　最大扭矩变化

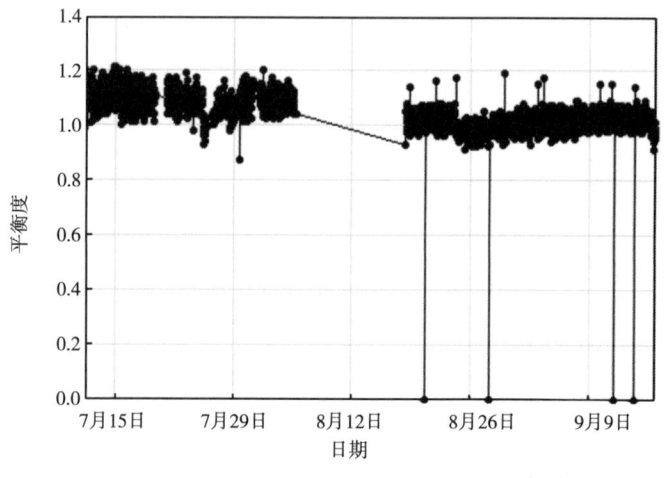

图 2-67　平衡度变化

3. 喷射气举技术

随着油田开发，地层压力下降，连续气举生产压差放大有限，单井产量降低，气举效率逐年下降，针对低压油藏气举开发所面临的低产、低效问题，为了进一步提高气举开发效果，开发了喷射气举采油新工艺。

1）技术原理

喷射气举采油结合了水力喷射泵和气举采油的优点，是一种高效节能的气举采油新工艺。其技术原理是以气体喷射泵替代常规气举工作阀进行注气生产，在地面连续不断地把经过压缩机增压的高压天然气注入油井的油套环空，气体通过预先设计有一定压力的多级卸荷气举阀在特定位置进入油管，卸荷气举阀依次关闭后，最终气体由喷射泵进入油管实现气举井的稳定工作，由于气体进入油管与井液混合，减少井筒流压梯度，降低井底流压，增大生产压差，从而达到举升采油的目的。

2）管柱结构

喷射气举采油管柱结构如图 2-68 所示。

喷射气举采油和气举采油的工作原理基本相同，但喷射气举采油不是注入气与井液的简单混合，它发挥了喷射泵采油的优势，主要体现在：(1) 由于气体喷射泵的抽汲作用，可以形成更低的井底压力，生产压差更大；(2) 由于射流作用在混合室中形成一种湍流，使注入气和井液混合得更充分，从而减少气液间的滑脱损失；(3) 由于气液流压力方向一致，混合时能量损失小，使注入气的能量利用更充分，减少耗气量，提高气举效率；(4) 由于液相速度的加快和旋转，液体析出的蜡晶不易附着到油管上，气体通过喷嘴产生超音速流动，在超声波的作用下，可起到延缓结蜡作用。其中，气体喷射泵的抽汲作用对于发挥低压油藏的生产能力至关重要。

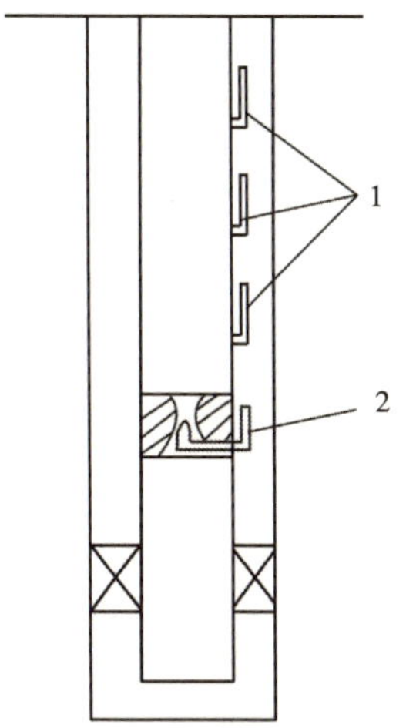

3）应用情况

吐哈油田针对其低压力、低孔隙度、低渗透率的油藏特征，通过对气体喷射泵原理及结构设计的研究，研制出多级投捞式SLB气体喷射泵和配套投捞工具，以满足不动管柱即可改变油井生产参数的要求。该技术在鄯善油田S613井首次实施，在耗气量很低的情况下，能连续、稳定地出油（产油7~8t/d）。随后又在S10-18井、S11-17井进行了现场试验，验证了其稳定性高、调参简单、故障率低的特点；在哈萨克斯坦让那若尔油田应用5井次，单井平均日增产液量12t，增产幅度为35%，注入气液比平均下降188m³/t，下降26%。

图2-68　喷射气举采油管柱结构示意图
1—气举阀；2—气体喷射泵

五、高压气举工具

为满足高压作业环境，实现气举—酸化压裂一趟管柱作业要求，配套研制了耐高压、耐腐蚀气举工具。

1. 高压气举阀

气举阀是气举井控制注入气量的关键元件，是气举采油技术的核心配套工具，是气举采油技术进步的先决条件。常规气举阀承受外界压力一般在35MPa以下，不能满足油气田高压工作条件下的使用要求，这样就限制了气举技术的应用。

吐哈气举技术中心自主研发了固定式和可投捞式高压气举阀（图2-69），最大工作压力可以达到70MPa，适用于腐蚀性介质的工作环境。

典型的可投捞式高压气举阀工具结构（图2-70）主要由尾堵总成、上密封圈组、上阀体、波纹管总成、阀头、阀座、下阀体、下密封圈组、单流总成组成。该阀采用特殊材质及加工工艺制作而成，承压高，还能适应含H_2S和CO_2等腐蚀性介质的工作环境。

高压气举阀内有波纹管加载元件，作用在波纹管有效面积上的注气压力控制着气举阀在井下的打开和关闭，当注气压力高于波纹管充气压力时，波纹管被压缩拉动阀头上行阀孔处于开启状态，气举阀开始工作；当注气压力低于阀的调试关闭压力时，波纹管伸长推动阀头下行，气举阀关闭。

该阀先后在吐哈、塔河、长庆、克拉玛依、玉门以及国外的让那若尔等多个油田规模应用，累计应用700余套，井口最高施工压力107MPa，未出现管柱串漏现象，施工成功率100%。

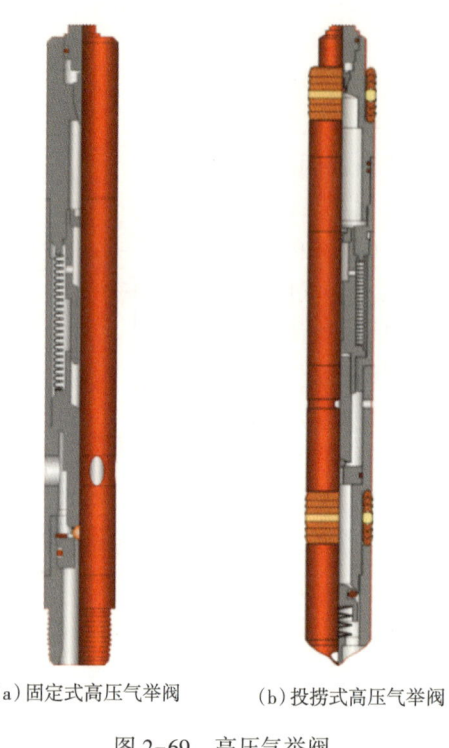

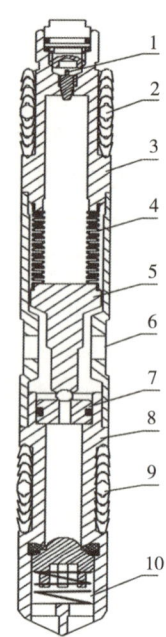

（a）固定式高压气举阀　　（b）投捞式高压气举阀

图2-69　高压气举阀

图2-70　投捞式高压气举阀结构示意图

1—尾堵总成；2—上密封垫圈组；3—上阀体；
4—波纹管总成；5—阀头；6—进气孔；7—阀座；
8—下阀体；9—下密封垫圈组；10—单流总成

2. 高压可投捞式气举工作筒

气举工作筒的主要作用是为气举阀提供工作载体，它和气举阀构成一个整体，用于控制气举注气深度和注气量，达到举升井下液体的目的。

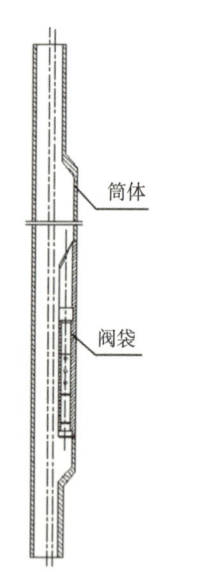

图2-71　高压可投捞式气举
工作筒结构示意图

常规投捞式气举工作筒受加工工艺限制，整体承压能力低，只能应用于低压气举完井、常规排液等作业中，不能满足高压工作需求。基于高压气举工作的需要，吐哈气举技术中心研发了高压可投捞式气举工作筒。

高压可投捞式气举工作筒主要由工作筒、气举阀阀袋组成（图2-71），阀袋用来安装、密封、固定气举阀，经机械加工后与工作筒焊接成一体，阀袋中心轴线与偏心部分中心轴线平行并保持一定的偏心距要求，保证钢丝投捞作业的投入与捞出工作正常。

高压可投捞式气举工作筒筒体采用整体锻造工艺处理，加工方法是在保证一定的主通径尺寸要求下，经过多次高温轧制工艺使上下两段产生缩径，形成了上下两段外径小、中间部分外径大的偏心结构，避免了国内外同类产品上下接头处的两条焊缝；工作筒与阀袋之间的焊缝也做了特殊处理，较常规的焊接工艺区别在于在进行筒体与阀袋焊接时，严格控制焊缝配合尺寸精度，在恒温、无尘环境下使用专用焊机，采用特殊防硫焊接材料，数字精确控制电流大小、熔点高低，使成型的焊缝布置均匀、变形量小、受力均匀、承压能力高，经探伤检测和室内实验证明，经特殊处理的焊缝其完全可以满足高压及腐蚀环境工作需求。其参数见表 2-13。

表 2-13　高压可投捞式气举工作筒主要参数

规格型号	总长 mm	最大外径 mm	通径 mm	工作压力 MPa	连接螺纹	适应环境
KPX-127-HP	2250	127	58	70	$2\frac{7}{8}$in EUE	H_2S 含量≤6%、CO_2 含量≤1%
KPX-140-HP	2300	140	73	70	$3\frac{1}{2}$in NUE	H_2S 含量≤6%、CO_2 含量≤1%

高压可投捞式气举工作筒集成了常规投捞式气举工作筒和固定式气举工作筒优点，目前已推广应用于国内各油田及哈萨克斯坦让那若尔油田和肯基亚克油田，累计应用 700 余套，借助该工具创造性地将压裂技术与气举技术有机结合起来，形成了储层改造—气举一体化技术，丰富了气举采油技术系列。

六、气举采油优化

1. 气举系统优化

在气量有限的气举举升系统中（大部分实际气举采油系统均属此类），无法做到每口气举井均按照最大产量生产，因此，提出了系统优化的概念，即在整个气举系统有限气量的条件下，通过气量的合理分配，使整个气举系统达到最大的生产能力。

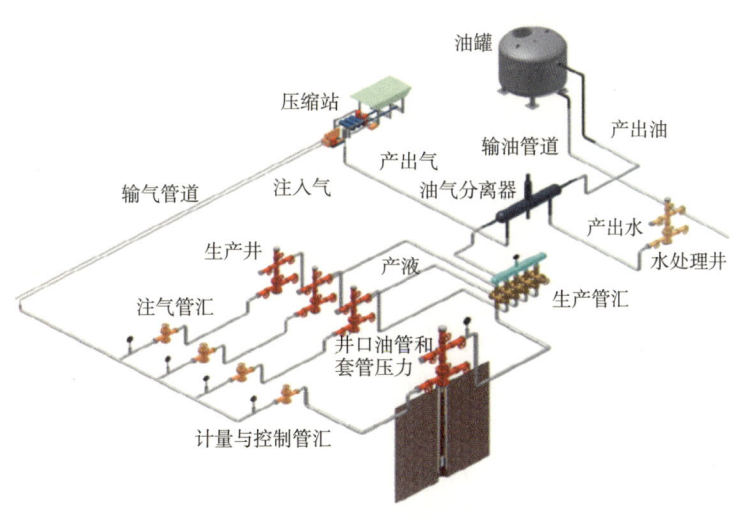

图 2-72　气举系统优化

气举系统优化是气举规模优化、气举方式优化、气量优化的综合优化方式。其优化手段包括单井气量调控、气举方式转换（间歇气举、连续气举选择）、气举规模优化（油井开井、关井及新增气举生产井等）。优化主要分为以下几个步骤。

1）建立优先系统

建立优先系统，即确定在可利用工艺气量不足的时候哪口井应该优先获得工艺气量。进行系统优先级设定的主要参数为注入气油比（IGOR），这一原则适合于系统中的每一口井。注入气油比最低的井对于工艺气量拥有优先权，只要有气体可以利用，就应该满足这口井注气量的需求。相反，当由于注气量不足时，对于注入气油比（IGOR）最高的井，它们应该是最先减少注气量。

2）执行优先系统

（1）按照每口井的注入气油比，进行油井优先次序排序（这一排序要经常更新，已保证这一优先顺序是可靠的），注入气油比越低，油井优先级越高。

（2）明确油田供气系统状况，并按照表2-14对其进行分类。

表2-14 供气系统状况

供气系统压力	供气系统状态符号	供气系统状态
常态	N	系统内油井需气量等于供气量
常态以上	AN	系统内油井需气量小于供气量，系统可扩大气举规模
略低于常态	SBN	系统内油井需气量略高于供气量，按优先级次序对油井进行气量调控
严重地低于常态	DBN	系统内油井需气量严重高于供气量，系统内部分油井需采取关井措施或对部分连续气举井进行间歇生产

（3）在优先序列清单中，从有最高注入气油比（IGOR）的井中选出20%~30%。用上面规定的参数，能人工或自动地实现优先系统。

（4）系统优化人工行为（表2-15）。

表2-15 系统优化人工行为

供气系统状态符号	人工行为
SBN	对系统内注入气油比最高的油井采取减少或停止注气的措施，直到供气系统状态返回至AN。然后对注入气油比较低的油井增加注气，直到符号返回到N
DBN	对系统内注入气油比最高的油井采取停供气措施，直到符号返回到N

2006年吐哈气举技术中心在让那若尔油田开展了试验，通过对232口气举井的系统优化，气举系统日增产量140t，当年累计增产量2.57×10^4^t，节约气量38×10^4^m^3^/d。利用节约的气量新转气举井39口，日增产量699t，当年累计增产量11.52×10^4^t，两者共计增油14.1×10^4^t，系统举升效率提高了12.7%，效果明显。

2. 气举单井优化设计

气举单井优化设计是指利用单井油藏、井筒、地面参数，通过单井生产特性的精确模拟，对单井的气举方式、气举工艺参数、生产管柱、气举工具参数进行优化和设计，达到单井生产产量、举升效率最优。气举单井优化设计包括对油井目前生产状况和未来生产状况的优化设计，充分考虑油藏未来开发条件变化所带来的油井生产动态变化，以满足油井全生命周期的开发要求。其设计流程如图2-73所示。

气举单井优化设计在哈萨克斯坦让那若尔油田累计应用700余井次，设计符合率96%，采用7级气举阀分布，平均注气深度3100m。

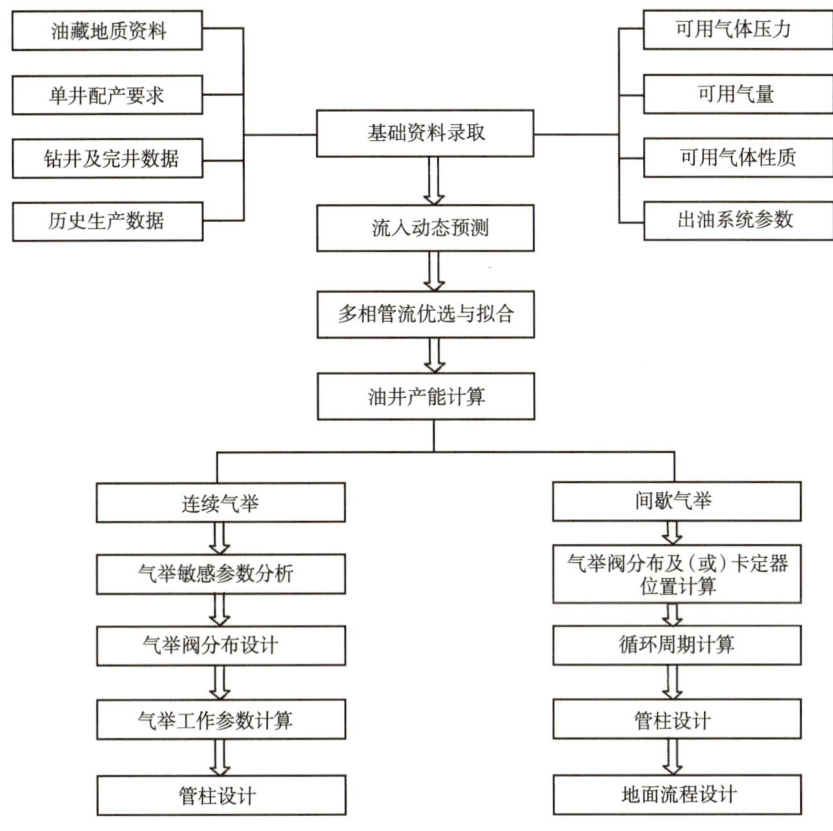

图 2-73　设计流程示意图

第五节　耐高温滑片采油泵举升技术

稠油举升中，抽油机+抽油泵组合的系统效率低，而潜油电泵、地面驱动螺杆泵的系统耐温低。针对上述问题，开发了地面驱动滑片采油泵技术，充分利用了滑片泵耐高温、泵效高的特点，实现了普通稠油井的高效举升[9]。

一、滑片采油泵的设计

滑片泵是一种容积式泵，当转子旋转时，叶片与定子之间形成动密封，根据定子内曲线形状，不断产生容积变化，产生举升压力，实现介质的输送和举升。滑片泵具有容积效率高、流量脉动小等特性，广泛应用于流体储运领域。

结合油井举升特征和滑片泵特点，为了使滑片泵满足井筒举升要求，特别是高温举升作业的工况，必须要解决以下几个问题：（1）降低转速，保证效率。普通滑片泵的额定转速一般较高（1500~3000 r/min），且润滑条件较好，而井筒举升过程中润滑一般不充分，高转速势必造成泵寿命的降低，同时高转速也不适应为数很多的低产井；（2）提高举升压力。无论单极还是双极滑片泵，其提供举升压力的能力有限，特别当转速降低时，泵的水力效率也相应降低，压头损失也会增大；（3）减小尺寸。普通滑片泵的形状和结构尺寸无法适应井筒举升的狭小空间。

　　为了适应井筒狭小的举升空间，在设计滑片采油泵时，首先要保证旋转的轴向与举升方向一致；同时为了提高举升压力，将滑片采油泵设计为多级串联，从而降低每级滑片采油泵的举升压力。

　　滑片采油泵的设计原理如图 2-74 所示。图 2-74（a）中，单极滑片采油泵泵轴旋转时，液体进入下部吸入口，然后从上部排出口排出；将类似单极滑片采油泵串联［图 2-74（b）］，即可实现多级增压。将每三级滑片采油泵制造成一个单元，当需要增加举升压力时，可以将多个类似单元通过联轴器连接在一起。

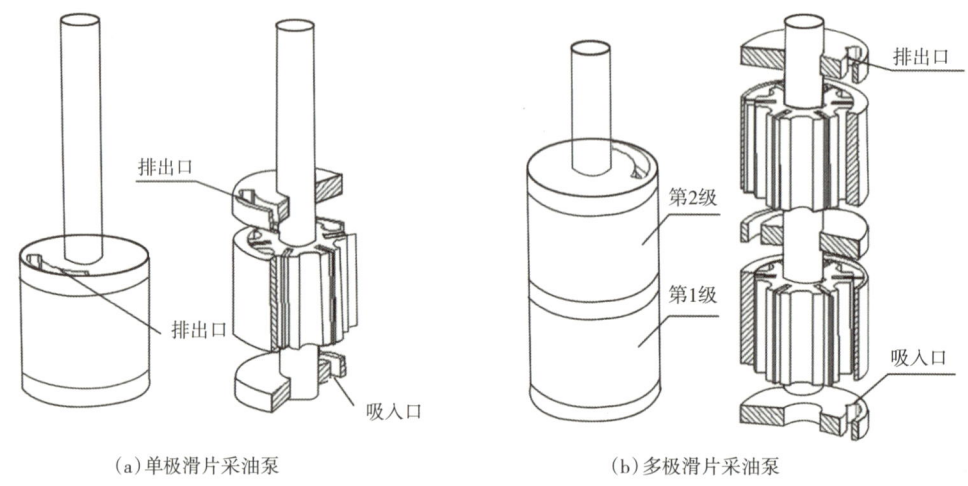

(a) 单极滑片采油泵　　　　　　　　　　(b) 多极滑片采油泵

图 2-74　滑片采油泵原理设计

　　滑片泵部件及整体如图 2-75 至图 2-77 所示。

　　滑片采油泵具有以下特点：（1）定子转子为全金属件，适用于蒸汽驱井和吞吐井，满足高温工况工作要求；（2）定子、转子之间没有预紧力，同时转子无偏心运动，减少杆管偏磨，因此系统效率较高；（3）泵体总尺寸短，更适用于斜井。

图 2-75　滑片泵泵轴及泵筒

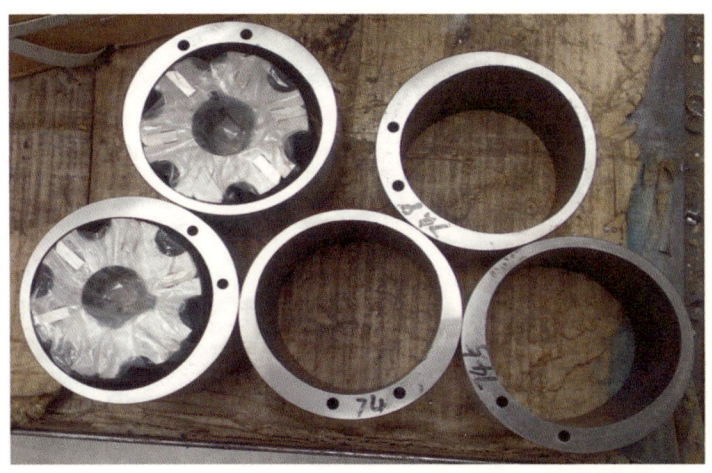

图 2-76 定子、转子及叶片

图 2-77 六级滑片采油泵

二、滑片采油泵的工作特性

滑片采油泵的有用功率可表示为：举升压差 Δp（单位 MPa）和排量 Q（单位 L/s）的乘积，即有

$$P_{有} = Q\Delta p \tag{2-15}$$

式中　$P_{有}$——有功功率，kW；

Δp——举升压差，MPa；

Q——排量，L/s。

已知电动机输入功率可以表示为

$$P_{入} = \sqrt{3} \times 10^{-3} UI\lambda \tag{2-16}$$

式中　$P_{入}$——电动机输入功率，kW；

U——电压，V；

I——电流，A；

λ——功率因数。

也可以通过测量电动机输入轴的功率获得

$$P_{入} = \frac{\pi M n}{30000} \tag{2-17}$$

式中　M——电动机输入轴扭矩，N·m；

n——滑片泵转速，r/min。M 和 n 可通过仪器测得。

进而可得滑片采油泵的系统效率：

$$\eta = \frac{P_{有}}{P_{入}} \qquad (2-18)$$

可以用偏心圆腔室模型计算滑片采油泵每天的理论排量 V_d 为

$$V_d = 2880\pi nDeb \qquad (2-19)$$

式中　b——滑片的轴向宽度，dm；

　　　e——转子偏心距，dm；

　　　D——定子内径，dm；

　　　n——每分钟转速，r/min。

滑片采油泵的容积效率可以表示为

$$\eta_v = 86400Q/V_d = \frac{30Q}{\pi nDeb} \qquad (2-20)$$

通过试验台对滑片采油泵的特性进行标定，得到了以下结论：（1）滑片采油泵系统机械特性稳定，体现的是举升压头与轴功率呈现明显线性关系（图 2-78、图 2-79）。（2）滑片采油泵系统效率稳定，在较大的举升压头区间内能维持较高水平。3 级泵在 160r/min 转速 2~7.5MPa 的压力区间，系统效率大于 55%（图 2-78）；9 级泵在 200 r/min 转速和 2~12MPa 压力区间，系统效率大于 50%（图 2-79）。（3）滑片采油泵系统空载特性好，在各种转速下的空载扭矩和空载功率均很小，方便停机及启动。6 级泵，在 80~180r/min 的转速区间，空载扭矩和空载轴功率的数值均很小（图 2-80）。（4）滑片采油泵系统重载特性好，重载时转速和扭矩、扭矩和轴功率呈现明显线性化特征。（5）容积效率与举升压头呈现明显线性关系，且容积效率在较宽的举升压头区间内维持较高水平。当转速固定时，容积效率随着压头升高而降低；转速越高，容积效率线性递减速度越慢（图 2-81、图 2-82）。3 级泵、6 级泵、9 级泵在 160r/min 的额定转速下：①3 级滑片泵在

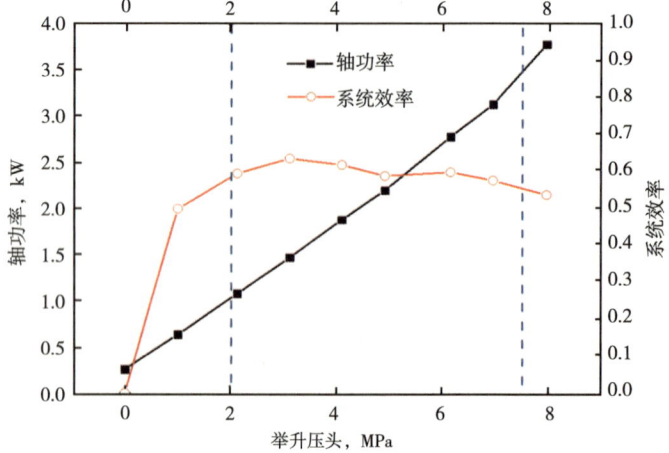

图 2-78　举升压头—轴功率—系统效率曲线（3 级泵，160r/min）

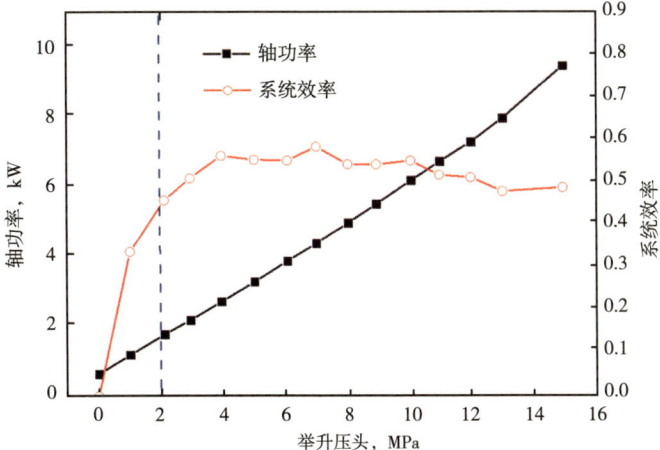

图 2-79 举升压头—轴功率—系统效率曲线（9 级泵，200r/min）

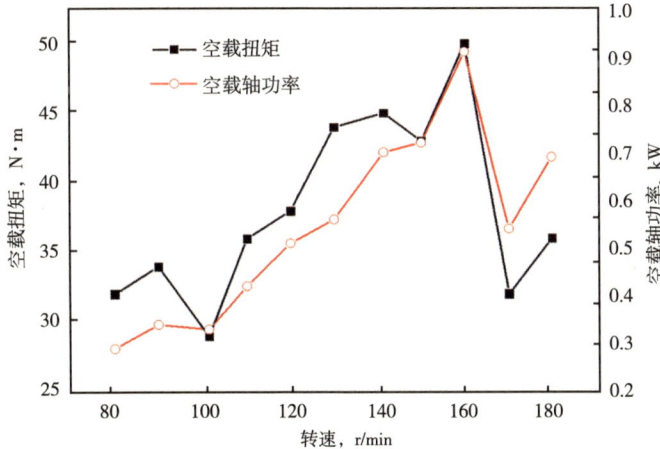

图 2-80 转速—空载扭矩—空载轴功率（6 级泵）

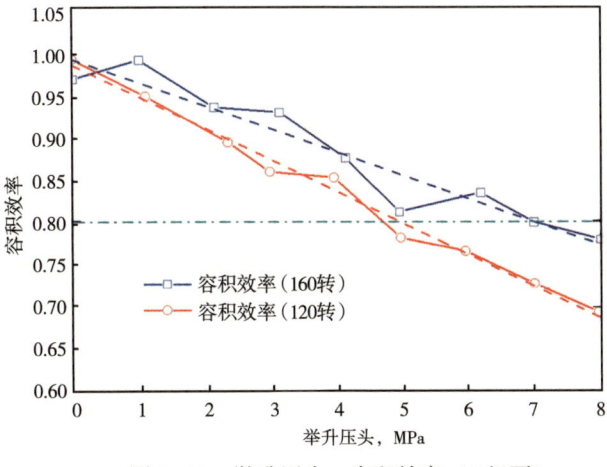

图 2-81 举升压头—容积效率（3 级泵）

0~7MPa举升压头范围内容积效率大于80%；②6级滑片泵在0~13MPa举升压头范围内容积效率大于75%；③9级滑片泵在0~12MPa举升压头范围内容积效率大于60%。

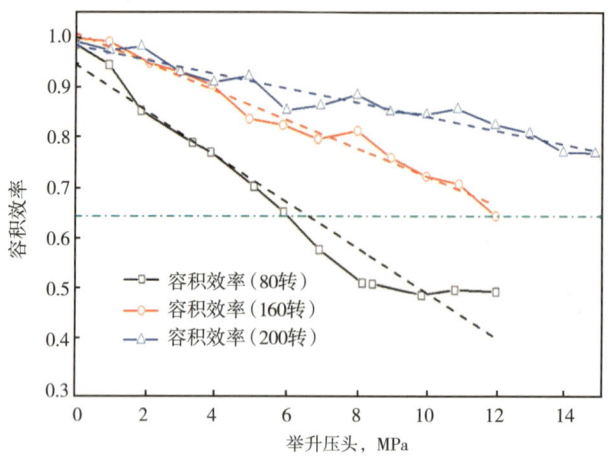

图2-82 举升压头—容积效率（9级泵）

三、滑片采油泵举升工艺

滑片采油泵举升系统设计借鉴了地面驱动螺杆泵，系统分为地面和井下两部分。地面部分使用与螺杆泵相似的驱动头，驱动头带动抽油杆旋转，通过抽油杆将动力传递给滑片采油泵。驱动头采用变频驱动，输出转速可以从80~300r/min范围内调节。

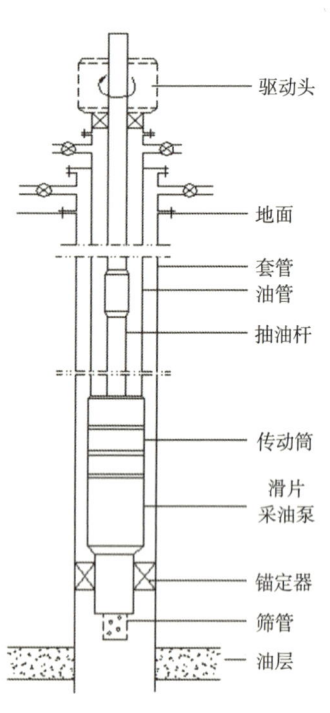

图2-83 滑片采油泵举升系统的主要构成

井下部分由上至下包括油管、抽油杆、传动筒、滑片采油泵和锚定器。油管与滑片采油泵连接构成液体的举升通道；抽油杆动力经传动筒传递给滑片采油泵，传动筒可同时实现注气和防砂功能；锚定器主要用于防止管柱旋转（图2-83）。

1. 常规滑片采油泵举升工艺

常规滑片采油泵举升系统组成如图2-84所示。

传动筒中设计有沉砂筒，它用于容纳作业和停泵过程中的落砂，防止沉砂卡泵。

2. 注采一体滑片采油泵举升工艺

注采一体滑片采油泵举升工艺组成如图2-85所示。

注采一体滑片泵举升系统同时设计有注气阀和沉砂筒，能实现注采一体化（注汽周期中实现不提泵注汽）和防止沉砂卡泵。当抽油杆下压时，花键轴上的卡簧关闭注气阀，进行采油作业；当需要注汽时，抽油杆上提，花键轴上的卡簧打开注气阀，注气阀打开后，高温蒸汽从油管进入油套环空（在滑片采油泵上部），防止蒸汽直接进入滑片采油泵。沉砂筒用于容纳作业和停泵过程中的落砂，防止沉砂卡泵。

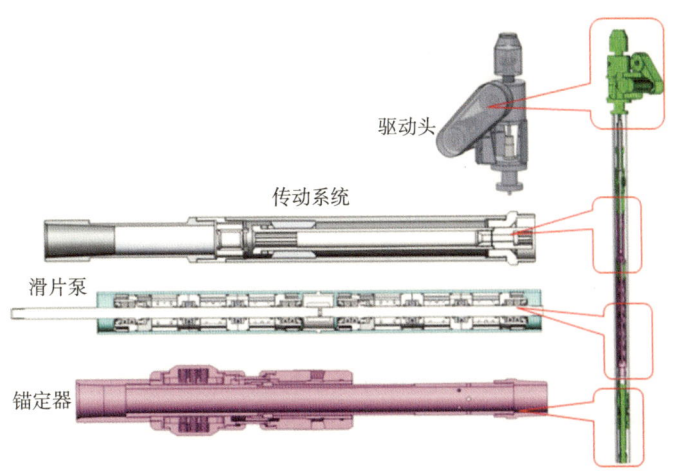

图 2-84　常规采油滑片泵举升工艺图

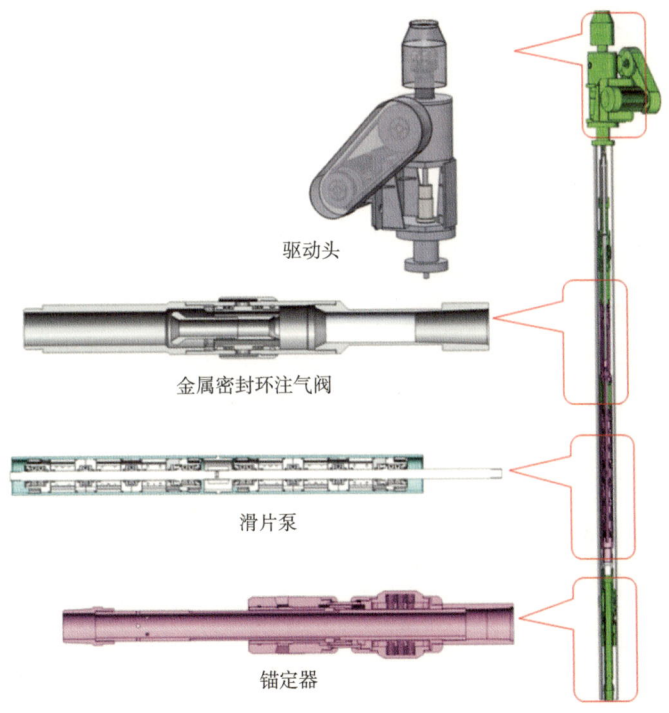

图 2-85　注采一体滑片采油泵举升工艺

3. 滑片采油泵举升安装步骤

普通滑片采油泵现场安装步骤：（1）将锚定器连接在滑片采油泵下端，滑片采油泵连接在传动筒下端，传动筒上端接油管，将管柱下入到预定深度；（2）坐封锚定器。井口顺时针方向旋转油管柱 8~10 圈，使锚定器坐封；（3）将花键轴连接在抽油杆下端，下入油管内，碰底后指重表为 0，上提后恢复杆柱悬重后再上提抽油杆 200cm，即完成抽油杆与滑片采油泵泵轴的连接；（4）安装驱动头等井口设备，开机运转。

注采一体滑片采油泵安装步骤：（1）将锚定器连接在滑片采油泵下端，滑片采油泵连接在传动筒下端，传动筒上端接油管，将管柱下入到预定深度；（2）坐封锚定器。井口顺时针方向旋转油管柱 8~10 圈，使锚定器坐封；（3）将花键轴连接在抽油杆下端，下入油管内，碰底后指重表为 0，上提后恢复杆柱悬重后再上提抽油杆 200cm，即完成抽油杆与滑片采油泵泵轴的连接；（4）安装驱动头等井口设备，开机运转；（5）生产一段时间后，需要注汽时，上提抽油杆 1.5m，注气阀打开，先进行反循环洗井（最好反流井），将油管及管道内油砂冲洗完毕后，从油管开始注汽；（6）注汽结束需要进行机采时，下放抽油杆，碰底后指重表为 0，上提后恢复杆柱悬重后再上提抽油杆 200cm，完成抽油杆与滑片采油泵泵轴的连接；（7）开机运转。

滑片采油泵举升系统及其安装工艺具有以下特点：（1）使用驱动头，可以节约抽油机的建井成本；（2）通过抽油杆地面驱动，避免了电潜泵高温举升技术中原动机在井下的耐温问题；（3）由于转速和排量相对电潜泵更低，其更适应大量的中低产井。

四、滑片采油泵现场应用

A1 井：入井时间 2010 年 9 月 1 日，日产液量在 0~14.8t 之间，平均日产液 3.24t，由于注汽停泵，免修生产 11 个月。

A2 井：入井时间 2010 年 12 月 27 日，2011 年 1 月 1 日开始运转，运转转数 160r/min，中间没有停泵，连续运转到 8 月中旬。日产液量在 0.1~11.4t 之间，平均日产液 7.04t，免修生产近 8 个月，由于注汽停井。

A3 井：入井时间 2011 年 5 月 4 日，日产液量在 7~14.4t 之间，平均日产液 10.01t。

A4 井：入井时间 2011 年 5 月 4 日，日产液量在 1~9.4t 之间，平均日产液 5.9t，2012 年 3 月驱动头漏油停井。

表 2-16 对比了使用滑片采油泵的 3 口井与其同区块使用抽油机的 3 口邻井的电流和电量。与抽油机相比，滑片采油泵举升系统的建井投资降低 30% 以上，节能 50% 左右。

表 2-16　滑片采油泵与邻井抽油机对比

滑片采油泵： 装机功率 5.5kW，泵挂深度 100~450m				邻井抽油机： 装机功率 11~15kW，泵挂深度 100~450m			
井号	电流 A	产量 m³/d	平均生产周期 mon	井号	电流，A	产量 m³/d	平均生产周期 mon
A2	6.5	10.4	>10	B1	14.87~18.90	15	3~5
A3	6.6	10.0		B2	11.75	11	
A4	6.6	6.2		B3	11.75	7	

第六节　采油采气工程优化设计与决策软件

我国拥有数量巨大的油气井，人工举升和排水采气是油气井开采的主体方式，99% 的油井靠人工举升方式开采，80% 的气井为产水气井。单井产量降低，生产能耗巨大，系统效率偏低；随着斜井、低产井、高含水井的逐渐增多，油气井检泵周期缩短，作业成本上升[10]。优化设计、工况诊断、精细管理已经成为提高单井产量、延长检泵周期和节能降耗的重要手段。引进的软件功能单一，设备库以国外设备为主，不能满足我国复杂井型和多样化采油设备的优化与决策需求，且均为单机版软件，造成应用壁垒、数据孤岛，无法共享中国石油丰富的数字信息。为此中国石油研发了一套功能全面的、符合国内油气井开采现状的、能够充分利用中国石油数字信息平台的采油采气工程优化设计与决策支持系统（简称 PetroPE）。

一、软件功能

我国采油采气工艺复杂多样，油井举升方式有抽油机、螺杆泵、电潜泵、气举等；气井排水采气方式包括小油管、泡排、连续气举等。PetroPE 针对我国多样化举升工艺，开发了油气井基础分析、油气井优化设计、诊断决策和生产管理等功能，图 2-86 给出了PetroPE 软件主要功能技术树，图 2-87 给出了 PetroPE 软件的功能界面。

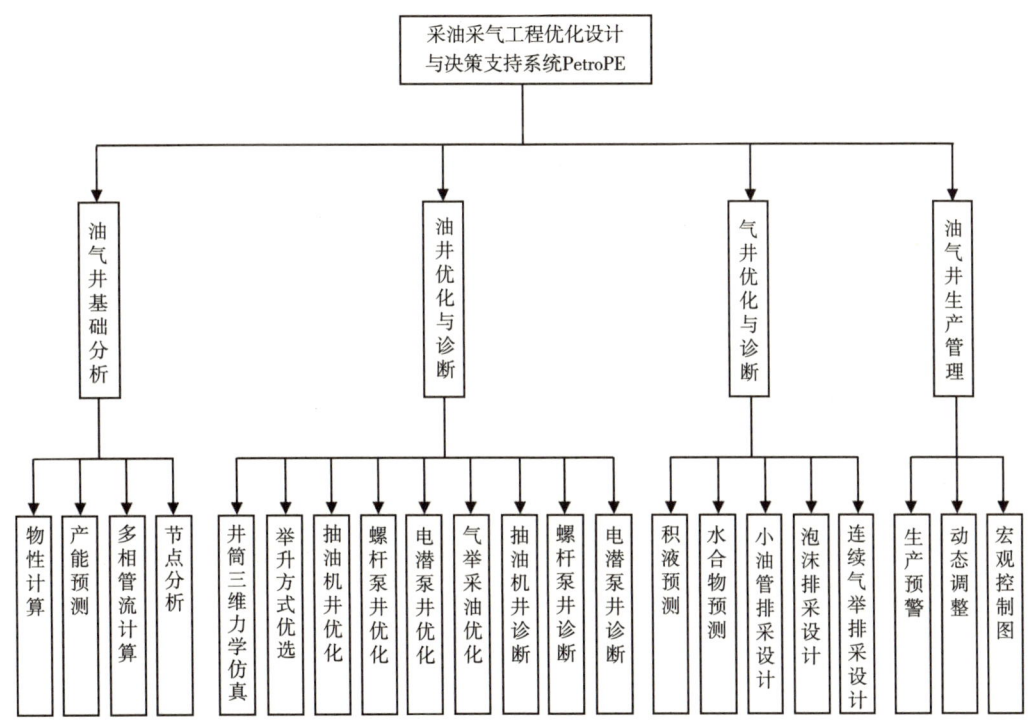

图 2-86　PetroPE 软件主要功能技术树

1. 油气井基础分析功能

基础分析功能包括高压物性计算、产能预测、多相管流计算、节点分析。

1）物性计算

开发了针对黑油油藏物性参数计算的黑油模型和针对凝析油藏的组分模型。黑油模型提供了 25 类参数 65 种计算方法。

2）产能预测

能够对直井、斜井和水平井进行产能预测。产能预测方法包括机理方法、经验方法和

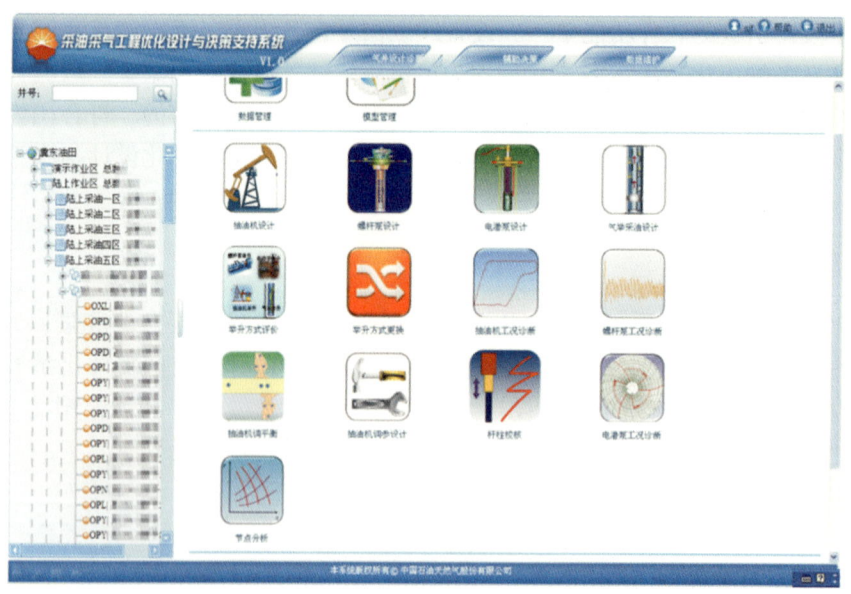

图 2-87　软件功能界面

拟合方法，共 18 种计算模型。软件能够根据已知条件、油藏特征和油井特性自动优选最适宜的计算方法。

3）多相管流计算

多相管流是进行优化设计的基础。提供了直井、斜井和水平井各种类型的多相管流计算方法共 15 种。软件能够根据已知条件、油藏特征和油井特性自动优选最适宜的计算方法。

4）节点分析

节点分析也称敏感性分析，在油气井某节点处，进行影响因素分析，从而发现敏感性因素的影响程度，为油气井优化设计提供依据。开发了以井底、泵和井口为节点，压力、管径、含水率等十余项参数为敏感性因素的节点分析功能。

2. 油井优化与诊断功能

1）井筒三维杆柱力学分析

三维杆柱力学是有杆泵井准确设计和诊断的基础，本软件建立并求解了三维杆柱力学模型，能够精确求解三维轴向力、侧向力动态分布。

2）举升方式优选

举升方式涉及油井全生命周期的产液和经济效益，每口油井都有适合其自身的最优举升方式，现场一般用经验方法或图版方法进行优选。本软件考虑 15 种因素、涵盖新型举升方法，能够基于目前技术现状，通过综合评价优选最适宜的人工举升方式。

3）抽油机井优化设计[11]

软件针对中国石油各种类型的抽油机提供不同优化设计方法（机型包括常规抽油机、节能型抽油机以及塔式抽油机；优化设计方法包括给定产量、不给定产量和老井调参设计），实现有杆泵井的设备优选、杆柱组合设计、生产参数优化、扶正器设计和油井工况模拟等功能。考虑到斜井偏磨严重、异型抽油机应用普遍的现状，开发了斜井防偏磨设计功能、5 种异型抽油机优化设计功能。

4）螺杆泵井优化设计[12]

螺杆泵井优化设计方法包括定产量、不定产量和老井调参设计，实现螺杆泵井的设备优选、杆柱组合设计、扶正器设计、生产参数优化和油井工况模拟等功能，可计算泵效、系统效率、吨液耗电等生产指标。该优化设计基于中国石油应用的设备参数，能够根据用户需求选择方案，方便其应用。

5）电潜泵井优化设计

优选电动机、电泵、电缆、变压器、控制柜等工作设备，优化泵深、频率等工作参数，计算泵效、系统效率、吨液耗电等生产指标。软件考虑了高含水乳化，对电泵特性曲线进行黏度、乳化、气体校正。

6）气举采油井优化设计

优选气举阀，优化注气点、注气量，设计各级阀深度和工作参数，计算系统效率。

7）抽油机井诊断

有杆泵工况诊断模块能够对中国石油普遍应用的常规抽油机（游梁平衡、曲柄平衡和复合平衡）、节能机和塔式抽油机进行工况分析。针对井下泵工况诊断，模块采用神经网络自动识别方法，提高了自动诊断的精度，同时实现了批量诊断的功能。

8）螺杆泵井诊断

通过对螺杆泵井杆柱力学分析，建立扭矩诊断法和电流诊断法划分杆柱受力合理区和各种工况的区域，据此判断螺杆泵工况。目前软件能识别定子溶胀、泵漏、管漏等 7 种泵况。

9）电潜泵井诊断

应用神经网络自动识别电流卡片，诊断电潜泵井正常、电压波动、气锁欠载停机、卡泵、气体太多、供液不足、过载停机、泵抽泥砂等 8 种工况。

上述功能适用常规油藏和凝析油藏，满足直井、斜井、水平井等各种井型的设计需求。

3. 气井优化与诊断功能

1）气井泡排优化设计

使用泡排剂增大流体携液能力是泡排的基本原理。软件根据不同泡排剂的性能进行药剂优选，优化其用量，并计算其携液能力。

2）小油管排水采气设计

小油管是气井排水采气的重要方式之一。由于不同管径的油管携液能力不同，对小油管的优选，就是在满足气井携液能力的基础上，确定最佳油管直径。

3）连续气举排水采气设计

连续气举根据 U 形管顶替井液的流动机理，由压力分布确定注气点和注气量，并由注气压力和静液梯度求顶阀深度，同时根据油管压力分布，计算各级阀深度和工作参数。

4）积液预测

结合 Turnor 公式，考虑气液表面张力和液体密度的影响，对不同管径油管的携液能力进行计算。同时通过与不产生积液的井底流压比较，应用逐次逼近法，求得积液高度。

5）水合物预测与节流阀设计

高压低温状态下，天然气中的某些组分和液态水会形成水合物，而降低气嘴上部天然气压力，提高采出天然气的井口温度，能够破坏水合物的生成条件。确定天然气水合物生成条件的方法有图解法、经验公式法、相平衡计算法和统计热力学法。本软件采用统计热力学方法计算合理节流阀直径和节流阀最小下入深度。

4. 生产管理功能

1）生产预警

通过对油井产量、回压、电流的波动界限值进行设置，可以实时监控该工区所有发生异常的油井，起到预警作用。

2）动态调整

分析冲程、冲次对产量和系统效率的影响，以二者协调为基础，实现冲程、冲次等参数的优化调整。通过地面示功图计算，以曲柄轴扭矩最小为原则，实现一步到位精确调平衡。

3）宏观管理

宏观控制图是油井管理的有效工具，它宏观反映地层供液能力与油井设备排液能力的匹配情况，本软件给出了有杆泵、螺杆泵、电潜泵井的宏观控制图。

二、软件理论

1. 基于综合评价方法的举升方式优选

由于不同举升方式的能耗、运行效率、初期投资、日常管理和免修期差别较大，人工举升方式选择对油田开发效益起着决定性的作用。油井人工举升方式的确定是一项复杂的工作。

20 世纪 80 年代以来，美国 API 一批专家对各种人工举升方式的生产条件和经济性提出了数十项适应性条件，该成果仅定性给出各指标的适应性，无法定量评价各种举升方式的适应程度。

师俊峰等应用综合评价法确定人工举升方式，该方法针对当前的技术水平和人工举升工艺现状，通过对主要影响因素的适应度分析，定量计算评价指标并进行排序，在此基础上建立人工举升方式决策新图版，确定最适宜的举升方式。

1）确定关键性因子

选择排液量、下泵深度、井眼轨迹和产液特征作为选择举升方式的关键性评价因子。根据目前技术条件下各种举升方式的工作能力，一票否决不合适的举升方式。

2）确定综合评价指标体系和权重

选择排液量、举升高度、下泵深度以上最大井斜角、井筒尺寸、分层采油、生产气油比、产液黏度、原油凝点、产液温度、产液含砂率、一次性投资费、年度损耗费、维护费、吨油生产运营费 14 个指标，并分为经济和技术等三层指标体系，应用层次分析法确定各层指标体系的权重。

3）建立油井各参数的模糊隶属度函数

建立各参数针对不同举升方式的模糊隶属度函数，将其进行归一化处理，如有杆泵对排液量的隶属度函数可表示为

$$Y_{qA} = \begin{cases} 0 & q > 400 \\ \dfrac{1}{1+0.01\ (q-75)^{1.5924}} & 75 < q \leqslant 400 \\ 1 & 2 < q \leqslant 75 \\ \dfrac{1}{2}q & q \leqslant 2 \end{cases} \tag{2-21}$$

4）综合评价各举升方式适应度

在得到各层指标的权重并把各油井参数归一化处理以后，采用综合评价方法对各举升方式的适应度进行评价。人工举升方式为 i，第三层指标权重为 w_{ki}^3（其中 k 为该指标个数），Y_{ki} 为指标 k 对举升方式 i 的隶属度，第二层指标权重为 w_{ji}^2，第一层指标权重为 w_{hi}^1，则第 i 种人工举升方式的综合评价值 S_i 可以由下式求得

$$S_i = \sum_{h=1}^{l} w_{hi}^1 \sum_{j=1}^{n} w_{ji}^2 \sum_{k=1}^{m} w_{ki}^2 Y_{ki} \tag{2-22}$$

该综合评价值序列就是各举升方式的适应度序列，根据适应度排序即可优选举升方式。

2. 基于动态三维杆柱力学的设计方法

国内油田目前每年新增油井的 60% 是斜井，抽油机井杆管偏磨严重，近一半检泵原因由偏磨引起。然而斜井、大斜度井井下杆管工作状况复杂，给抽油机井设计、诊断等工作带来困难，普通的一维二维模型不能求解侧向力大小和方向，偏磨机理不清，本软件实现了动态三维杆柱力学分析，摸清了杆管磨损机理，提供了综合的偏磨防治策略；能够真实模拟工作状况，改善抽油机井设计的水平；同时精确计算各项指标，促进数字化计量法的开展，提高功图量油、功图求动液面的精度。

模型假设条件包括：（1）抽油杆为各向同性；（2）抽油杆为完全弹性；（3）抽油杆柱横截面为圆形；（4）变形为小变形；（5）变形前垂直于中性轴的截平面在变形时仍保持为垂直于中性轴；（6）油管锚定，考虑了曲率、挠率随三维井身轨迹的变化，考虑了主法向力、副法向力、弯矩等，基于以上假设得到模拟杆柱在复杂井眼中运动的三维偏微分方程组[13]：

$$\rho_r A_r \frac{\partial u_{r1}}{\partial t} = \frac{\partial f_r}{\partial s} + \rho_r A_r g \cos\alpha + F_{rf} + F_{cf} + F_{rt} \tag{2-23}$$

$$\frac{1}{A_r E_r} \frac{\partial f_r}{\partial t} = \frac{\partial u_{r1}}{\partial s} - K u_{r2} \tag{2-24}$$

$$\rho_r A_r \frac{\partial u_{r2}}{\partial t} = K f_r - \frac{\partial^2 M_3}{\partial s^2} - \tau \frac{\partial M_2}{\partial s} - \frac{\rho_r A_r g}{K} \frac{d\alpha}{ds} \sin\alpha + q_{n2} \tag{2-25}$$

$$\frac{1}{E_r I_r} \frac{\partial M_2}{\partial t} = -\frac{\partial^2 u_{r3}}{\partial s^2} - \tau \frac{\partial u_{r2}}{\partial s} \tag{2-26}$$

$$\rho_r A_r \frac{\partial u_{r3}}{\partial t} = \frac{\partial^2 M_2}{\partial s^2} - \tau \frac{\partial M_3}{\partial s} - \frac{\rho_r A_r g}{K} \frac{d\phi}{ds} \sin^2\alpha + q_{n3} \tag{2-27}$$

$$\frac{1}{E_r I_r}\frac{\partial M_3}{\partial t} = \frac{\partial^2 u_{r2}}{\partial s^2} - \tau \frac{\partial u_{r3}}{\partial s}$$ （2-28）

式中　ρ_r——杆柱密度，kg/m^3；

　　　A_r——杆柱面积，m^2；

　　　u_{r1}，u_{r2}，u_{r3}——杆柱在 x，y，z 三个方向上的速度，m/s；

　　　t——时间，s；

　　　f_r——轴向力，N；

　　　s——井眼测量深度，m；

　　　g——重力加速度，m/s^2；

　　　α——井斜角，rad；

　　　F_{rf}——单位长度下流体与抽油杆之间的黏滞摩擦力，N/m；

　　　F_{cf}——单位长度下流体与抽油杆接箍之间的黏滞摩擦力，N/m；

　　　F_{rt}——单位长度下杆管之间摩擦力，N/m；

　　　E_r——抽油杆弹性模量，Pa；

　　　K——曲率，1/m；

　　　M_1——扭矩，N·m；

　　　M_2——主法向上的弯矩，N·m；

　　　M_3——副法向上的弯矩，N·m；

　　　τ——挠率，m^{-1}；

　　　q_{n2}——主法向上的侧向力，N；

　　　I_r——抽油杆的截面惯性矩，m^4；

　　　ϕ——方位角，rad；

　　　q_{n3}——副法向上的侧向力，N。

　　上边界条件由抽油机的运行规律得到，下边界条件通过模拟流体完全充满、油管未锚定、液击、卡泵以及气体干扰等特定工况得到。引入一组转换变量将控制方程转化为一组标准方程，通过有限差分方法对该标准方程进行数值求解。

　　通过三维杆柱力学模型的求解，可以计算任意井眼轨迹杆柱在任意时刻、任意位置处的轴向力、侧向力、位移、速度等参数，可以模拟地面功图和井下功图。将本模型的预测功图和实测功图对比，结果表明不论是最大载荷和最小载荷，还是功图的形状，符合度都很高，这充分体现了三维杆柱力学模型的精度。

　　侧向力是进行防偏磨设计的基础，模型可以模拟侧向力的三维性和动态性，即一个冲程周期内，侧向力的大小和方向随时间和空间动态变化情况。三维性指的是侧向力具有方向，且随井深发生变化，如图 2-88 所示；动态性指的是侧向力的大小和方向随时间发生变化，如所图 2-89 所示。

　　利用侧向力的三维性和动态性可以解释多向偏磨，杆管碰撞等现象。将侧向力分成主法向力和副法向力两部分，其中主法向力随时间变化，副法向力不随时间变化。正是由于主法向力、副法向力的共同作用，造成各种形式的偏磨现象：当副法向力很小，主法向力较大，方向发生变化，易出现双向偏磨，双向偏磨最容易引起碰撞，而碰撞加剧了杆管的偏磨；当副法向力较大时，易出现多坡面偏磨。根据软件中三维侧向力分布计算结果，科

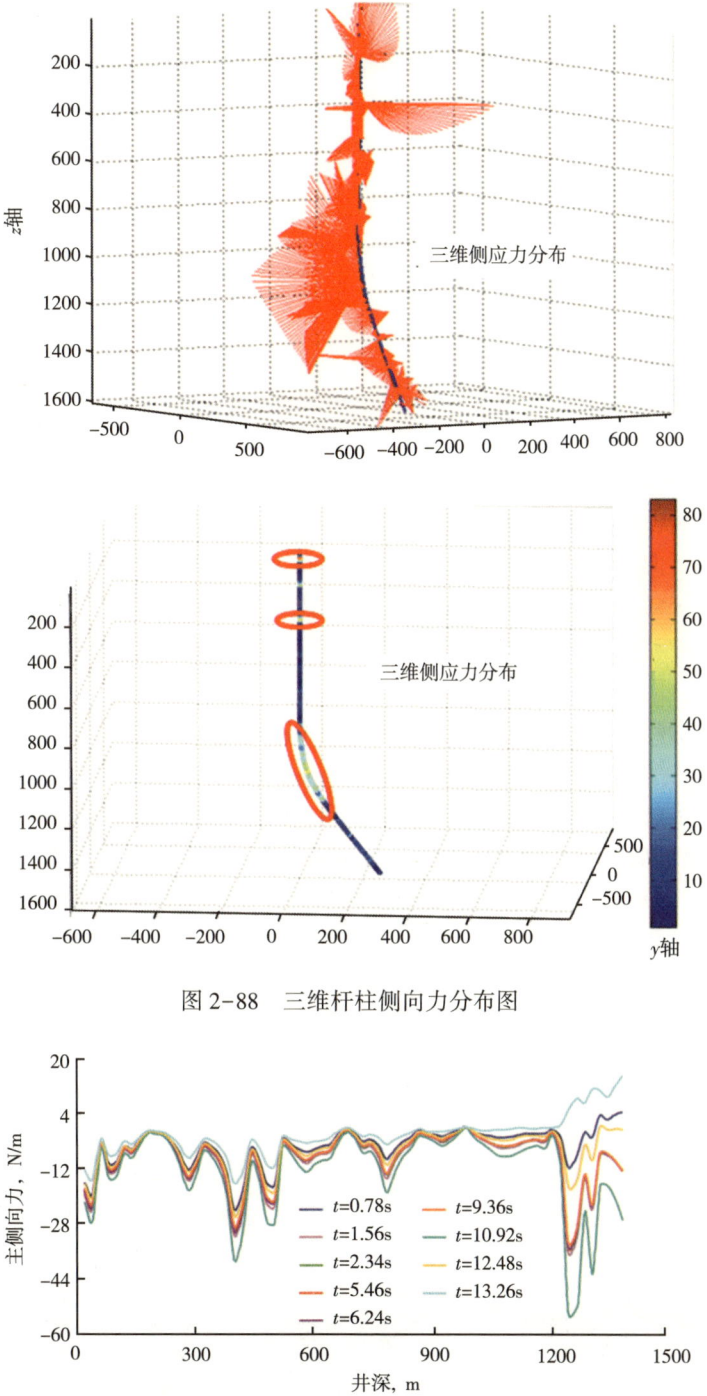

图 2-88 三维杆柱侧向力分布图

图 2-89 杆柱侧向力随时间动态变化

学设计扶正器下入方案。

　　三维杆柱力学与非三维杆柱力学相比，杆柱受力计算不同、泵功图形状不同、有效位移不同（图 2-90），使用三维杆柱力学分析能够提高功图量油、功图求液面的计算精度。

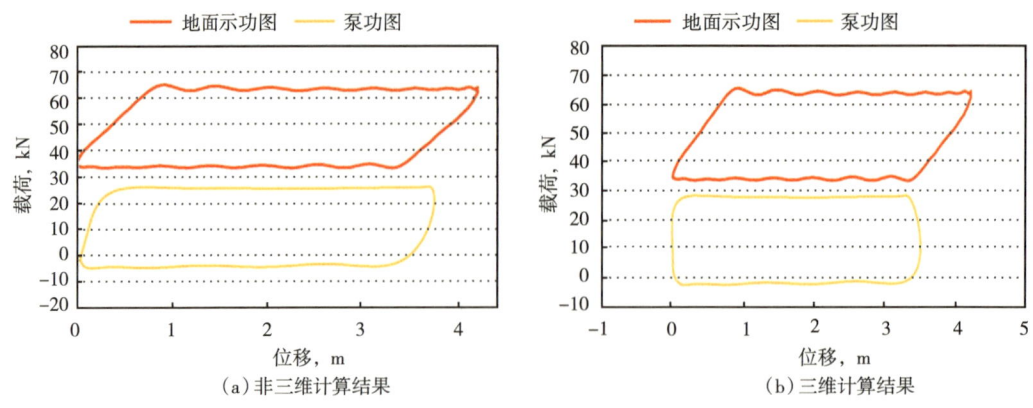

（a）非三维计算结果　　　　　　　　　　（b）三维计算结果

图 2-90　泵功图计算结果对比图

3. 基于神经网络的油井工况诊断技术

软件工况诊断模块采用神经前馈式多层神经网络模型和误差反向传播算法。该网络模型的核心是误差反向传播（简称 BP 法，有时也称 BP 模型）。结合油田生产实际，确定 10 种有杆泵抽油系统常见工况（10 种工况分别是正常、供液不足、气体影响、活塞撞固定阀、稠油影响、游动阀漏、固定阀漏、活塞脱出工作筒、衬套乱、抽油杆断脱）作为神经网络的识别目标，即为确定 10 个单元的输出层。

在得到泵示功图之后，需要描述示功图的几何特征，求出特征值作为网络的输入。提取以下几个典型的图形特征：归一化面积、归一化周长、示功图厚薄率、面积周长比、平均载荷等。为了尽量体现示功图的特征，将其上下冲程线性插值为 36 点，并将输入节点设为 41 个。每个示功图可以得到与之对应的具有 41 个特征值的样本文件。根据不同故障，选取几何特征差异较大的故障作为神经网络的输出。通过对比特征值曲线，可以发现不同泵况的特征值曲线存在差异，对其设定不同的输出值，即可以实现诊断不同故障的功能。图 2-91 给出了正常、供液不足、气体影响等 10 种工况条件下的特征值曲线，可以看出不同故障的曲线形态差别明显，这也是神经网络能有效识别的保证。

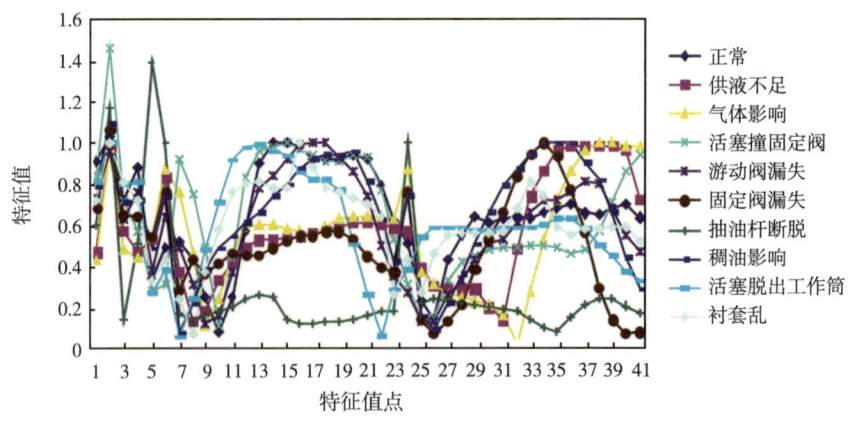

图 2-91　10 种泵工况图的特征值曲线特征值对比

在进行泵示功图识别的时候，在特征值的数量确定后，网络的输入层神经元的数目也就是确定了，而泵况的种类决定了输出层神经元的数目。神经网络的性能在一定程度上由隐含层节点数来决定。隐含层节点过少，无法产生足够的连接权组合数来满足若干样本的学习；过多的层数和节点数目将使网络的泛化能力变差。

神经网络识别训练过程中，分批逐次加入新样本可以提高训练的速度。构建好 BP 神经网络结构以后，必须有足够的样本来进行训练。样本的来源包括两个部分：一部分是油田现场采集到的真实地面示功图，通过示功图转化得到地下泵功图，从中选取作为样本。另一方面，为了确保训练后的 BP 神经网络对每种示功图类型保持敏感，各类型示功图的样本数保持一致，对于现场示功图缺乏的情况下，可以通过人工设计示功图，最终使各个类型的示功图数目相当，并且包含故障的不同严重程度的情况。本软件样本库达到 1×10^5 多个，增加样本有助于提高识别精度。

三、基于互联网的软件平台

1. 软件体系结构设计

采油采气工程优化设计与决策支持系统基于 B/S 结构，分为 4 层，从下往上依次是数据层、接口层、功能层、用户层。图 2-92 为油气井生产系统优化设计与诊断决策软件的整体软件构架图。

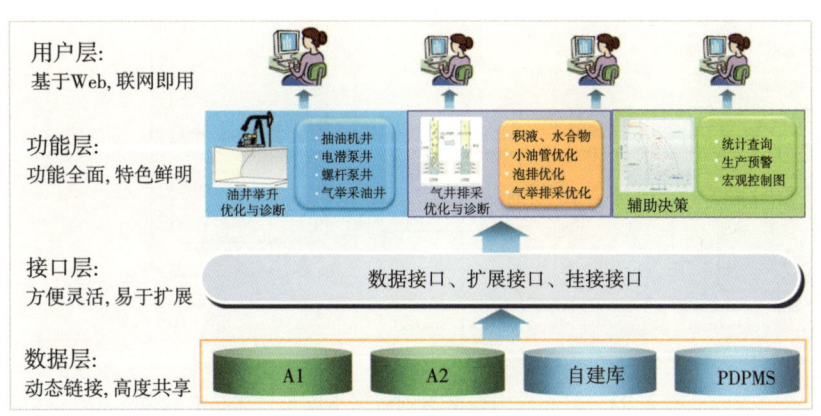

图 2-92　软件结构图

采油采气工程优化设计与决策支持系统围绕油气井对象进行优化设计与诊断，许多功能需要多模块协同计算完成，而每个功能又包括大量的科学计算与图形展示，每一项需要大量的输入参数数据和输出参数数据，包括油气井设备数据、油气井生产数据、单元区块油气藏数据、物性参数数据、井身结构数据和其他用户设置的特性数据等；不同模块计算之间存在相互调用、协同工作、共享数据等关系。针对这种数据类型广泛、科学计算复杂、功能实现模块粒度差异大等问题，设计与建立了数据处理与计算效率高、可扩展性强、功能模块松耦合高内聚的总体平台。

基于该设计思想，借助工作流管理机制，将该软件设计为支持组件注册、组合和协同的框架系统，通过调用各种功能组件实现数据计算、图形显示等操作，方便灵活地对模块组件进行组合以满足不同的功能需求，最终实现油气井生产系统优化设计与诊断决策。

2. 数据桥设计

该软件数据接口与勘探与生产技术数据管理系统（以下简称 A1）、油气水井生产数据管理系统（以下简称 A2）、采油与地面工程信息系统（以下简称 A5）生产数据库同时开发，数据接口与 A1、A2、A5 生产数据库接口保持一致，高度共享。由于石油勘探开发的生产管理数据类型复杂，联系多样，而且数据量极大，有以关系数据库为存储方式的，也有以各种格式的数据文件为存储方式的，为实现对这些多数据库系统的统一查询，就需要通过多规则映射，建立数据桥系统，集成数据对各个异构数据源进行无缝连接。多元异构数据源到数据集成平台的映射关系如图 2-93 所示。

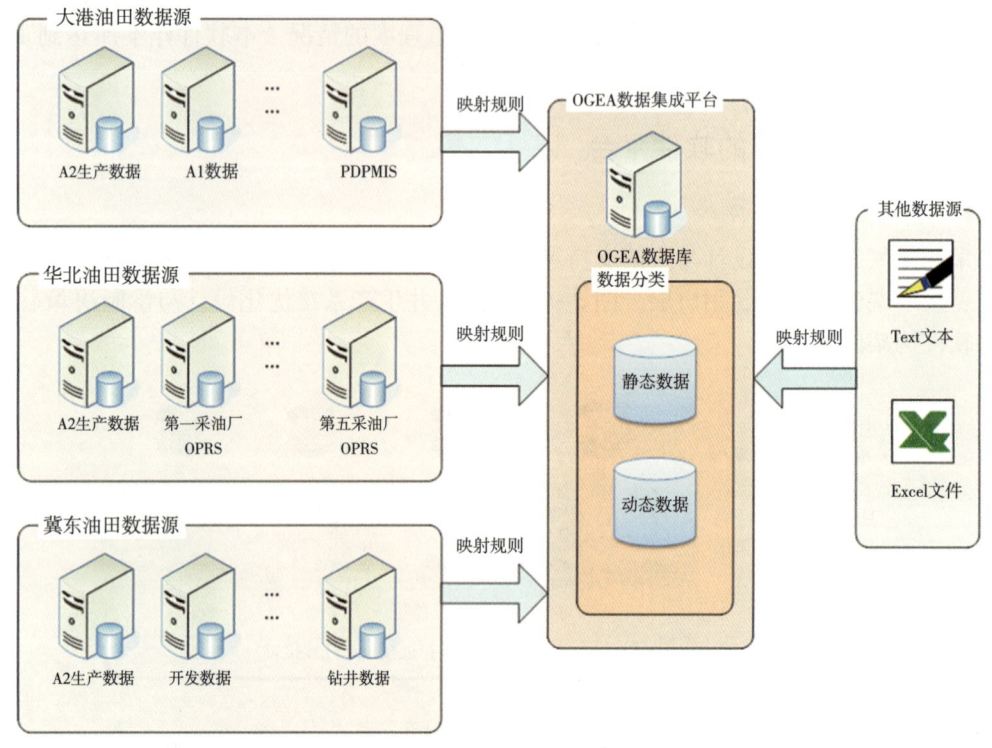

图 2-93　多元异构数据源到数据集成平台的映射关系

3. 基于 Web 的 B/S 开发模式

对于软件的开发模式，采用先进的基于 Web 的 B/S 开发模式，该模式优点如下：中国石油数据库动态连接，数据实时更新，使得设计结果更准确；基于 Internet 发布，无须安装配置，设备与投资较少；集中管理，便于整体升级；资源共享，协同工作；基于 Web 开发网络软件，实现联网即用，减少投资，便于维护，利于推广普及；实现在线使用软件人数达 1000 人，复杂模块满足 300 人同时计算；使机采系统设计分析具有普及性，利于整体提高系统效率，节能降耗。

4. 基于 Android 的手机移动版模式

近年来，随着移动互联网技术的不断发展，3G 和 4G 网络广泛覆盖于主要城市地区，分别达到 85% 和 45% 以上。智能手机的使用范围遍布全世界，超过 66% 的人用智能手机，而且功能越来越强大，已应用于各行各业，大大提高了行业的管理水平。我国油井数量巨大，大量油井分布非常分散，井与井相隔甚远，导致现场工作人员的管理工作繁重、效率低下；同时，油井管理对及时性、现场性、实时性提出了更高的要求。中国石油自主开发的手机移动生产管理平台基于 Android 系统开发，利用该平台可收集现场数据、辅助油田现场作业，将油井生产信息、批处理结果随时随地的推送给油田工作人员和管理人员，及时进行现场方案设计，大幅度提高油井的生产管理和技术支持水平。

手机移动生产管理平台解决了 4 大难题：（1）开发了分布式处理系统，通过云技术分解计算任务，分配给多个服务器同时进行，解决复杂分析计算和批量处理的技术难题；（2）开发了任务管理与调度系统，根据用户权限、任务特点、运行时间、占用资源，优化任务运行顺序解决了多用户并发的技术难题；（3）开发了客户端展示优化系统，通过 128 位哈希编码对数据进行压缩，减少传输所需流量，利用数据采样和图形处理技术将结果展示给用户，实现最快速度、最小流量的数据展示；（4）开发了系统安全架构，从数据、终端、应用、管理等多个维度来保障整体安全性，同时借助中国石油开发的移动应用大厅实现身份认证、数据加密等，保证数据应用安全。

手机移动生产管理平台具有 5 大功能模块：（1）个人设置，包括个人信息、分类管理、个性定制等；（2）数据采集，包括作业数据、施工记录、采油班报等文字、数字、图片和视频的录入；（3）数据查看，包括产量、动态参数、测试数据、数字油井的展示；（4）数据分析，包括单井、区块油井工况诊断、平衡设计、调参设计、系统效率计算、工具通过能力分析等；（5）采油工具，包括技术手册、专利查看，单位换算、名词解释等。

四、现场应用效果及推广前景

PetroPE 网络版软件先后在吉林、大庆、长庆、华北、冀东、大港、新疆、塔里木 8 个油田进行了现场应用与推广，截至 2016 年 10 月底培训近 800 人次，应用近 4 万井次，平均提高系统效率 2.52%，诊断符合率 94%，频繁检泵井平均延长检泵周期 68d，取得了显著的增油、降耗、延长检泵周期的效果；手机版软件大幅提高了采油采气工程技术人员的工作效率和管理水平，降低了管理成本，统计显示减少人力工作 30% 以上。该软件先后获得 2011 年度中国石油天然气集团公司科学技术进步一等奖、2012 年度中国石油和化工自动化行业科技进步一等奖，已成为油田工程师们日常进行生产分析的重要手段，在节能降耗、延长检泵周期、提高单井产量、减少作业成本等方面发挥重要作用。

参 考 文 献

[1] 王凤山，朱君，王素玲，等. 抽油机井杆柱振动载荷有限元分析 [J]. 大庆石油地质与开发，2006，25（1）：85-87.

[2] 师国臣，冯子明，张德实，等. 惯性载荷对游梁式抽油机动力特性影响 [J]. 石油矿场机械，2015（3）：34-37.

[3] 董世民，马德坤，李学丰. 游梁式抽油系统动态参数仿真的综合数学模型 [J]. 石油机械，2015（3）：46-48，56.

[4] 刘合，郝忠献，王连刚，等. 人工举升技术现状与发展趋势 [J]. 石油学报，2015，36（11）：1441-1448.

[5] ZHU S, HAO Z, ZHANG L, et al. A Robust and Environment Friendly Artificial Lift System：ESPCP with PMM. SPE-183366-MS, 2016.

［6］ HAO Z X, ZHANG G B, ZHU S J, et al. Downhole Permanent Magnet Synchronous Motor（PMSM）Drive PCP – Wide Range of Speed, Output and High Efficiency. SPE-186193-MS, 2017.

［7］ 杨志, 李孟杰, 赵海洋, 等. 电潜泵—气举组合接力举升工艺研究［J］. 西南石油大学学报（自然科学版）, 2011, 33（2）: 165-170.

［8］ 雷宇, 李勇. 气举采油工艺技术［M］. 北京: 石油工业出版社, 2011: 151-152, 158-159.

［9］ 沈泽俊, 黄晓东, 张立新, 等. 热采高温井多级滑片采油泵举升技术［J］. 石油勘探与开发, 2013, 40（5）: 606-610.

［10］ 师俊峰. 有杆泵井系统效率及能耗评价方法研究［D］. 北京: 中国石油勘探开发研究院, 2010.

［11］ 赵瑞东. 有杆泵举升力学分析及优化设计新方法研究［D］. 北京: 中国石油勘探开发研究院, 2013.

［12］ 吴晓东, 吕彦平, 高士安, 等. 地面驱动螺杆泵井杆管环空螺旋流数值模拟［J］. 石油学报, 2007, 28（2）: 133-136.

［13］ XU J, DOTY D R, BLAIS R, et al. A Comperhensive Rod-Pumping Model and Its Applications to Vertical and Deviated Wells［C］. SPE 52215, 1999.

第三章 油水井增产改造技术

水力压裂技术是近年来油藏开采的重大突破技术之一，一经推出便得到迅速发展和应用，特别是在 20 世纪 80 年代后期和 90 年代初，水力压裂已不仅仅用于低渗透油气田的改造，在中渗透、高渗透地层以及环境条件恶劣的地区（海洋、沙漠、沼泽等），水力压裂都作为布井方案考虑的重要影响因素，受得了广泛的重视。伴随着压裂工艺的进步，人们开发了一系列配套压裂工具，如投球压裂工具、可钻桥塞压裂工具、连续油管压裂工具等，并在油田压裂中获得广泛应用。但现有压裂工具仍存在一定缺点，如通径小、磨铣作业风险高、压裂段数和规模受限等。新材料、新技术的快速发展为井下压裂工具研发提供了新的思路和选择，人们应用这些新材料和信息传递技术，对传统工具和工艺进行升级改造，开发了一系列新工具和作业工艺，并推动压裂工具技术向着低风险、大通径、可选择控制的方向发展。

第一节 复合桥塞及大通径桥塞多段压裂技术

桥塞分段压裂技术起源于 20 世纪 60 年代，20 世纪 80 年代末开始引入我国石油行业，经过近 20 年的不断研发与配套完善，在耐高温、高压、多用途、可回收与可靠性等方面取得了长足进步，在直井分层压裂方面趋于完善。然而，随着页岩气、致密油气等非常规油气资源的不断开发，由于直井分层压裂技术受到工艺水平限制，致使储层改造仅以小型酸化解堵、小规模加砂为主，表现出了加砂压裂成功率低、增产效果差、作业时效低等缺点，导致该技术不能适应现场施工作业。

近年来，水平井分段加砂压裂成为页岩气、致密油气等非常规油气资源储层改造的主要手段。在现场施工作业过程中，为了解决桥塞下入、坐封及后期生产等方面存在的技术问题，采用水力泵送、射孔与桥塞联作、桥塞等技术及配套工具，形成了适用于水平井分段压裂的桥塞多段压裂技术，如图 3-1 所示。该项技术具有不受分段压裂层数限制、管串结构简单、大排量施工、不易造成砂卡等优点；同时，结合多段分簇射孔作业，可在水平段形成多条裂缝，压裂后缝网更加复杂、有效改造体积更大、增产效果更好，已成为目前

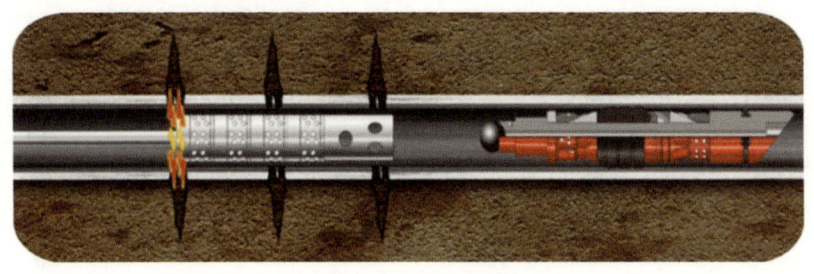

图 3-1 分段多簇射孔+桥塞分段施工示意图

国内外页岩气藏开发的主体储层改造技术。

一、技术原理

1. 工艺步骤

（1）井筒准备：地面设备准备，连接井口设备，连续油管钻磨桥塞管串模拟通井。

（2）第一段射孔：用连续油管或爬行器拖动射孔枪下入至预定位置，完成第一段射孔作业（图3-2）。

图3-2　第一段射孔作业

（3）第一段压裂：取出射孔枪，利用光套管进行第一段压裂作业（图3-3）。

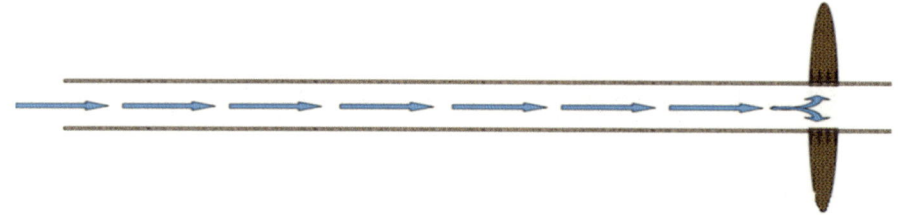

图3-3　第一段压裂作业

（4）下放桥塞：加砂压裂施工完成以后，利用电缆作业下入桥塞及射孔枪联作工具串，水平段开泵泵送桥塞至预定位置（图3-4）。

图3-4　下入联作工具及桥塞

（5）坐封桥塞：通过井口电缆车发送指令，点火坐封桥塞，桥塞丢手。

（6）射孔作业：上提射孔枪至第二段预定位置，通过井口电缆车发送指令，点火完成射孔。

（7）上提工具：通过井口电缆车上提射孔枪及桥塞联作工具串至井口（图3-5）。

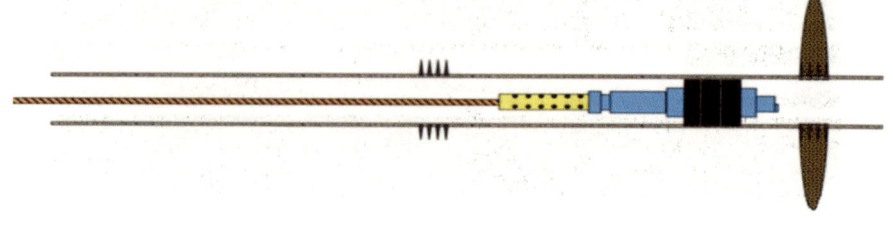

图3-5　上提工具

（8）第二段压裂：大通径桥塞分段压裂过程中，投可溶性球至桥塞球座，封隔第一段，利用光套管进行第二段加砂压裂施工作业。复合桥塞分为投球式、单流阀式和全堵塞式，投球式复合桥塞施工时需要投球封隔下层，进行第二段加砂压裂作业；单流阀式和全堵塞式复合桥塞施工时可直接进行第二段加砂压裂作业（图3-6）。

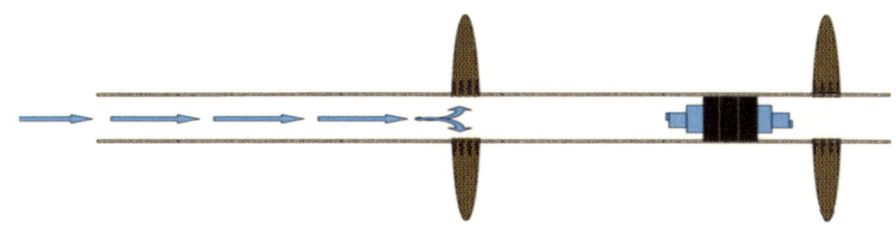

图 3-6　压裂第二段

（9）整井压裂：重复步骤（4）至步骤（8），直至完成所有层段的压裂施工作业（图3-7）。

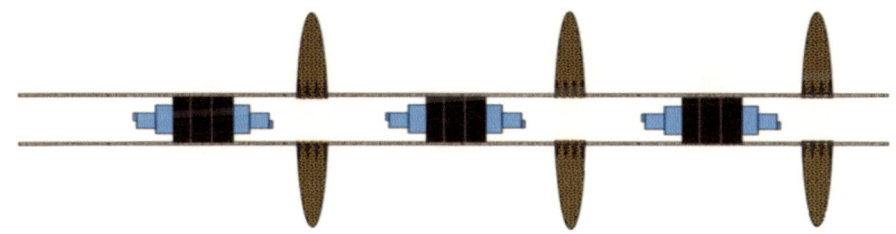

图 3-7　整井压裂

（10）钻磨桥塞：分段压裂完成后，复合桥塞分段压裂需采用连续油管钻除桥塞，排液求产；大通径桥塞分段压裂无须钻除桥塞，可直接进行排液求产。

（11）进行后续测试作业及排液投产。

2. 工艺特点

（1）封隔可靠性高：通过桥塞实现下层封隔，通过试压可判断出是否存在窜层的可能性。复合钻塞过程中，通过实测桥塞位置，可判断桥塞是否移位。

（2）压裂层位精确：通过射孔实现定点起裂，裂缝布放位置精确。可通过多级射孔，实现体积压裂。

（3）压后井筒完善程度高：复合桥塞由复合材料组成，相对密度较小，钻磨后的桥塞碎屑可随油气流排出井口，为后续作业和生产留下全通径井筒。大通径桥塞无须钻磨，可为后期作业和生产提供通道。

（4）受井眼稳定性影响较小：采用套管固井完井，井眼失稳段对桥塞坐封可靠性无影响，优于裸眼封隔器分段压裂工艺。

（5）分层压裂段数不受限制：通过逐级泵入桥塞进行封隔，与多级滑套投球转向相比，分压级数不受限制，理论上可实现无限极分层压裂。

（6）下钻风险小，施工砂堵容易处理：与裸眼封隔器相比，管柱下入风险相对较小；施工砂堵发生后，压裂段上部保持通径，可直接进行连续油管冲砂作业。

3. 工艺局限性

（1）分层压裂施工周期相对较长：施工过程中，需要通过电缆作业逐级坐放桥塞和射孔作业；施工完成后，需要钻除桥塞（大通径桥塞不需要钻除）；对于低压气井，压后需下入小直径油管投产。

（2）施工动用设备多，费用高：分段压裂施工过程中，除正常压裂设备外，需动用连续油管作业设备、电缆作业设备及井口防喷设备等进行配合作业。

（3）水平井水平段长度受限：复合桥塞分段压裂技术施工过程中，需多次采用连续油管进行通井、射孔、钻塞作业，水平段长度受连续油管最大下入深度限制。

二、管串结构

1. 送入管串

送入管柱一趟下井即可完成桥塞坐封和多簇选择性点火射孔，减少了电缆入井作业次数和时间，极大提高作业效率、降低成本。目前已形成电缆和连续油管两种管串送入方式，如图3-8和图3-9所示。

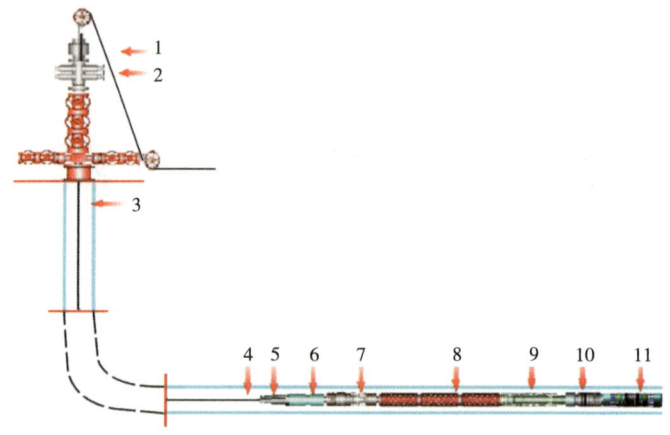

图3-8　电缆送入管串示意图

1—防喷盒；2—防喷器；3—套管；4—电缆；5—打捞头；6—加重杆；
7—CCL；8—射孔枪；9—坐放工具；10—适配器；11—桥塞

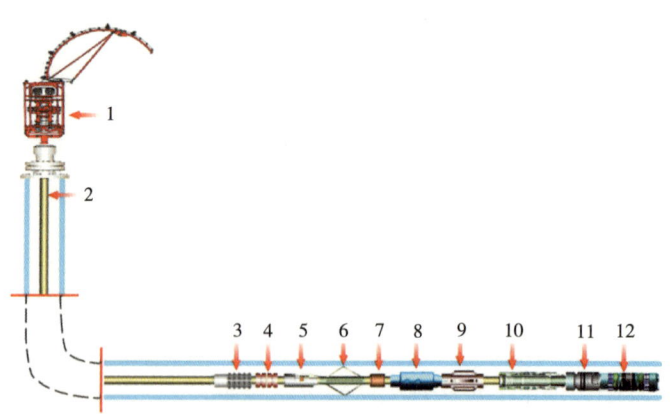

图3-9　连续油管送入管串示意图

1—注入头；2—连续油管；3—外卡瓦接头；4—双瓣式背压阀；5—液压丢手；
6—MCCL；7—变扣接头；8—喷射工具；9—扶正器；10—坐放工具；11—适配器；12—桥塞

2. 联作管串

联作管串主要包含射孔枪、坐封工具和桥塞等，经送入管串下入到指定位置后，完成桥塞坐放、射孔作业。按照坐封工具工作方式的不同，可分为电缆下入联作管串和连续油管下入联作管串两种形式，如图 3-10 和图 3-11 所示。

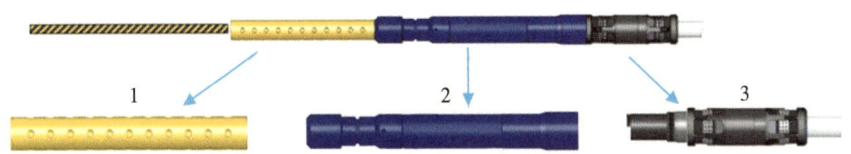

图 3-10　电缆下入联作管串结构示意图
1—射孔枪；2—电缆坐封工具；3—桥塞

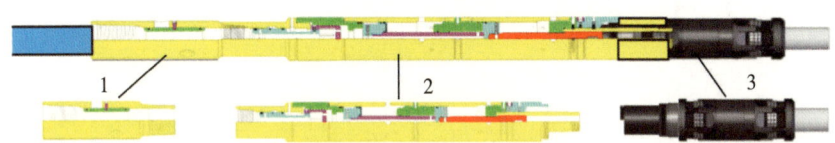

图 3-11　连续油管下入联作管串结构示意图
1—喷射工具；2—液压坐封工具；3—桥塞

电缆下入联作管串主要包含射孔枪、电缆坐封工具和桥塞等，通过井口电缆车发送信号，完成桥塞坐放作业、射孔作业。

连续油管下入联作管串主要包含喷射工具、液压坐封工具和桥塞等，通过井口连续油管投球憋压，完成桥塞坐放作业、喷射作业。

3. 磨铣管串

压裂施工完成以后，需要对复合桥塞进行钻磨作业，实现套管的全通径，便于后期生产测井、试井等作业。目前，钻磨作业一般采用连续油管带井下动力工具及磨鞋对复合桥塞进行钻磨，如图 3-12 所示。

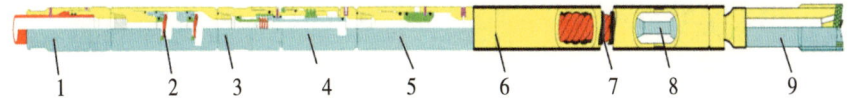

图 3-12　磨铣管串结构示意图
1—连续油管接头；2—双回压阀；3—液压丢手接头；4—非旋转扶正器；5—双启动循环阀；
6—双向震击器；7—应急丢手工具；8—井下动力工具；9—磨鞋

连续油管下入过程中，保持低排量循环流体；当油管接近复合桥塞时，加大排量至井下动力工具最佳扭矩和钻速的允许排量；循环压力稳定后，连续油管下钻至复合桥塞，螺杆井下动力工具钻压到桥塞，钻磨开始。依据上述方式，将井筒中所有复合桥塞钻除，连续油管下探到人工井底，泵入瓜尔胶液清洗井筒内碎屑。当井筒清洗干净后，起出连续油管完成作业。具体操作步骤如下：

（1）通过连续油管下入磨铣工具（图 3-13）。

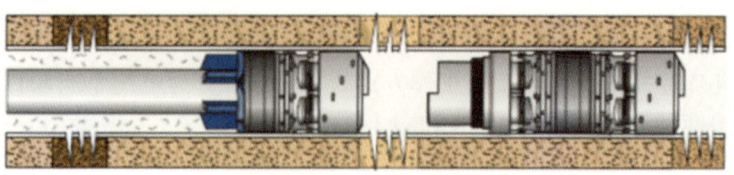

图 3-13　下入磨铣工具

（2）齿合式设计使桥塞剩余部分与下部桥塞锁紧，防止磨铣时转动（图 3-14）。

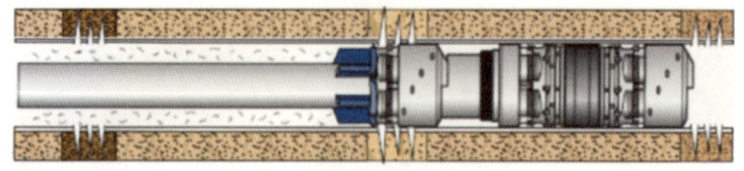

图 3-14　桥塞磨铣防转

（3）低密度钻屑随循环液返出井口（图 3-15）。

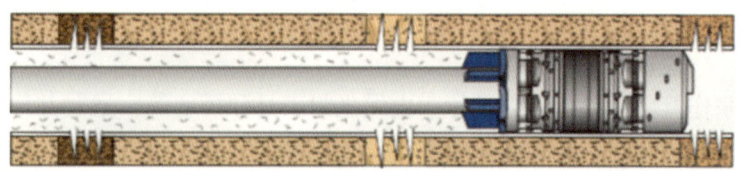

图 3-15　钻屑返排

（4）桥塞完全钻磨，有效防止地层污染，保持井筒干净（图 3-16）。

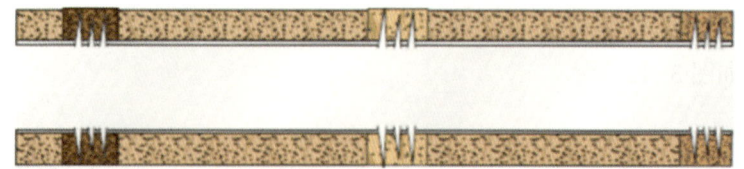

图 3-16　完成后的井筒

三、关键工具

1. 桥塞工具

1）复合桥塞

（1）主要分类：常用的复合桥塞主要分为全堵塞式、单流阀式和投球式三种结构，如图 3-17 所示。

（2）结构组成：复合桥塞主要有上接头、密封系统、锚定系统和下接头等部分组成，其中密封系统由组合胶筒、锥体和复合片组成，锚定系统由卡瓦组成，如图 3-18 所示。

密封系统：锥体在坐封工具作用下剪断销钉，压缩胶筒形成密封。在组合胶筒压缩过程中，上下两个复合片首先胀开紧贴套管壁，中间形成一定的空间，保证组合胶筒压缩时

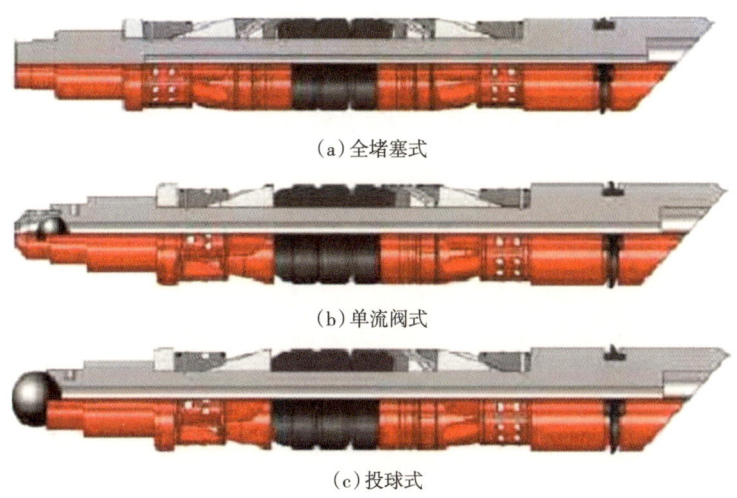

（a）全堵塞式

（b）单流阀式

（c）投球式

图 3-17　复合桥塞结构示意图

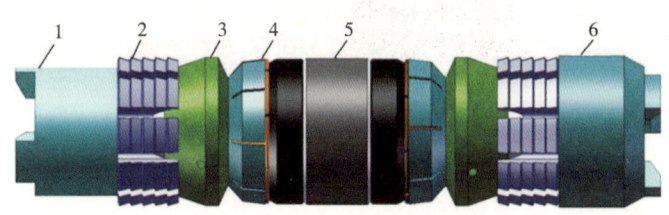

图 3-18　复合桥塞结构示意图

1—上接头；2—卡瓦；3—椎体；4—复合片；5—组合胶筒；6—下接头

均匀胀大，有效阻止组合胶筒"肩部突出"撕裂。

锚定系统：卡瓦将复合桥塞锚定在套管内壁上，限制桥塞的轴向移动，保持组合胶筒的密封性。由于复合桥塞上下两端均有卡瓦锚定，后期解封方式只能采用钻铣方式。

（3）工作原理：通过中心管与外套件的相对运动，使推筒运动压缩组合胶筒和卡瓦，组合胶筒胀开贴紧套管壁，达到封隔上下段的目的；卡瓦在锥体上裂开紧紧咬合套管，当组合胶筒、卡瓦与套管配合达到一定值时，剪断释放销钉，投送坐封工具与桥塞脱开，完成丢手工作。桥塞中心管上的卡瓦锚定在套管内壁，使桥塞始终处于坐封状态。

（4）性能参数：目前，国外斯伦贝谢、哈里伯顿等大型油服公司系列产品均已商业化应用，国内中国石油西南油气田分公司、中国石油川庆钻探工程有限公司等公司已完成系列产品的自主研发，并在现场进行推广应用。部分公司复合桥塞主要技术参数见表 3-1。

表 3-1　部分公司复合桥塞主要技术参数

公司	产品	适用套管 in	套管内径 mm	桥塞外径 mm	桥塞通径 mm	压力等级 MPa	温度等级 ℃
贝克休斯	Gen Frac	5½	112.9~118.1	104.9	19.1	70	177
哈里伯顿	FRAC	5½	111.1~121.3	105.4	25.4	70	200
斯伦贝谢	Diamondback	5½	114.3~118.6	106.8	28.9	70	177

（5）工作特点：复合桥塞除锚定卡瓦和极少量配件外，均采用类似硬性塑料性质的复合材料制成，其强度、耐压、耐温与同类型金属桥塞相当，甚至优于金属桥塞。同时，复合桥塞整体可钻性强、密度较小，且磨铣后产生的碎屑不会像金属碎屑那样发生沉淀，容易循环带出地面，解决了斜井、水平井中桥塞钻铣困难、沉淀卡钻等难题。

2）大通径桥塞

大通径桥塞压裂时投入配套可溶性球进行现场作业。相比可钻复合桥塞，具有免除连续油管钻磨作业及风险、保持井眼大通径、迅速投产等优点，降低了现场施工风险，节约了成本。

（1）结构组成：大通径桥塞主要有上接头、密封系统、锚定系统和下接头等部件组成，其中密封系统包含胶筒、上下锥体和防突隔环等，锚定系统主要包含单卡瓦，如图 3-19 所示。

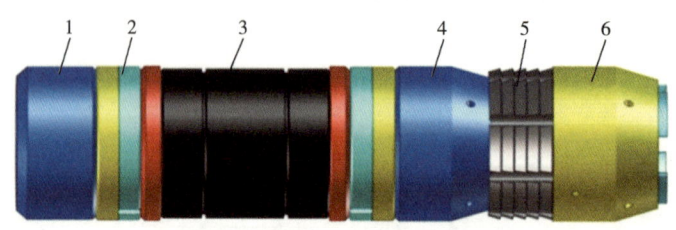

图 3-19　大通径桥塞结构示意图

1—上接头；2—复合片；3—组合胶筒；4—锥体；5—卡瓦；6—下接头

单卡瓦锚定机构设计，投球坐封时密封压力可加载到胶筒上，密封更为可靠；丢手盘结构设计，保证了较大丢手力作用下丢手功能的可靠性；锥体与本体间设计有单向运动的荆棘管，实现桥塞丢手或坐封后胶筒不会滑脱退缩，保证了胶筒的密封性；下接头设计旁通孔，便于后期返排时井液可通过旁通流出；锥体和下接头上设计有剪切销，可防止桥塞中途提前坐封，确保了下入过程中的安全性。

（2）工作原理：通过中心管与外套件的相对运动，推动坐封筒压缩胶筒和上下卡瓦，胶筒胀开贴紧套管壁，上下卡瓦在锥体推动下张开紧紧啮合套管，当胶筒、卡瓦与套管配合达到一定值时，剪断释放销钉，投送坐封工具与桥塞脱开，完成丢手工作。大通径桥塞卡瓦始终锚定在套管内壁，保持坐封状态，压裂过程中投入可溶性球达到封隔上下层的目的。

（3）性能参数：目前，国外贝克休斯等大型油服公司系列化产品均已商业化推广，国内中国石油西南油气田分公司、捷贝通等公司已完成系列产品的自主研发，并在现场进行推广应用。部分公司大通径桥塞主要技术参数见表 3-2。

表 3-2　部分公司大通径桥塞主要技术参数

公司	产品	适用套管 in	套管内径 mm	最大外径 mm	最大通径 mm	压力等级 MPa	温度等级 ℃
贝克休斯	SHADOW	5½	118.6~121.3	111.2	69.8	70	177
Tryton	MAXFRAC	5½	114.3	109.5	76.2	70	170
LodeStar	LB PnP	5½	114.3~121.4	104.8	22.4	70	175

（4）工作特点：大通径桥塞具有大通径、可过流的特点，压后无须连续油管钻磨，比传统复合桥塞更高效，可降低作业成本和降低 HSE 风险。同时，由于后期无须连续油管钻磨，桥塞坐封井深可大于连续油管传输磨铣工具作业井深，有效提高了压裂段长度，增加泄流面积，满足了深井水平井压裂作业的要求。

2. 坐封工具

坐封工具按照坐封方式的不同，可分为电缆坐封工具和液压坐封工具两种方式。

1）液压坐封工具

（1）结构组成：液压坐封工具与连续油管作业配套使用，主要由连续油管接头、球座、活塞、循环孔、剪切销钉、十字连杆接头等部件组成，如图 3-20 所示。

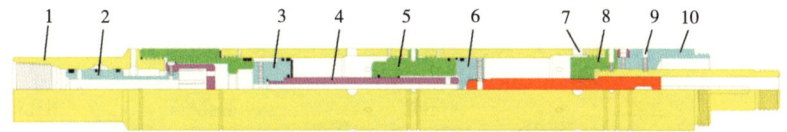

图 3-20　液压坐封工具结构示意图

1—连续油管接头；2—球座；3—上活塞；4—活塞杆；5—中间接头；
6—下活塞；7—循环孔；8—下接头；9—剪切销钉；10—十字连杆接头

（2）工作原理：①连续油管将液压坐封工具连同桥塞一起缓慢下入井中至预定坐封深度；②投入钢球，缓慢泵送到球座；③连续油管内泵入液体，憋压剪断销钉；④液体推动活塞、活塞杆向下运动；⑤通过十字连杆接头推动坐封筒向下运动，压缩桥塞胶筒实现坐封；⑥停止打压，通过连续油管上提到剪断丢手杆，液压坐封工具上提至井口。

2）电缆坐封工具

（1）结构组成：电缆坐封工具配套电缆作业使用，为目前页岩气井常用坐封工具，主要由点火头、燃烧室、活塞、张力芯轴等部件组成，如图 3-21 所示。

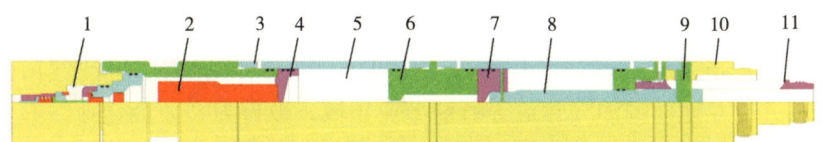

图 3-21　电缆坐封工具结构示意图

1—点火头；2—燃烧室；3—放压孔；4—上活塞；5—液压油室；6—缓冲延时节流嘴；
7—下活塞；8—推力杆；9—推筒；10—推筒连接器；11—张力芯轴

（2）工作原理：①通电点火引燃火药，燃烧室产生高压气体，上活塞下行压缩液压油；②液压油通过延时缓冲嘴流出，推动下活塞，使下活塞连杆推动推筒下行；③外推筒下行，推动挤压上卡瓦，外推筒与芯轴之间发生相对运动；④芯轴通过中心拉杆带动活塞中心管向上挤压下卡瓦；⑤在上行卡瓦与下行卡瓦的夹击下，上下锥体各自剪断与中心管的固定销钉，压缩胶筒使胶筒胀开，达到封隔目的；⑥当胶筒、卡瓦与套管配合完成后，压缩力继续增加将剪断释放销钉，投送坐封工具与桥塞脱开，完成坐封。

3. 分簇射孔器

射孔作为桥塞分段压裂完井的一个重要工序，在现场施工作业时，需满足以下三点要求。

（1）作业效果要求：射孔作业应为后续的增产措施创造良好的孔道条件。页岩气井射孔后要实施大规模的压裂改造，排量要求达到 $10m^3/min$ 以上，因此要求射孔孔眼必须清洁。

（2）作业成本要求：为实现非常规气藏经济开采，必须实施低成本开发战略。常规的油管传输射孔作业成本高，需要作业井架，不能适应页岩气等非常规气藏射孔作业要求。

（3）作业时效要求：页岩气井等非常规气资源改造层段多、作业时间较长，射孔作业必须尽可能地提高作业时效，实现页岩气的高效开采。

基于上述原因，传统的射孔技术已不能满足页岩气等非常规气藏的高效完井要求。分段多簇射孔技术及工具作为新兴工艺技术（图3-22），在井口带压的情况下，能够一次下井完成多个产层的电缆射孔作业，或一次下井完成一次桥塞坐封和多次射孔作业，实现了页岩气井低成本、高效射孔作业要求，为后续大规模压裂改造创造有利条件。

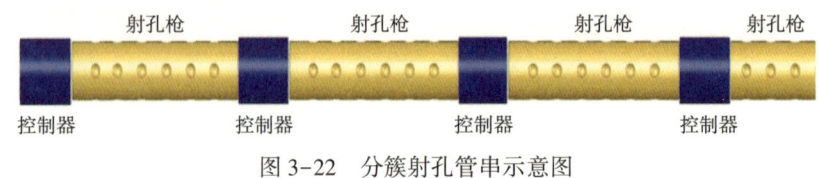

图3-22　分簇射孔管串示意图

第二节　连续油管环空加砂多段压裂技术

一、技术背景和思路

连续油管作业技术是一项具有广阔应用前景的实用性技术，能够适应恶劣的现场环境和从事复杂的作业施工，并成功地解决了油田生产中的一些特殊难题。因其具有无接箍、不压井、不动管柱、作业时间短、施工设备少、占用场地小、施工安全环保等优点，特别是近几年连续油管新工艺、新技术的开发与完善，目前已广泛应用于油气田的修井、测井、完井、钻井以及地面输油气管道等石油工业领域，被誉为"万能作业"技术，在油气勘探与开发中发挥越来越重要的作用。

针对国内低渗透油气藏纵向多层，跨距大，气、水关系复杂等特征，水力压裂技术虽然是经济有效开发低渗透油气藏的重要手段，但采用常规压裂手段难以实现逐层改造，不能达到提高小层动用程度进而提高产量的目的。为此，连续油管分段压裂技术逐渐引起石油技术人员的关注，该技术整合了水力喷射射孔定点压裂的优越性与连续油管拖动的灵活性，为解决纵向多层改造难题提供了新的途径。

连续油管环空加砂多段压裂是一种新的安全、经济、高效的油田服务技术，从20世纪90年代开始在油气田应用。连续油管压裂技术特别适合于具有多个薄油层和气层的井进行逐层压裂作业和水平井分段压裂作业，它起下压裂管柱快，大大缩短作业时间。连续油管压裂技术前期主要掌握在哈里伯顿、斯伦贝谢等国外油气服务公司手中，并且他们在国外连续油管压裂方面应用时间最长的已超过20年，而近年来国内的连续油管压裂技术取得了快速发展，目前中国石油川庆钻探工程有限公司、杰瑞能源服务有限公司等均能独立开展连续油管压裂施工。

二、技术原理及特点

国外连续油管压裂工艺主要有两种模式：其一为通过大直径连续油管进行主压裂的连续油管跨式封隔器多层压裂技术、连续油管水力喷射多层压裂技术；其二为连续油管射孔、环空主压裂的连续油管喷砂射孔填砂多层压裂技术、连续油管带底封喷砂射孔压裂技术。通过连续油管内加砂压裂增产改造，连续油管寿命短，施工成本高，需要解决连续油管国产化问题，以降低连续油管成本。受大管径连续油管有效长度的限制，结合国内具体情况，主体采用环空主压裂的连续油管喷砂射孔填砂多层压裂技术及连续油管带底封喷砂射孔压裂技术。

1. 连续油管喷砂射孔填砂多层压裂技术

1）工艺原理

连续油管填砂多段压裂技术是一种集射孔、压裂、隔离一体化的增产改造技术，是一种通过连续油管水力喷砂射孔，从环空进行主压裂施工的一种定位定点压裂技术。其基本原理是采用连续油管喷砂射孔、环空压裂联作，通过砂塞封隔目的层的新型压裂技术。它可以实现一趟钻具分层压裂，实现小井眼井作业，比常规的施工作业安全性能高。连续油管喷射射孔填砂多层压裂作业过程如图3-23所示。

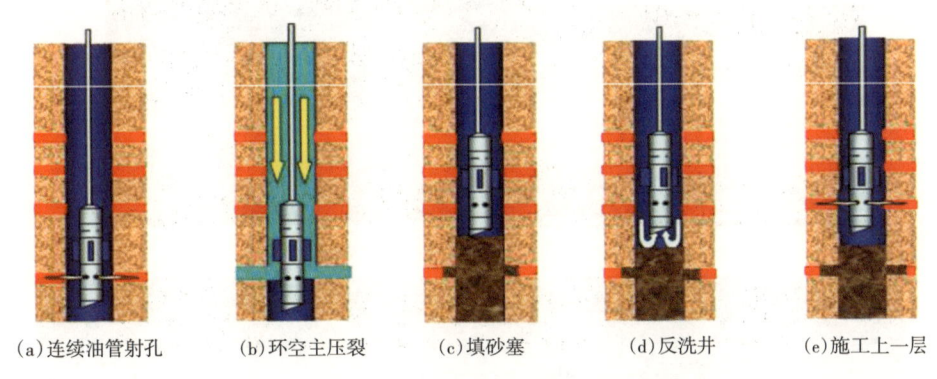

| （a）连续油管射孔 | （b）环空主压裂 | （c）填砂塞 | （d）反洗井 | （e）施工上一层 |

图3-23 连续油管喷射射孔填砂多层压裂作业过程示意图

2）工艺流程

填砂分层压裂施工工序：（1）定位器定位待施工段；（2）连续油管水力喷砂射孔；（3）油管破压试验；（4）环空主压裂（环空注携砂液+连续油管内小排量供液）；（5）填砂分层（在施工末端留砂塞封隔下层）；（6）砂塞试压、探砂面；（7）上提管柱定位下一射孔段；（8）重复上述工序，实现多层连续分压；（9）起出连续油管压裂工具串，更换连续油管冲砂工具串进行冲砂，下投产工具串进行投产。

3）井下工具

该技术井下工具由连接油管、连接器、安全丢手、扶正器、喷射器、单流阀、定位器和引鞋等组成（图3-24），其中定位器和喷射器是关键，关系到准确定位、射孔效率和施工成败。

4）工艺优缺点

（1）优点：可以使用小直径连续油管；采用套管注入，摩阻小，排量可以较大；连续油管只负责射孔而不加砂，对连续油管损耗小，连续油管利用率高；套管流动通道大，可实施较大规模压裂。

连接油管　连接器　安全丢手　扶正器　喷射器　单流阀　定位器　引鞋

图3-24　连续油管喷射射孔填砂多层压裂井下工具示意图

（2）缺点：施工工序较复杂，需要射孔、压裂、填砂、冲砂等步骤，施工效率不高，完成多次压裂需要的时间长；压力系数高的井带压冲砂困难，风险高；环空注液时对井内连续油管有喷砂切割作用，可能导致连续油管破损甚至断裂。

2. 连续油管带底封喷砂射孔压裂技术

1）技术原理

连续油管带底封喷砂射孔压裂技术首先把连续油管下入第一段预改造位置，定位，通过上提下放坐封锚定器及封隔器，连续油管喷砂射孔，环空泵注压裂，同时油管小排量泵注基液；第一段压裂结束后，上提连续油管封隔器，上提连续油管至第二段预定改造位置进行射孔、压裂作业（图3-25）。

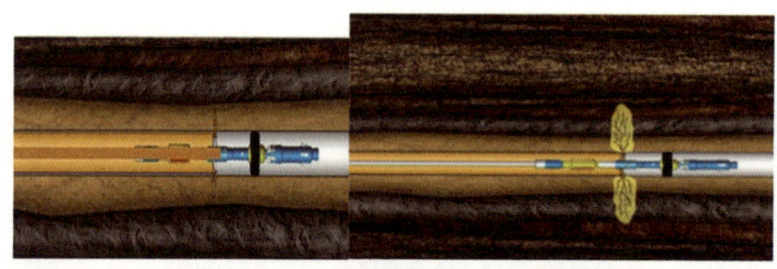

（a）第一段连续油管射孔压裂流程图

（b）上提油管压裂第二段

图3-25　连续油管带底部封隔器压裂流程图

2）工艺流程

带底部封隔器分层压裂施工工序：（1）定位器定位待施工段；（2）封隔器坐封，连续油管水力喷砂射孔；（3）油管破压试验；（4）环空主压裂（环空注携砂液+连续油管内小排量供液）；（5）底封隔多级压裂；（6）封隔器解封，上提管柱定位下一射孔段；（7）重复上述工序，实现多层连续分压；（8）起出连续油管压裂工具串，下投产工具串进行投产。

3）井下工具

该技术的主要井下工具是机械式套管接箍定位器、K341-108T型底封隔器、喷射器以及双向循环阀，机械式套管接箍定位器、封隔器和喷射器是关键工具，关系到准确定位、射孔效率、已压层暂堵、施工的成败和作业效率（图3-26）。

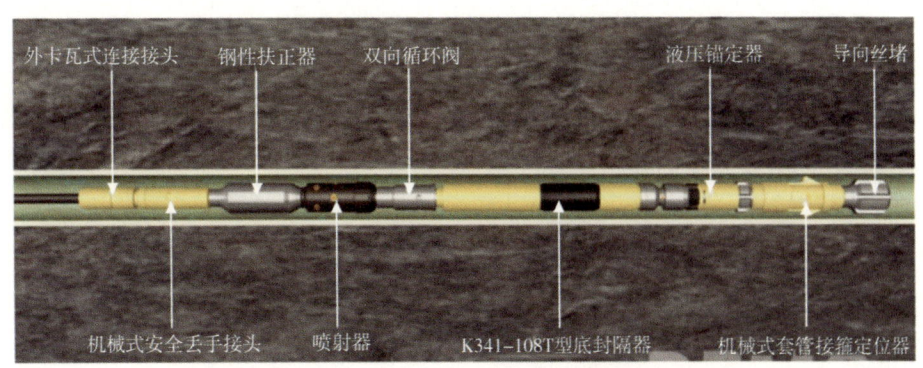

外卡瓦式连接接头　钢性扶正器　双向循环阀　　　　液压锚定器　　导向丝堵

机械式安全丢手接头　喷射器　　K341-108T型底封隔器　　机械式套管接箍定位器

图 3-26　连续油管带底部封隔器压裂管柱结构图

4）工艺优缺点

（1）优点：适合于薄储层选择压裂改造；分层压裂层/段数不受限制；施工过程中可用连续油管实时监测井底压力；便于后期修井作业；作业周期短，施工效率高。

（2）缺点：对工具性能要求高，工具可靠性决定了工艺的成功与否，存在砂卡等风险。

三、关键设计及工具

要完成连续油管环空加砂多段压裂作业，需要配套以下设备及工具。

（1）压裂井口：注入四通、闸板阀、防喷器等。

（2）井下工具：喷砂射孔压裂工具串、冲砂工具串。

1. 压裂井口装置

连续油管水力喷射、环空压裂技术对于地面装置的需求主要包括连续油管防喷器、变径法兰、防喷管、环空注入四通、液动双闸板防喷器、大平板阀、井口大四通和节流管汇等，关键设备是环空注入四通、大平板阀、节流管汇和液动双闸板防喷器。连续油管压裂井口装置连接如图 3-27 所示。

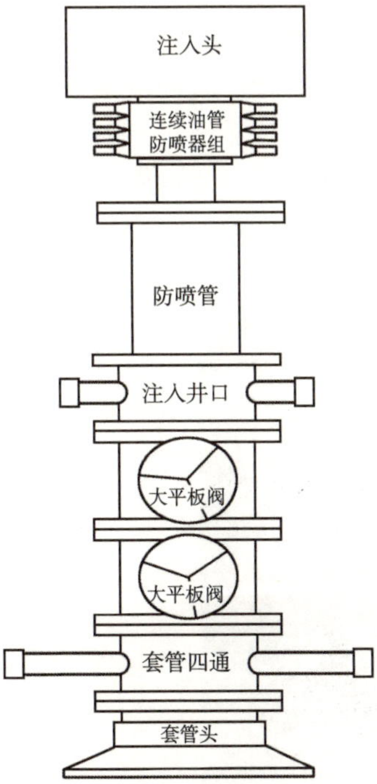

1）连续油管环空注入四通及四通保护套

连续油管作业采用环空注入压裂时，若采用普通的井口四通注入，含有大量支撑剂的施工液体将直接冲击连续油管外表面，造成连续油管外表面严重损伤，从而影响使用寿命，甚至将连续油管刺坏或断裂落井造成施工事故。针对这一难题，开发了一种专门用于连续油管环空压裂的环空注入四通。该环空注入四通既能满足环空注入需要，又能避免注入液流直接冲击连续油管。

2）大通径平板阀

大通径平板阀主要连接在防喷管下端，主通径与防喷管同轴线，当工具串完全置于防喷管内时，关闭大平板

注入头

连续油管
防喷器组

防喷管

注入井口

大平板阀

大平板阀

套管四通

套管头

图 3-27　连续油管压裂井口
装置连接示意图

阀，可以将井筒内的压力封闭在大平板阀以下，使得防喷管内及井口操作安全可靠。使用时一般2个连接在一起使用，施工时主要使用下面1个，上面1个用作备用阀。其主要技术参数为主通径180mm，BX156型钢圈槽，最高承压70MPa。室内测试：静水压密封性能测试；额定工作压力试压2次，每次稳压时间3min，不刺不漏，压降值不大于额定压力值的5%为合格。大通径平板阀如图3-28所示。

图3-28　大通径平板阀

3）双翼液动地面节流管汇

双翼液动地面节流管汇在水力喷砂射孔时，射孔区域形成"射流负压区"，为了防止封堵下施工层的砂桥被储层压力搅动破坏，要求给油套环空中的循环射孔液施加略高于已施工储层压力的"背压"，此"背压"正是依靠双翼液动地面节流管汇对环空循环液体节流而产生。这个双翼液动地面节流管汇有2条节流路径，一条路径依靠液压自动控制节流阀的开合实现节流，另一条路径依靠手动控制节流阀的开合实现节流，实际使用时只使用其中一条节流路径，另一条备用。双翼液动地面节流管汇如图3-29所示。

图3-29　双翼液动地面节流管汇

双翼液动地面节流管汇的主要技术参数为主通径 78mm，旁通径 65mm，截止阀件及管汇最高耐压 70MPa。室内静水压密封性能测试压力 1.4~2.1MPa，低压和额定工作压力下稳压 10min，压降不大于 0.7MPa 为合格。

4）液动双闸板防喷器

连续油管设备自身带有防喷器组（带有半封、全封、剪切与悬挂功能）安装于井口装置防喷管以上，分层压裂施工过程中，防喷管可能因各种原因失效，井口装置需配备防喷器，以防防喷管失效带来的负面影响，双闸板防喷器作为备用，配有全封芯子以及 $1\frac{1}{2}$in、2in、$2\frac{3}{8}$in 寸闸板芯子，该防喷器全封、半封闸板芯子室内试压 70MPa 合格。

2. 井下关键工具

连续油管环空加砂多段压裂技术井下工具中关键的是接箍定位器、喷射器和底部封隔器，关系到准确定位、射孔效率、施工成败和作业效率。

1）接箍定位器

连续油管无接箍，无法像正常油管施工压裂作业过程中根据准确测量入井油管长度确定井下工具的具体位置，因此，连续油管正常施工作业前需要先对连续油管入井深度进行有效定位。定位器使用的目的是准确掌握井下钻具所处深度，保证喷射点和被施工层的准确性。机械式套管接箍定位器是一种能够准确定位套管接箍位置的连续油管作业定位工具。利用该定位器定位寻找水平井水平段短套管接箍位置，将入井管柱长度与短套管测井深度位置对比校深，使工具准确置于设计施工深度位置。

如图 3-30 所示，机械式套管接箍定位器主要由：本体、硬质合金镶嵌块、压板、定位摩擦块和弓形弹簧片等组成。定位摩擦块有 3 块，分别安装在沿圆周均布的 3 道"凸起"上，两边的压板对其向外限位，弓形弹簧片给定位摩擦块一个持续向外的柔性扩张力。入井过程，定位摩擦块最高点与套管内壁接触摩擦滑行，定位器起到柔性扶正器的作用，在遇到套管接箍处内径发生变化时，定位摩擦块上的小角度导向角可以顺利引导过渡。定位时采用向上拖动管柱方式。向上拖动定位器，定位摩擦块在通过套管接箍时，在大角度定位角的作用下，拖动管柱的力会发生明显变化，利用拖动力的明显变化，可以准确找到短套管的位置，根据短套管的测井深度，即可将工具准确的放到设计深度。

图 3-30　井下第一代机械定位器实物图

综合考虑机械式套管接箍定位器在套管内的移动性能和定位时的拖动力明显变化要求，拖动定位时力的变化值一般设计预定为 0.5t 左右。拖动力变化值的大小可以通过增减弓形弹簧片的数量来实现。定位时，力的转换链较长，不可控因素多，很难通过理论计算决定弓形弹簧片的个数，只有通过多次重复的试验测定来调整。

机械式套管接箍定位器测试方法：将一段由套管接箍连接的短套管固定在拉压试验架上，数显拉压传感器的一端连接定位器上接头，另一端与拉压试验架拉压液缸相连接，然后将连接好的测试管柱置入短套管内。操作试验架推动定位器先通过套管接箍，然后拉定位器再次通过套管接箍，记录下这一过程的拉压力峰值，最大值和最小值之间的差值即为定位时的拉力变化值 ΔF。用上述方法测定 ΔF 见表3-3。

表3-3　试验测定 ΔF 值记录表

次数	1	2	3	4	5	6	7	8	9	10	平均值
ΔF，kN	7	6	6	5	6	8	4	7	6	6	6.1

从10次重复测试结果来看，定位时 ΔF 比较稳定，均值为6.1kN，满足设计预期值（0.5t左右）要求。机械式套管接箍定位器的最大外径130mm，全长650mm，最小通径30mm，适用于5½in套管。

2）水力喷射器

连续油管分层压裂是一种喷射、压裂联作工艺，其喷射压裂原理是根据伯努利方程，通过专用喷射器工具在喷射时动能和压能相互转换，流速越高，动能越大。

$$\frac{V^2}{2} + \frac{p}{\rho} = C \qquad (3-1)$$

式中　V——流量；

　　　p——液体的局部压力；

　　　ρ——液体的密度；

　　　C——常量。

连续油管水力喷射是在井口利用压裂车泵入液体，在欲实施射孔作业井段由高速流体冲击套管壁，由于液体中含有120kg/m³粉砂，高速流动含粉砂液体穿透套管，与此同时，在高压流体作用下，高压含砂水流经喷射枪的喷嘴后，以较高速度冲击破碎油气储层岩石，并切割穿透岩层，形成一定直径一定深度的水平孔道，水力喷射使射孔深度穿透井筒周围的钻井侵入带，不产生射孔压实带，且射孔孔眼直径和深度远大于常规聚能弹射孔。

水力喷射器是水力喷砂射孔压裂中的核心部件，由喷射器本体和喷嘴组成（图3-31）。其作用如下：（1）产生高速射流，射开套管和地层，压开地层，实现射孔、压裂施工一体化；（2）根据储层特点，通过调整喷嘴位置、数量、大小可实现不同方位、不同施工排量、压力下的压裂施工。

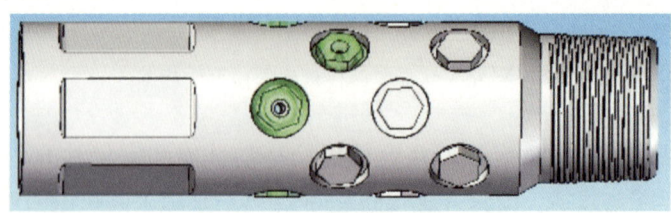

图3-31　水力喷射器示意图

水力喷砂压裂要求流量系数高、射流扩散大的喷嘴，因此优选了流道形状为单圆弧进口的喷嘴（图3-32）。不同流道形状喷嘴性能对比见表3-4。

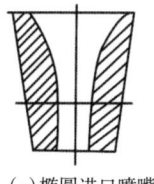 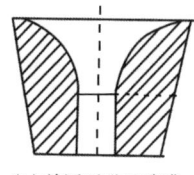 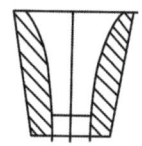

(a)椭圆进口喷嘴   (b)单圆弧进口喷嘴   (c)等变速型喷嘴

图 3-32 水力喷射器喷嘴示意图

表 3-4 不同流道形状喷嘴性能对比表

喷嘴名称	流量系数（C）	射流扩散角（α），（°）
椭圆形进口喷嘴	0.985	12
单圆弧进口喷嘴	0.978	15
等变速形喷嘴	0.980	8

喷嘴材质必须具有高硬度、高耐磨性，两者缺一不可。水力喷砂喷嘴常用的材料有：美国的 ROCTEC500、硬质合金、碳化硅、碳化硼、氧化铝、氮化硅、氧化锆等。综合考虑喷嘴的硬度、加工难度、价格等因素，优选了喷嘴材质，单段施工以 YG6X 为主，多段施工以高强度喷嘴为主。不同材质喷嘴参数对比见表 3-5。

表 3-5 不同材质喷嘴参数对比表

喷嘴材质	碳化钨（WC）	密度，g/cm^3	洛氏硬度（HRC）	抗拉强度
YG3X	96.5	15.0~15.3	91.5	1100
YG3	97.0	15.0~15.3	91.0	1200
YG6X	93.5	14.6~15.0	91.7~92.5	1400
YG8	92.0	14.5~14.9	89.0	1500
YG10	90.0	14.3~14.6	86.0	2300
高强度喷嘴	—	15.5	96.0	1300

针对现场施工过程中喷嘴从喷射器孔眼中拔出及喷嘴从喷嘴工作筒中脱出的现象，通过不断试验，将喷嘴与喷嘴工作筒的黏合剂由工业修补剂 SX811 高强度结构胶改为强度更高的专用固持胶，同时在黏接好的喷嘴丝扣上涂抹高强度密封胶，再旋入喷射器孔眼，避免了此类现象的再次发生，较好地解决了该问题（图 3-33）。

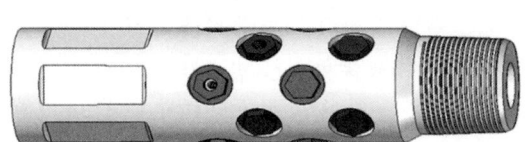  

图 3-33 喷嘴黏接示意图

3）底部封隔器工具

连续油管带底封分层压裂是一种机械分层压裂工艺，底部封隔器的有效封隔，保证了储层改造的针对性，同时连续油管带底封分层压裂作业可减少压后放喷反冲等施工步骤，大大节约施工用时，提高施工效率。该工艺关键工具为底部封隔器，其总体性能很大程度上决定该工艺的施工层数，因此，急需开发高寿命封隔器以提高作业效率。

该工艺对底部封隔器的总体性能要求：可以反复实现坐封、解封动作；坐封后，停止泵注可保持坐封状态不解封，需要解封时可以通过其他操作实现。根据以上要求，设计研发一种新型底部封隔器，为保证多次坐封解封后封隔器封隔能力的有效性，选择高强度封隔器胶皮。选用的底部封隔器胶筒在地面试验中，满足了耐高温高压，单向稳压 1h 不泄漏，反复 8 次，每次测试均能密封，泄压后能正常恢复。

4）刚性扶正器

扶正器是一种大直径工具，在工具串中分开连接的大直径扶正器可以将其他工具抬起处于相对中间位置。常用扶正器多为三翼刚性一体式，它结构简单，使用可靠。连续油管压裂施工中，连续油管的自然挠曲导致扶正器始终贴着套管壁下行，扶正器一直和套管壁接触，抗磨性要求高（图3-34）。

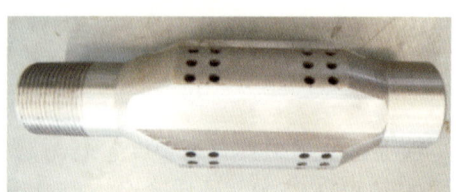

图 3-34　刚性扶正器

5）导向单流扶正球座

在施工管柱最下端，一般都要连接一个单流阀，其作用是禁止液体通过单流阀正循环，可以通过单流阀建立反循环。连续油管填砂压裂施工中，填砂后需要探砂面以确定层间封隔情况，由于连续油管一直都要注液，以保证连续油管伸直时，探砂面位置的准确。但是由于连续油管内通径小，管内出液通道（喷射器喷射孔小）在连续油管小排量伴注的过程中很可能形成喷射，搅动砂塞，造成探砂面冲砂的现象，因此，需要对喷射器以下管柱长度的尽可能缩短，采用瞬时停泵探砂面，减少管柱杆入砂面造成砂卡的风险。为此，设计的导向单流扶正球座，将导向牛鼻子、刚性扶正器和球座式单流阀结合在一起制作成一种工具，但具备3种工具的性能。

导向单流扶正球座的结构如图3-35所示，主要由多孔挡板、钢球和本体组成。钢球置于本体内腔，小锥度球座面上多孔挡板阻止钢球在反循环时被冲出，起到球座式单流阀作用。本体外表面采用大直径且加工成通井规头样式，既不影响液体流通，又可以起到刚性扶正器的作用。本体下端面加工外倒角，可以导向引入。

6）液压锚定器

液压锚定器接在底部封隔器下面。当正常施工时，底部封隔器坐封后，施工液体压力会对底部封隔器产生一个持续向下的推力，迫使底部封隔器向下移动。底部封隔器向下移动时会向下拉扯连续油管，特殊情况下连续油管有被拉断的可能。液压锚定器的作用就是施工时在管壁上锚定，限制底部封隔器向下移动。

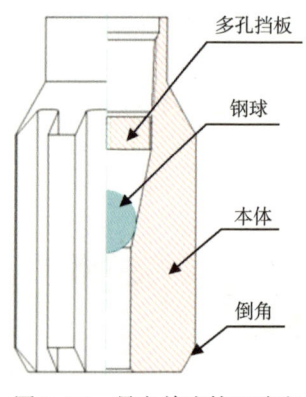

多孔挡板

钢球

本体

倒角

图 3-35　导向单流扶正球座

液压锚定器最大外径 114mm，长 520mm，工作启动压差 0.6~0.8MPa，最高可承受工作压力 50MPa。

四、连续油管多段压裂方案设计

1. 连续油管强度校核

对于连续油管，引起应力集中的因素主要有 3 个：内部压力、外部压力和轴向力。连续油管在制造过程中，由于弹性弯曲，还存在其他内部残余应力。尽管在进行应力计算的研究过程中包括这些残余的应力，但是实际上在确定连续油管应力极限时，常常忽略这些残余应力，同时扭矩也是被忽略的外部力。

连续油管有以下 3 种主要的应力。(1) 轴向力：由施加于连续油管轴向的力引起（拉伸或压缩）。如果压缩力超过螺旋弯曲荷载，井眼中的连续油管就会成螺旋形，产生附加的轴向弯曲应力。(2) 径向应力：由连续油管内部和外部压力引起的、沿着油管壁上给定位置处的应力。径向应力是这 3 种应力中最小的，应力计算中常被忽略。(3) 切向应力（也叫环向应力）：由连续油管内部和外部的压力引起的油管壁上给定位置处的圆周应力。

根据 Von Mises 屈服标准将以上 3 种应力综合在一起可以确定什么样的压力和轴向力可以导致油管的屈服。为了简化应力极限曲线，用 3 种应力中的 2 种来计算压差：$\Delta p = p_1 - p_0$。如图 3-36 所示，对于曲线的右半边，$F_a > 0$，连续油管拉伸；对于曲线的有左半边，$F_a < 0$，连续油管压缩；对于曲线上边的一半，$\Delta p > 0$，即 $p_1 > p_0$，代表曲线破裂部分；对于曲线下边的一半，$\Delta p < 0$，即 $p_1 < p_0$，代表连续油管在这一区间将被挤毁。

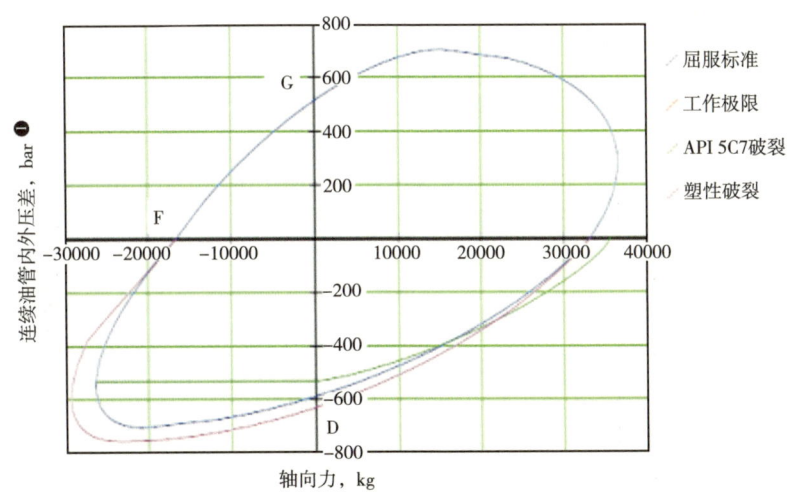

图 3-36　连续油管应力屈服极限图

在工作中所有的应力极限计算都要考虑安全系数。工业上典型的都是用应力屈服极限值的 80% 作为应力极限，即安全系数一般是 1.25。

以 2in 连续油管为例，在平均椭圆度为 0、1%、2%、3% 时的连续油管屈服曲线如图 3-37 所示。可以看出，在连续油管尺寸、材质一定的情况下，影响连续油管应力屈服极

---

❶　1bar = 100kPa。

限的因素主要为椭圆度和壁厚，所以对连续油管椭圆度及壁厚需定期进行测试。

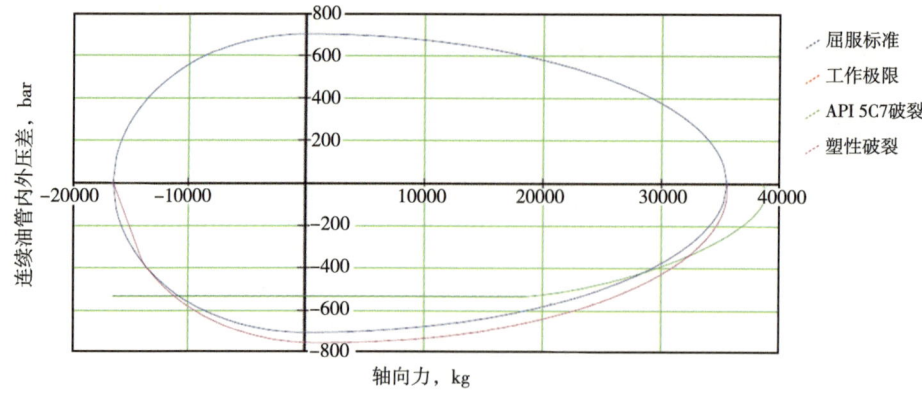

图 3-37　椭圆度为 0 时连续油管应力屈服极限图

2. 连续油管应力极限分析

1）下入前模拟

连续油管入井前需要应用软件中的应力极限模型分析连续油管在井中的应力极限，为连续油管在施工中的安全操作起到指导和参考作用。如图 3-38 所示，CTES 软件能提前模拟出连续油管是否能下入到预定的深度，能否完成该作业，特别是水平井的施工必须要提前进行模拟。

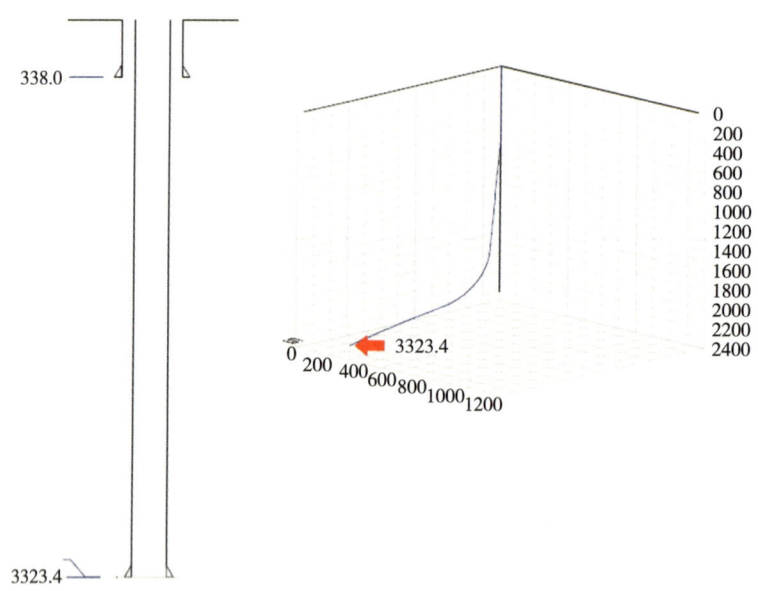

图 3-38　连续油管下深模拟

CTES 软件模拟结果，给出的是连续油管在井中起下油管的应力极限值，图 3-39 主要体现的就是连续油管设备上的指重仪测得的数值和软件模拟出来的数据进行对比，软件给出一个极限范围，施工时就可以根据这个数据进行施工。

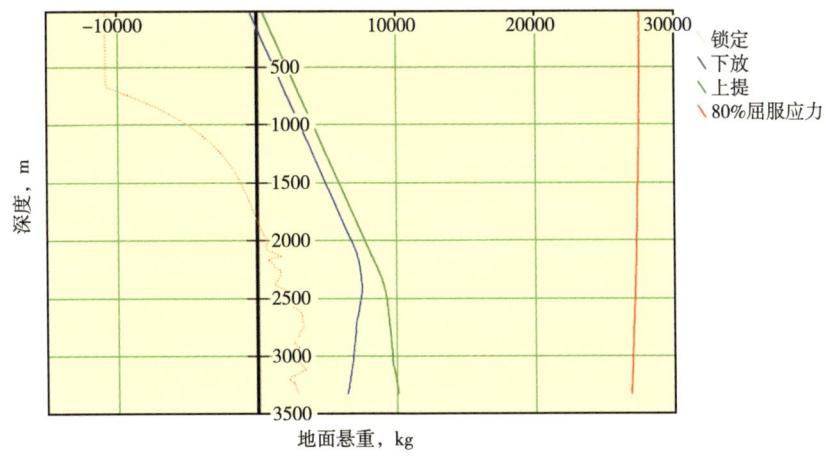

图 3-39　连续油管起下应力模拟

2）连续油管静态强度校核

根据连续油管现场施工数据跟踪记录，系统会自动生成连续油管目前整体状态情况，为连续油管安全施工提供指导。图 3-40 是连续油管模拟的曲线，模拟证明在 3470m 左右连续油管疲劳度很大，后续施工风险很大，需对疲劳度大的连续油管进行剪切处理。

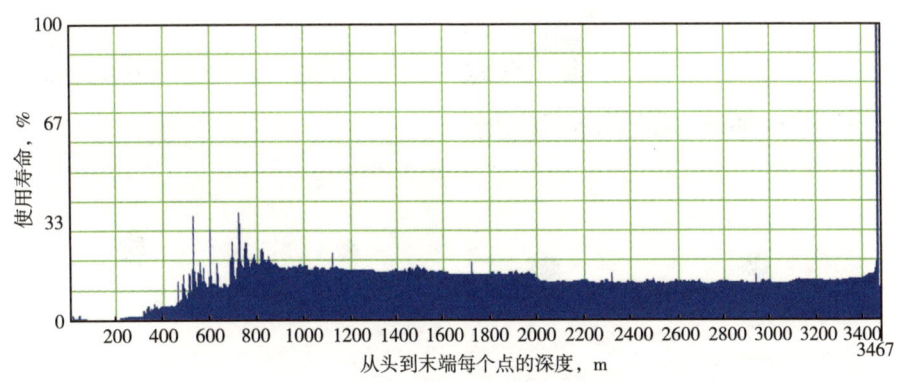

图 3-40　连续油管安全性能模拟

3）水力喷射速度设计

通过调研及地面水力喷射试验发现，不同的喷嘴大小，对应的喷射速度不同，喷射速度在 130~200m/s 范围内均可以实现水力喷射穿孔破岩的目的。随排量增大，射孔深度明显增加（图 3-41）。

通过对不同的喷射岩石特征的研究表明，相同排量下，灰岩的射孔深度较砂岩低，为了达到深度穿透的目的，需要更高的排量。而对于砂岩储层，可以通过优化排量达到一定的喷射效果。

4）连续油管单次射孔时间优化

通过地面试验（图 3-42），确定连续油管能射穿套管时间为 10~15min。假设采用 1½in 连续油管射孔压裂，射孔喷射器喷嘴数 2 个，喷射时间大于 10min 时，射孔成功率 100%。

为了确保顺利射孔，可以确定射孔时间为 12min。

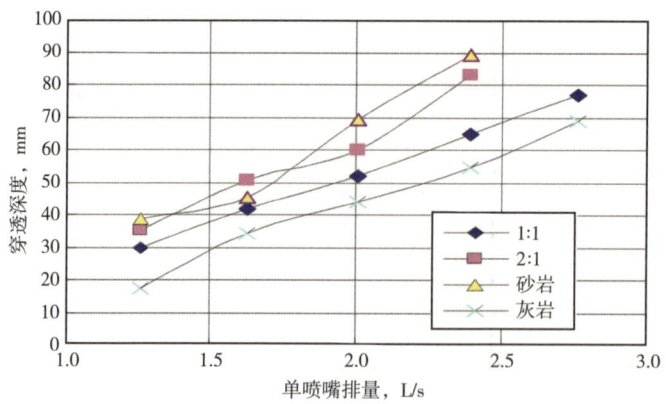

图 3-41　不同喷射介质的穿透深度

图 3-42　地面模拟试验示意图

3. 射孔砂浓及砂量优化

砂比过大，砂子堵塞喷口；砂比过小，不能有效喷射。通过地面测试，确定合理有效喷砂射孔砂浓度为 120kg/m³。为确保射孔效果，建议采用 70~100 目石英砂，砂量优化为

$$Q = \frac{S \cdot t \cdot M}{1000D} \tag{3-2}$$

式中　Q——砂量，m³；

　　　S——排量，m³/min；

　　　t——时间，min；

M——砂浓度，kg/m³；

D——体积密度，kg/m³。

取 t 为 12min（前面时间优化结果），排量为 0.7m³/min（由单喷嘴最优喷射速度和 6 个喷嘴计算得出），体积密度为 1kg/m³（通过地面测试得出），根据式（3-2）砂量优化计算结果为

$$Q = \frac{0.7 \times 12 \times 120}{1000 \times 1.62} = 0.62 \text{m}^3$$

4. 定位器定位校深

通过机械式套管接箍定位器找出短套管位置，标校连续油管深度，并以此找出射孔段附近套管接箍深度，精确确定射孔段位置。下入到短套管以下 20m 左右，以 5m/min 的速度上提连续油管，通过悬重变化确定套管接箍位置。在连续油管上做短套管位置的标记，以短套管接箍位置为准，标校连续油管深度。从短套管开始逐一数出套管接箍，直到探到离射孔段位置最近的套管接箍位置为止。以套管接箍位置为准再次对连续油管深度标校，上提或下放连续油管到射孔段。

5. 破裂试验

喷射口未观察到地层破裂现象，则需要进行破裂试验，便于后期正常加砂作业。

1）连续油管破裂试验

为防止破裂试验过程挤扁连续油管，喷射完成后，关闭套管闸门，按射孔排量从连续油管泵注施工液，油套压有明显上升后再下降，则上提连续油管至安全位置进行主压裂施工。

2）环空破裂试验

如果油管破裂试验中地层破裂显示不明显，则进行环空破裂试验。破裂试验失败，采取重新射孔或者注酸解除近井地带钻井污染，降低破裂压力后重新做破压试验。

6. 填砂分层压裂设计

1）填砂

针对填砂主压裂施工末期通过欠顶替形成砂塞实现层间分隔，实施步骤如下：（1）在压裂施工填砂完成后，泵注 2.0m³ 隔离液。（2）根据设计的砂面位置准确计量加入砂子的体积，用吊车吊起，从混砂罐入口加入，砂比控制在 15%~20% 之间。（3）欠顶替形成砂塞，在正常顶替量下少顶替隔离液与填砂混砂液量，使填砂混砂液在隔离液中沉降形成砂塞。（4）上提连续油管至安全高度（保证填砂混砂液在连续油管工具串以下），等待砂子下沉形成砂塞。整个填砂过程及顶替过程中，加大破胶剂用量，防止反胶现象。

2）试压探砂面

实施步骤如下：（1）等待 2h，连续油管内排量小于 50L/min，环空排量小于 500L/min 开始同时注入助推砂塞。如果压力没有上升，停泵再等待 2h，按同样的步骤助推砂塞。如果砂塞到位，压力上升至上一层破裂压力 10MPa 以上停泵。等压力下降，待压力降至 20MPa 以下后，再次试挤砂塞。（2）砂塞到位以后，缓慢打开节流管汇针阀，进行控制放喷。井内压力降到 10MPa 后，下连续油管探砂面，同时连续油管内小排量注入，如果连续油管探到下一层射孔段以下 5m 还未探到砂面，提高油管内泵注排量将射孔段冲洗干净后校正第二个射孔段深度。（3）如果砂塞没有达到设计的位置并且试压不合格，需要再次

填砂，首先准确判定砂塞的位置，计算补填砂子的体积。（4）上提连续油管1000m，从环空建立起循环，把需要填的砂子从700型水泥车加入。（5）700型水泥车把砂子顶替到连续油管工具串以下100m时停泵，从油管以50L/min的小排量注入，同时上提连续油管1000m，停泵，等待砂子沉降。（6）如果砂塞的位置过高，可以先采取正循环冲砂，此时尽可能提高连续油管的排量，把砂子冲起来以后，降低排量，在压力小于30MPa以后，慢慢下放连续油管。

五、现场试验及效果评价

1. 直井多层实施效果

2010年以来在中国石油长庆油田分公司（以下简称长庆油田）和中国石油四川油气田分公司（以下简称四川油气田）的直井、定向井累计开展了23余口井120余层连续油管多层压裂工艺现场试验。单井最高分压8层，最快实现了一天连续分压4层。

1）多层改造效果

连续油管多层压裂试验15余口井，68层压裂施工，平均单井改造层数为5.2层，是邻井平均2.8层的2倍左右。从试气结果分析，15口井平均试气产量约$11.4 \times 10^4 m^3/d$，是邻井平均测试产量的1.5倍以上，取得明显的增产效果，进一步增加了纵向上储层的动用程度。

2）产气剖面测试

开展了3口井产气剖面测试，为分析改造层位增产潜力、评价改造效果提供了依据。从产气剖面测试表明：尽管采用了三种不同的分层改造工艺，但总体苏东主力层盒8、山1贡献明显，盒6、盒7等非主力层贡献较小；部分干层无贡献；含气层对多层改造有一定的产能贡献；储层参数匹配性较好、含气性较差的含气层可作为改造选择目标层。

桃×井采用连续油管分层压裂工艺进行了8层改造，前期进行了第一次产气剖面测试，后期又进行$1.0 \times 10^4 m^3/d$、$2.0 \times 10^4 m^3/d$、$4.0 \times 10^4 m^3/d$ 3种工作制度下产气剖面测试。

该井四次产气剖面测试定量解释表明：9个改造小层中，非产层5个（盒5、盒6、山1_2、山2_1、山1_1）；产层4个，盒8下2产量贡献率最大，约80%；次产层盒8上随着生产时间的延长，产量贡献率有增加趋势（11.8%↗13.6%↗19.6%）（图3-43）。

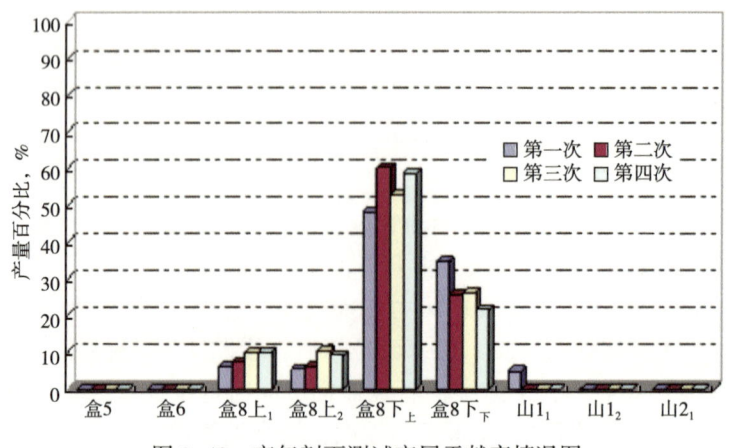

图3-43 产气剖面测试产层贡献率情况图

3）裂缝高度测试

为评价多层改造效果和裂缝延伸规律，在苏里格气田开展了 DSI 检测裂缝高度测试，对压裂设计有了进一步的指导。

桃×井盒 8 地层储层内压裂缝发育程度较高，裂缝高度 20m，储层完全打开且主要在储层内延伸，达到了工艺改造目的，压裂效果明显。

2. 水平井多层实施效果

2012 年以来在长庆油田和四川油气田的水平井中，连续油管环空多级压裂工艺累计实施 9 口井，最深达到 4645m，水平段最多分段数达 18 段（表 3-6）。其中，苏×-2H 一只封隔器最多完成了 11 段压裂，现场试验表明工具性能可靠，压后产量是邻近直井的 3~5 倍以上，实施效果较好。

表 3-6　连续油管多层压裂试验在水平井中的应用情况

井号	井型	水平段垂深 m	最高停泵压力 MPa	施工层数	封隔器 个数	测试产量 $10^4m^3/d$
苏×-1H	水平井	3380.5	23.0	14.0	3.0	8.5
苏×-2H	水平井	3392.0	28.0	11.0	1.0	8.8
苏×-3H	水平井	3313.9	21.0	7.0	1.0	9.0
苏×-4H	水平井	3310.9	26.0	7.0	2.0	7.0
桃×-1H	水平井	3277.9	50.0	10.0	1.0	12.0
苏×-5H	水平井	3363.3	20.0	18.0	2.0	17.0
白浅×-1H	水平井	895.0	34.0	6.0	1.0	5.9
玛×-1H	水平井	2645.0	43.7	5.0	1.0	30.4
玛×-2H	水平井	3439.0	55.4	8.0	1.0	8.6

第三节　裸眼封隔器滑套多段压裂技术

一、裸眼封隔器滑套分段压裂管柱及工具

为提高深层油气藏单井产量、增大井筒与储层接触面积、降低井口施工压力，成功研制了机械封隔式裸眼封隔器、锚定封隔器、悬挂封隔器等关键工具，形成了 3 套裸眼水平井完井压裂工艺管柱，包括 7in 技套悬挂 4½in 基管完井压裂工具总成、5½in 技套悬挂 3½in 基管完井压裂工具总成、5½in 套管完井压裂工具总成，能够满足最高压裂段数 29 段、耐温 150℃、耐压差 70MPa 的裸眼水平井多段压裂要求。该技术满足二开、三开井身结构裸眼完井多段改造技术需求，重点解决了完井压裂管柱顺利下入、段间有效封隔和储层充分改造等关键技术。该工艺管柱中球及球座可钻，钻后实现管柱全通径，滑套打开方式可选（投球或开关钥匙均可打开），能实现后期选择性层段生产。

1. 裸眼封隔器滑套分段压裂管柱

1）二开裸眼完井水平井压裂管柱

二开井身结构只有表层套管和油层套管，节省了技术套管，油层套管连接固井阀、裸

眼封隔器以及压裂滑套，将桥塞放在固井阀下面进行直井段水泥固井。

固井及压裂工艺：下入完井压裂一体化工艺管柱、顶替泥浆、投球坐封裸眼封隔器；下固井桥塞、坐封丢手、填砂、开固井阀、挤水泥固井、候凝、下管柱扫塞、起管柱；测固井质量；捞桥塞、关固井阀、打开定压球座、压裂第一段；逐级投球压裂后续层段。二开裸眼完井压裂管柱结构如图3-44所示。

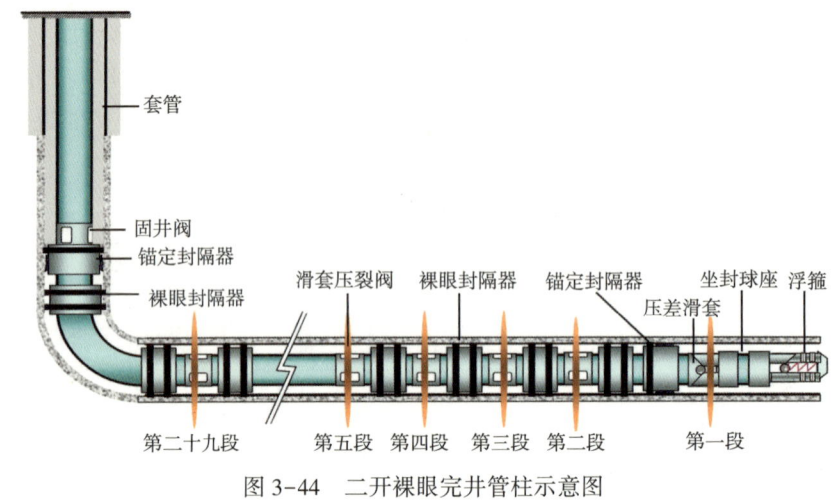

图3-44　二开裸眼完井管柱示意图

二开裸眼完井压裂管柱适应于5½in套管二开完井29段以内的油气藏压裂，工具和管柱耐温150℃、耐压差70MPa。

工艺管柱特点：二开井身结构完井，简化了井身结构，缩短了钻井周期，减少了技术套管，降低了完井成本；球及球座可钻，钻后实现管柱全通径；滑套打开方式可选（投球或开关钥匙均可打开）；完井滑套可开关，能实现后期选择性层段生产；压缩式封隔器、双胶筒双向密封；密封件局部刚性支撑，可长期有效封隔；直井段固井时下入固井桥塞，要进行扫塞和洗井，桥塞需要打捞，必须确保打捞过程中井底无落物。

2）三开裸眼完井水平井压裂管柱

三开井身结构包括表层套管、技术套管以及油层套管完井，该工艺是通过悬挂封隔器将与油层套管连接的裸眼封隔器以及压裂滑套悬挂在技术套管上的一种完井方式。

固井及压裂工艺：下入完井压裂一体化工艺管柱、顶替泥浆、投球坐封裸眼封隔器及悬挂器，提高压力等级，丢手悬挂器，回接套管（可选）；提高压力等级，打开定压球座，压裂第一段，逐级投球压裂后续层段等功能。完井压裂管柱结构如图3-45所示。

工艺管柱适应于5½in套管悬挂3½in基管16段完井压裂、7in套管悬挂4½in基管26段完井压裂、5½in套管二开完井29段以内完井压裂；工具和工艺管柱耐温150℃，耐压差70MPa。

工艺管柱特点包括：球及球座可钻，钻后实现管柱全通径；滑套打开方式可选（投球或开关钥匙均可以打开）；完井滑套可开关，能实现后期选择性层段生产；压缩式封隔器、双胶筒双向密封；密封件局部刚性支撑，可长期有效封隔；悬挂器以上可选择回接或者不回接。

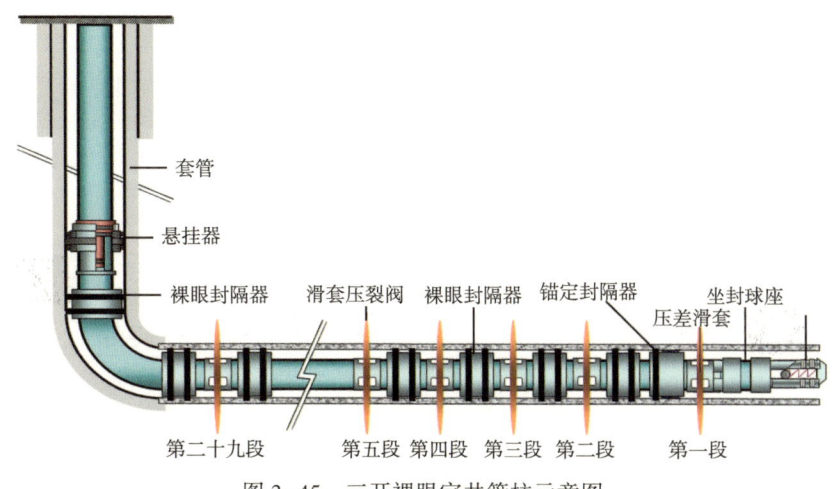

图 3-45　三开裸眼完井管柱示意图

二、裸眼封隔器滑套分段压裂工具

1. 二开裸眼完井水平井压裂管柱主要工具

（1）浮鞋：下井过程中具有扶正作用；单向流通，防止管外压井液及固体颗粒进入管内；堵塞滑套，循环时形成正循环通道。下井时，弹簧处于压缩状态，弹力反作用于球上，使球与球座斜面接触密封，管内液体不能进入管内；正循环时，液体进入内腔对球产生向下力压缩弹簧，球面与球座斜面分离，失去密封，液体进入扶正体，通过扶正体过液孔进入管外，形成正循环通道。该工具设有 2 组密封阀，同时循环通道和钻头循环通道一样，有利于循环。浮鞋结构如图 3-46 所示，技术参数见表 3-7。

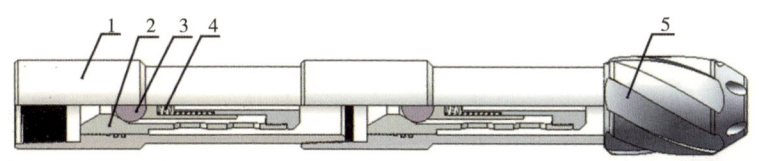

图 3-46　浮鞋结构图

1—上接头；2—球座；3—球；4—弹簧；5—扶正体

表 3-7　4½in 浮鞋技术参数表

序号	参数指标	参数
1	钢体外径，mm	206
2	连接扣型	4½in TBG
3	反向压差，MPa	70
4	正循环开启压力，MPa	<2
5	耐温指标，℃	<150

（2）坐封球座：下井时具有循环通道，投球打压，关闭循环通道，能抗双向压差，管内稳压使封隔器坐封。循环时，液体通过球座侧孔进入上接头上侧孔，流经缸套与下接头

环空，从下接头下孔流出，形成循环通道；球座关闭，管内打压剪断剪钉，球座下行，球座侧孔进入下接头2道胶圈之间，把球座侧孔封住，球座关闭。球座关闭之前，具有正循环通道，关闭球座可以投2个不同直径的球，提高可靠性，球座关闭以后可以抗双向压差。坐封球座结构如图3-47所示，技术参数见表3-8。

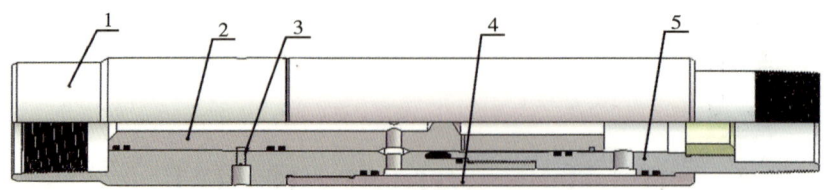

图 3-47　坐封球座结构图

1—上接头；2—球座；3—剪钉；4—缸套；5—下接头

表 3-8　坐封球座技术参数表

序号	参数指标	参数
1	钢体外径，mm	140
2	连接扣型	4½in TBG
3	双向压差，MPa	70
4	球座关闭压力，MPa	13~15
5	耐温指标，℃	<150

（3）定压压裂阀：依靠管内、外压差打开最下端压裂端口，进行第一段压裂的工具。管内打压剪断剪钉，滑套下行，打开压裂通道。依靠套管内、外压差打开最下层压裂通道，减少一次投球，增加压裂段数。定压压力阀结构如图3-48所示，技术参数见表3-9。

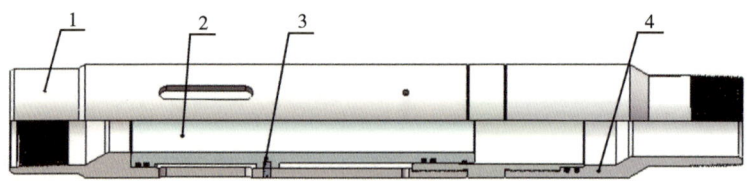

图 3-48　定压压裂阀结构图

1—上接头；2—滑套；3—剪钉；4—下接头

表 3-9　5½in 定压压裂阀技术参数表

序号	参数指标	参数
1	钢体外径，mm	154
2	连接扣型	5½in 套管扣
3	滑套打开压力，MPa	35~37
4	耐温指标，℃	<150

（4）裸眼锚定封隔器：设计有卡瓦锚定装置，坐封后起到锚定并密封裸眼段作用，防止压裂时管柱窜动和段间窜。油管内打压，液体经中心管进液孔进入中心管与缸筒环腔，

推副活塞左行、主活塞右行，锥体楔入卡瓦内将卡瓦胀出并锚定井壁。该工具特点：卡瓦纵向沟槽与横向沟槽交错布置，增大了卡瓦与井壁的咬入量；设有抗阻机构，遇阻不坐封；设有步进锁定机构，锚定牢固可靠。裸眼锚定封隔器结构如图3-49所示，技术参数见表3-10。

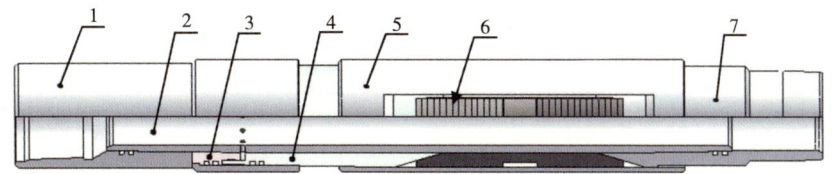

图3-49 裸眼锚定封隔器结构图

1—上接头；2—中心管；3—副活塞；4—主活塞；5—卡瓦罩；6—卡瓦；7—下接头

表3-10 5½in裸眼锚定封隔器技术参数表

序号	参数指标	参数
1	钢体外径，mm	200
2	扶正体外径，mm	206
3	连接扣型	5½in套管扣
4	坐封压力，MPa	25
5	耐温指标，℃	<150

（5）裸眼压裂封隔器：一种具有双密封胶筒刚性支撑密封形式的裸眼压裂封隔器，用于封隔裸眼压裂层段，防止压裂时段间串。管内打压，中心管进液孔进液，主活塞左行、副活塞右行，剪断坐封剪钉，压缩上、下胶筒与井壁形成密封，封隔器坐封完成。封隔器坐封采取楔入加压缩形式，坐封之后胶筒处于刚性支撑，增加密封长期性；胶筒两端具有保护机构增加耐温、承压能力；封隔器密封采取双胶筒，可靠性强。裸眼压裂封隔器结构如图3-50所示，技术参数见表3-11。

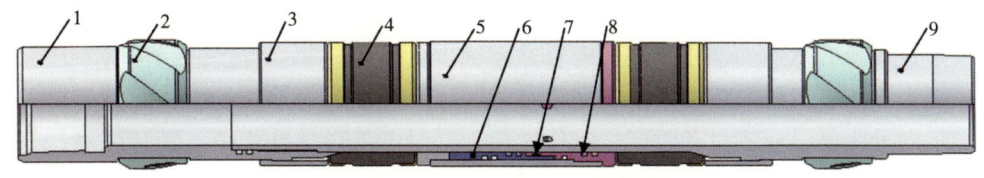

图3-50 裸眼压裂封隔器结构图

1—上接头；2—扶正体；3—剪切帽；4—胶筒；5—缸筒；6—副活塞；7—坐封剪钉；8—主活塞；9—中心管

表3-11 裸眼压裂封隔器技术参数表

序号	参数指标	参数
1	钢体外径，mm	200
2	扶正体外径，mm	206
3	连接扣型	5½in套管扣
4	坐封压力，MPa	25
5	耐温指标，℃	<150

（6）可开关式滑套压裂阀：通过投球打压打开，球座钻除后通过开关钥匙打开或者关闭压裂端口实现选择性开采及堵水。压裂时，管内投球打压剪断剪钉，滑套下行，压裂通道打开，进行压裂；钻球座时，压裂完成后下钻具将球座钻除；开关滑套，滑套压裂阀滑套内壁设置内倾角凸台、凹槽与开关钥匙卡爪的外涨凸台、凹槽配合锁定，上提管柱关闭滑套。该工具特点：球座钻除部分短，易钻除，密封采用组合密封，打开与关闭滑套阻力小，密封性好；滑套打开与关闭状态都处于锁定状态，不会产生误动作，锁定机构设防砂装置，防止压裂砂进入锁定内腔，卡死滑套，造成打开、关闭失败。可开关式滑套压裂阀结构如图3-51所示，技术参数见表3-12。

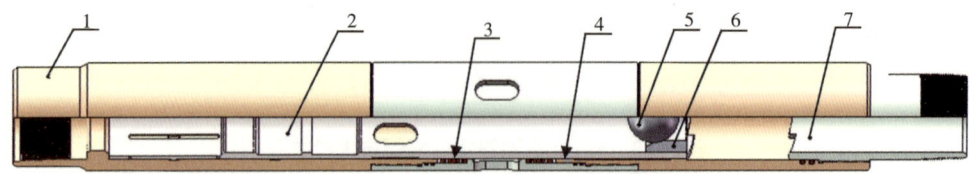

图 3-51　可开关式滑套压裂阀结构图

1—上接头；2—滑套；3—密封胶筒；4—剪钉；5—球；6—球座；7—下接头

表 3-12　可开关式滑套压裂阀技术参数表

序号	参数指标	参数
1	钢体外径，mm	180
2	球座钻除后内径，mm	118
3	连接扣型	5½in 套管扣
4	滑套打开压力，MPa	13~15
5	滑套关闭载荷，kN	30~40
6	耐温指标，℃	<150

（7）开关钥匙：通过液压控制可开关式滑套压裂阀的打开与关闭的一种工具。锁定时，油管内打压，上活塞上行、下活塞下行，卡爪在卡爪弹簧力作用下向外张开，上提油管，卡爪进入滑套球座的凹槽内，与滑套球座锁定，关闭滑套；解锁时，油管泄压，上活塞在弹簧力作用下下行，下活塞上行将卡爪收回，开关钥匙与滑套压裂阀脱开解锁。管内打压卡爪向外张开，泄压自动收回，操作方便，同时卡爪设计外张角，脱开可靠。开关钥匙结构如图3-52所示，技术参数见表3-13。

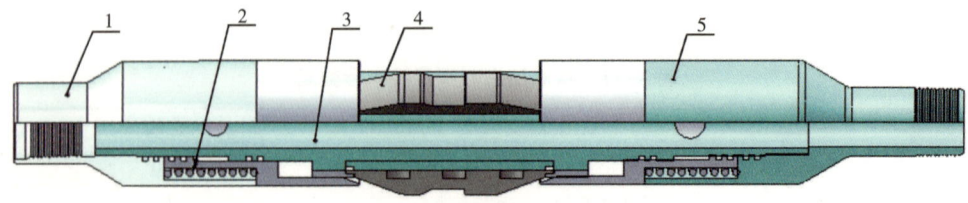

图 3-52　开关钥匙结构图

1—上接头；2—弹簧；3—中心管；4—卡爪；5—下接头

表3-13 开关钥匙技术参数表

序号	参数指标	参数
1	钢体外径, mm	110
2	卡爪涨出外径, mm	124
3	连接扣型	2⅞in TBG

（8）固井阀：通过开阀钥匙打开注水泥通道，投胶塞关闭注水泥通道，在水平井二开完井中实现半程固井。油管连接开阀钥匙坐落于下滑套内壁凹槽内，下放管柱剪断剪钉，打开挤注通道，提出开阀钥匙，注水泥，套管内投胶塞，打压坐落上滑套内壁台肩，上滑套下行，关闭挤注通道。出液孔向上与轴线成30°，挤注水泥时减少对井壁的冲蚀；6个φ16的出液孔右旋排列在外套上，挤水泥时形成旋流，有利于水泥的举升；通过机械动作实现开阀，常规压胶塞关阀。固井阀结构如图3-53所示，技术参数见表3-14。

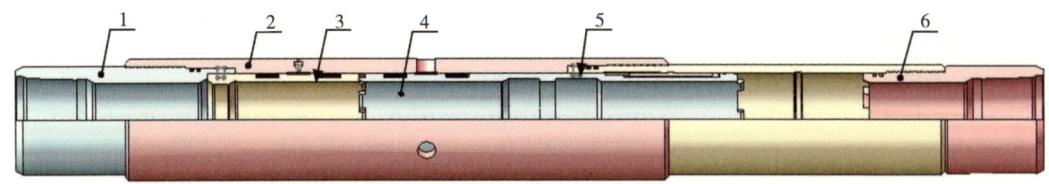

图3-53 固井阀结构图

1—上接头；2—阀体；3—上滑套；4—下滑套；5—剪钉；6—下接头

表3-14 技术参数表固井阀

序号	参数指标	参数
1	钢体外径, mm	196
2	内径, mm	118
3	连接扣型	5½in 套管扣
4	开阀载荷, kN	60~80
5	关阀压力, MPa	6~8

2. 三开裸眼完井水平井压裂管柱主要工具

（1）浮鞋：结构与二开裸眼完井水平井压裂管柱的浮鞋相同，如图3-46所示。

（2）坐封球座：结构与二开裸眼完井水平井压裂管柱的坐封球座相同，如图3-47所示。其技术参数见表3-15。

表3-15 坐封球座技术参数表

序号	参数指标	5½in 技术套管挂 3½in 基管	7in 技术套管挂 4½in 基管	9⅝in 技术套管挂 5½in 基管
1	钢体外径, mm	110	140	140
2	连接扣型	2⅞in TBG	4½in TBG	4½in TBG
3	双向压差, MPa	70	70	70
4	球座关闭压力, MPa	13~15	13~15	13~15
5	耐温指标,℃	<150	<150	<150

（3）定压压裂阀：结构与二开裸眼完井水平井压裂管柱的定压压裂阀相同，如图3-48所示。其技术参数见表3-16。

表3-16　定压压裂阀技术参数表

序号	参数指标	5½in 技术套管挂 3½in 基管	7in 技术套管挂 4½in 基管	9⅝in 技术套管挂 5½in 基管
1	钢体外径，mm	108	142	154
2	连接扣型	3½in TBG	4½in TBG	4½in TBG
3	内径，mm	50	80	80
4	滑套打开压力，MPa	35~37	35~37	35~37
5	耐温指标,℃	<150	<150	<150

（4）锚定封隔器：结构与二开裸眼完井水平井压裂管柱的锚定封隔器相同，如图3-49所示。其技术参数见表3-17。

表3-17　锚定封隔器技术参数表

序号	参数指标	5½in 技术套管挂 3½in 基管	7in 技术套管挂 4½in 基管	9⅝in 技术套管挂 5½in 基管
1	钢体外径，mm	108	142	200
2	连接扣型	3½in TBG	4½in TBG	5½in TBG
3	工作压力，MPa	70	70	70
4	耐温指标,℃	<150	<150	<150

（5）裸眼压裂封隔器：结构与二开裸眼完井水平井压裂管柱的裸眼压裂封隔器相同，如图3-50所示。其技术参数见表3-18。

表3-18　裸眼压裂封隔器技术参数表

序号	参数指标	5½in 技术套管挂 3½in 基管	7in 技术套管挂 4½in 基管	9⅝in 技术套管挂 5½in 基管
1	钢体外径，mm	108	142	200
2	扶正体外径，mm	112	146	206
3	内径，mm	60	94	118
4	连接扣型	3½in TBG	4½in TBG	5½in TBG
5	工作压力，MPa	70	70	70
6	耐温指标,℃	<150	<150	<150

（6）可开关式滑套压裂阀：结构与二开裸眼完井水平井压裂管柱的可开关式滑套压裂阀相同，如图3-51所示。其技术参数见表3-19。

（7）开关钥匙：结构与二开裸眼完井水平井压裂管柱的开关钥匙相同，如图3-52所示。其技术参数见表3-20。

表 3-19　可开关式滑套压裂阀技术参数表

序号	参数指标	5½in 技术套管挂 3½in 基管	7in 技术套管挂 4½in 基管	9⅝in 技术套管挂 5½in 基管
1	钢体外径，mm	108	143	180
2	球座钻除后内径，mm	不可钻	94	118
3	连接扣型	3½in TBG	4½in TBG	5½in TBG
4	滑套打掉压力，MPa	13~15	13~15	13~15
5	滑套关闭载荷，kN	—	30~40	30~40
5	耐温指标，℃	<150	<150	<150

表 3-20　开关钥匙技术参数表

序号	参数指标	7in 技术套管悬挂 4½in 基管	9⅝in 技术套管悬挂 5½in 基管
1	钢体外径，mm	86	110
2	卡爪涨出外径，mm	100	124
3	连接扣型	2⅞in TBG	2⅞in TBG

（8）悬挂器：通过液压坐封、丢手，把裸眼段内工具悬挂在技术套管上，同时形成密封。向管内注水加压，液体流经中心管进液孔进入缸筒内腔，作用到主活塞、副活塞上，剪断坐封启动销钉后卡瓦锚定，胶筒胀封，达到坐封压力时，坐封完成；继续加压，活塞剪断液压丢手销钉后，打开上接头与回接筒的连接，实现管内打压丢手；旋转管柱，打开上接头与回接筒的连接后丢手。采用 3 种丢手方式，丢手安全可靠，并且将坐封启动销钉与外表面零件不直接连接，下井遇阻时不会误坐封。悬挂器结构如图 3-54 所示，技术参数见表 3-21。

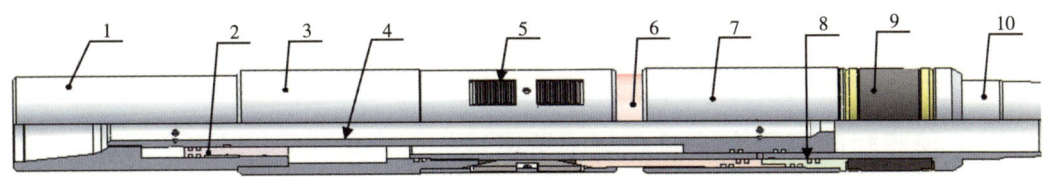

图 3-54　悬挂器结构图

1—上接头；2—活塞；3—回接筒；4—中心管；5—卡瓦；6—主活塞；7—缸筒；
8—副活塞；9—胶筒；10—下接头

表 3-21　悬挂器技术参数表

序号	参数指标	5½in 技术套管挂 3½in 基管	7in 技术套管挂 4½in 基管	9⅝in 技术套管挂 5½in 基管
1	钢体外径，mm	114	152	212
2	丢手后内径，mm	60	94	118
3	连接扣型	3½in TBG	4½in TBG	5½in TBG

序号	参数指标	5½in 技术套管挂 3½in 基管	7in 技术套管挂 4½in 基管	9⅝in 技术套管挂 5½in 基管
4	坐封压力，MPa	25	25	25
5	丢手压力，MPa	25~27	25~27	25~27
4	工作压力，MPa	70	70	70
5	耐温指标，℃	<150	<150	<150

（9）插管：与悬挂器密封筒回接，密封插管与技套环空。套管连接插管并与悬挂器回接，组合密封与悬挂器密封筒回接密封。插管采用组合密封，插入过程摩擦阻力小；承压时具有补偿效果，密封效果好；采用多组、多种组合密封，耐高温，承压能力强。插管结构如图 3-55 所示，技术参数见表 3-22。

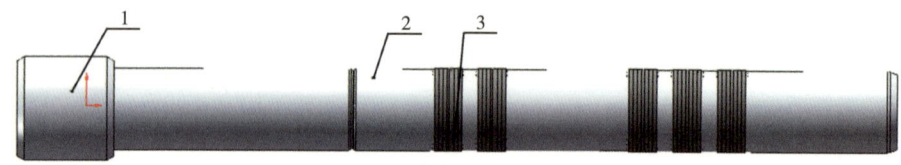

图 3-55　插管结构图

1—接箍；2—中心管；3—组合密封

表 3-22　插管技术参数表

序号	参数指标	7in 技术套管悬挂 4½in 基管	9⅝in 技术套管悬挂 5½in 基管
1	钢体外径，mm	119	145
2	内径，mm	94	118
3	连接扣型	4½in TBG	5½in TBG
4	工作压力，MPa	70	70
5	耐温指标，℃	<150	<150

三、裸眼封隔器滑套分段压裂工艺设计

1. 确定封隔器坐封位置

悬挂封隔器位置由最大井斜、固井质量、套管接箍、压裂时压裂管柱受力等几个因素决定，因此，悬挂封隔器及回接密封总成部分的下入要选择泥质含量高、井眼轨迹稳定、井径扩径小的位置，坐封位置固井质量要好，同时需要避开套管接箍，尾管悬挂封隔器回接密封总成承压要求满足压裂砂堵时达到的最高施工压力。

以 DP2 井为例，其技术套管固井质量好的井段在 2800~3200m 之间，2999m 与 3011m 处有套管接箍，3001.48m 井斜为 0.75°，井斜度小，悬挂封隔器的坐封位置确定为 3001.48m。DP2 井直井技术套管固井质量如图 3-56 所示。

2. 确定压裂滑套位置

滑套位置放在测井数据显示较好的井段，尽量在两个封隔器中间，以降低管柱刚度。

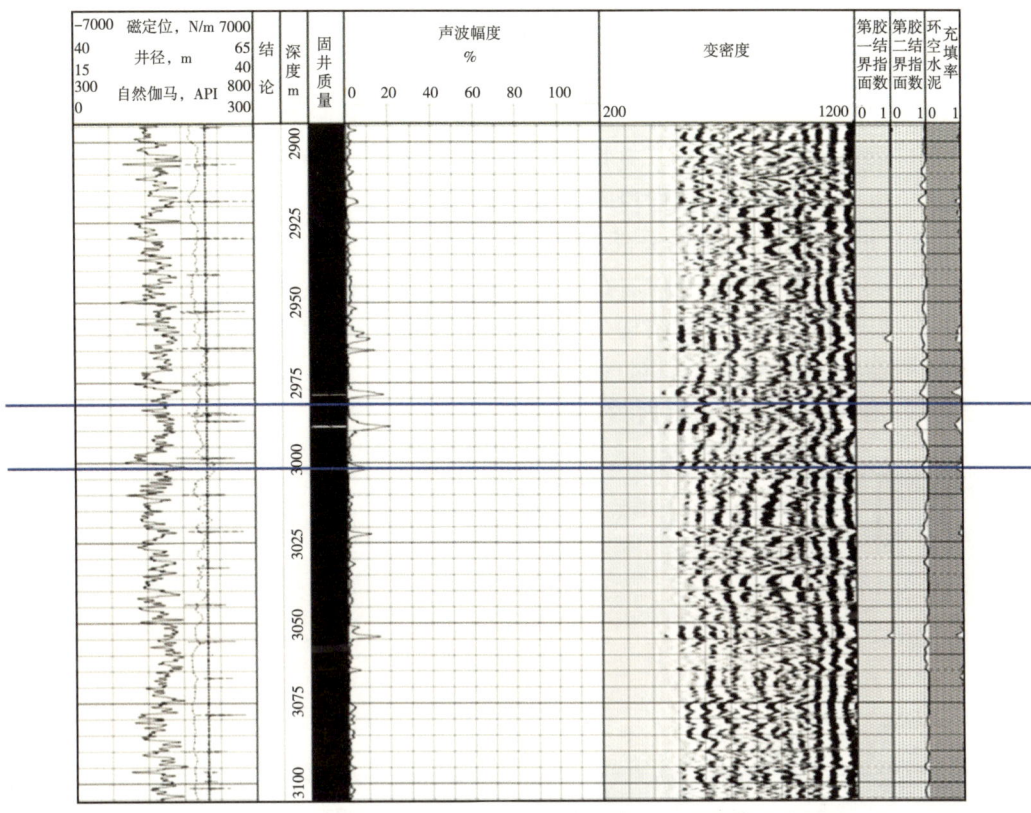

图 3-56　DP2 井直井技术套管固井质量图

　　DP2 井应用井径测井数据，在裸眼封隔器滑套多段压裂工艺中井径保持最好位置确定为封隔器坐封位置，在储层物性最好位置确定滑套位置，以保障储层的充分改造，封隔器与滑套位置如图 3-57 所示。

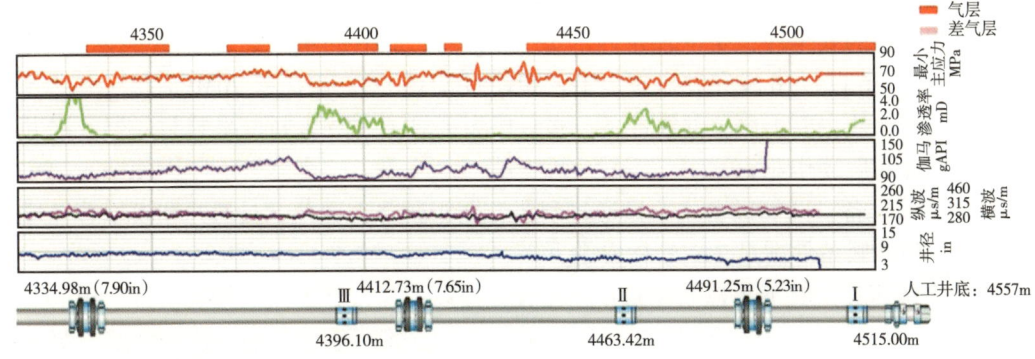

图 3-57　DP2 井水平段封隔器与滑套位置图

四、裸眼封隔器滑套分段压裂工艺

　　水平井完井压裂一体化技术发展于 2000 年以后，其主要技术思路：通过套管连接由裸眼封隔器和裸眼滑套组成的多段完井压裂管柱入井，利用液压方式实现封隔器坐封，通过投球打开滑套实现不同层段压裂。该技术典型代表为斯伦贝谢公司的 StageFrac 和哈里伯顿公司的 FracPoint，中国石油吉林油田分公司（以下简称吉林油田）等结合两大公司产品的优势研发了水平井裸眼封隔器可开关滑套多段压裂系统，满足二开、三开井身结构裸眼完井多段压裂需求，重点解决了完井压裂管柱顺利下入、段间有效封隔和储层充分改造等关键技术，并且可以实现后期层段间选择性生产。

1. 二开完井裸眼封隔器滑套分段压裂工艺

该工艺可实现储层上部至井口岩石稳定，不易垮塌、掉块、漏失的区块二开完井的要求，节约钻完井成本。典型管柱结构为"浮箍+坐封球座+压差压裂阀+裸眼锚定封隔器+裸眼压裂封隔器+开关式滑套压裂阀+裸眼压裂封隔器+……+裸眼锚定封隔器+裸眼压裂封隔器+固井阀+套管"，如图 3-58 所示。

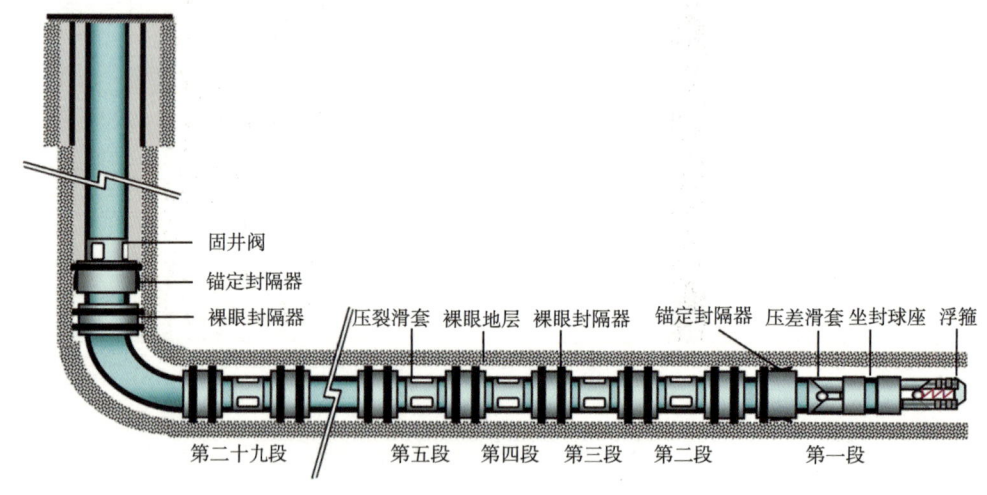

图 3-58　二开完井裸眼封隔器滑套分段压裂工艺

目前该工艺能够满足 $5\frac{1}{2}$in、$4\frac{1}{2}$in、$3\frac{1}{2}$in 套管完井压裂技术要求，提高了施工作业效率和工艺管柱的安全性，是一种先进、安全、可靠、高效的水平井分段改造技术。可分别实现 29 段、26 段、16 段完井压裂。工艺管柱耐温150℃，耐压差 70MPa。

完井压裂作业主要工序：井筒准备、多级压裂工具下入及坐封、坐封封隔器、固井作业、压裂作业和后续作业。

（1）井筒准备：井筒准备主要是通过刮屑、钻头通井、通井工具通井和模拟管柱反复通井作业，使井眼条件满足工艺管柱安全下入。

（2）多级压裂工具下入以及坐封：工艺管柱按设计连接并下入到指定位置，用 KCl 水溶液顶替井筒内泥浆。地面管线连接要求：水泥头—立管—立管三通—注液管线—泵车—KCl 液罐。

（3）坐封封隔器：憋压到 12MPa，稳压 10min，提高压力到 15MPa，稳压 10min；此时悬挂器卡瓦张开锚定；继续提高压力到 17MPa，裸眼封隔器启动坐封；继续提高压力到 20MPa，稳压 10min，提高压力到 25MPa，稳压 10min，此时悬挂器及裸眼封隔器坐封完成。

（4）固井作业：用油管下入可捞式桥塞至顶部裸眼压裂封隔器，坐封并丢手，填砂，开固井阀，挤水泥固井。待候凝结束，磨铣水泥塞，清洗井筒，将桥塞打捞出井。

（5）压裂作业：打开压差滑套，压裂第一段。第一段施工结束，逐级投球完成后续各段压裂作业。

（6）后续作业：包括钻铣球及球座和选择性开关滑套。利用油管或连续油管连接专用磨鞋钻铣球及球座，然后利用强磁打捞器打捞井下碎屑物，并通洗井。接着用油管或连续油管连接滑套专用开关工具，到预定位置后加液压张开开关爪，上提打开滑套开关，下推关闭滑套开关。

2. 三开完井裸眼封隔器滑套分段压裂工艺

该工艺主要针对储层上部至井口岩石不稳定，易垮塌、掉块、漏失的区块而研发，采用三开完井工艺管柱，典型管柱结构为"浮箍+坐封球座+压差压裂阀+裸眼锚定封隔器+裸眼压裂封隔器+开关式滑套压裂阀+裸眼压裂封隔器+……+裸眼压裂封隔器+悬挂器+回接管柱"，如图3-59所示。该工艺能够满足5½in、4½in、3½in套管完井压裂技术要求，提高了施工作业效率和工艺管柱的安全性，可分别实现29段、26段、16段完井压裂。工艺管柱耐温150℃，耐压差70MPa。

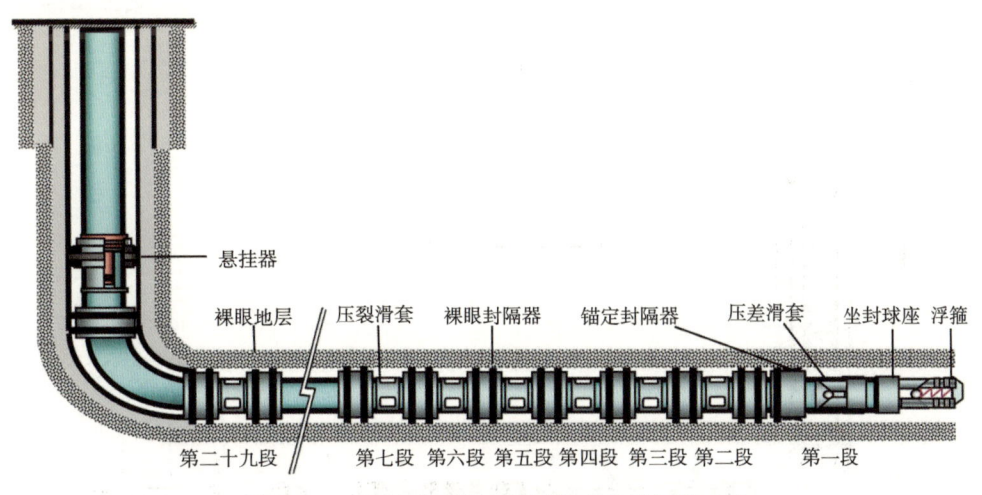

图3-59　三开完井裸眼封隔器滑套分段压裂工艺

连接完井管柱串，利用钻杆连接管柱串下至预定位置，采用KCl盐水循环并坐封封隔器，自下而上依次逐段进行压裂作业。

完井压裂作业主要工序：井筒准备、多级压裂工具下入及坐封、丢手及验封、下回接管柱、压裂作业和后续作业。其中井筒准备、多级压裂工具下入及坐封、压裂作业和后续作业与二开完井裸眼可开关滑套多段压裂系统相同。

封隔器坐封后，钻杆内打压，悬挂器丢手，泄压。悬挂器具有钻杆内打压丢手和正旋丢手两种丢开方式。

当管柱需要回接时，由套管连接回接插头入井，将回接插头插入回接密封筒内，坐上油管挂后，拧紧顶丝，并环空打压检验插入管柱密封性。

五、现场应用

裸眼封隔器滑套分段压裂技术在室内研发和实验取得成功后，开展了一系列矿场试验并取得成功。以 DBGP2 井为例，水平井三开完井裸眼封隔器滑套 21 段压裂，刷新了国内水平井单次改造记录。

1. DBGP2 井的基本情况

DBGP2 井是针对大安—红岗阶地 D42 区块致密砂岩油藏油层 G 油层而部署的一口采用多级压裂开发的水平井，目的就是通过裸眼封隔器可开关滑套分压技术进行多级压裂改造，最大限度增加水平井筒与地层的接触面积，提高储层动用程度，提高单井产量，以寻求此类油藏其经济有效开发模式。

DBGP2 井钻井历时 53d，完钻井深 3346m，水平井段长约 919m，地层温度 90℃。目的层孔隙度 5%~18%，平均为 11.99%，渗透率为 0.02~4mD，平均 0.5mD。

2. 压裂设计情况

1）工艺选择

依据测、录井显示及井眼轨迹、井径变化资料与水平段长度，确定采用 21 段压裂，采用裸眼封隔器+可开关滑套+4½in 套管的完井方式，完井压裂管柱由下到上结构为"水平段浮箍+坐封球座+压差压裂阀+裸眼锚定封隔器+裸眼压裂封隔器+开关式滑套压裂阀+……+裸眼压裂封隔器+4½in 套管直井段+套管锚定封隔器+4½in 套管+井口"，管柱配置情况如图 3-60 所示。

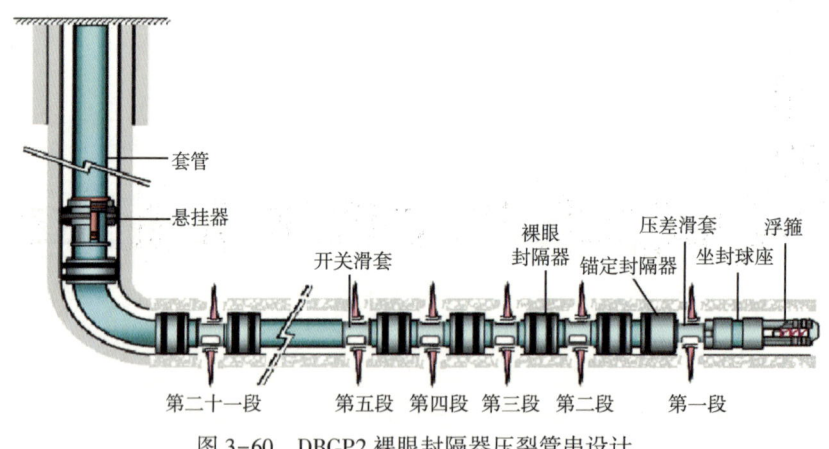

图 3-60 DBGP2 裸眼封隔器压裂管串设计

2）压裂规模及裂缝模拟计算

（1）裂缝长度优化：根据最大化改造程度和施工能力对最优的裂缝半长进行优化模拟，根据储层物性条件和施工能力，由图 3-61 可知 DBGP2 井优化合理的半缝长为 190~210m。

（2）裂缝间距：储层渗透率为 0.5mD，驱动压差为 14MPa，一年之后流体的渗流距离为 25m，确定段间距为 45m。本井水平段长约 919m，适合采取较小的缝间距设计模式，从而达到最大限度提高单井产能的目的。根据本次改造水平段长度和钻遇储层位置情况，本井设计 21 段压裂，裂缝间距 40~50m。不同驱动压差下流体渗流距离与渗透率的关系如

图 3-62 所示。

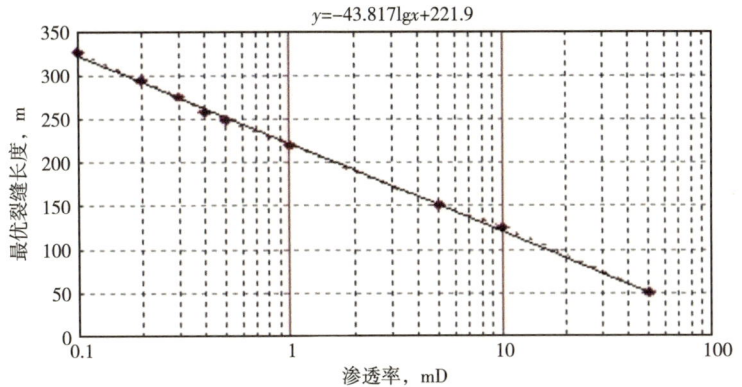

图 3-61 储层渗透率与最优裂缝半长关系曲线

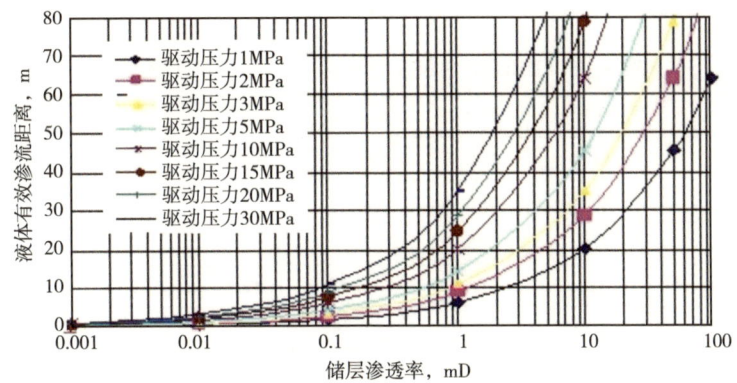

图 3-62 不同驱动压差下流体渗流距离与渗透率的关系

（3）缝导流能力的优化：依据模拟计算结果，结合施工排量等因素，确定裂缝导流能力 46~50D·cm，计算模拟结果见表 3-23。

表 3-23 导流能力优选结果表

渗透率，mD	优化缝长，m	优化缝长，m	匹配的导流能力，D·cm
0.1	327	300~330	30
0.2	294	280~300	33
0.3	275	250~275	37
0.4	258	230~260	40
0.5	249	220~250	42
1.0	220	200~220	46
5.0	151	150~175	50
10.0	125	100~125	60
50.0	50	40~60	90

（4）压裂施工参数优化设计：DBGP2 井人工裂缝长度需求为 190~210m，优化单级合理施工规模为 50 ~ 60m³。压裂参数设计情况：支撑剂总量 1070m³，压裂液总量 13487.8m³，其中第 1 级和第 2 级每级加砂 60m³，第 3 级至第 20 级每级加砂 50m³，设计施工参数见表 3-24 至表 3-26。

表 3-24 DBGP2 井第 1 级至第 7 级压裂施工参数表

压裂参数	第 1 级	第 2 级	第 3 级	第 4 级	第 5 级	第 6 级	第 7 级
压裂液总量，m³	702.5	639.7	639.7	638.7	638.7	637.7	637.7
前置液，m³	225.0	203.0	203.0	203.0	203.0	203.0	203.0
携砂液，m³	417.5	376.7	376.7	376.7	376.7	376.7	376.7
替置液，m³	47.5	47.0	46.5	45.5	44.5	44.5	43.5
砂量，m³	60.0	50.0	50.0	50.0	50.0	50.0	50.0
砂液比，%	14.4	13.3	13.3	13.3	13.3	13.3	13.3
排量，m³/min	5.0	5.0	5.0	5.0	5.0	5.0	5.0

表 3-25 DBGP2 井第 8 级至第 14 级压裂施工参数表

压裂参数	第 8 级	第 9 级	第 10 级	第 11 级	第 12 级	第 13 级	第 14 级
压裂液总量，m³	637.7	636.7	636.7	636.7	635.7	635.7	635.7
前置液，m³	203.0	203.0	203.0	203.0	203.0	203.0	203.0
携砂液，m³	376.7	376.7	376.7	376.7	376.7	376.7	376.7
替置液，m³	43.5	42.5	42.5	41.5	56	56	56
砂量，m³	50.0	50.0	50.0	50.0	50.0	50.0	50.0
砂液比，%	13.3	13.3	13.3	13.3	13.3	13.3	13.3
排量，m³/min	5.0	5.0	5.0	5.0	5.0	5.0	5.0

表 3-26 DBGP2 井第 15 级至第 21 级压裂施工参数表

压裂参数	第 15 级	第 16 级	第 17 级	第 18 级	第 19 级	第 20 级	第 21 级
压裂液总量，m³	634.7	634.7	633.7	633.7	633.7	632.7	695.5
前置液，m³	203.0	203.0	203.0	203.0	203.0	203.0	225.0
携砂液，m³	376.7	376.7	376.7	376.7	376.7	376.7	417.5
替置液，m³	55.0	55.0	54.0	54.0	54.0	53.0	53.0
砂量，m³	50.0	50.0	50.0	50.0	50.0	50.0	60.0
砂液比，%	13.3	13.3	13.3	13.3	13.3	13.3	14.4
排量，m³/min	5.0	5.0	5.0	5.0	5.0	5.0	5.0

3）压裂材料选择

（1）压裂液选择：本井油层温度 90℃，压裂液选择羧甲基压裂液体系；由于储层泥质含量高，在前置液中加入柴油形成乳化压裂液，降低储层污染程度。压裂施工过程添加微胶囊破胶剂，同时结合过硫酸铵复配体系，保障压裂液破胶彻底。

（2）支撑剂选择：本区地层闭合压力 36MPa，同时 G 层加砂难度大，支撑剂选择

20~40目、30~50目、40~70目3种类型52MPa陶粒，实现裂缝组合支撑。

六、压裂实施情况

DBGP2井于2012年8月18—24日共计7d完成21段压裂施工，全井加砂1015m³，总液量9970m³，平均砂比19.6%，压裂施工曲线如图3-63所示。

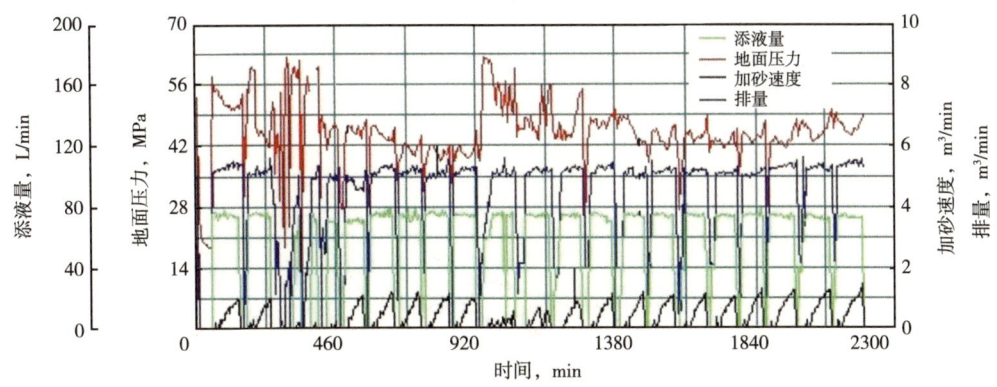

图3-63　DBGP2井压裂施工曲线图

第四节　可降解纤维暂堵转向压裂技术

一、可降解纤维暂堵转向压裂技术原理与适应性

1. 技术原理

可降解纤维暂堵转向压裂技术作为水平井分段压裂的配套技术，其原理是利用可降解纤维对水平段上已经压开的水力裂缝实施暂堵，提高井底的净压力，以便在水平段上的其他位置或另一方向开启新缝，从而在水平井段上形成更多的水力裂缝，以提高水平段上的储层改造体积（图3-64）。同时，可降解纤维进入裂缝后，可以对裂缝中的已有裂缝实施暂堵，而转向其他方向形成裂缝或使其他方向的已有裂缝扩张延伸（图3-65），从而提高井筒周围的改造体积，大幅度提高压裂改造的效果。此外，可降解纤维还可以用于封堵已经压裂的井段，以便上返压裂新的井段，起到机械桥塞分段压裂的作用（图3-66）。可降解纤维可以在储层温度下完全降解返排，对储层无伤害，实现清洁暂堵转向改造；并且作为机械桥塞分段压裂时，可以节省压裂后钻或取桥塞作业环节，大大缩短分段压裂施工作业周期与综合成本。

2. 系列纤维材料

已开发出可以在60℃、85℃、100℃、120℃和150℃等不同温度下完全降解的系列新型纤维与其粉末暂堵转向材料，实物照片如图3-67所示。

3. 可降解纤维的性能

1）降解性能

（1）水中降解性能：可降解纤维在水中加温降解前后的实物照片如图3-68所示。从

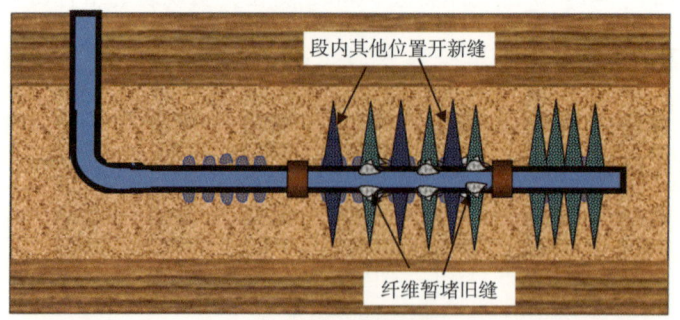

(a)其他位置开启新缝

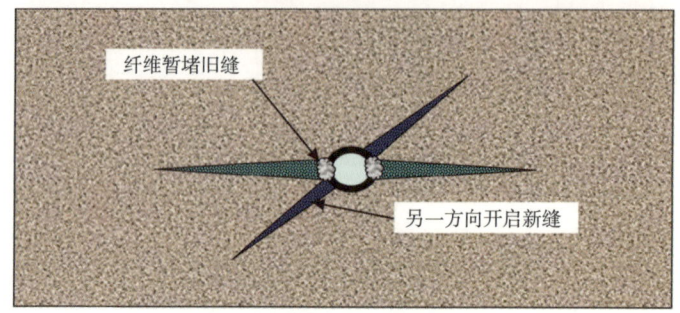

(b)其他方向开启新缝

图 3-64　纤维暂堵后在其他位置或其他方向开启新缝示意图

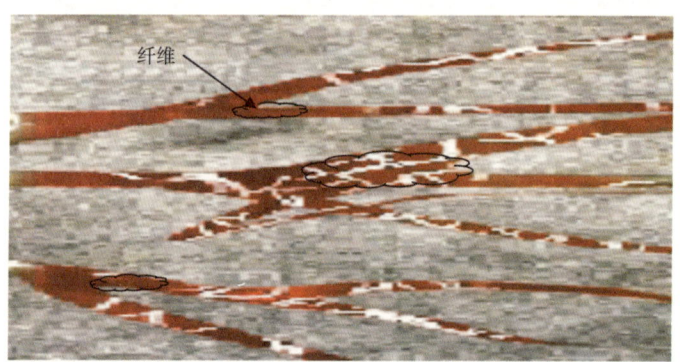

图 3-65　纤维缝内暂堵转向压裂示意图

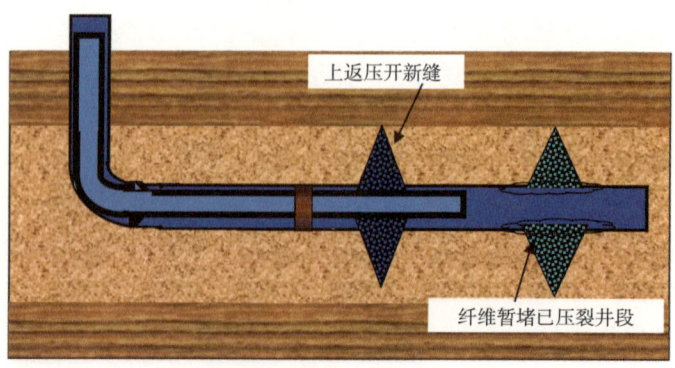

图 3-66　纤维暂堵已压裂井段上返压裂新井段示意图

（a）可降解纤维

（b）可降解纤维粉末

图 3-67 可降解纤维与其粉末实物照片

图中可以看出，可降解纤维暂堵转向剂在水中加温降解的性能很好。100℃可降解纤维在100℃下，1h 内降解率低于 30%，可以满足暂堵转向压裂的需要；24h 的降解率平均达到96.62%。120℃可降解纤维在 120℃下，1h 内降解率接近 20%，可以满足暂堵转向压裂的需要；100h 的降解率达到 95% 以上，利于施工后降解解堵与返排，保护储层。水与纤维的质量比等于 1 时，纤维的降解率为 70% 左右；水与纤维的质量比大于 5 时，纤维的降解率达到 100%。

（a）降解前

（b）降解后

图 3-68 可降解纤维在水中加温降解前后照片

（2）填充到支撑剂中的降解性能：可降解纤维暂堵转向剂填充到支撑剂中的降解性能也很好。加入纤维后支撑剂复合体的渗透率恢复值与纯瓜尔胶液情况基本相当，所以，加入纤维对支撑剂复合体渗透率的影响与纯瓜尔胶液基本相同，支撑剂复合体渗透率的降低主要由瓜尔胶液伤害引起，纤维的加入使渗透率的降低仅 2% 左右，说明纤维可以彻底降解，对支撑剂层的导流能力基本没有影响。

（3）裂缝中的降解性能。将天然岩心压开，将水润湿的可降解纤维铺置到两片岩心间并固定结实，然后，放入 160℃的环境中，让纤维降解。不同时间观察到的纤维降解情况如图 3-69 所示。

(a)1号岩心纤维铺置情况

(b)1号岩心固定纤维在裂缝中

(c)1号岩心160℃1h降解情况

(d)2号岩心纤维铺置情况

(e)2号岩心固定纤维在裂缝中

(f)2号岩心160℃3h降解情况

图3-69　纤维在160℃的裂缝环境中不同时间降解情况

由图3-75中的实验结果可以看出，水润湿的可降解纤维填充到天然岩心裂缝中后，在160℃的环境中，放置1h大部分纤维已降解，放置3h后，所有充填裂缝中的纤维都降解。这说明纤维在裂缝中的降解性能也很好，用它暂堵在裂缝中，压裂结束后，完全可以降解返排出来，不会对储层造成永久性的堵塞伤害。

2）封堵裂缝与炮眼性能

用金属加工成不同缝宽的模拟裂缝岩心和不同孔径的模拟炮眼（或将天然岩心劈开形成裂缝）分别将不同目数的支撑剂填充到模拟裂缝和模拟炮眼中，再将填有支撑剂的模拟裂缝或模拟炮眼（或劈开裂缝的天然岩心）装入模拟评价装置，测量模拟裂缝或模拟炮眼（或劈开裂缝的天然岩心）两端的压差和流出液量，并取出岩心观察纤维堵塞裂缝情况，考察了支撑剂目数、模拟裂缝宽度、模拟炮眼孔径、纤维浓度、注入速度等对封堵裂缝和炮眼效果的影响。

（1）支撑剂目数和纤维浓度的影响：对于模拟裂缝来说，填充的支撑剂目数越大，支撑剂间的孔隙越小，纤维越易进入填充体中形成致密的纤维堵塞，表现出形成堵塞的时间较短、总滤失体积较小，滤失速率较快。但是，当纤维浓度大于0.5%以后，对于20~40目和40~60目支撑剂填充模拟裂缝后，总的滤失量和滤失速率相差较小。

对于模拟炮眼来说，20~40目和40~60目支撑剂填充模拟炮眼的总滤失量和滤失速率差别不大，且变化没有规律，仅与纤维浓度的大小有关。

（2）模拟裂缝宽度和纤维浓度的影响：裂缝宽度减小，纤维堵塞后滤液总体积和平均滤失速率都降低，但单位裂缝上的滤液总体积和平均滤失速率相差很小，说明裂缝宽度基本仅影响总体的滤失情况，对单位裂缝的滤失影响很小。裂缝的宽度越宽，形成有效堵塞的总体滤失量和滤失速率越大；纤维的浓度越大，形成有效堵塞的总体滤失量和滤失速率越小。但是，相同纤维浓度下不同宽度裂缝的单位裂缝滤失速率相差很小，同样说明裂缝宽度几乎仅影响总体的滤失情况，对单位裂缝的滤失影响很小；纤维浓度增加单位裂缝的滤失降低，说明纤维浓度对堵塞情况有实质性的影响。

（3）纤维堵塞裂缝强度与规律：纤维主要堵塞在天然岩心裂缝入口端，裂缝宽度越大，纤维进入越深。但是，纤维堵塞裂缝后的承压强度基本与裂缝宽度无关，多为 18~19MPa。这说明裂缝宽度越大，要达到相同的封堵强度，则要求纤维进入裂缝的深度更深。

由图 3-70 中的实验结果可以看出，不同尺寸裂缝形成堵塞所需的纤维浓度和注入速度不同。一般说，裂缝尺寸越小，形成堵塞所需的纤维浓度和泵注速度越小。

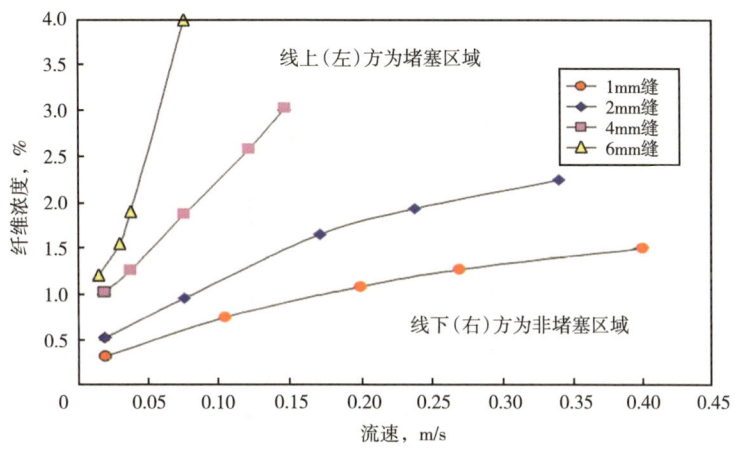

图 3-70 纤维携砂堵塞不同宽度模拟裂缝实验结果

3）可降解纤维暂堵转向性能

用大尺寸真三轴压裂模拟系统，对尺寸为 300mm×300mm×300mm 的天然露头岩样进行纤维暂堵转向压裂模拟。用冻胶压裂液携带纤维对已形成裂缝进行暂堵，提高压裂液的注入压力，使其超过最大水平主应力，在垂直最大主应力方向上压开新缝。经过多次暂堵、新缝开裂，在不同方位形成裂缝系统。首先用清水或压裂液基液第一次压裂，压出一条裂缝作为天然裂缝或已存在的水力缝，并使用示踪剂标示。之后，用纤维压裂液进行纤维暂堵转向压裂，期间记录压力变化和用声波检测仪监测裂缝的开裂情况。实验结束后，取出岩样观察裂缝形态。

图 3-71 表明，纤维暂堵压裂，压力明显提高。压裂时间 600s 时出现第一次破裂，从声发射数据上也能看到强烈的破裂事件发生，随后纤维堵住新开裂缝，导致压力再次上升。600~700s 之间出现第一次压力波动，显示了第一次形成的裂缝继续延伸一段距离后又被纤维堵死的反复过程，700s 后又再次出现一次强烈的破裂事件，随后压力突然下降，可能是第一次压开的裂缝已延伸至岩样边界，滤失突然增大；随后由于纤维的封堵作用压力再次上升，直到 1200s 时，再次发生比较强烈的破裂事件，预示一条新裂缝的开裂，说明纤维有效封堵了旧缝而迫使岩样开启新缝。

清水压裂后岩石各面的裂缝状态如图 3-72 所示，可以发现裂缝沿着垂直于最小水平主应力方向延伸，贯穿整块岩石，"一""三""五""六"面均发现裂缝。第二次使用纤维压裂液暂堵转向压裂后，从"一"面上可以明显地看出，存在 2 条近似互相垂直的裂

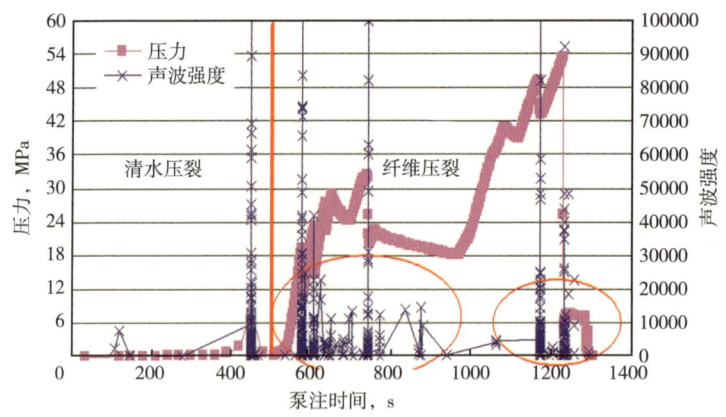

图3-71　83号岩样压裂过程中的压力变化与声波事件强度曲线

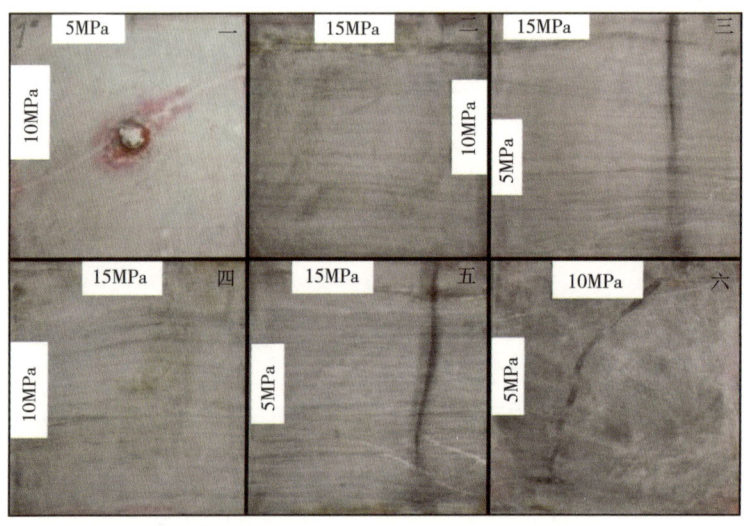

图3-72　1号岩样清水压裂后岩石各面的裂缝状态

缝，说明当水平最大与水平最小主应力相差为2.5MPa时，纤维压裂液起到了封堵旧缝，开启新缝的转向作用。2条裂缝均已贯彻岩石，在所有岩石面上均观察到裂缝的存在，如图3-73所示。

可降解纤维暂堵转向压裂实验结果：（1）纤维暂堵转向压裂的压力曲线上呈现的压力反复大幅度上升与下降变化过程表明，纤维压裂液具有良好的暂堵转向性能；（2）对于所实验的岩样，当水平最大主应力与水平最小主应力之差不大于5MPa时，纤维压裂液可以暂堵垂直最小主应力方向上的旧缝，同时在垂直最大主应力方向上开启新缝，应力条件允许时还可形成水平缝；（3）当水平最大和最小主应力差大于7.5MPa时，虽然纤维可以封堵旧缝迫使岩样开启新缝，但是实验结果显示，只能在垂直于最大主应力方向上开启新缝。

4. 主要技术指标

（1）使用温度60~150℃；

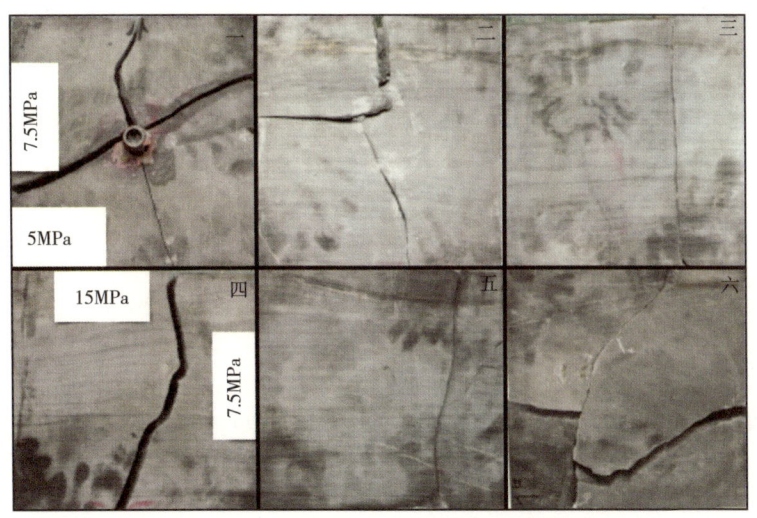

图 3-73　1 号岩样纤维压裂后岩石裂缝状态

（2）降解性：1h 内降解率 20%~30%；24h 降解率 70%~96%；最终降解 100%；

（3）暂堵裂缝后承受压差大于 18MPa；

（4）降解后对支撑剂导流能力的影响小于 2%；

（5）暂堵转向性能：暂堵已有裂缝后，可开启新缝。

5. 技术适应性

（1）适用于水平井用机械方法分段后，希望在段内多个位置或其他方位压裂出多条裂缝情况的暂堵转向压裂；

（2）适用于天然裂缝发育或最大最小主地应力差别在 5MPa 以内时，纤维对裂缝中的已有裂缝实施暂堵，而转向其他方向形成裂缝或使其他方向的已有裂缝扩张延伸的缝内转向压裂改造；

（3）适用于可降解纤维封堵已经压裂的水平井井段，上返压裂新的井段。

二、可降解纤维暂堵转向压裂工艺设计

1. 工艺设计

1）纤维用量

（1）单井纤维用量设计。

纤维的用量可以根据纤维暂堵后，要求承受开启新缝的最大设计压力时，需要形成的纤维堵塞总体积 $\sum V_{qs}$ 和纤维形成滤饼的压实密度加以计算。纤维形成压实滤饼的密度基本为纤维的密度 ρ_{qw}，即约为 $1000kg/m^3$。所以，只要按照式（3-3）求得每一施工井段纤维堵塞所需的纤维总体积 $\sum V_{qs}$，然后，再按式（3-4）即可求出所需纤维的质量。

$$\sum V_{qw} = \sum_{1}^{n} V_{(by)i} + \sum_{1}^{m} V_{(lf)j} + \sum_{1}^{h} V_{(jb)k} \qquad (3-3)$$

式中　$\sum V_{qw}$——每一井段上形成纤维有效堵塞所需的纤维总体积，m^3；

　　　$V_{(by)i}$——堵塞井段上每一个炮眼所需纤维体积（裸眼完井该项为 0），m^3；

i——炮眼编号，$i=1$，2，…，n；

$V_{(\mathrm{lf})j}$——堵塞井段上每一条裂缝所需纤维体积，m^3；

j——裂缝编号，$j=1$，2，…，m；

$V_{(\mathrm{jb})k}$——堵塞井段上每一段井壁所需纤维体积（基质致密井段该项可忽略），m^3；

k——裂缝编号，$k=1$，2，…，h。

$$W_{\mathrm{qw}} = \sum V_{\mathrm{qw}} \times \rho_{\mathrm{qw}} \tag{3-4}$$

式中　W_{qw}——每一井段上形成纤维有效堵塞所需的纤维质量，kg；

　　　ρ_{qw}——纤维的密度，$1000\mathrm{kg/m}^3$。

计算出每一井段的用量后，将需要纤维暂堵的所有井段的纤维用量求和，就可以得到每口井所需纤维的理论用量，考虑到计算误差与损耗问题，在理论用量上考虑15%~20%的富余量，即为每口井所需纤维的实际用量。

（2）纤维使用浓度设计。

纤维使用设计的目的是在较小的滤失体积情况下形成较好的有效纤维堵塞。理论上说，纤维的浓度越大越好；但是，纤维的浓度越大，其堵塞施工管线和引起施工砂堵的风险也越大，因此，应该在不会引起纤维堵塞施工管线和引起施工砂堵的情况下，尽量采用较高的纤维浓度。实践证明，纤维的适宜使用浓度范围为1%~3%。

2）纤维携带液

选择不交联的压裂液基液作为可降解纤维的携带液较好。其优点为：（1）现场施工时不需要额外的配液罐和专门为可降解纤维配制携带液，可以降低成本和方便操作；（2）压裂液不交联可以加快基液滤失，利于很快形成可降解纤维暂堵层。（3）纤维的加入对压裂液基液流变性能基本没有影响。

3）泵注排量

（1）井段上暂堵转向。

要用纤维封堵井段上的裂缝与炮眼、实现井段上不同位置或方向上的转向压裂时，为了更加容易形成堵塞，在泵注含纤维的压裂液时，泵注排量应该比正常压裂阶段排量降低10%~20%，以便裂缝适当闭合，便于更快形成有效堵塞。

（2）缝内转向。

要用纤维封堵缝内已有水力裂缝或天然裂缝、实现缝内转向压裂时，为了纤维更加容易进入裂缝形成堵塞，在泵注含纤维的压裂液时，泵注排量应该比正常压裂阶段排量提高10%~20%，以便裂缝适当进一步张开，便于纤维进入裂缝深部形成有效堵塞，以利在其他方位开启水力裂缝新缝或使天然裂缝扩张。

2. 实施工艺

1）段内暂堵工艺

段内暂堵工艺就是用可降解纤维暂时封堵段内已经形成的水力裂缝，以实现在段内其他位置或其他方位开启新缝的压裂工艺。该工艺原理如图3-64所示，工艺流程如下：

（1）洗井，对所有设计压裂井段射孔；

（2）下管柱坐封，进行第一次压裂；

（3）加砂最后1/3阶段泵入纤维，暂堵已经压开的裂缝，尽量控制不要堵塞炮眼；

（4）再次压裂形成新缝；

（5）重复（3）和（4），直到在段内形成设计的多缝；

（6）上提管柱，进行下一上返井段的段内暂堵压裂；

（7）重复（6），直到压裂完所有的设计井段；

（8）返排求产。

2）封堵分段工艺

封堵分段工艺就是用可降解纤维暂时封堵已经压裂的井段，上返压裂上一井段的压裂工艺，纤维暂堵封堵已经压裂井段的作用与桥塞封隔已经压裂井段的功能类似。该工艺原理如图 3-72 所示，工艺流程如下：

（1）洗井，对所有设计压裂井段射孔；

（2）下管柱坐封、压裂第一段；

（3）加砂最后 1/4 阶段泵入纤维，暂堵已经压开的裂缝，尾追纤维有效堵塞已经压裂井段的所有裂缝和炮眼；

（4）上提管柱坐封；

（5）压裂下一段；

（6）重复（3）至（5），直到压完所有设计井段，但压裂最后一段后不再实施纤维暂堵；

（7）返排求产。

3）缝内暂堵转向工艺

缝内暂堵转向工艺就是用可降解纤维暂时封堵缝内已经形成的水力裂缝前端，以实现在缝内其他方位开启新缝或使其他方向的天然裂缝扩张的压裂工艺。该工艺原理如图 3-71 所示，工艺流程如下：

（1）洗井，对所有设计压裂井段射孔；

（2）下管柱坐封、压裂第一段；

（3）压裂形成裂缝后，马上提高排量将纤维与整个裂缝加砂量 20%~30% 的支撑剂一起泵入裂缝端部，有效堵塞裂缝前端；

（4）提高排量泵入造缝压裂液，在缝内其他方位开启新缝或使其他方向的天然裂缝扩张；

（5）重复（3）和（4），直到完成设计的造缝过程，再加入支撑剂支撑所造的整个裂缝；

（6）上提管柱，进行下一上返井段的缝内暂堵转向压裂；

（7）重复（5）和（6），直到压完所有设计井段；

（8）返排求产。

三、应用实例

可降解纤维在段内暂堵已经形成的水力裂缝、实现开启多缝的技术已经在大庆、吉林等油田成功试验应用。

1. G×××井套管完井段内可降解纤维暂堵压裂

1）储层概况

G×××井是位于高台子油田北部外扩高 21 断块上的一口水平采油井。储层主要为葡萄花油层，葡 I_1^1 发育稳定的席状砂，最大有效厚度 0.8m，最小有效厚度 0.2m。储层孔隙度 11%~26.4%，平均孔隙度 20.2%，渗透率分布在 0.8~1077mD，平均空气渗透率 122.0mD，渗透率级差很大，属中孔、中渗储层。地温梯度 4.35~4.55℃/100m，平均地温梯度 4.48℃/100m，属于较高地温梯度；压力系数 0.99~1.06，平均压力系数 1.03，属于正常压力系统。

2）钻完井情况

该井开钻日期 2009 年 10 月 31 日，完钻日期 2009 年 12 月 9 日，完钻井深 1186.23m（垂深）/1877.00m（斜深），水平位移 801.17m，水平段长度 552.40m。钻遇砂岩长度 1292.60~1845.00m，其中隔层 109.20m，油层 443.20m。

3）改造方案

水平井段整体改造计划见表 3-27。

表 3-27 G×××井水平井段整体改造计划

序号	层位	小层编号	射孔井段，m	厚度，m		孔数个	改造方式
				上隔层	射开		
1	葡 I	葡 I_1^1	1830.0~1750.0	212	定点射孔 3 段，每段 4 孔：1750.0、1750.2、1750.4、1750.6、1790.0、1790.2、1790.4、1790.6、1829.4、1829.6、1829.8、1830.0	12	段内限流压裂
2	葡 I	葡 I_1^1	1535.0~1515.0	75	20.0	260	普通压裂
3	葡 I	葡 I_1^1	1440.0~1420.0	58	20.0	260	普通压裂
4	葡 I	葡 I_1^1	1362.0~1292.6		69.4	902	段内纤维暂堵压裂

压裂管柱结构：3½inUPTBG（700m）+工作筒（700m）+2⅞in 外加厚油管（10m）+ϕ95mm 安全接头+ϕ116mm 扶正器+2⅞in 外加厚油管（10m）+ϕ114mm 水力锚+2⅞in 外加厚油管短节（1m）+K344-110 封隔器+ϕ116mm 扶正器+ϕ114mm 导压喷砂器+K344-110 封隔器+2⅞in 外加厚油管短节（1m）+导向丝堵。

材料设计：（1）压裂液基液 1 200m³；（2）压裂液基液 2 330m³；（3）交联液 5.3m³；（4）ϕ425~850μm 52MPa 覆膜降阻支撑剂 FSS-II 58m³；（5）ϕ425~850μm 52MPa 包裹陶粒 4m³；（6）可降解纤维 230kg；（7）过硫酸钾 225kg；（8）高温破胶剂 150 kg。

纤维暂堵压裂泵注程序见表 3-28。

表 3-28 G×××井纤维暂堵转向压裂泵注程序

步骤	施工时间，s		工序	排量 m³/min	支撑剂类型	砂比 %	砂浓度 kg/m³	支撑剂用量，m³		压裂液用量，m³	
	阶段	累计						阶段	累计	阶段	累计
1	321	321	前置液	2.8	—		—	0.0	0.0	15.0	15.0
2	145	466	携砂液	2.6	覆膜降阻支撑剂	7	111.3	0.4	0.4	6.0	21.0
3	152	618	携砂液	2.6	覆膜降阻支撑剂	14	222.6	0.8	1.3	6.0	27.0

续表

步骤	施工时间, s		工序	排量 m³/min	支撑剂类型	砂比 %	砂浓度 kg/m³	支撑剂用量, m³		压裂液用量, m³	
	阶段	累计						阶段	累计	阶段	累计
4	372	990	携砂液	2.6	覆膜降阻支撑剂	21	333.9	2.9	4.2	14.0	41.0
5	50	1040	纤维	2.4	加25kg纤维段塞	0	0.0	0.0	4.2	2.0	43.0
			段塞		不交联						
6	315	1335	携砂液	2	覆膜降阻支撑剂	7	111.3	0.7	4.9	10.0	53.0
7	203	1558	携砂液	2.6	覆膜降阻支撑剂	14	222.6	1.1	6.0	8.0	61.0
8	318	1876	携砂液	2.6	覆膜降阻支撑剂	21	333.9	2.5	8.5	12.0	73.0
9	60	1936	纤维	2.4	加50kg纤维段塞	0	0.0	0.0	8.5	2.4	75.4
			段塞		不交联						
10	315	2251	携砂液	2	覆膜降阻支撑剂	7	111.3	0.7	9.2	10.0	85.4
11	212	2463	携砂液	2.8	覆膜降阻支撑剂	14	222.6	1.3	10.5	9.0	94.4
12	246	2709	携砂液	2.8	覆膜降阻支撑剂	21	333.9	2.1	12.6	10.0	104.4
13	206	2915	携砂液	2.8	覆膜降阻支撑剂	28	445.2	2.2	14.8	8.0	112.4
14	77	2992	纤维	2.8	覆膜降阻支撑剂	28	445.2	0.8	15.7	3.0	115.4
			段塞		加75kg纤维						
15	1029	4021	携砂液	2.8	覆膜降阻支撑剂	28	445.2	11.2	26.9	40.0	155.4
16	106	4127	替挤液	3	—	0	0.0	0.0	26.9	5.3	160.7

4）现场施工

2010 年 9 月 13 日，按照设计进行了可降解纤维暂堵压裂的现场施工，施工曲线如图 3-80 所示。施工曲线表明，加纤维暂堵剂过程中，在排量降低的情况下，压力不但没有下降，反而出现1MPa 左右的上升，说明纤维暂堵确实使井底压力有所提高，利于压开新缝（图 3-74）。

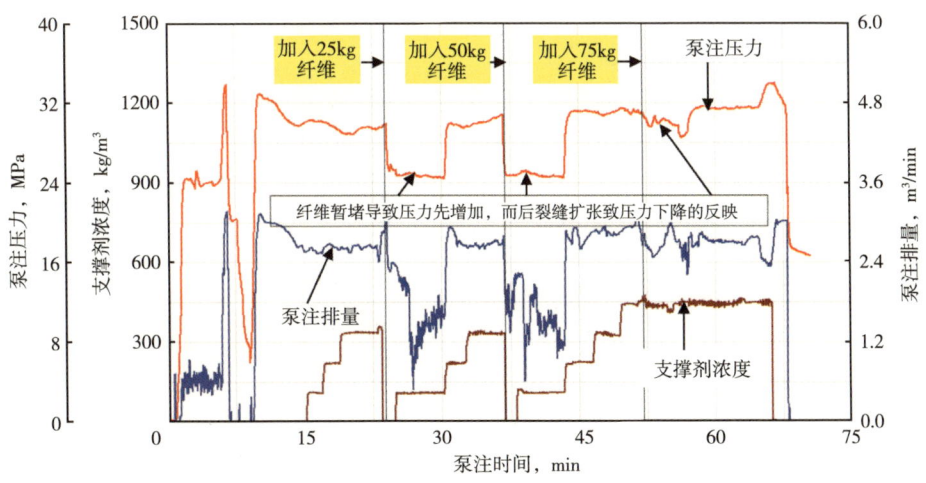

图 3-74　G×××井纤维暂堵压裂段施工曲线

5）效果分析

由于微地震监测井距离该井段太远，未监测到纤维暂堵后裂缝形成情况。但是，示踪剂监测结果表明（图3-75），用纤维暂堵的压裂井段与限流压裂的井段相比，在两段地质条件基本相当情况下，纤维暂堵压裂井段形成的裂缝基本覆盖了所压裂段的整个井段，而用限流压裂的井段只在井段上局部形成了压裂缝。

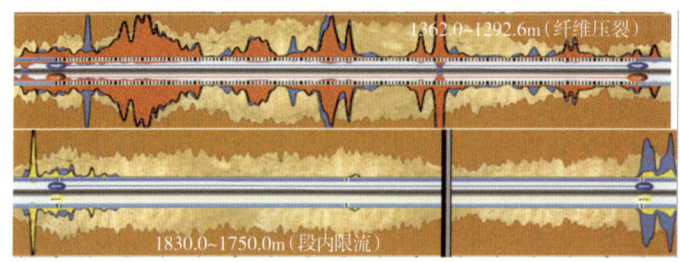

图3-75　G×××井纤维暂堵压裂井段与段内限流压裂井段压开裂缝比较

该井压裂前基本没有产能，压裂后生产初期，日产液量10m³，日产油量9.1 m³，稳产后，日产液量11.7m³，日产油量10.3m³。

2. Z×××裸眼完井段内可降解纤维暂堵压裂

1）储层概况

该井是位于肇5区块的一口水平采油井。葡萄花储层厚20m左右，被夹于上下巨厚的暗色生油泥岩之间，砂岩厚1～10m，从砂层厚度图上看，在局部地区还有砂岩含量低值区，说明砂岩分布还具有不稳定性，易形成岩性圈闭油藏。地层压力13.16～14.26MPa，平均13.57MPa，压力系数为0.9。地层温度63～68℃，平均65℃，平均地温梯度为4.55℃/100m，为正常温度、压力系统。

2）钻完井情况

该井2010年6月15日开钻，2010年7月8日完钻，完钻井深1361.38m（垂深）／2128.80m（斜深），水平段长度835.57m。钻遇砂岩井段310m和夹层346m。

3）改造方案

水平井段整体改造计划见表3-29。

表3-29　Z×××井水平井段整体改造计划

序号	层位	管外封隔器卡封井段，m	长度，m	连通器井段，m	长度，m	压裂方式
1	葡Ⅰ	2125.01～2054.01	71.00	2076.32～2078.32	2	普压
2	葡Ⅰ	2054.01～1952.11	101.90	1974.79～1976.79	2	普压
3	葡Ⅰ	1952.11～1773.33	178.78	1795.63～1797.63	2	普压
4	葡Ⅰ	1668.54～1547.62	120.92	1572.26～1574.26	2	纤维暂堵
5	葡Ⅰ	1547.62～1472.31	75.31	1494.40～1496.40	2	

压裂管柱结构：3½in UPTBG（1000m）＋2⅞in UPTBG ＋φ95mm 安全接头＋φ116mm 扶正器＋2⅞in 外加厚油管（10m）＋φ114mm 水力锚＋2⅞in 外加厚油管短节（1m）＋K344-110 封隔器＋φ116mm 压力计托筒＋φ114mm 导压喷砂器＋K344-110 封隔器＋φ116mm 压力计托

筒+2⅞in 外加厚油管短节（1m）+导向丝堵。

材料设计：（1）改性瓜尔胶溶液 20m³；（2）压裂液基液 1 560m³；（3）压裂液基液 2 600m³；（4）交联液 11.6m³；（5）ϕ425~850μm 52MPa 覆膜降阻支撑剂 FSS–Ⅱ 115m³；（6）ϕ425~800μm 石英砂 54m³；（7）可降解纤维 250kg；（8）过硫酸钾 325kg；（9）高温破胶剂 125kg。

纤维暂堵压裂泵注程序见表 3–30。

表 3–30　Z×××井纤维暂堵压裂泵注程序

步骤	施工时间，s		工序	排量 m³/min	支撑剂类型	砂比 %	砂浓度 kg/m³	支撑剂用量，m³		压裂液用量，m³	
	阶段	累计						阶段	累计	阶段	累计
1	960	960	前置液	3.5	—	—	—	0.0	0.0	56	56
2	180	1140	携砂液	3.5	覆膜降阻支撑剂	7	111.3	0.7	0.7	10	66
3	283	1423	携砂液	3.5	覆膜降阻支撑剂	14	222.6	2.1	2.8	15	81
4	315	1738	携砂液	3.5	覆膜降阻支撑剂	21	333.9	3.4	6.2	16	97
5	679	2417	携砂液	3.5	覆膜降阻支撑剂	28	445.2	9.2	15.4	33	130
6	252	2669	携砂液	2.0	覆膜降阻支撑剂 2%-纤维225kg	28	445.2	2.0	17.4	7	137
7	576	3245	携砂液	2.0	覆膜降阻支撑剂	28	445.2	4.5	21.8	16	153
8	597	3842	携砂液	3.5	覆膜支撑剂	28	445.2	8.1	30.0	29	182
9	514	4356	携砂液	3.5	覆膜降阻支撑剂 段末加纤维25kg	35	556.5	8.4	38.4	24	206
10	334	4090	携砂液	3.5	覆膜降阻支撑剂	42	667.8	6.3	44.7	15	221
11	191	4881	替挤液	2.2	—	0	0.0	0.0	44.7	7	228

4）现场施工

2010 年 9 月 10 日，按照设计进行了现场施工，纤维暂堵压裂井段的施工曲线如图 3–76 所示。施工曲线表明，与 G×××井加纤维暂堵后类似，在排量降低的情况下，压力出现小幅的上升，说明纤维暂堵确实使压力有所提高，利于压开新缝。该井未进行裂缝监测。

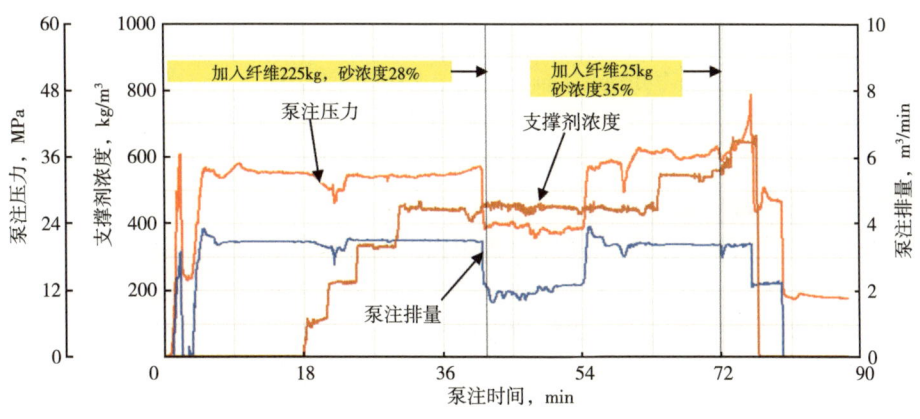

图 3–76　Z×××井纤维暂堵压裂井段施工曲线

5）改造效果

该井压裂前基本没有产能，压裂后生产初期，日产液量 3.9m³，日产油量 1.8m³，稳产后，日产液量 3m³，日产油量 2.4m³。

第五节　大物模技术

随着致密油气、煤层气和页岩气等非常规油气藏的大规模开发，水力压裂技术变得尤为重要，正在引领全球油气资源勘探开发的重大变革。非常规储层应力条件和地质条件复杂[1,2]，而现场水力裂缝的实际形态不能直接观察到，微地震等裂缝诊断技术又受监测精度、成本等方面的制约，不能实时准确描述裂缝的形态，裂缝起裂延伸规律认识的不透彻极大制约着压裂工艺的有效实施。

大型全三维水力压裂物理模拟实验（简称大物模）可模拟各种地层条件下的水力压裂试验，试验中利用声发射设备对多裂缝的起裂和延伸过程进行实时动态监测，是目前压裂理论研究和论证的一种重要手段。本节重点对近 5 年中国石油非常规储层开展的大物模实验研究工作和取得的认识做系统介绍。实验采用大尺度（762mm×762mm×914mm）天然露头样品开展物模压裂实验，重点考察非常规储层条件下的水力裂缝扩展形态，其次实验中引入声发射监测解释技术[3]，分析了非常规储层水力压裂破裂机制。

一、大尺度水力压裂物理模拟实验技术概述

全三维水力压裂物模实验技术是业界公认的研究裂缝起裂延伸机理的有效科研手段。利用人工样品或天然岩样开展室内压裂实验，可以将现场施工井、储层搬进实验室，直观揭示不同地质条件下裂缝起裂与延伸规律，为现场工艺优化设计提供有效指导。国内外相关研究机构开展了大量物模实验研究工作，但样品尺度较小主要集中在 30cm 的尺度范围。目前中国石油拥有国内唯一一套大尺度水力压裂物模实验系统。该系统建于 2011 年，是中国石油储层改造实验室的标志性设备之一，可以针对大岩块（762mm×762mm×914mm）开展全三维应力加载水力压裂实验。岩样尺度的最大化不仅可以大大降低裂缝起裂瞬间的爆破效应，还可以有效地降低岩石的边界效应。通过该装置可以开展如下领域的研究工作：裂缝起裂研究、压裂改造体积研究、复杂裂缝系统压裂、酸压模拟研究、射孔模拟研究、页岩储层完井与压裂。

实验系统主要功能部件包括应力加载框架、围压加载系统、井筒注入系统、数据采集及控制系统和声发射监测系统 6 部分（图 3-77）。主要性能参数：最大加载应力为 69MPa，最大水平主应力差为 14MPa，孔隙压力可达 20MPa，井筒注入压力可达 69MPa，最大井眼流量 12L/min，实时声发射监测传感器数量为 24 通道。

该实验装置与现有的其他物模实验装置相比，主要有以下几个方面的改进：（1）垂向应力加压方式：可采用千斤顶液压加压和加压板水力加压 2 种方式；（2）可采用水平分层加压：最多可分 3 层独立加压，可以模拟多层压裂和有应力遮挡的压裂；（3）配备有先进的实时声发射监测系统：采用德国 Vallen 系统采集声发射数据，对声发射事件进行实时定位，从而表征裂缝起裂和延伸趋势；（4）带有孔隙压力加压系统：能够模拟地层孔隙压力，对研究地层孔隙压力对水力压裂的影响具有重要意义。

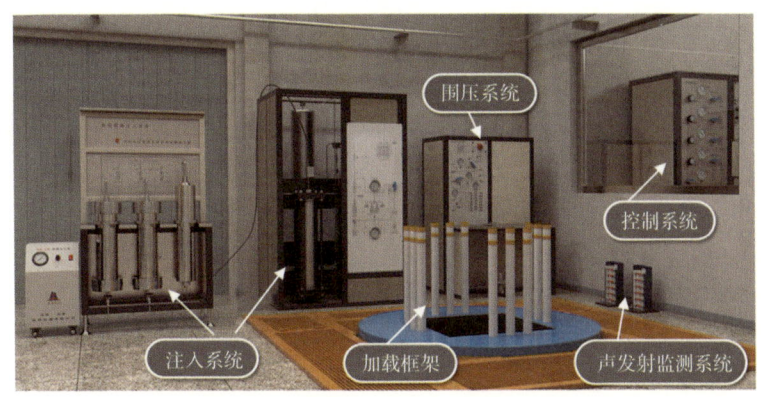

图 3-77 大型水力压裂物理模拟实验系统

实验室运行以来，紧密围绕现场实际，利用致密储层露头（山 2 砂岩和盒 8 砂岩）、裂缝性砂岩和页岩样品开展了大量物模实验，深入考察了裂缝形态复杂化的地质和工程因素，为压裂工艺优化设计提供技术支持。

二、致密砂岩储层水力裂缝扩展形态分析

为了直观揭示盒 8、山 2 两类致密气储层中的水力裂缝形态，指导现场压裂工艺的优化设计，利用大尺度的盒 8、山 2 露头样品开展水力压裂物模实验。表 3-31 所示为两类岩样的岩石力学参数。图 3-78 为两类储层的天然露头，从图中可以看出盒 8 储层砂岩较致密，且均质无明显的天然裂缝发育，而山 2 储层砂岩则非均质性较强，存在明显的多条天然微裂缝。

表 3-31 岩石力学参数

实验	杨氏模量 MPa	泊松比	体积压缩系数 MPa^{-1}	颗粒压缩系数 MPa^{-1}	孔隙弹性系数	抗压强度 MPa
盒 8	20790	0.25	2.37×10^{-4}	4.06×10^{-5}	0.83	167.0
山 2	10020	0.20	7×10^{-4}	4×10^{-5}	0.94	73.7

（a）盒8

（b）山2

图 3-78 天然露头

　　为了论证两类储层形成复杂裂缝形态的可能性，设置较宽松的实验条件即水平主应力差值为 0MPa，采用黏度为 3mPa·s 的滑溜水大排量泵注压裂。同时利用声发射监测技术对裂缝扩展动态进行实时监测。实验结束后采用绳锯切割技术对样品进行切片解剖，观察实际裂缝形态，压裂曲线及实验结果如图 3-85 和图 3-86 所示。

　　从图 3-79 中可以看出，盒 8 岩样内部形成一条沿着最大水平主应力方向扩展的单一水力裂缝，裂缝形态单一，同时实验过程中排量保持在 60~120mL/min，施工净压力保持平稳为 3.5MPa，符合单一裂缝形态延伸规律。结合相关文献[4]可知：无天然裂缝发育且较均质的长 6 砂岩中形成的是双翼对称形态单一裂缝，与盒 8 致密气储层形态类似；在天然裂缝发育的长 7 砂岩储层中形成了"多簇"垂直裂缝，且沿着水平层理相互沟通，裂缝形态复杂；在煤岩储层中由于天然层理的分布且上覆地应力小，形成多条水平层理的开启；而在天然裂缝发育的页岩中，水力裂缝形态异常复杂。结合本次盒 8 储层的实验结果，可以看出天然裂缝或水平层理的存在是形成水力压裂多裂缝的前提条件之一。

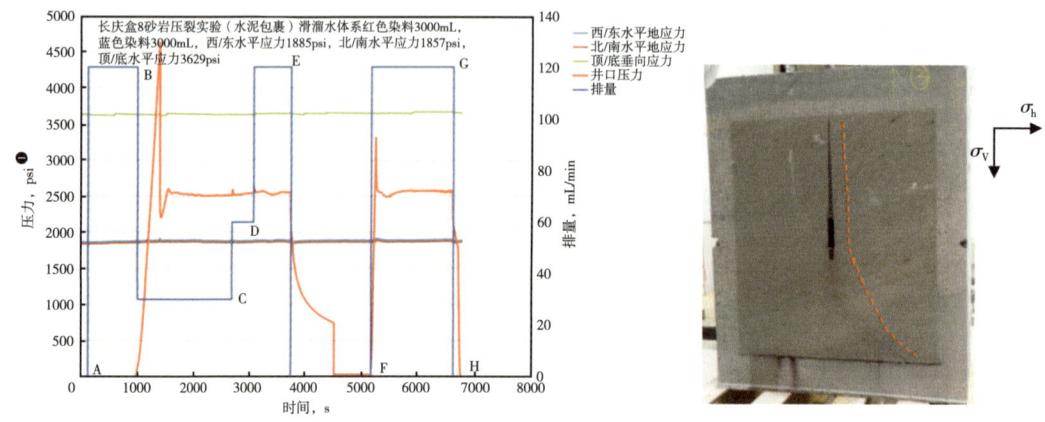

图 3-79　盒 8 岩样裂缝形态

　　从图 3-80 中可以看出，山 2 岩样内部形成一条垂直与最小水平主应力方向的水力裂缝，同时水力裂缝穿过多条天然裂缝。样品解剖进一步发现，压裂液并未进入天然裂缝

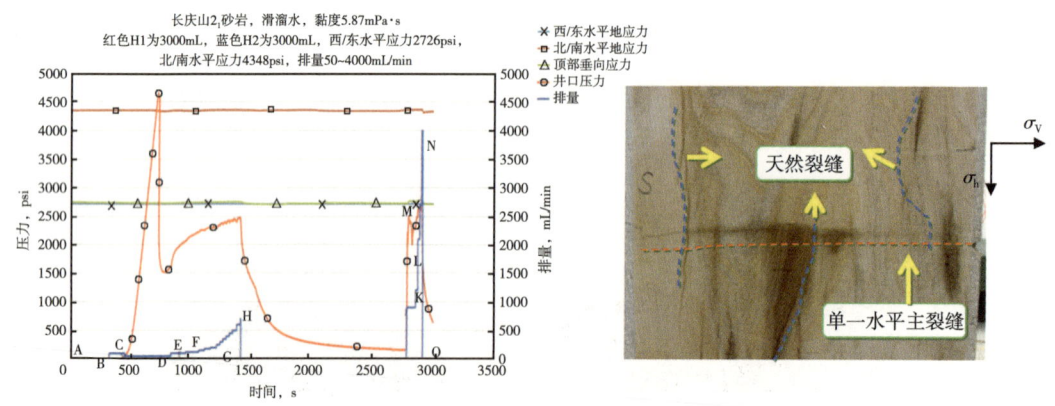

图 3-80　山 2 岩样裂缝形态

_____

❶　1 psi＝6895Pa。

中，即并未造成天然裂缝的有效开启。实验过程中，不断提高施工排量，最高 6000mL／min，而流体的注入压力上升缓慢，接近于最小水平主应力。结合岩样解剖形态，可以看出由于岩性的差异，在山 2 储层中裂缝延伸所需要的压力明显低于盒 8 储层，也就很难建立起较高的施工净压力，因此即便有天然裂缝的存在，但由于地应力差及施工压力的原因，压裂液仍然无法进入天然裂缝中，水力裂缝形态仍然十分单一。可见，并不是任何天然裂缝发育的储层都能够形成复杂水力裂缝形态，施工净压力也是很重要的因素。针对天然裂缝发育储层进行的体积改造，压裂设计必须要以最大限度地提高施工净压力为核心，才能最大限度地实现水力裂缝与天然裂缝的沟通。需要指出的是，这里所指的施工净压力并不是施工压力与最小水平主应力的差值，还应结合水平应力差进行综合考虑，具体可以借鉴 Beugelsdijk 提出的无量纲净压力的概念。

三、裂缝性砂岩储层纤维暂堵裂缝形态分析

在塔里木库车山前裂缝性砂岩储层改造中，为了实现水力裂缝与天然裂缝的有效沟通，提高体积改造程度，经常采用纤维暂堵复合压裂的工艺设计。在水力压裂过程中，通过暂堵老缝、起裂新缝或沟通更多天然裂缝的方式，形成复杂裂缝形态，实现储层的有效动用。本节利用塔里木库车山前砂岩露头开展纤维暂堵压裂大物模实验 4 次，考察纤维量、泵注压力对裂缝转向形态的影响，同时模拟直井分层压裂，考察双射孔段、纤维暂堵条件下的多裂缝起裂形态。岩石力学参数见表 3-32，实验条件和结果见表 3-33，其中纤维在交联冻胶压裂液中的含量为 1%。

表 3-32　岩石力学参数

岩石物性		岩石力学性质	
密度，g/cm^3	2.4	杨氏模量，MPa	12472
孔隙度，%	5	泊松比	0.2
气测渗透率，mD	0.34	体积压缩系数，MPa^{-1}	4×10^{-4}
液测渗透率，mD	0.28	抗压强度，MPa	111

表 3-33　实验条件及结果

实验	σ_V、σ_H、σ_h，MPa	V_D	最大泵注压力，MPa	裂缝形态
1	25.0、15.5、13.0	13	69.0	暂堵后压裂，无裂缝二次起裂
2	15.0、7.5、5.0	2	43.0	暂堵后压裂，形成 3 条转向裂缝
3	15.0、10.0、7.5	2	35.4	形成多条转向缝，首条裂缝二次起裂
4	10.0、12.0、5.0	2	12.0	2 条水力裂缝独立起裂并沟通天然裂缝

注：表中 σ_V 为垂向应力，σ_H 为最大水平主应力，σ_h 为最小水平主应力，V_D 为含纤维的压裂液体积与裸眼段井眼体积的比值。

如图 3-81 所示，1 号实验中，第一阶段注入线性胶起裂首条裂缝后，持续注入含纤维的交联冻胶流体。从压裂曲线可以看出，井筒泵注压力持续升高，最后达到设备限压 69MPa。对岩样解剖结果显示，由于纤维含量过高，纤维对首条裂缝形成有效封堵后，又在裸眼段井壁上形成一层纤维薄膜，从而抑制了新裂缝的转向起裂。

如图 3-82 所示，2 号实验中，为了控制纤维注入液量，防止纤维量过大堵塞井筒，

对泵注程序进行重新设计，分为 3 个不同阶段：第一阶段线性胶注入起裂首条缝后改注含纤维冻胶压裂液，控制注入体积，最后再进行线性胶的泵注。实验结果显示，在纤维泵注后压力曲线出现 3 个明显的峰值，且依次升高。结合解剖结果表明，只要纤维用量设计合理则纤维暂堵效果明显，实验中依次形成了与首条裂缝延伸方向各异的 3 条转向裂缝，近井筒附近裂缝形态复杂化。

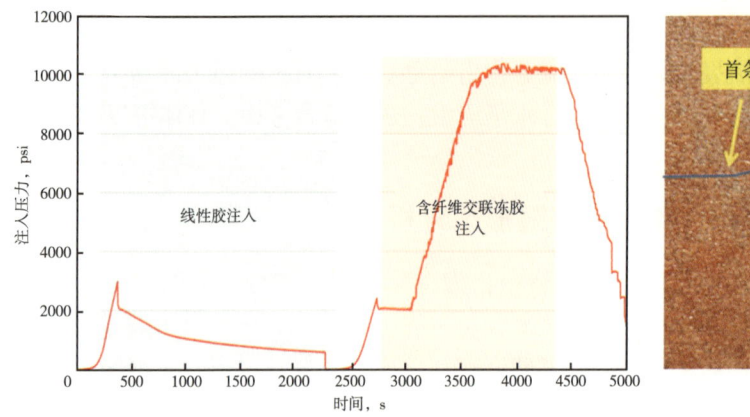
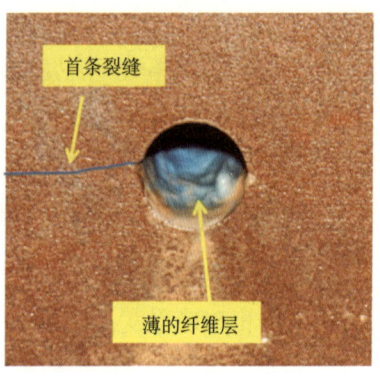

图 3-81　1 号纤维暂堵压裂实验曲线与结果

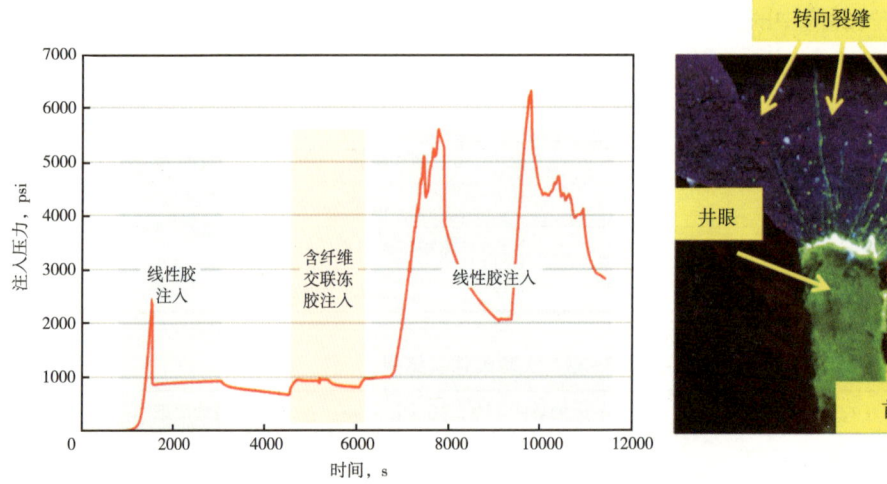

图 3-82　2 号纤维暂堵压裂实验曲线与结果

如图 3-83 所示，3 号实验中，流体的泵注程序、含纤维压裂液量与 2 号实验相同，但由于本次实验样品天然裂缝较发育，压力曲线呈现与 2 号实验不同的特征，纤维注入后，压力曲线频繁波动但稳定在一定区间而无明显上升趋势。样品解剖结果显示，实验中形成多条转向裂缝，第三阶段线性胶液体不仅进入转向缝中同时也进入首条裂缝中。对比 2 号实验和 3 号实验可知，虽然 3 号实验形成多条转向新裂缝，但由于天然裂缝的发育，相同的纤维液量对老缝的封堵强度降低，从而引起首条裂缝的二次张开，抑制了新裂缝的进一步转向，转向幅度不如 2 号实验充分。可见，除了纤维液量，井眼附近天然裂缝也是影响纤维暂堵后裂缝转向形态的重要因素。

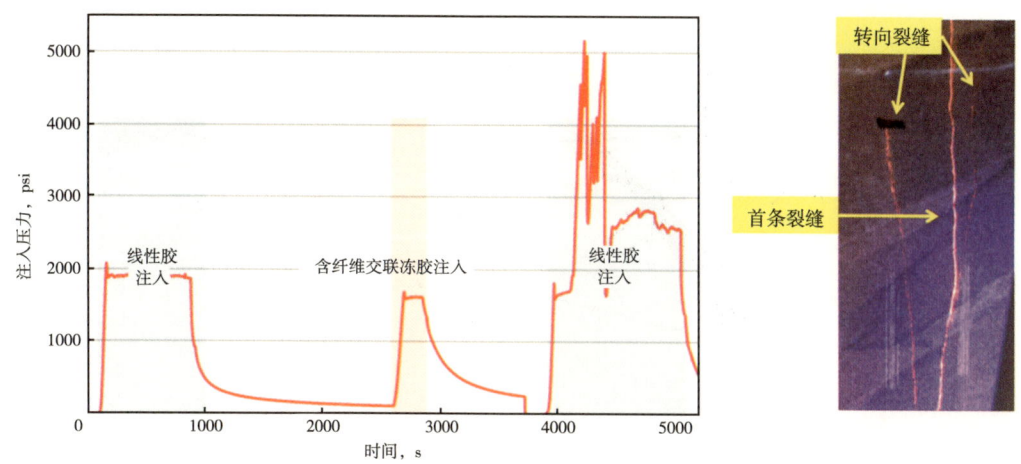

图 3-83 3 号纤维暂堵压裂实验曲线与结果

如图 3-84 所示，4 号实验中，流体泵注程序与 2 号实验和 3 号实验相同。本次实验采用套管射孔完井，起裂首条裂缝后改注纤维，对第一个射孔段进行封堵，泵注线性胶继续压裂，引起第二射孔段的裂缝起裂。实验结果证实，通过多段射孔+纤维暂堵的压裂方式，可以实现无封隔器条件下多段裂缝的依次起裂。结合声发射监测技术发现，起裂的 2 条新裂缝分别与周围天然裂缝沟通，引起天然裂缝的开启（图 3-85）。可见在该地应力和岩样内部天然裂缝方位条件下，压裂液容易沟通天然裂缝，使水力裂缝形态复杂化。

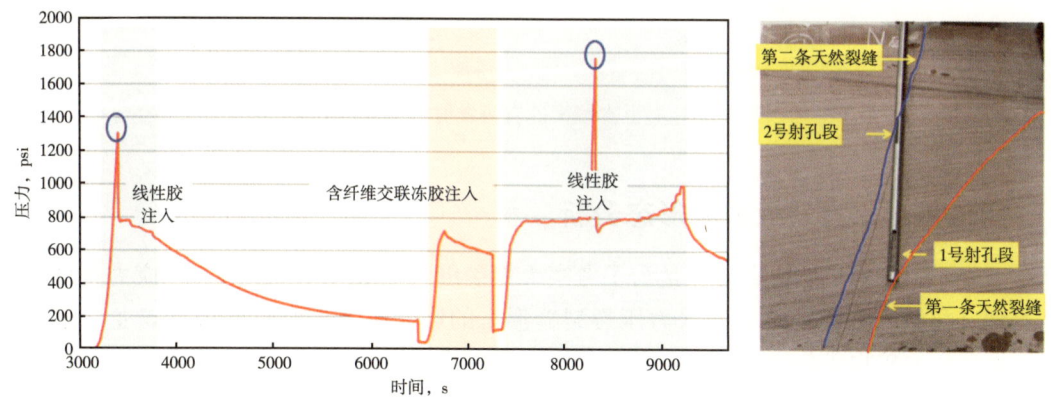

图 3-84 4 号纤维暂堵压裂实验曲线与结果

对其中波形较好的 38 个声发射进行了破裂机制分析表明，大部分的声发射事件属于张开型声发射事件，如图 3-86 所示。

上述实验结果表明：合理的纤维液量直接影响裂缝的二次起裂，纤维液量过低会造成裂缝转向的不充分，液量过高会完全封堵射孔孔眼而导致施工失败；近井地带天然裂缝的分布也会影响裂缝转向形态；实验结果证实，通过多段射孔+纤维暂堵的压裂方式，可以实现无封隔器条件下多段裂缝的依次起裂，有利于形成沟通天然裂缝的复杂水力裂缝形态。

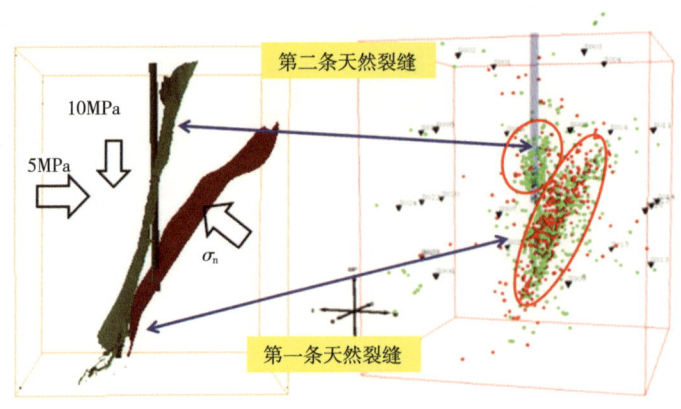

图 3-85　4 号实验声发射监测结果

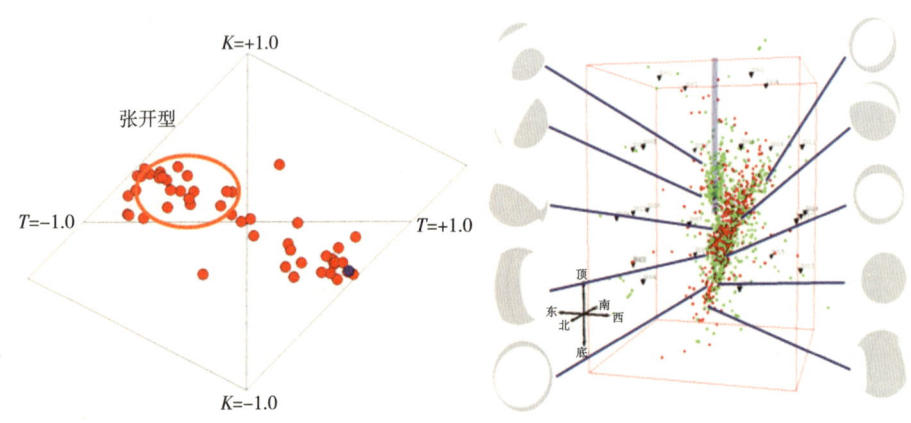

图 3-86　塔里木致密砂岩声发射机制解释结果

四、页岩水力裂缝扩展形态分析

页岩水力裂缝扩展形态分析是为了考察天然裂缝（包括水平层理）、地应力条件、泵注参数（排量、黏度）对页岩水力压裂裂缝形态的影响。露头取自四川宜宾龙马溪组页岩，按页岩的矿物成分分为 2 类：Ⅰ型岩样疏松，天然裂缝发育，风化严重，黏土含量为44%，石英含量 28%；Ⅱ型岩样致密，天然裂缝不发育，黏土含量为 12%，石英含量52%，有利于岩样的切割制备。由于Ⅰ型岩样难于取心，只对Ⅱ型岩样进行岩石力学测试，垂向取心杨氏模量平均值 22.9GPa，泊松比平均值为 0.28，单轴抗压强度平均值为206MPa。为了使实验结果具有现场参考价值，实验条件以四川长宁页岩气区块特征为参考进行设计，见表 3-34。

为了使实验结果具有可对比性，采用相同地质条件Ⅱ型页岩样品，开展 4 组对比性实验，考察黏度、排量以及无量纲施工净压力对裂缝形态的影响。实验结果如图 3-87 所示：当黏度、排量较低时，无量纲施工净压力也比较低，形成水力裂缝的同时，压裂液更多地沿着少数胶结较弱的天然层理或大裂隙滤失，未造成天然裂缝的开启，裂缝形态简单，如4 号实验；随着黏度、排量的提高，无量纲施工净压力大幅提高，此时在形成水力裂缝的同时，引起了天然裂缝的开启，水力裂缝与天然裂缝相沟通，使裂缝形态复杂化，如2号实施和3号实验；当黏度、排量进一步提高后，无量纲施工净压力虽无明显提高，但仍引起天然裂缝开启，裂缝形态复杂程度进一步加剧，如2号实验；当黏度、排量再次提高后，无量纲施工净压力出现大幅降低，形成单一水力裂缝，虽与天然裂缝交叉，但未有压裂液进入，裂缝形态单一，如5号实验。

表3-34　页岩大尺度水力压裂实验基本参数

实验	岩石类型	σ_V、σ_H、σ_h，MPa	黏度，MPa·s	排量，cm³/s	$p_{net,D}$
1	Ⅰ型	24、24、10	5	8.33	0.21
2	Ⅱ型	13、13、10	5	166.67	3.02
3	Ⅱ型	13、13、10	150	1.00	3.60
4	Ⅱ型	24、24、10	5	8.33	0.12
5	Ⅱ型	24、24、10	150	8.33	0.14

注：σ_V为上覆应力，σ_H为水平最大主应力，σ_h为水平最小主应力；无量纲施工净压力$p_{net,D}=(p-\sigma_h)/(\sigma_H-\sigma_h)$，其中$p$为井口压力。

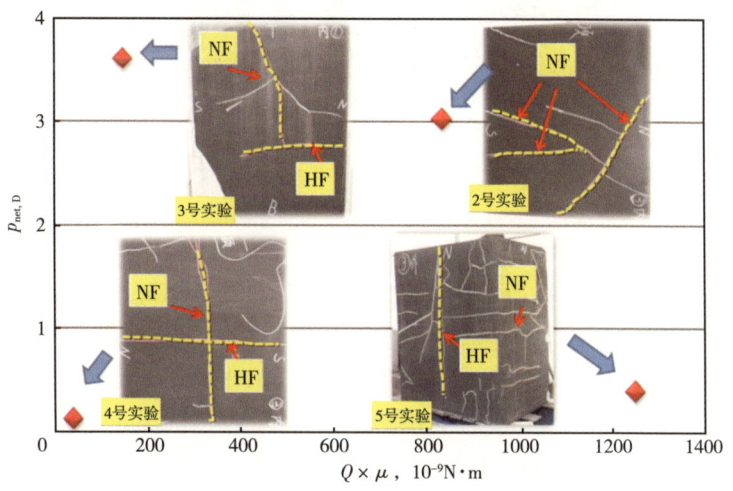

图3-87　Ⅱ型页岩压裂实验结果
NF—天然裂缝；HF—水力裂缝

为了考察天然裂缝对水力裂缝形态的影响，将页岩大物模实验结果与灰岩、煤岩压裂结果进行对比。如图3-88所示，由于均质灰岩内部无天然裂缝分布，压裂形成单一的双翼对称径向裂缝形态；煤岩储层由于天然层理的分布且煤层的上覆地应力小，因此造成多条水平层理的开启，同时未见明显的垂直主裂缝。1号页岩和4号页岩实验结果为相同实验条件下的Ⅰ型、Ⅱ型两类页岩水力裂缝形态，由于天然裂缝发育导致Ⅰ型页岩水力压裂裂缝形态空间复杂，压裂液沟通天然微裂缝或层理；Ⅱ型页岩致密，天然裂缝相对不发育，水力压裂产生一条明显主缝同时沟通1条天然裂缝，整体裂缝形态较Ⅰ型单一。

由此可以看出，天然裂缝或水平层理的存在是形成水力压裂多裂缝的前提条件，如灰岩与煤岩、页岩的对比所示。另一方面，天然裂缝的空间分布形态又决定了水力裂缝的形态以及发育程度，如页岩和煤岩对比，煤岩中虽然引起了多条水平层理的开启，形态不如页岩复杂；而 I 型页岩的裂缝展布特征更接近于空间复杂缝网形态。在体积改造设计中对非常规储层的地质评价特别是天然裂缝形态发育及展布特征规律的研究十分必要。

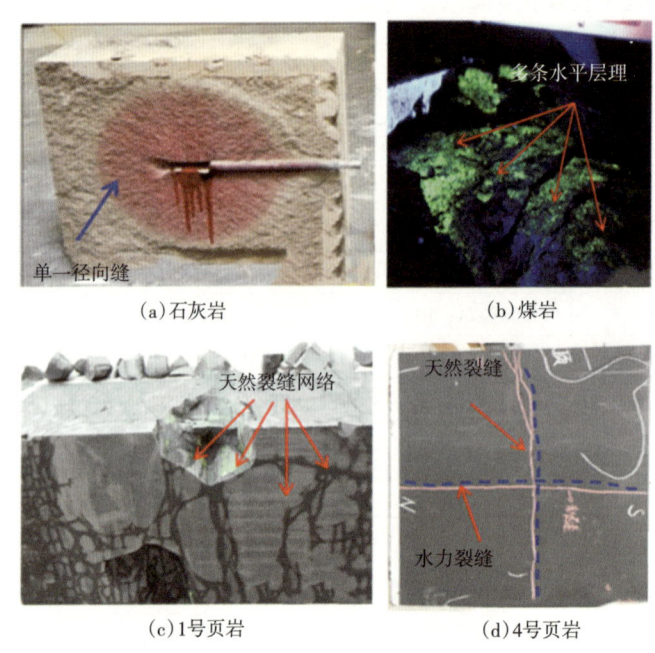

图 3-88　不同类型岩样水力裂缝形态

在天然裂缝发育的条件下，施工参数的合理性直接决定了水力裂缝形态的复杂程度，施工参数包括流体黏度、排量以及无量纲施工净压力。当排量或黏度值较小时，压裂液易向天然裂缝中渗流，随着施工参数的增大，无量纲施工净压力逐渐升高，更多的天然裂缝张开，裂缝形态复杂化，这与现场的认识基本一致；但当施工参数增大到一定程度，有可能使裂缝的复杂程度降低。这是因为一定地质条件下，过高的施工排量或黏度会导致水力裂缝快速穿过天然裂缝，沿着最大水平主应力方向扩展，而压裂液来不及向天然裂缝中渗滤或流动，沟通天然裂缝的规模也就很小，从而使水力裂缝形态趋于单一。所以对该类页岩储层裂缝形态的评估不应单纯依靠施工排量或黏度参数，需要将无量纲施工净压力、排量、黏度三者结合考虑，实验结果表明无量纲施工净压力超过 3 时易产生复杂裂缝形态。

利用平均频率与 RA 值的分析方法分别对致密砂岩、煤岩和页岩的裂缝破坏机制进行了分析，结果如图 3-89 所示。长庆砂岩主要以张性破裂为主，能看到明显的事件点聚集；而落在剪切破裂区域的事件点相对很零散，不具有一定量的规模。山西煤岩事件点总体数量要少些，煤岩材质相对疏松，节理、割理相对发育，声发射传播过程中衰减严重，所以可观测到的声发射事件数量要少些。事件点整体分布较为离散，RA 值从低到高均有分布，没有明显界限，但能看出落在剪切破裂区域的事件点与砂岩比较多，略低于张性破裂区域的事件点数量。四川页岩在张性破裂区事件点有明显的集中，在剪切破裂区事件点也有明显分布，呈条带状分布，但比煤岩的要少些。所以，可以看出煤岩最易产生剪切破裂，页岩次之，砂岩不易产生剪切破裂，以张性破裂为主。

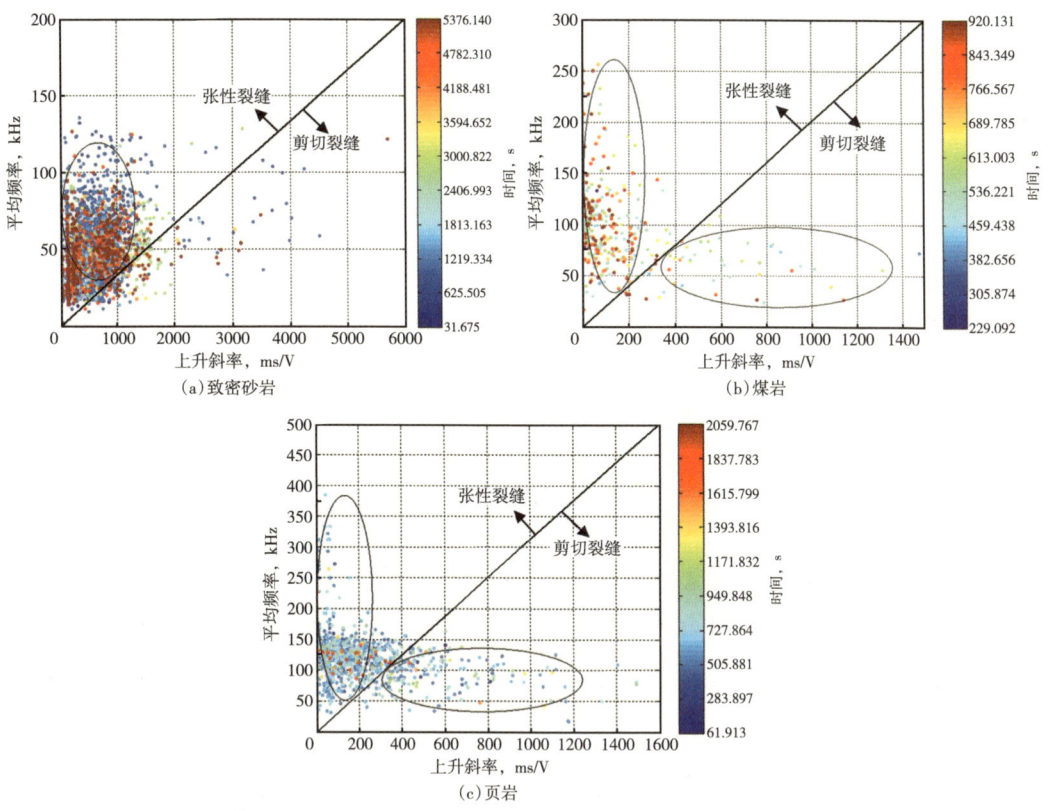

图 3-89 不同岩性的裂缝破裂机制分析

第六节 二氧化碳无水压裂技术

现阶段，能源开发与水资源消耗的矛盾日趋严峻，能源开发利用的每个环节几乎都离不开水作为媒介，并对水循环系统造成影响[5]。以水平井分段压裂技术为例，单井次施工往往需要消耗上万方水。在我国，能源与水问题较世界其他国家更为突出和尖锐：我国人均水资源仅为 2100m³，远低于人均 7350m³ 的世界平均水平；能源与水资源空间上呈逆向分布，主要的能源基地处在中国西北内陆和黄河中上游地区，而这些地区恰恰是我国最缺水的流域。利用水力压裂技术对我国的油气藏进行增产改造，将给生态环境带来巨大压力，进一步加剧我国能源与水矛盾。此外，水基压裂液体系还存在黏土膨胀、压裂液残渣和水锁效应伤害储集层、返排不完全造成地下水污染以及污水处理费用高昂等缺点。

在此背景下，二氧化碳无水压裂，即将气体加压液化从而代替水作为压裂液基液对储层进行增产改造的新型压裂技术应运而生。目前二氧化碳无水压裂技术按压裂液的类别可以分为二氧化碳无水压裂技术、液氮压裂技术、液态甲烷压裂技术、液化石油气（LPG）压裂技术等。本节以二氧化碳无水压裂技术为例，分别介绍其技术特点、入井材料体系、施工装备与工艺、应用现状以及发展趋势。

一、二氧化碳无水压裂技术特点

二氧化碳无水压裂技术，也称为二氧化碳干法压裂技术，其使用 100% 液态二氧化碳作为压裂介质，首先将支撑剂加压降温到液态二氧化碳的储罐压力和温度，在专用混砂机内与液态二氧化碳混合，然后用高压压裂泵泵入井筒进行压裂。

与水基压裂液相比，液态二氧化碳具有独特的物理化学性质，使得二氧化碳无水压裂技术具有以下优势[6]：

（1）对储集层伤害小。压裂过程中没有水相参与，因此避免了对储集层的水敏、水锁污染；此外，二氧化碳压裂液体系只需加入少量稠化剂，添加剂单一，残渣少，降低了对储集层和支撑裂缝渗透率的伤害。

（2）压后返排快，返排彻底。压裂施工结束后二氧化碳气化，为储层补充能量，促进返排。

（3）储层破裂压力低。二氧化碳为低温流体，通过热应力造缝有利于降低储层破裂压力。

（4）造缝网能力强。二氧化碳流动性强，可以流入储集层中的微裂缝，提高人工裂缝复杂程度，增大改造体积（图 3-90）。

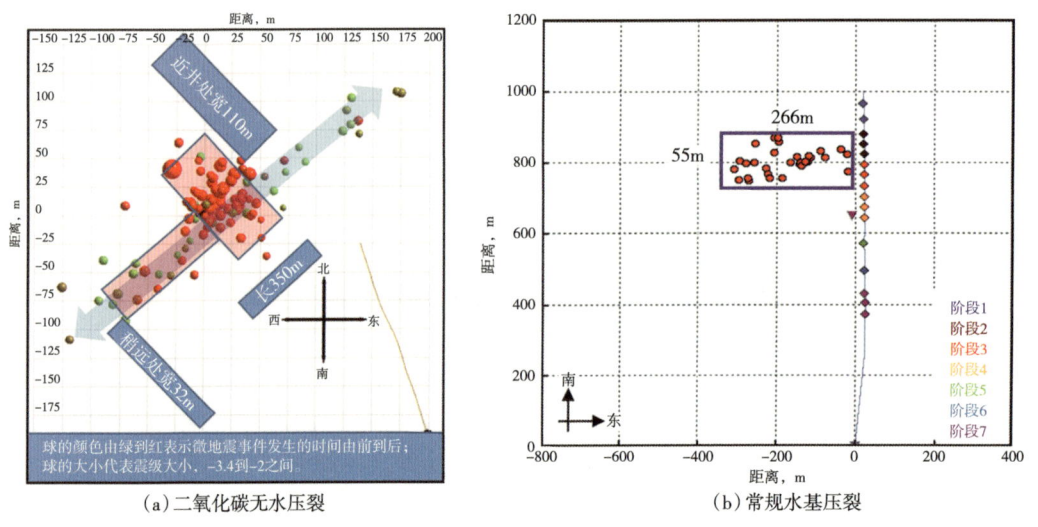

（a）二氧化碳无水压裂　　　　　　　　（b）常规水基压裂

图 3-90　吉林油田两口邻井改造效果对比

（5）提高单井产量与最终采收率。油井压裂时，可以通过制定合理的压后管理制度，实现二氧化碳无水压裂—驱替技术一体化，即实现二氧化碳与原油的充分混相，扩大波及体积，降低原油的黏度，提高原油流动性，利于原油的开采；用于气井压裂时，二氧化碳能够置换吸附于煤岩与页岩中的甲烷，提高单井产量与最终采收率。

（6）实现温室气体的封存。注入储集层后，部分二氧化碳吸附于岩石中，而返排部分可以收集起来二次利用。

可以看到，二氧化碳无水压裂是一种极具前景的新型压裂工艺，通过使用液态二氧化碳替代传统水基压裂液改造储层，可以实现节约水资源、二氧化碳埋存、提高单井产量与采收率的多重目标。

二、二氧化碳无水压裂技术入井材料体系

油藏条件下二氧化碳黏度极低，仅为 $0.05\sim0.10mPa\cdot s$（图3-91），远不能达到压裂施工中平稳携砂的要求，因此需要进行黏度改性，即对其进行稠化。二氧化碳的稠化是一项世界性难题，原因是二氧化碳是一种非极性溶剂，仅对分子量较小、极性较弱的溶质有较好的溶解性，而这类溶质通常对溶液的稠化效率较低。目前常用的稠化手段主要有2种：一是直接稠化法，即通过向二氧化碳中添加兼具极性官能团和与二氧化碳具有良好相容性非极性片段的两亲性聚合物或小分子表面活性剂，通过极性官能团间相互作用对二氧化碳进行稠化；二是泡沫稠化法，即通过向二氧化碳液相中引入氮气相，并加入起泡剂、稳泡剂等形成泡沫进而提升压裂液的携砂能力[7,8]。通常来说，由于二氧化碳基液黏度较低且溶解条件苛刻，现阶段直接稠化法一般仅能将二氧化碳黏度提升到 $3\sim8mPa\cdot s$；而泡沫稠化法稠化效果较好，但工艺相对复杂。

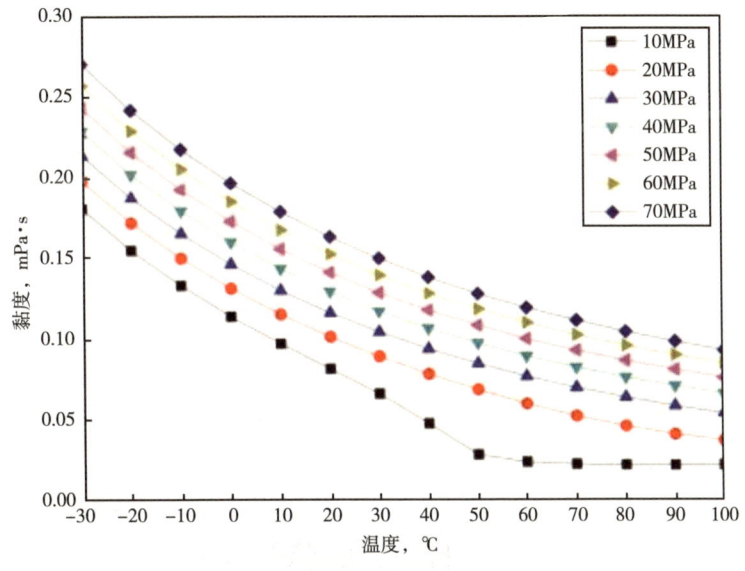

图3-91　不同温度压强下二氧化碳黏度

二氧化碳无水压裂液体系中没有水相的存在，且压后气化极易返排，因此无须添加常规水基压裂液体系中常用的防膨剂、破胶剂、杀菌剂等添加剂，仅需加入一定的添加剂对其进行稠化，因此是一种清洁低伤害的压裂液体系。

由于二氧化碳无水压裂液黏度较低、携砂能力较差，压裂施工时一般选取低密度、小粒径的支撑剂，以提高支撑剂在压裂液中的运移能力。由于气井对支撑裂缝宽度要求相对较低，小粒径支撑剂足以满足要求；而二氧化碳对原油有较好的溶解降黏作用，一定程度上削弱了小粒径支撑剂对原油运移的影响，实际施工中需要在携砂稳定性与裂缝导流能力间进行平衡。

三、二氧化碳无水压裂技术施工装备与工艺

二氧化碳无水压裂所用液态二氧化碳压裂液始终处在密闭高压状态下，因此其施工所

用设备、工具与常规水力压裂有所不同。二氧化碳无水压裂的主要设备及要求如下[9]：

（1）二氧化碳储罐：1只或几只，用于储存加压降温的液态二氧化碳，二氧化碳保持在$-30\sim-18℃$和$1.4\sim2.3MPa$。

（2）二氧化碳增压泵车：用于将液态二氧化碳从储罐内压力增压至$1.8\sim2.5MPa$，适用于二氧化碳储存压力较低的情形，视储存条件可单独使用对二氧化碳相态进行调控，也可与热交换机联合使用。

（3）热交换机：用于将液态二氧化碳从储罐内温度降低至$-35\sim-25℃$，适用于二氧化碳储存温度较高的情形，视储存条件可单独使用对二氧化碳相态进行调控也可与增压泵车联合使用。

（4）密闭混砂车：二氧化碳无水压裂的关键设备，是1个较大的密闭压力容器，用于将支撑剂混入液态二氧化碳，一般要求耐压2.2MPa以上、容积$5m^3$以上、输砂速度500kg/min以上。

（5）压裂泵车：常规的压裂泵，用于将压裂液泵入井中，要求单台输出功率不小于1471 kW（2000 HP），由于二氧化碳穿透性较强，泵车的柱塞泵密封圈推荐使用金属密封圈。

（6）压裂管汇车：要求配备低温低压、低温高压管汇。

（7）放射性密度计、压力传感器、温度传感器：用于对施工过程中的砂比、二氧化碳的压力和温度变化进行监测。

（8）井下工具：二氧化碳对常规橡胶具有腐蚀性，要求使用耐二氧化碳腐蚀的橡胶，如丁腈橡胶等。

二氧化碳无水压裂工艺按如下步骤进行：

（1）将若干二氧化碳储罐并联，并依次与二氧化碳增压泵车、密闭混砂车、压裂泵车、井口装置连通（图3-92），将仪表车与上述各车辆连通并监控工作状态。

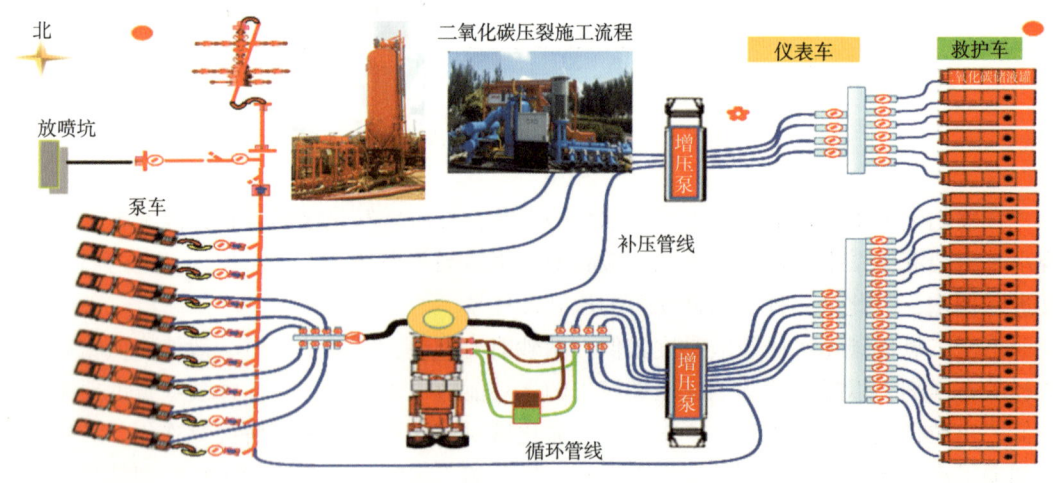

图3-92 二氧化碳无水压裂施工流程

（2）将支撑剂装入密闭混砂罐中，并注入液态二氧化碳预冷。

（3）对高压管线、井口试验泵，对低压供液管线试压，若试压结果符合要求则继续进行后续步骤。

（4）液态二氧化碳以−25~−15℃温度注入地层，压开地层并使裂缝延伸，然后打开密闭混砂设备注入支撑剂，支撑剂注完后进行顶替，直到支撑剂刚好完全进入地层，停泵。

（5）压裂施工结束后，关井，充分发挥二氧化碳的混相与置换特性。

（6）压后放喷返排，既要控制返排速度以防吐砂，又要最大限度地利用二氧化碳能量快速返排，可以先使用小口径油嘴控制放喷速度，随后逐渐加大油嘴口径，并使用二氧化碳检测仪监测出口二氧化碳浓度变化。

在二氧化碳无水压裂过程中，二氧化碳相态变化十分复杂（图3-93）[10]：初始，二氧化碳在温度−30~−18℃、压力1.4~2.3MPa条件下以液态形式存储在二氧化碳储罐中（点1）；经过增压泵和热交换机后，液态二氧化碳在温度−35~−15℃、压力1.8~2.5MPa条件下注入高压泵（点2）；在压裂泵车出口处，液态二氧化碳被进一步加压，在井底憋起高压并压开裂缝（点3和点4）；二氧化碳刚到达井底时，井底温度变化不大，井底压力慢慢上升，此时二氧化碳转变为超临界状态（点5）；随注入时间的增加，井底温度逐渐降低，井底压力逐渐上升，此时二氧化碳再次变为液态（点6）；当二氧化碳进入储集层裂缝中后，二氧化碳温度、压力与储集层条件同化，表现为温度进一步上升，而压力下降，此时二氧化碳处在超临界状态（点7）；当开始返排后，二氧化碳压力迅速下降，将以气态形式返排至地表（点8）。在此过程中，二氧化碳的密度、黏度、溶解性能等都随着其温度、压力的改变而剧烈变化，因此需要使用压力和温度传感器在设备关键节点处密切监测。

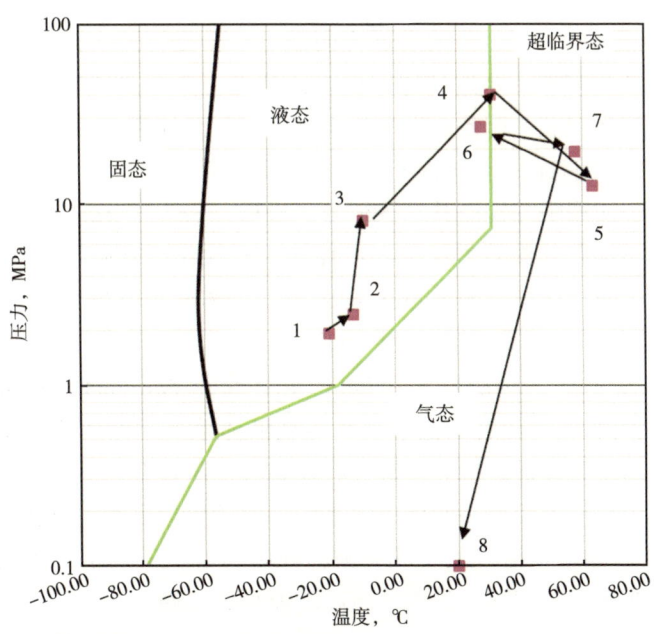

图3-93 施工过程中二氧化碳温度压力变化

四、二氧化碳无水压裂技术应用现状与发展趋势

二氧化碳无水压裂技术是一种正在不断完善的新型压裂技术，自20世纪80年代在北

美首次应用以来，已广泛应用于渗透率在0.1~10000mD的各种地层中，在2500多口井中进行了压裂作业，最大作业井深超过3000m，井底温度在10~100℃。

二氧化碳无水压裂技术在我国起步较晚，2013年9月1日，国内第1口二氧化碳无水压裂试验于长庆苏里格气田进行[11]，试验井深3240m，目的层渗透率0.4~1.2mD，排量2~4m³/min，砂量2.8m³，平均砂比3.5%，最高瞬时砂比达到9%，总液量254 m³（图3-94）。截至2017年底，该工艺已经于长庆油田、吉林油田、延长油田应用超过20井次，主要用于致密油井、致密气井、页岩气井等多种非常规储层。

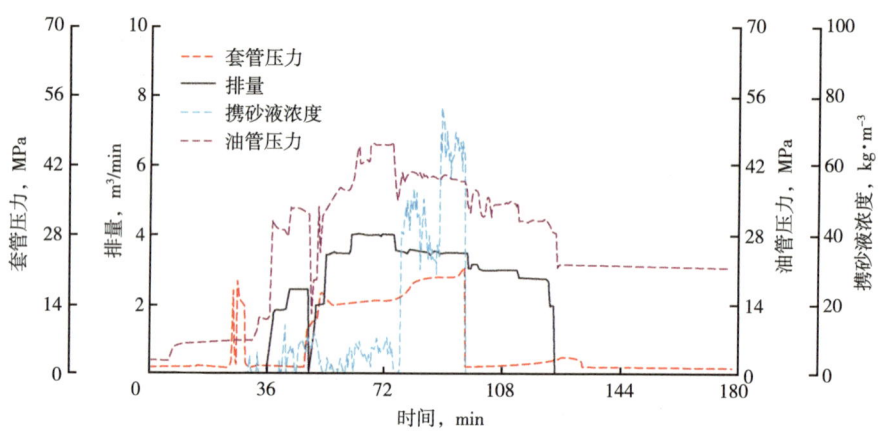

图3-94 国内第一口二氧化碳无水加砂压裂井施工曲线

二氧化碳无水压裂技术下一步的发展方向是进一步提高施工液量、排量、加砂量等，使其适应大规模压裂的需求。要达到这一要求，首先需要解决二氧化碳的连续配液问题。由于二氧化碳需要密闭存储，因此难以采用类似于工厂化压裂的连续配液模式，现阶段单纯使用有限的二氧化碳储罐，难以满足大规模压裂需求。其次，需要改进现有压裂液配方，进一步降低压裂液摩阻并提高其携砂能力。最后，需要优化现有施工装备，尤其是关键装备密闭混砂车，提高其输砂平稳性和可控性，并优化配套施工工艺，从而实现平稳、连续、大规模加砂压裂。通过不断改进工艺水平，吉林油田取得突破，截至2016年6月底，现场实施11口井，3口致密油井平均投产257d，实现累计增油1314.73t。其中，让××井实现单层加砂21m³，单层液量696m³，施工排量8m³/min的参数指标，达到了国内领先水平（图3-95）[12]。随着工艺水平和压裂液体系的不断改进和优化，二氧化碳无水压裂的施工规模、排量和加砂量等关键参数还将进一步提升。

二氧化碳无水压裂技术的另一发展方向是由目前的单层压裂发展为分层压裂，长庆油田于2016年7月7日在苏里格气田实现突破，在国内首次实现了二氧化碳无水分层加砂压裂，标志着这项技术在我国陆上最大气田试验取得新突破。

最后，复合压裂工艺也是二氧化碳无水压裂技术的一大发展趋势。2016年吉林油田率先开展了前置大段塞二氧化碳+水基加砂压裂技术试验，保留了二氧化碳节水、造缝网、增能、降黏、降低界面张力的技术优势，同时利用冻胶携砂弥补了二氧化碳压裂液携砂能力不足的缺陷，试验取得了产能突破，有望成为低压气藏压裂的主导技术。此外，二氧化碳无水压裂技术还可以与LPG压裂等其他二氧化碳无水压裂技术复合，在保留无水、低伤害等技术优势的同时，提升储层改造效果，实现非常规资源的绿色、高效开发。

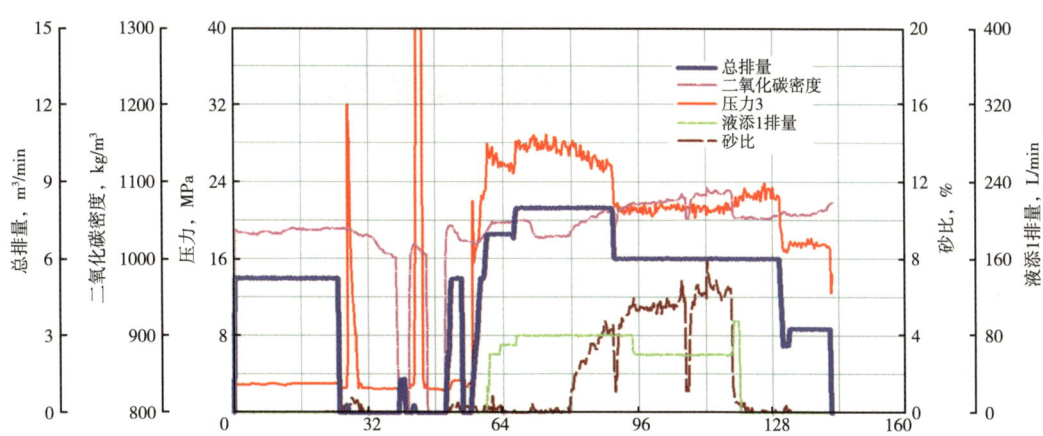

图 3-95 吉林油田让××井压裂施工曲线

参考文献

[1] 张旭，刘成林，朱炎铭，等．滇东北龙马溪组页岩气地质条件及有利区优选 [J]．天然气地球科学，2015，26(6)：1190-1199．

[2] 邹才能，董大忠，王社教，等．中国页岩气形成机理、地质特征及资源潜力 [J]．石油勘探与开发，2010，37 (6)：641-653．

[3] LIU Y Z, CUI M G, DING Y H, et al. Experimental Investigation of Hydraulic Fracture Propagation in Acoustic Monitoring Inside a Large-scalpolyaxial Test [R]. International Petroleum Technology Conference, 2013.

[4] 翁定为，付海峰，梁宏波．水力压裂设计的新模型和新方法 [J]．开发工程，2016，36 (3)：49-54．

[5] 鲍淑君，贾仰文，高学睿，等．水资源与能源纽带关系国际动态及启示．中国水利，2015，50 (11)：6-9．

[6] 刘合，王峰，张劲，等．二氧化碳干法压裂技术——应用现状与发展趋势．石油勘探与开发，2014，41 (4)：466-472．

[7] ZHANG J, MENG S W, LIU H, et al. Improve the Performance of CO_2-based Fracturing Fluid by Introducing Both Amphiphilic Copolymer and Nano-composite Fiber. SPE 176221, 2015.

[8] MENG S W, LIU H, XU J G, et al. Optimization and Performance Evaluation of Liquid CO_2 Fracturing Fluid Formulation System. SPE 182284, 2016.

[9] MENG S W, LIU H, XU J G, et al. The Optimisation Design of Buffer Vessel Based on Dynamic Balance for Liquid CO_2 Fracturing. SPE 182281, 2016.

[10] MENG S W, LIY H, XU J G, et al. The Evolution and Control of Fluid Phase During Liquid CO_2 Fracturing. SPE 181790, 2016.

[11] 韩烈祥．CO_2 干法加砂压裂技术试验成功．钻采工艺，2013，36 (5)：99．

[12] WANG F, WANG Y, ZHU Y, et al. Application of Liquid CO_2 Fracturing in Tight Oil Reservoir. SPE 182401, 2016.

第四章 深部调驱技术

从水驱非均质油田开发的根本矛盾出发，阐述了深部调驱的技术内涵，提出了"同步调驱"技术理论和"分类分级调驱"技术方法。总结了优势通道的识别、量化及剩余油研究的主要方法和进展，分别介绍了体膨颗粒、交联聚合物凝胶、柔性微凝胶 SMG、无机凝胶涂层等各调驱体系的性能特点和发展方向，对物理模拟、数值模拟和方案优化设计技术的研究现状和方向进行了论述。

第一节 深部调驱技术的历史沿革

中国油田总体上已进入了高含水、高采出程度阶段。由于我国大部分油田为陆上沉积非均质油藏，这一阶段水驱非均质矛盾日益凸显，由开发早中期的近井地带逐渐进入储层深部、甚至整个注采流场。因此，采用深部调驱技术解决或缓解这一矛盾成为重要的技术手段。2008 年，中国石油以"油田开发基础年"为铺垫，提出油田注水要"注够水、注好水、有效注水"的技术要求。围绕这一要求，中国石油勘探开发研究院以及各地区油田公司在深部调驱的技术理论和方法、调驱体系研制、相关配套技术方面都有创新的成果和应用，为进一步改善高含水期水驱效果、提高水驱采收率做好了技术储备，同时也明确了下步攻关方向。

我国 20 世纪 90 年代以后，对调剖技术的研究活跃。胜利、辽河、大港、中原、玉门、大庆、吉林、华北、新疆、青海、江汉等国内主要油田相继开展了注水井调整吸水剖面的工作，改善了注水井吸水剖面，控制了高渗透层注入水的突进，增加了低渗透层的吸水量，提高了注入水的波及体积，相应的油井增加了见效层位和方向，改善了整个井组的注水开发效果。据不完全统计，自 1990—1994 年，胜利油田和石油大学合作成功地应用黏土调剖技术于特高含水油田封堵高渗孔道，取得较好经济效益；大庆油田在萨拉吉油区进行了以堵水、调剖、增产、提液为主要内容的"稳油控水"的综合治理也取得了明显效果；1998 年辽河油田利用聚合物弱凝胶深部调剖技术在兴 209 断块实施了注水井调剖，调剖后相关井含水率普遍下降 1%~2%，增油效果明显。

经过多年的研究和实践，业内普遍认识到我国陆相沉积非均质油田水驱开发的根本矛盾是水驱不均匀导致的波及系数和波及程度低，尤其在目前普遍进入开发后期，该矛盾已进入储层深部，是贯穿整个水驱流场的问题。传统的生产措施的调剖、深部调剖等技术难以满足要求，该项技术研究和应用需要向上游及下游延伸，比如地质方面的优势水流通道研究、开发矛盾分析评价、总体方案优化设计等。因此，"深部调驱"一词虽然逐渐被广泛应用，但对其内涵的理解存在较大差异，所以这部分工作要由生产措施（调剖、调驱等单一技术）的定位向开发方式（提高采收率）的定位转变越来越成为共识。

第二节　深部调驱技术理论和方法

一、深部调驱提高采收率的技术内涵

注水开发油田由于油藏平面和纵向上的非均质性，造成了注入水在平面上沿生产井方向舌进及在纵向上向高渗透层突进的现象。注入水沿高渗透层渗流，降低了注入水的波及系数。从采油井封堵这些高渗透层时，可以减小油井产水，称为"堵水"。从注水井封堵这些高渗透层时，可调整注水层段的吸水剖面，称为"调剖"。简单地说，"堵水调剖"是采油井堵水、注水井调剖。对注水井进行吸水剖面调整是油田改善注水开发效果、实现油藏稳产的有效手段之一。

调剖是指从注水井进行的封堵高渗透层的作业，可以调整注水层段的吸水剖面。调剖技术的现场应用一般局限于处理井筒周围 5~10m 的范围，只能在一定范围和一定程度上解决注入水的不利流动，地层内部的绕流导致注入水绕过堵剂段塞后，仍流向储层优势通道。调驱对比调剖内涵有了较大的丰富，即调整驱动方向，使注入水从非均质内长期注入后所形成的高渗透优势通道转向水驱程度较低的中低渗透部位，有效地扩大注入水的波及体积。

深部调驱技术将发展为一项常规的提高采收率的方式方法，进行对整体区块、油藏的处理，与注水井开发配套，形成调、驱、采一条龙的配套技术和措施程序，形成工业化规模，这样才能降低成本、提高石油采收率，实现经济效益最大化。

二、调驱与调剖及先调后驱与调驱的区别

从 20 世纪七八十年代开始发展了调剖堵水技术，从黏土、粉煤灰、水泥等无机类调剖剂发展到有机冻胶类调剖剂，调剖技术取得较大进展，但因其注入量小、处理半径小，仅对近井地带的纵向非均质问题产生一定作用，严格说来还只是一种生产措施。

为了解决"调剖"技术只能在近井地带进行处理的限制，人们试图进行"大剂量调剖"，也有人称"调驱"，但实际上其处理半径往往不过十几二十米，效果虽然较之早期的调剖要好得多，但处理成本较高，而且随着油田含水的升高，水驱矛盾进入储层深部，甚至贯穿整个油藏流场，这样做最多也只能达到单井增产的目的，不能从根本上解决高含水期油田的提高采收率问题。调（堵）好驱不好，驱好调不好。自相矛盾不如分工合作，调和驱同时进行。

认识到深部调驱不是调剖加驱油，而是不论在近井地带还是储层深部、不论是宏观还是微观的局部，都需要不断地调整驱动方向，提高水驱波及体积和水洗效率，达到有效驱替的目的，是宏观和微观水驱流场的改善，实现较根本地改善油田开发形势、提高采收率。"调"即调整驱动方向，使注入水从非均质储层内长期注水后所形成的高渗透老通道转向水驱程度较低的中低渗透部位，有效地扩大注入水的波及体积；"驱"即在调的基础上的有效驱替，驱出分散于中低渗透部位的剩余油。

三、深部液流转向技术

深部液流转向技术的核心在于改变储层深部的水流驱动方向，扩大水驱波及体积，它

与深部调驱技术中"调"的理念相近。深部液流转向形象描述了某一环节的状态，转向的目的是为了驱，转向的发生需要调整，推动，因此从提高采收率完整技术内涵来说，建议统一称为深部调驱技术。

第三节　同步调驱技术

一、水驱开发非均质油田的基本矛盾

储层因为沉积的原因，天然存在物理性质的非均质性，主要表现在不同部位的渗透性差异，中国陆相沉积储层非均质性尤为严重。对于水驱非均质油田高含水期，可将其可能存在的各种非均质模型化，如图4-1所示。影响水驱效果的物性差异在宏观、中观尺度上包括早期人工压裂裂缝，纵向层间的渗透率差异，层内夹层、层理、不同韵律、可能发育的微裂缝、注采井间平面差异等方面；而在微观孔隙尺度上来看，从储层中任取一点，其中就一定包含大小孔隙间的渗透率差异，形成的原生或次生的优势流动通道。对于高含水期油藏，孔隙尺度非均质及其结构对剩余油的微观分布具有重要作用，因此对孔隙尺度的非均质研究应当受到更多的重视。

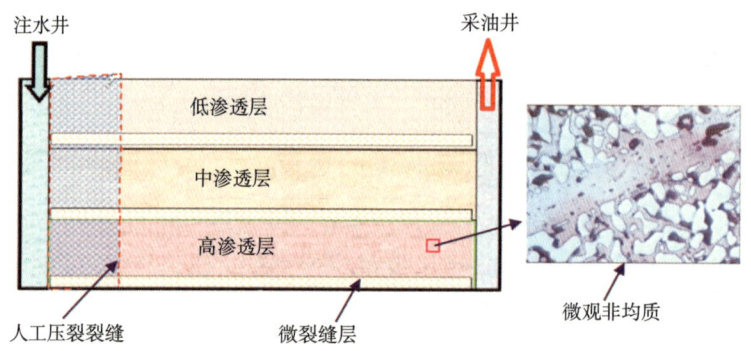

图4-1　油藏水驱开发中后期不同类别不同级别非均质示意图

不同尺度级别的非均质对应着不同类型、不同级别的优势流动通道，这些优势水流贯穿整个注采流场、是产生波及问题的根源。高含水老油田经过长期注水冲刷、多种多轮措施、剩余油高度分散，水驱波及问题由开发早中期的近井地带向远井深部延伸直至整个注采流场。

众所周知，在经典理论中，油藏采收率定义为波及系数和驱油效率的乘积［式（4-1）］，因此提高水驱采收率技术研究和应用一直以来在围绕如何扩大波及体积做艰苦的工作，也取得很多进展和效果，但面对非均质油田水驱开发进入高含水期，剩余油在整个注采流场中分布日益分散的情况，现有的各种技术方法的效果越来越差：精细分层注水、调剖、压裂酸化等技术方法，只是一定程度调整了注入端或采出端附近、纵向或剖面的宏观波及问题；井网加密因为经济性的原因也总是有限度的，注采井间的波及问题也总是存在的；水平井的应用较大幅度提升了波及系数，但它存在高含水期剩余油分散条件下是否经济可用的问题，而且解决的仍然是注采端的宏观和局部波及问题。

$$\eta = E_D \times E_V \tag{4-1}$$

式中　η——原油采收率，指在现有技术经济条件下能够采出的地下原始储量的百分数；

　　　E_D——驱油效率，指注入水在孔隙中驱替和清洗原油的程度，表示微观驱替程度；

　　　E_V——体积波及系数，指注入水在油藏中的波及程度，即被水扫过的油藏体积与油藏总体积之比，表示宏观驱油能力。

　　对于水驱非均质油田，通常的提高采收率技术是聚合物驱，在中国的大庆油田和胜利油田取得很大成功。然而，聚合物溶液虽然能够进入储层深部，但在较强的非均质条件下仍然会发生聚合物溶液的窜流；另外，因聚合物溶液在储层温度高、地层水矿化度高的条件下不稳定而限制了其一大批高温、高盐油田的使用。

　　一般认为聚合物驱兼具驱替和调整剖面性能。笔者认为其对于层内剖面的调整作用严格意义上不是调整，而是由于启动压力增大后导致的吸水剖面的非选择性扩大。因为聚合物溶液是连续相黏性流体，无法区别高低渗层（区）或大小孔隙去驱替剩余油，准确地说它相当于更高黏度的水驱，因此，水驱存在的波及问题它一样存在。本文从水驱开发后期非均质储层深部高低渗层（区）或是大小孔隙中的剩余油主要形态及其水驱、聚合物驱的作用过程和结果来予以说明（图4-2）。

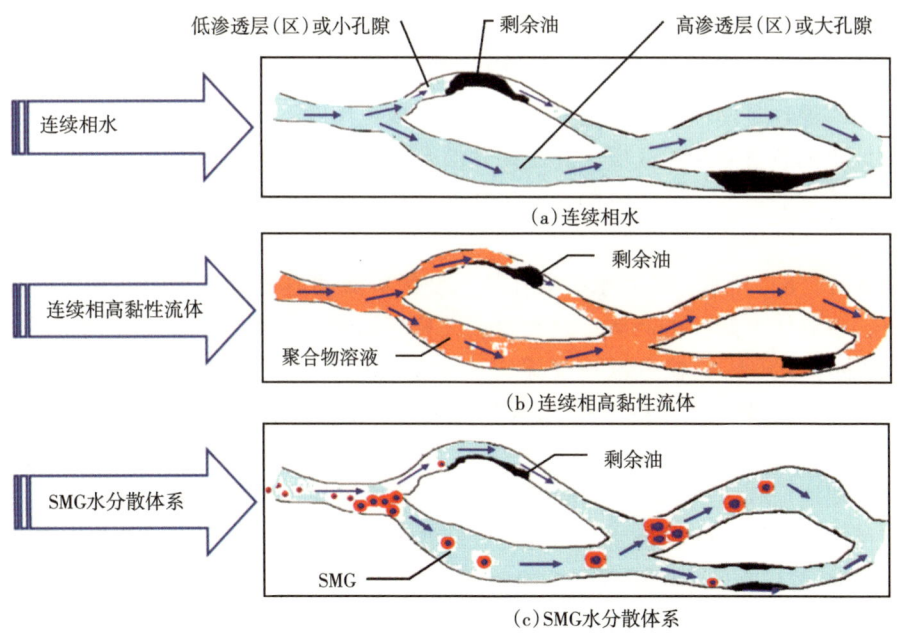

图4-2　连续相和分散相流体驱替机理示意图

二、连续相流体驱替特征

　　水驱非均质油田高含水期，除局部剩余油富集区外，剩余油大部分高度分散于储层深部、低渗透层（区）或小孔隙，常规水驱很难有效动用。如图4-2（a）所示，注入水在高渗透层（区）或大孔隙很快突破，将低渗透层（区）或小孔隙中还未驱出的油"水锁"，继续水驱或常规技术措施很难启动这种剩余油。如图4-2（b）所示，注入连续相黏性聚合物溶液（或交联聚合物凝胶），在合适的黏度下，在水驱基础上能够再驱出一部分相对低渗透层（区）或小孔隙中的剩余油，提高采收率，但仍然可能发生类似注入水的过程，未及驱出的剩余油仍被"锁"住。如果黏度过大，在对高渗透层（区）或大孔隙驱替（聚合物溶液）或"堵塞"（交联聚合物凝胶）较好的同时，同样黏度的流体将难以进入低渗透层（区）或小孔隙对其中的剩余油进行高效驱替，甚至是"堵塞"伤害这些区域，最终不同程度导致油井供液不足，影响产量；如果黏度小，虽然有利于对低渗透层（区）或小孔隙中的剩余油高效驱替，但易于在高渗透层（区）和大孔隙窜出，同样也可能对低渗透层（区）或小孔隙中还未驱出的油产生"水锁"作用，而达不到有效波及的目的。因此，对于聚合物溶液和交联聚合物弱凝胶等连续黏性驱替流体，其机理存在缺陷，因为其黏度是一定的，既要求它能很好地堵塞抑制高渗透层（区）或大孔隙中的流动，又要求它同时能对低渗透层（区）或小孔隙中的剩余油进行高效驱替，这是一个难以调和的矛盾。

总之，对高含水老油田剩余油高度分散的情况下，无论是水驱、聚合物驱还是交联聚合物驱替等类似提高采收率方法，因其都是笼统而无针对性的注入大量液体，难以精确波及目标剩余油，且波及的地方也不一定能驱出，波及效率不够理想。

三、分散相驱替液的驱替机理

为此，2006 年始笔者提出同步调驱基本理论模式，并开展实验研究建立分级调驱技术方法。其基本原理是使注入水无论在宏观还是在微观尺度下，克服优势流动通道的负面影响，自动地定向波及剩余油区域，并提高其波及程度，从而大大提高水驱效率，经济高效达到提高采收率的目的，其主要内容还包括微观孔隙驱替理论的建立和相关化学剂新材料的研发。

如图 4-2（b）所示，针对水驱在孔隙尺度优势流动通道的窜流和高黏流体存在"堵好驱不好，驱好堵不好"的问题，设想将连续相高黏流体替换为一种非连续型柔性微凝胶（Soft Microgel，SMG）胶粒分散液体系，该体系表观黏度低，易于进入储层深部，如图 4-2（c）所示，分散体系中的 SMG 胶粒在微观上通过对水流通道（孔喉）暂堵—突破—再暂堵—再突破的过程，优先进入高渗透层（区）或大孔隙，SMG 胶粒在暂时"堵塞"大孔隙喉道或增加其中流动阻力的同时，分散体系中的注入水转向进入低渗透层（区）小孔隙，直接作用于其中的剩余油，实现高效的波及和驱替，提高了注入水利用效率。这一过程由于 SMG 胶粒在暂堵一段时间后会因后继水挤压变形而突破所暂堵的孔喉，再次暂堵到下一个孔喉……如此，数以亿计的 SMG 胶粒在注采井间不同时间、不同空间不断地重复这一同步调驱的过程，宏观上体现为原有的水驱高渗透条带或优势方向的水驱沿程阻力增加，水驱方向不断发生改变，油藏采收率提高。

四、模拟孔隙尺度孔隙结构微观物理模拟实验

如图 4-3 所示，制作能仿真实际储层孔隙结构和尺度的微观可视化夹砂模型，该模型主体由渗透薄层和超低渗透基体 2 部分组成，其中渗透薄层由石英砂胶结压制而成，孔隙及喉道宽约 $15 \sim 200 \mu m$，孔隙结构及尺度与实际储层相当；基体部分为渗透薄层的支撑载体，通过透明钢化玻璃窗口可直接观测渗透薄层（岩心）多孔介质内部的流动特征。实验

采用 SMG$_{\mu m}$ 3000mg/L 的水分散液, 以 5mL/min 的速度注入。如图 4-4 所示, 饱和油后注入水明显沿相对优势流动通道窜进, 在注入 SMG 水分散体系后, SMG 与注入水 "分工合作", SMG 对优势流动通道孔喉进行暂堵, 同时水转向进入未波及区驱替其中剩余油。这一实验证明了前述 "同步调驱" 的机理。

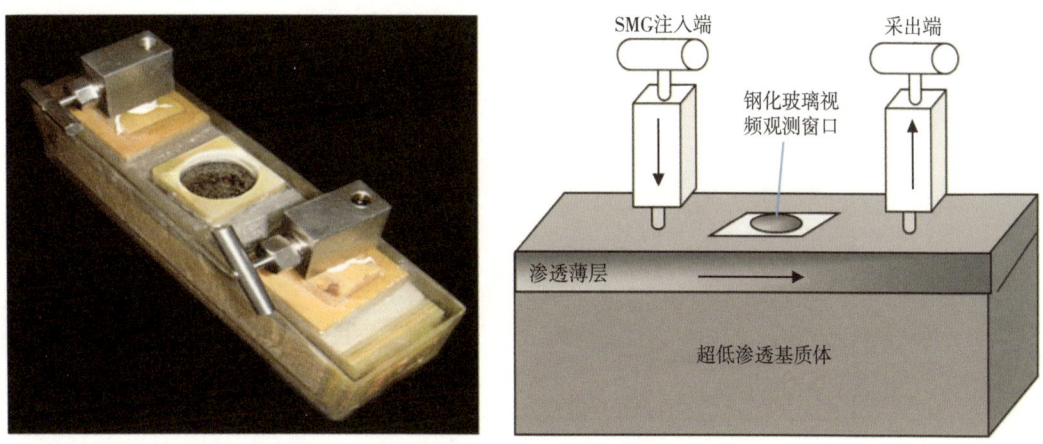

图 4-3 孔隙结构与尺度仿真微观物理模型示意图

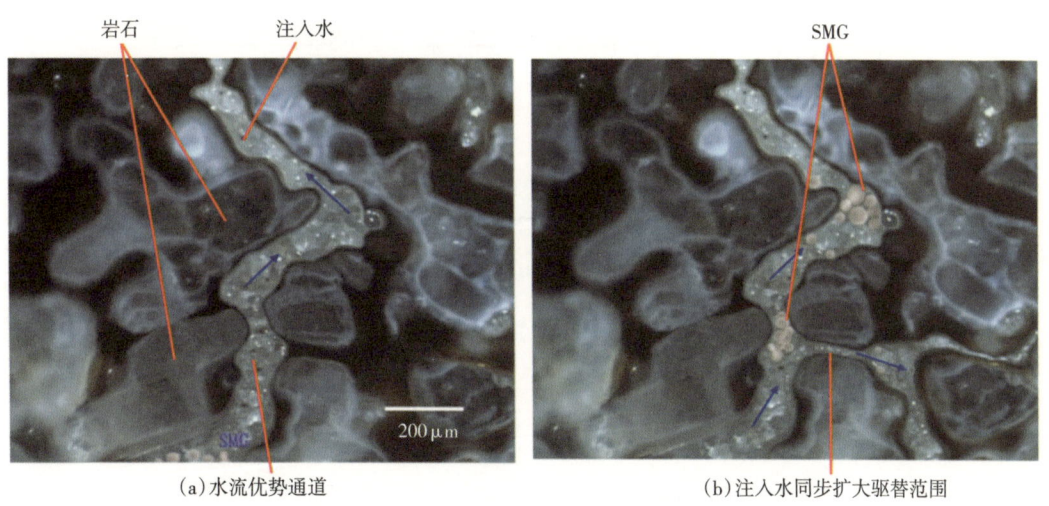

(a)水流优势通道　　　　　　　　　　　(b)注入水同步扩大驱替范围

图 4-4 仿真孔隙介质中分散体系同步调驱机理微观实验照片

五、矿场试验验证

以华北油田 Z70 断块 SMG 深部调驱技术为例, 采油井 Z70-19X 主要受效于注入井 Z70-31X (图 4-5)。该井在水驱时主要是 1 号层吸水, 2 号层和 3 号层吸水量分别只占 10.91% 和 7.7% [图 4-6 (a)], 在分级调驱阶段 [图 4-6 (b)] 和后继水驱阶段 [图 4-6 (c)] 剖面基本没有变化, 主要吸水层仍然为 1 号主力层, 也就是之前的高产水层, 但是该井增油降水效果却一直很好 (图 4-7 对应时间段), 这个现象说明层内实现了同步调驱、微观波及效率有非常大的提高; 2 号和 3 号低渗透薄层的吸水能力没有下降, 也说明 SMG 分散体系不会对储层造成伤害。

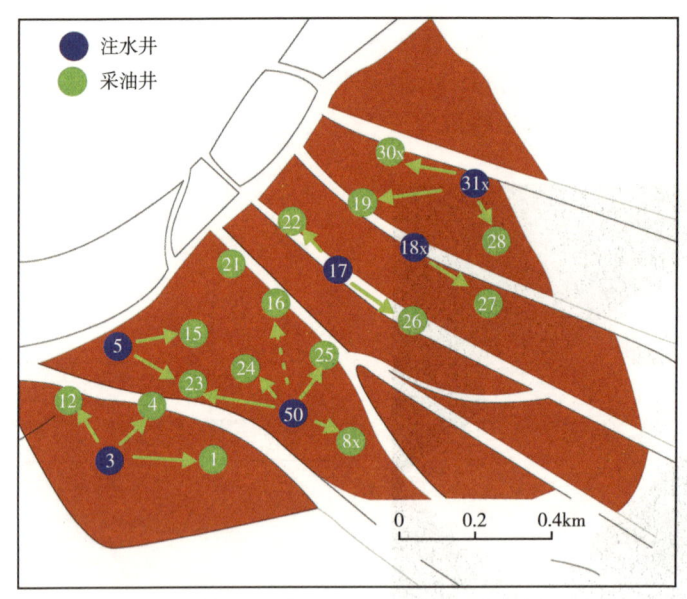

图 4-5　Z70 断块试验区井网图

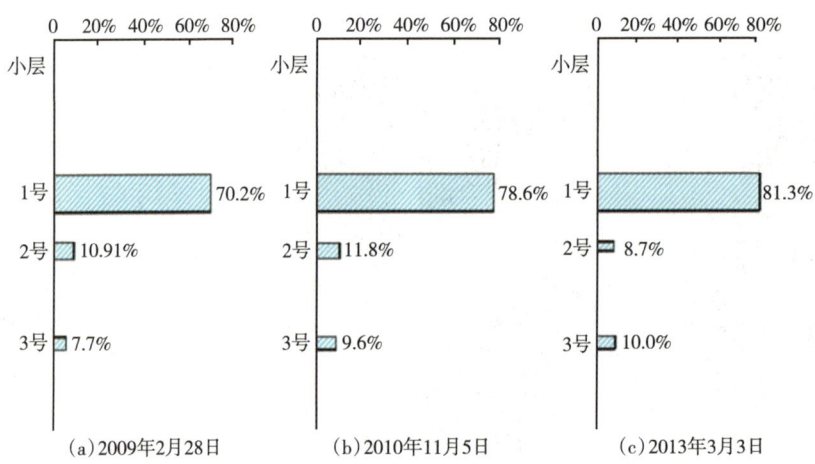

(a) 2009年2月28日　　　　(b) 2010年11月5日　　　　(c) 2013年3月3日

图 4-6　Z70-19 井分级调驱前后吸水剖面对比图

　　总结以上，同步调驱理论[1]模式表述：油藏水驱开发是一个空间连续和时间连续的过程，在不同的空间和时间点，其渗透性能差异是不同的，在空间上和时间上不断地同步调整因不同类别、级别的渗透性差异造成的不同类别、级别优势流动方向，可大幅提高非均质油田的水驱波及效率、进而达到提高采收率的目的。其具体实现在于 SMG 颗粒水分散体系在储层微观流动的过程中，SMG 颗粒与水"分工合作"，即大量的颗粒在不同时间和位置上持续、接替地暂堵抑制相对高渗透部位或大孔隙、孔喉的水流，同时水进入相对低渗透部位或小孔隙、孔喉中，直接驱替其中的剩余油。

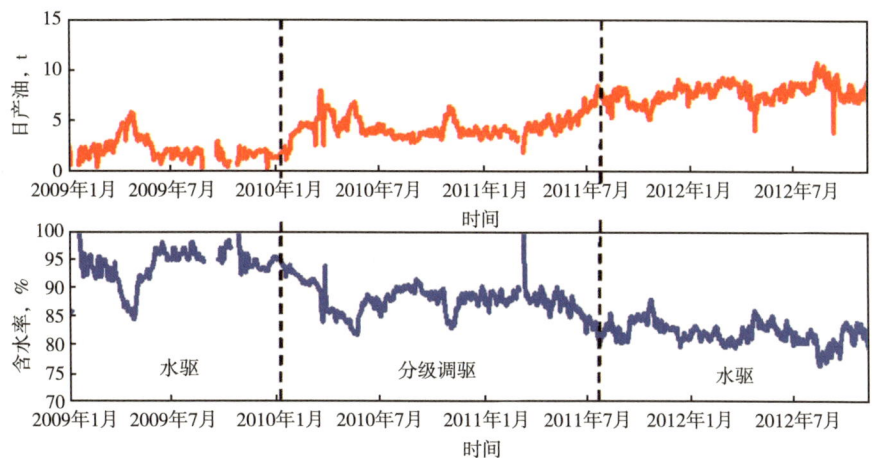

图 4-7　Z70-19 井分级调驱前后生产效果对比图

第四节　分类分级调驱技术

对于非均质油田提高水驱采收率，经典理论的做法是千方百计地扩大波及体积，通常采用精细分层、调剖堵水、压裂酸化、聚合物驱等方法，但随着油田含水率的上升，剩余油高度分散存在于储层深部，这些传统方法的运用效果变差。为此，提出一种新的技术方法——"分类分级调驱提高采收率技术[2]"，即以整个注采流场为研究对象，将由于储层非均质而形成的优势流动通道进行分类和分级，针对不同类型、不同级别大小的优势流动通道研制和应用相应的调驱剂新材料，通过针对性的材料的准确放置封堵管流或接近管流的水流优势大孔道，有效抑制高速渗流的渗流优势孔道；对微观尺度的渗流优势孔隙则通过材料的注入、移动，持续的调整、改变水驱方向，将扩大波及系数落脚到有效波及上来，即实现对注采流场系统整体的波及控制[3]，达到高效波及和驱动剩余油、提高水驱采收率的目的。

一、储层优势通道的描述

水流优势通道的研究是调驱体系优选的基础，是调驱方案设计成功的必要条件。需要在综合各种静态、动态资料基础上，应用静态法、动态法、动静结合方法，综合识别和描述优势水流通道分布。

优势通道包括三种主要类型，即管流型、渗流型、缝面型。管流型优势通道是由于疏松砂岩油藏长期生产过程中出砂严重，在地层中形成的类似于"蚯蚓洞"形的优势通道。渗流型优势通道的形成有两种主要原因，其一是由于储层层内非均质性强，渗透率差异大，导致高渗透段形成优势通道；其二是长期注水冲刷，导致储层孔隙结构发生变化，渗透率明显增大，从而形成优势通道。缝面型优势通道是由于裂缝、微裂缝、层间接触面及不整合面等形成的。三种水流优势通道不是孤立存在的，而是多种类型以一定的形式组合，如吉林扶余油田，其水流优势通道就属于渗流型和缝面型组合而成。

优势通道的识别包括了岩心识别、井点测井识别、井间识别三种。（1）岩心识别方法主要根据岩心松散程度和岩心水洗状况两个方面来进行判断。大港油田西 43-6-6 井是一口典型的可以用岩心松散程度来判断的井，该井位于老的注采井间的水流优势通道线上的密闭取心井，其主要生产层位底部出砂严重，取心松散，无法取出完整的岩心，是典型的出砂导致的管流型水流优势通道的类型。另一方面，可以通过岩心的水洗状况判别，对于特强水洗的层位，一般为渗流型优势通道发育的位置。吉林扶余油田泉四段的特强水洗段的特征是滴水立渗、取心分析含油饱和度低、驱油效率高（大于 35%）、一般渗透率大于110mD。在分析扶余油田 5 口密闭取心资料的基础上，统计出特强水洗段的厚度比例在30% 以上，说明地下储层中渗流型优势通道控制的体积占储层总体积的 30% 以上。（2）测井识别包括成像测井和常规测井裂缝识别、常规测井和剩余油监测测井水淹层强水淹段识别、吸水剖面工程测井识别、产液剖面工程测井识别等方法。（3）井间识别主要采用示踪剂测试的方法。该方法主要依据注采井之间示踪剂见剂的速度来判断油水井之间的连通状况。对于示踪剂的推进速度差异明显的方向，为优势通道的存在部位。新疆克拉玛依六中区T6133 井组 S73-2 层共有三口井见示踪剂，但见剂速度差异很大，最快的方向（T6124）速度达到了 116m/d，而其余两个方向分别为 1.4m/d 和 28m/d，水流优势通道方向明显。

水流优势通道描述需要综合动静态信息，实现对水流优势通道在纵向上不同层位、平面上不同区域的定性描述。静态信息包括沉积微相主流线方向以及单期河道的展布，物性分布，构造下倾方向的描述，裂缝发育方向的描述。动态信息包括示踪剂方向，在分层产量劈分和注水量劈分基础上所做的累计油水井注采对应时间、油水井间累积流量、油水井间平均流速等信息，测井解释的特强水淹层在平面的分布位置等。采用动静结合多信息叠合的方法，可以判断水流优势通道发育的区域。

水流优势通道的量化描述难度很大，目前的研究未达到生产的需求。未来的攻关方向应该包括以下几个方面。（1）分别以区块和井组为单元，描述水流优势通道总体所占的体积占油藏孔隙体积的定量比例，便于制定调驱的区块总体方案和井组实施方案；（2）对不同类型水流优势通道，空间分布形态、规模的量化描述和表征；（3）对优势通道内储层微观孔隙、喉道规模的量化表征。

二、储层优势通道级别的划分

如前所述，高含水老油田开发阶段，注水利用效率越来越差。水驱不均是制约其技术经济效果的主要原因，尤其是水驱不均的矛盾从注入端延伸至储层深部，体现为注入水在不同类型或不同尺度级别优势通道的优势流动。如何对不同类别不同级别的优势通道进行抑制的同时又确保不堵塞油流通道，使剩余油被高效采出，是目前公认的世界难题。

为此在同步调驱技术理论基础上，提出分类分级调驱技术方法，即为便于研究可将优势流动分为两类：一类是管流、类管流，另一类是渗流。在压裂裂缝中的流动一般为管流，在原生小裂缝和微裂缝中的流动有可能为类管流，也有可能为高速渗流。由于长期注水冲刷形成的具有一定空腔的、次生大孔道中的流动也有可能为接近管流或高速渗流状态，如图 4-8 所示；水驱油过程则为通常所说的孔隙渗流，如图 4-9 所示。因此，可将优势流动通道分为两类：将接近管流、类管流的优势通道定义为优势水流通道，将处于渗流状态的优势通道定义为渗流优势孔道（隙）。在必要时渗流优势孔道（隙）还可进一步细分为两级：高速渗流的渗流优势孔道和体现大小孔隙间流动差异的常速渗流的渗流优势孔隙。

如此，分类分级调驱技术方法定义为：根据不同类别、级别优势流动通道对水驱的影响，研究、确定剩余油的分布形式和驱动对策，采用不同的针对性的治理方法；研制、采用一种或组合应用多种调驱剂新材料、优化设计注入方案；通过材料的深部准确放置或深部生成，高效封堵优势水流通道，有效抑制优势渗流孔道，对渗流优势孔隙进行动态的间歇的暂堵干扰，从而实现注入水在不同尺度级别可持续的驱动方向改变，实现在储层深部对全水驱流场系统整体的干预调整，达到高效波及、高效驱动剩余油的目的（图4-8）。

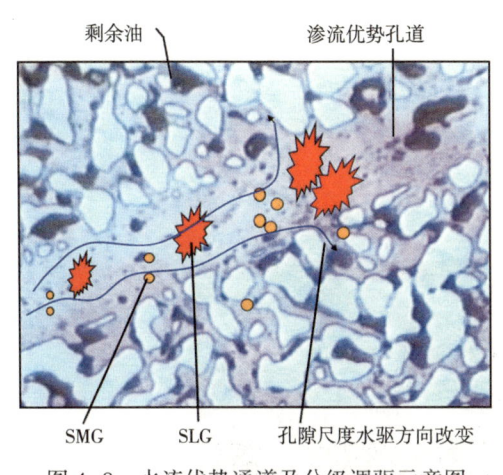

图4-8 水流优势通道及分级调驱示意图

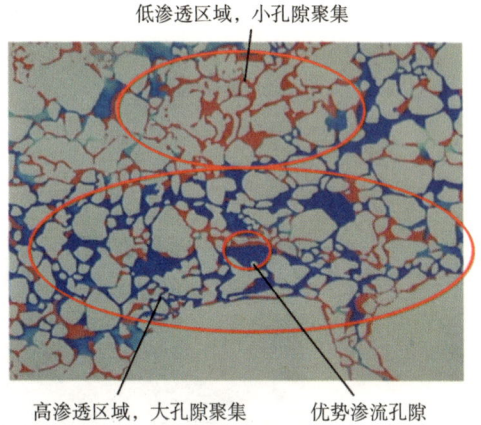

图4-9 XJ6ZD 砾岩油藏优势渗流孔隙示意

第五节 深部调驱剂体系的研制或改进

随着油田进入开发后期、不同级别的水流优势通道形成，剩余油分散于储层深部，不仅对调驱剂的性能有新的要求、需要的注入量也越来越大。对常用的调驱体系进行改进、提高性能、降低成本，研发新型调驱体系、提高调驱效率、适应更苛刻的油藏条件，是深部调驱技术发展的核心内容。

一、吸水体膨颗粒

1. 技术背景

体膨颗粒是一种地面预制的吸水性凝胶或凝胶树脂大颗粒，吸水体积膨胀，膨胀后具有一定的强度和弹性形变性能以及保水功能。吸水体膨性能受体系组分、环境温度及矿化度等因素影响。油田应用的吸水体膨颗粒主要分常规体膨颗粒及缓膨颗粒两大类。

常规体膨颗粒适用于各种水质条件、耐温能力可达120℃，广泛用于封堵大孔道或裂缝，"十五"期间广泛应用于高含水油田深部调剖改善或提高水驱效率。但其也存在一些缺陷和不足，如吸水体膨速度过快、体膨后强度低、易破碎、深部放置困难等。缓膨颗粒是常规体膨颗粒的升级换代产品，因此，缓膨颗粒深部调驱体系介绍的重点。

2. 技术原理与特点

缓膨颗粒是在常规吸水体膨基础上，采用互穿网络物理缓膨技术，创新研发出的高强弹性缓膨颗粒。通过可控聚合工艺，使橡胶与交联聚合物分子链互穿，实现高强弹性缓膨，吸水体膨倍数5~35倍，缓膨时间2~30d，强度为常规体膨颗粒的10~20倍（图4-10、图4-11），具有良好的弹性形变能力以及多孔介质深部吸水缓膨封堵性能（图4-12、图4-13）。

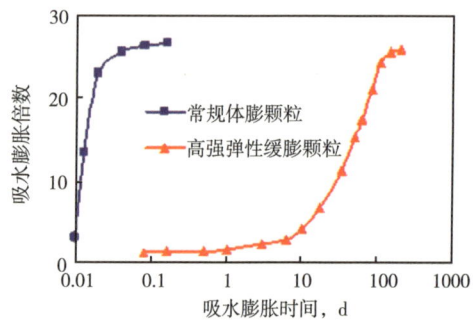

图 4-10　体膨颗粒吸水时间
与体膨倍数关系

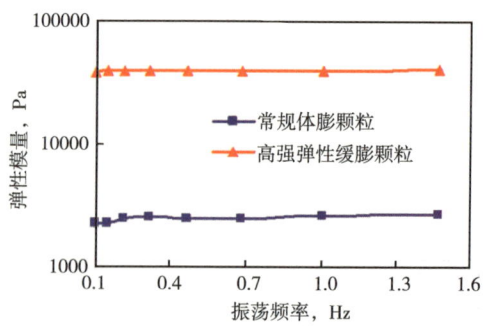

图 4-11　常规体膨颗粒与缓膨颗粒
吸水体膨后强度对比

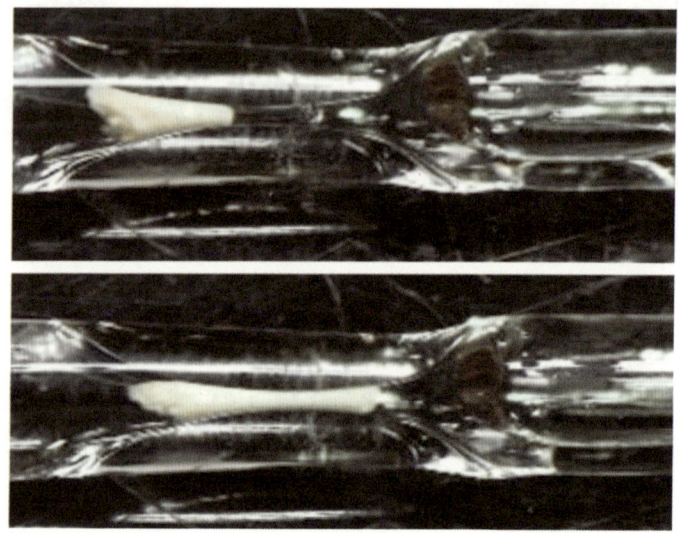

图 4-12　缓膨颗粒后的弹性形变性能

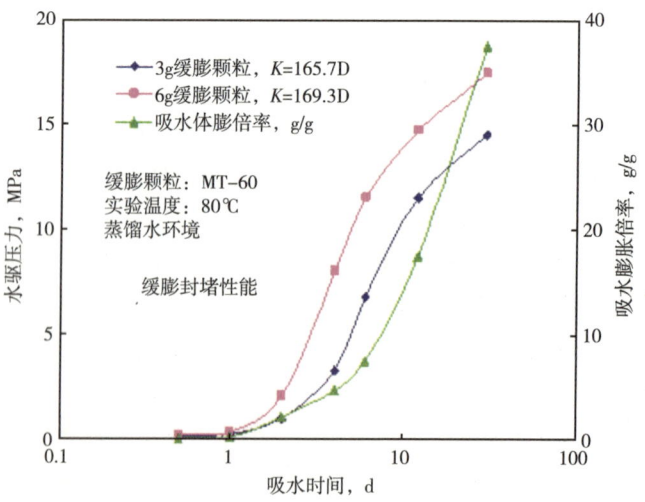

图 4-13　多孔介质中深部吸水缓膨与封堵性能

3. 应用与效果

缓膨颗粒技术已广泛应用于高含水油田分级调驱提高采收率，在大庆厚油藏、大港大孔道油藏、新疆克拉玛依砾岩非均质油藏等不同油藏特点油田规模化应用上百井次，改善水驱效果显著。

4. 下步发展方向

在深部调驱技术应用中，吸水体膨颗粒及缓膨颗粒对大级别的非均质优势通道的封堵发挥了较好的作用。提高其耐温能力以及降低产品成本仍是下步攻关研究的方向。

二、交联聚合物凝胶

交联聚合物凝胶广泛应用于国内外油田改善储层非均质、扩大水驱波及体积的技术领域。该体系是由聚合物、交联剂及其他助剂构成，配制液注入地层后反应生成分子内或分子间网状结构交联体，通过滞留、捕集和堵塞作用机理，对水流优势通道及高渗透层带实现封堵，从而改善油藏深部层内、平面及层间矛盾，提高注水开发效果。

国外以美国新墨西哥石油采收率中心、法国石油研究院为代表的研究机构，主要从事聚丙烯酰胺及其改性物与交联剂的研究，涉及包括 HPAM 与柠檬酸铝，HPAM 与 Cr^{3+} 形成的弱凝胶及胶态分散凝胶（CDG）等体系，但进入 2000 年后技术上鲜有突破。

国内各油田及科研单位自 20 世纪 70 年代汲取国外技术经验的基础上，开展了大量的交联聚合物凝胶调剖与调驱技术的研发和现场应用，在水驱、聚合物驱、复合驱过程中改善储层非均质、实现驱替介质的深部液流转向中发挥着重要的作用，目前整体技术处国际领先水平。已形成包括聚丙烯酰胺、两性离子聚合物、改性天然高分子等多种聚合物；无机、有机和复合等多种交联剂类型的交联聚合物凝胶体系和与之配套的技术与工艺。可根据高含水油田不同油藏特征和开发阶段中存在非均质矛盾，优化选择适宜的凝胶体系种类、配方和工艺，满足调剖、深部调驱方案设计与现场应用的需求。聚合物凝胶中应用规模广、效果好、技术特点显著、富有代表性的体系有以下几类。

1. 两性离子聚合物凝胶

两性离子聚合物凝胶始于 20 世纪 90 年代，经过不断的技术更新，已形成多套适合不同油藏条件、较完备的深部调驱体系。利用主剂中聚合物分子链上的阳离子基团与岩石表面较强的吸附作用，达到提高体系整体的抗冲刷能力、延长调驱有效期的目的。其主要性能指标包括：（1）成胶时间：0.5~72h 可调；（2）适用 pH 值：5~9；（3）凝胶强度：弹性凝胶—硬性固体，适于砂岩、砾岩、低渗透裂缝、复杂断块等水流优势通道发育、强非均质性油藏；（4）使用条件：矿化度小于 20000mg/L、油藏温度小于 90℃。两性离子聚合物凝胶在大庆、吉林、辽河、新疆等油田累计实施 1000 井次以上，取得了良好的增油降水效果。

2. 插层聚合物凝胶

插层聚合物凝胶是近两年研制开发出的一种新型低成本、高性能的深部液流转向与调驱化学体系。插层聚合物是通过原位聚合方法使聚合单体进入被改性后的无机矿物片层间，聚合形成插层型或剥离型结构的一种新型高分子聚合物。插层聚合物独特结构组成使得形成的凝胶具有更好的吸附能力、稳定性和封堵性。合成中加入的无机黏土矿物可替代部分的有机单体，节约了聚合物原料成本，同时凝胶使用中在保证相同封堵能力的条件下，可降低插层聚合物的使用浓度，从而总体降低了插层聚合物凝胶的使用成本，在深部调驱技术的大剂量、大规模应用背景下，体现出良好的技术经济性能。其主要性能指标包括：

（1）成胶时间：2h~10d可控；

（2）凝胶黏度：1000~60000mPa·s；

（3）适用条件：pH值7~10、矿化度小于20000mg/L、油藏温度小于90℃。

三、柔性微凝胶SMG分散调驱体系

柔性微凝胶SMG[4]分散调驱体系是近年来新研制的新型调驱体系，由多种功能成分组成，其聚合和交联过程在生产环节同时完成，因此具有较好的环境耐受能力，其主要性能特点如下：

（1）SMG颗粒平均原始直径为30nm~120μm（分为纳米、微米、亚毫米3个级别，图4-14），水化膨胀后可达到300nm~400μm，可根据实际油藏孔喉尺寸的分布设计颗粒大小组合。

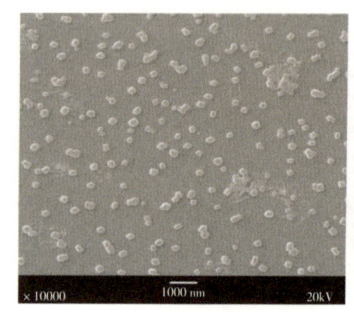 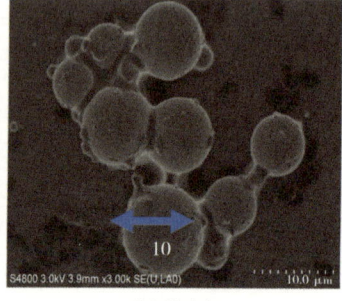 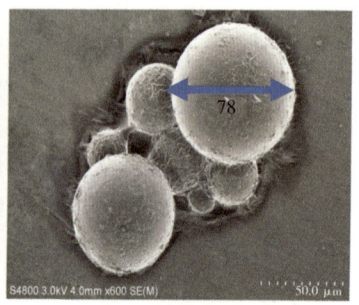

（a）纳米级　　　　　　（b）微米级　　　　　　（c）亚毫米级
初始：30~100nm　　　　初始：1~10μm　　　　初始：1~112μm
溶胀：50~1000nm　　　　溶胀：2~80μm　　　　溶胀：2~500μm

图4-14　SMG微胶团大小和形态特征

（2）使用时为SMG颗粒在注入水中的分散体系，为非连续驱替相，体系本身表观黏度很低，配制成分散溶液后黏度更低（图4-15），易于进入中低渗透层。

（3）分散体系中的SMG颗粒具在注入水中水化膨胀，在油中不发生变化，在实际孔隙结构中增加水的流动阻力，不增加油的流动阻力。

（4）膨胀后的SMG颗粒具有很好的弹性，在储层孔喉中是暂堵—通过—再暂堵的过程，不会永久堵塞、伤害储层，不会大幅降低油井的产液能力。

（5）耐温能力可达120℃；耐盐能力达300000mg/L（图4-16），可直接采用回注污水配制。

（6）不怕剪切，可采用简单工艺在原有注水流程在线注入、管理简单，节省大量建站等投资。

该体系先后在大港板北高温、高含水、高采出程度凝析油藏，华北泽70断块高温普通稠油油藏，辽河静安堡中温、高含水、高凝油油藏应用，取得显著的技术经济效果。其未来发展方向是针对不同的油藏孔隙类型和调驱需要，进一步增加体系的复合性能（如表面活性等）。

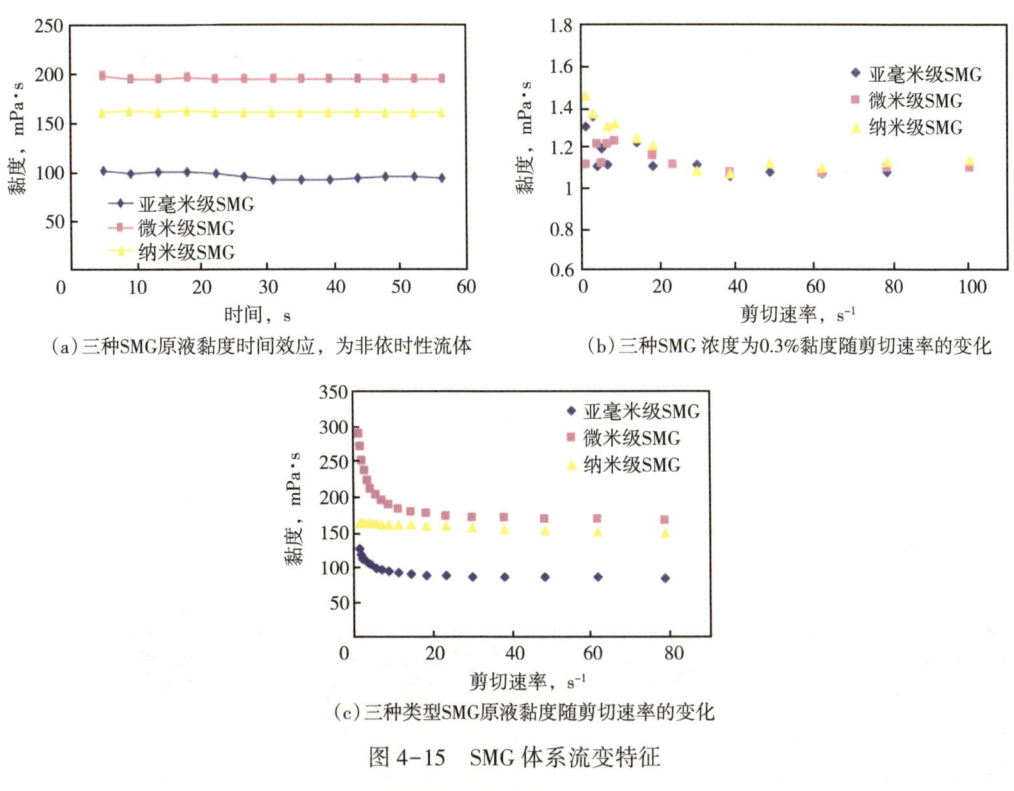

(a)三种SMG原液黏度时间效应，为非依时性流体　　(b)三种SMG浓度为0.3%黏度随剪切速率的变化

(c)三种类型SMG原液黏度随剪切速率的变化

图4-15　SMG体系流变特征

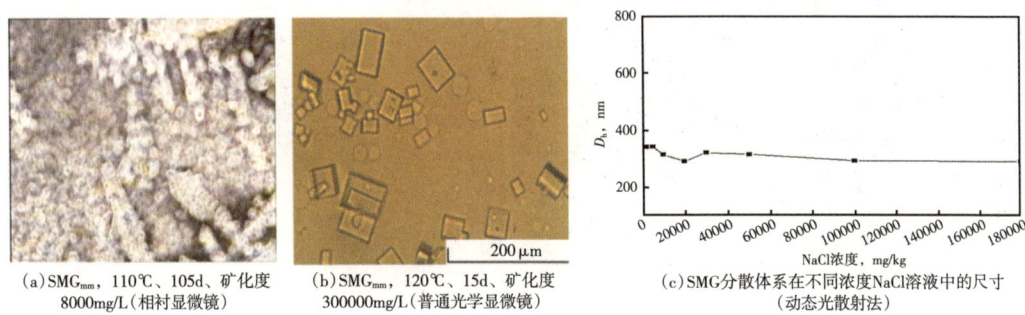

(a)SMG_mm，110℃、105d、矿化度
8000mg/L（相衬显微镜）　　(b)SMG_mm，120℃、15d、矿化度
300000mg/L（普通光学显微镜）　　(c)SMG分散体系在不同浓度NaCl溶液中的尺寸
（动态光散射法）

图4-16　SMG微胶团耐温、耐盐能力实验图像

四、本源无机凝胶

1. 技术背景

我国部分高温高盐油藏是$CaCl_2$水型油田，地层水及产出水中普遍存在高矿化度及高成垢离子，水中的高盐物源对大多数高分子交联聚合物类液流转向化学剂性能存在负面影响，加之耐温耐盐有机凝胶转向剂的高成本因素，致使高温高盐油藏的深部调驱液流转向技术进展缓慢。针对该技术难题研发的本源无机凝胶涂层深部液流转向剂体系（OMGL），可充分利用储层中高矿化度地层水的成垢离子资源，就地反应生成密度与水相近的复合无机凝胶（图4-17），无机凝胶以整体或微粒形式分散悬浮于水中（图4-18），通过吸附涂层方式作用于储层孔喉骨架，使流动通道逐渐缩小形成流动阻力、堵而不死（图4-19），

使驱替水流转向扩大波及体积。

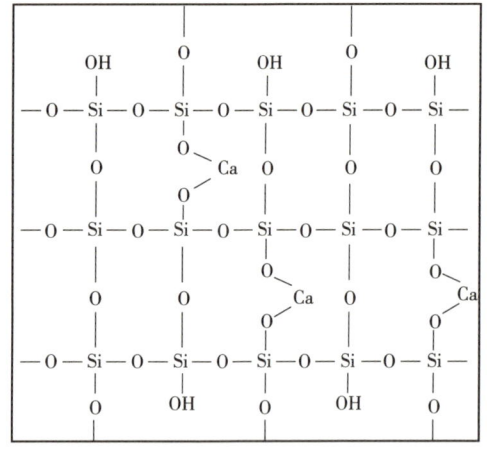

图 4-17　本源无机凝胶形成原理示意图

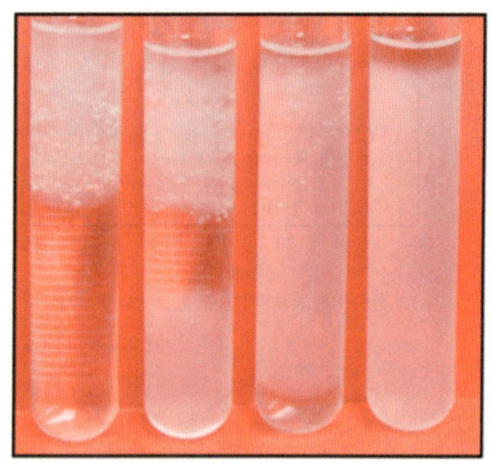

图 4-18　OMGL 与地层水交联形成的本源无机凝胶

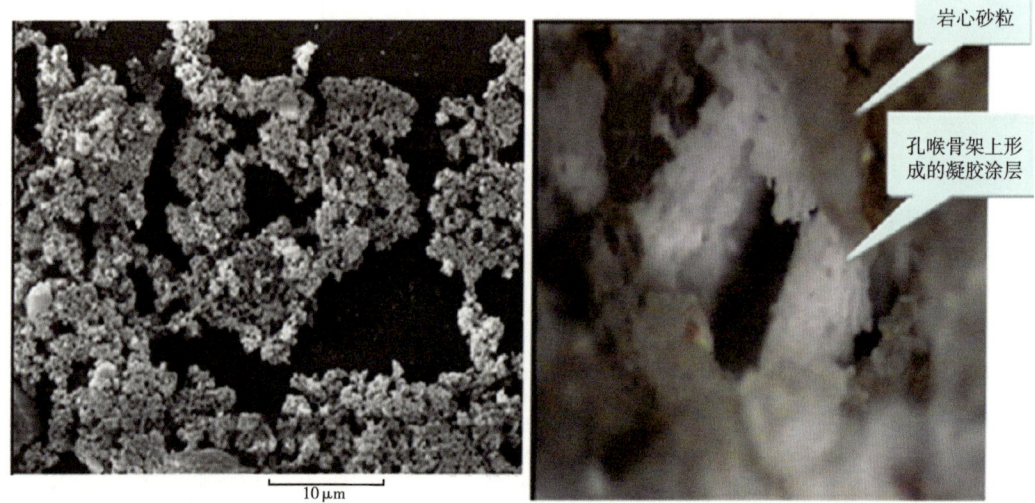

图 4-19　岩石表面及多孔介质孔吼岩石骨架形成的无机凝胶涂层

2. 技术原理与特点

利用高盐油藏地层水中丰富的 Ca^{2+}、Mg^{2+} 等本源成垢离子物源，研发的低成本无机凝胶涂层深部调驱液流转向新技术，突破传统"通道堵塞"模式，创新提出通道岩石"骨架涂层缩径"的调驱转向新理论（图 4-20）。利用地层水中成垢离子物源作为交联剂，可最大化降低转向剂成本。

该转向剂速溶、耐温、抗盐、无毒环保、封堵强度可调控、有效期长、施工工艺安全简单。多段塞注入可实现不同程度及深度的调驱转向目的（图 4-21）。适宜温度 30~200℃、矿化度（1~30）×10^4mg/L、高成垢离子（Ca^{2+}、Mg^{2+} 大于 250mg/L）物源的非均质油藏深部调驱作业。

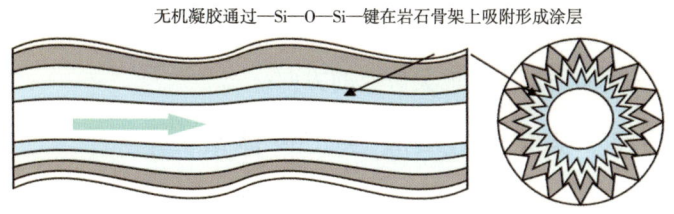

无机凝胶通过—Si—O—Si—键在岩石骨架上吸附形成涂层

图4-20　无机凝胶涂层缩径封堵原理

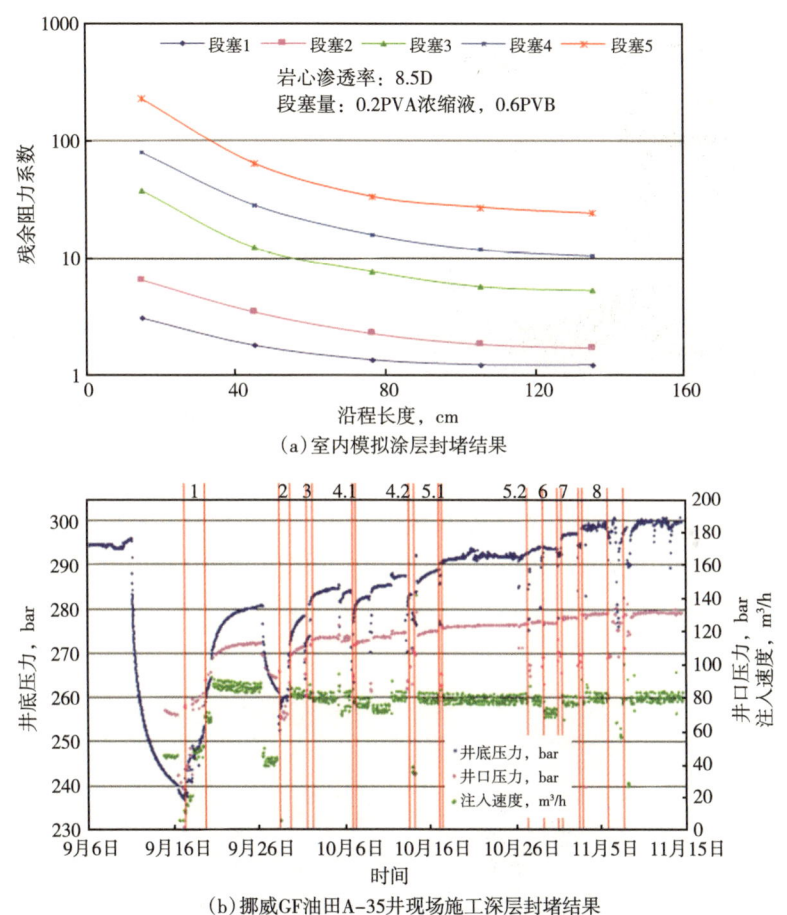

（a）室内模拟涂层封堵结果

（b）挪威GF油田A-35井现场施工深层封堵结果

图4-21　无机凝胶多段塞注入涂层封堵模拟实验及现场施工效果

3. 应用及效果

自 2006 年 3 月起，该技术先后在塔里木、大港、柴达木、挪威北海 GF 等不同特点的油田开展了 20 多井次的井组或区块深部调驱现场试验。先导试验井组效果统计显示，施工成功率 100%，调驱后井组注水压力平均升高 1~3 MPa，井组转向增油有效率达 100%，对应油井在调驱作业后 3~6 个月内见效率达 80% 以上，有效期大于 12 个月，为高温高盐非均质油藏改善水驱开发效果提供了有效的技术手段。

4. 下步发展方向

本源无机凝胶涂层深部调驱转向技术中，转向剂在地下非均质优势通道的涂层封堵作用受环境因素影响较大，如地层水中成垢离子浓度、流体渗流速度、岩石润湿性、堵塞参数优化等。如何进一步提高本源无机凝胶的凝胶化程度及涂层封堵效果，提高转向剂产品利用率、降低转向剂成本仍是下步攻关研究的方向。

五、"本源钙镁"强化分散凝胶 SMGw 体系

从抗盐到利用盐，在分散微凝胶 SMG 颗粒合成过程中引入部分组分，合成 SMGw（图 4-22），用激光粒度仪测试 SMGw 水溶液中颗粒的分布情况可以看出，颗粒分布广，主要集中在百微米量级（图 4-23）。

图 4-22　SMGw 实验室照片

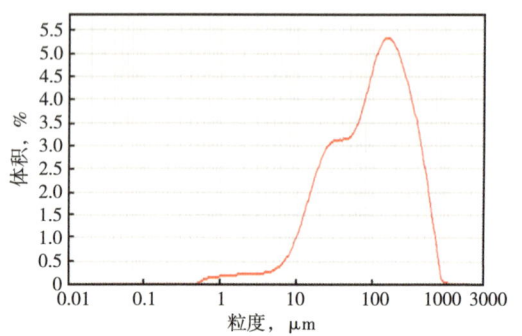

图 4-23　SMGw 水溶液粒度分布曲线

"本源钙镁"强化分散凝胶 SMGw 体系保留 SMG 原有性能基础上，释放的组分与储层钙镁离子反应，这些组分与 SMG 颗粒聚集吸附包裹，在渗水通（孔）道形成既有 SMG 颗粒又有絮状无机凝胶的混合分散体系，大大提高体系的封堵强度和持续封堵能力、提高耐温耐盐能力（图 4-24）。在储层中含水越多的地方，钙镁离子越多，形成的 SMGw 凝胶越多，封堵越强。

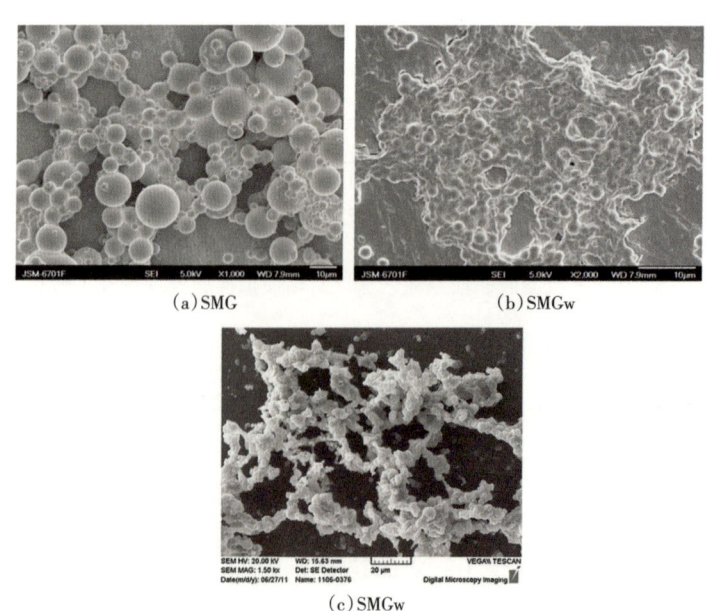

(a) SMG

(b) SMGw

(c) SMGw

图 4-24　显微镜照片

第六节 深度调驱物理模拟、数值模拟技术及方案优化设计技术

一、物理模拟技术

物理模拟技术是深部调驱体系评价、段塞设计以及后继方案设计的基础。调驱剂深度运移能力测试技术和并联岩心分流能力测试技术是评价深部调驱性能的关键物理模拟技术。

1. 深度运移岩心测试实验

测试调驱剂在岩心中深部运移性能的关键是物理模型的设计和制作。近年来在模型制作上有所突破，但与深部调驱技术研究的应用要求还有较大的距离。设计并制作长度为900cm的长岩心烧制模型，岩心的增长可更好地考察调驱剂在储层中更长距离更长时间的调驱性能和变化规律。

首先制作"长×宽×高为60cm×60cm×4.5cm"均质岩心，如图4-25所示，水测渗透率为1126mD，然后对岩心进行割缝（图4-25中白色线条）并采用环氧树脂浇铸密封处理，最终得到一个由15块"长×宽×高为60cm×4cm×4.5cm"岩心相连的长条状岩心。岩心总长度为900cm，孔隙体积大约为3645cm^3。除注入端外，沿岩心长度方向均匀布置5个测压点。采用油田污水配置浓度为3000mg/L的微米级SMG（SMG$_{\mu m}$）的分散液，连续注入0.4PV，实时监测各测压点的压力变化。各测压点的压力随注入PV数的变化如图4-26所示，可以看出，在SMG分散液注入阶段，SMG深入岩心运移依次到达测压点1（注入口）、测压点2和测压点3，其压力也依次升高，在后续水驱阶段，SMG段塞被推动继续向前依次到达测压点4和测压点5，该两个测压点的压力也依次升高，各测压点压力都是先升高后小幅降低最后稳定在一个较高的水平，反映了SMG颗粒在岩心中发生膨胀、运移、部分滞留的运动规律。分散液的黏度检测结果和各测压点的残余阻力系数计算结果见表4-1：黏度仅有1.5mPa·s的SMG分散液在深部注入过程中对沿程渗流场进行了调整，在本次试验条件下900cm长岩心"测压点5—出口"段的残余阻力系数仍然达到5.0，表明SMG在储层既有良好的深部运移能力也有较好的改善水驱不均能力[5]。

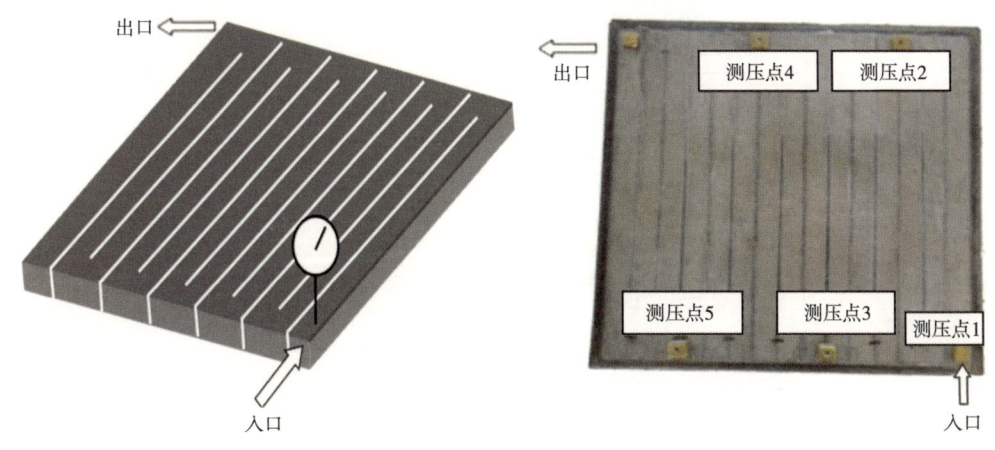

图4-25 900cm长岩心示意图及照片（900cm×4cm×4.5cm)

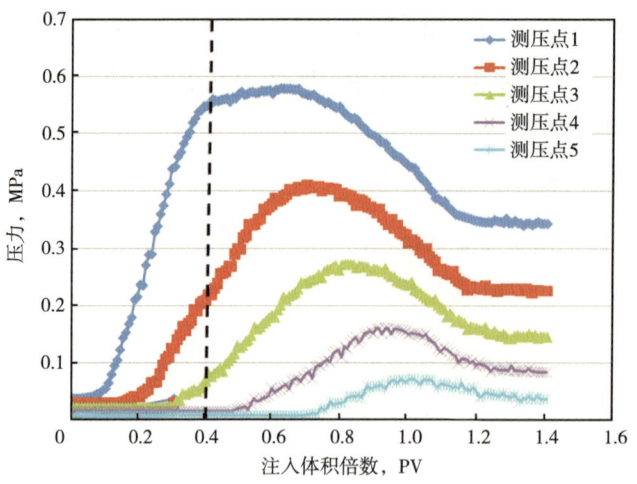

图4-26 900cm 长岩心实验中 $SMG_{\mu m}$ 体系注入压力和注入体积的关系图

表4-1 实验室测量残余阻力系数值

SMG 类型	黏度	残余阻力系数（F_{RR}）				
	mPa·s	1~2	2~3	3~4	4~5	5~最后
$SMG_{\mu m}$	1.3	15.8	10.9	8.2	6.4	5.0

2. 并联三管岩心分流能力测试实验

建立并联三管物理模拟装置及流程，如图4-27 所示。根据 Z70 油藏渗透率的大小和分布，确定 3 条人工柱状岩心模型渗透率分别为 2D、0.5D、0.1D，模拟油藏的非均质性。先水驱，待压力平稳后测水相渗透率，然后注 0.3% 浓度的 SMG 溶液，注入 0.2PV，再转注 0.05PV 的水后关井 5d（或转注已经吸水溶胀 3~6d 的 0.3% 浓度 SMG 溶液），再进行水驱，记录压力、采液量，待压力平稳后，测水相渗透率，实验结束。

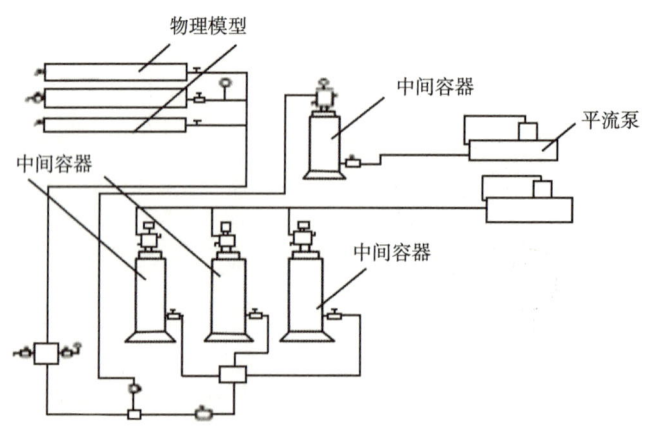

图4-27 并联三管岩心物理模拟实验流程示意图

1）亚毫米级 SMG（SMGmm）模拟实验结果

SMGmm 分流能力测试结果如图 4-28 所示。可以看出，由于渗透率级差大，水驱时高渗透岩心吸入和采出的流量占了 100%，中低渗透岩心未波及到；转注 0.3% 浓度的 SMG$_{mm}$ 分散液 0.2PV 时 SMG$_{mm}$ 在高渗透岩心流量占了 84.75%，中渗透岩心得到启动，流量占了 15.25%，但低渗透岩心仍然没有流量；转后继水驱后，随着 SMG$_{mm}$ 在高渗透岩心逐渐建立流动阻力，高渗透岩心的流量逐渐减少，中渗透岩心流量增大；随着注水倍数的增加，SMG$_{mm}$ 在高渗透岩心和中渗透岩心持续的建立流动阻力，低渗透岩心开始启动，分流量逐渐增大。从表 4-2 中可以看出注 SMG 分散液前后流量的重新分布情况，高渗透岩心由水驱时流量占 100%，转 SMG$_{mm}$ 时占 84.75%，到后继水驱时 20.90%，流量降低了 79.10%；中渗透层由水驱时流量分布为 0，转 SMG$_{mm}$ 时占 15.25%，到后继水驱时 56.72%，流量分布增加了 41.47%；低渗透层流量分布由 0 到 22.39%。

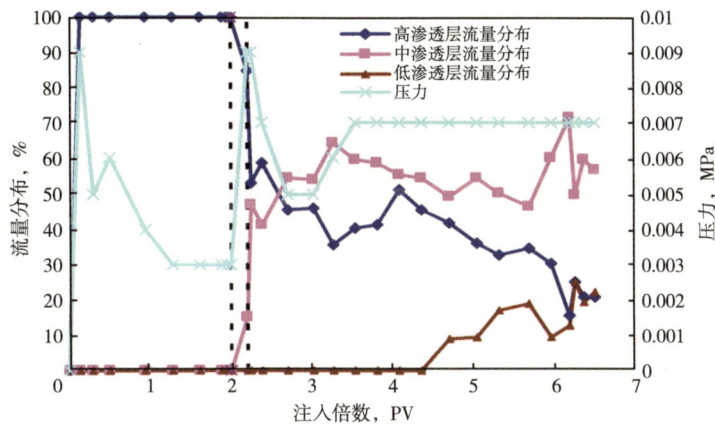

图 4-28　SMG$_{mm}$ 三管模拟实验流量分布、压力与注入体积倍数的关系

表 4-2　SMG$_{mm}$ 模拟实验参数和结果

参　数		岩样		
		高渗透层	中渗透层	低渗透层
岩样长度，cm		14.53	14.29	13.78
岩样直径，cm		2.51	2.52	2.53
空气渗透率，D		2.35	0.621	0.128
孔隙体积，cm³		22.25	20.18	16.74
孔隙度，%		31.09	28.34	24.18
水驱	压力，MPa	0.003		
	渗透率，D	0.0207		
	流量分布，%	100	0	0
转注 SMG	段塞，PV	0.20		
	压力，MPa	0.009		
	流量分布，%	84.75	15.25	0.00

参　数		岩样		
		高渗透层	中渗透层	低渗透层
最终水驱	压力，MPa	0.008		
	渗透率，D	0.0812		
	流量分布，%	20.90	56.72	22.39

2）微米级 SMG（$SMG_{\mu m}$）模拟实验结果

$SMG_{\mu m}$ 分流能力测试结果如图 4-29 所示。水驱时产液几乎 100% 从高渗透岩心采出，中渗透岩心和低渗透岩心基本没有流量分布。转注 $SMG_{\mu m}$ 后高渗透岩心流量明显减少，中渗透岩心流量增大，低渗透岩心无采出液，但直至最终，低渗透岩心仍未启动。表 4-3 给出了 $SMG_{\mu m}$ 注入前后分流量的变化情况：高渗透岩心由调驱前流量分布占比 98.39% 到后继水驱时 72.41%，分流量降低了 25.98%；中渗透岩心水驱时流量占比 1.61%，注 $SMG_{\mu m}$ 时 5.36%，到后继水驱时 27.59%，分流量增加了 25.98%；由于微米级 SMG 粒径小，对剖面的调整能力较弱，在本实验中未能启动低渗透岩心。

表 4-3　$SMG_{\mu m}$ 模拟实验参数和结果

参　数		岩样		
		高渗透层	中渗透层	低渗透层
岩样长度，cm		14.31	14.26	13.76
岩样直径，cm		2.49	2.52	2.48
空气渗透率，D		2.39	0.585	0.122
孔隙体积，cm^3		21.79	19.03	12.00
孔隙度，%		31.27	26.82	18.06
水驱	压力，MPa	0.003		
	渗透率，D	0.209		
	流量分布，%	98.39	1.61	0.00
转注 SMG	段塞，PV	0.20		
	压力，MPa	0.008		
	流量分布，%	94.64	5.36	0.00
最终水驱	压力，MPa	0.018		
	渗透率，D	0.033		
	流量分布，%	72.41	27.59	0.00

3）纳米级 SMG（SMG_{nm}）模拟实验结果

SMG_{nm} 分流能力测试结果如图 4-30 所示。在 SMG_{nm} 注入前后，注入水几乎 100% 进入高渗透岩心，中渗透岩心、低渗透岩心未得到启动。虽然注入压力在过程中有变化，但不足以改变高渗透岩心、中渗透岩心、低渗透岩心之间的分流量。SMG_{nm} 相对于本模型颗粒过小，分流调整能力弱，说明在现场使用中对具有优势通道的油藏不能单独使用，需要组合粒径大一些的 SMG 使用。

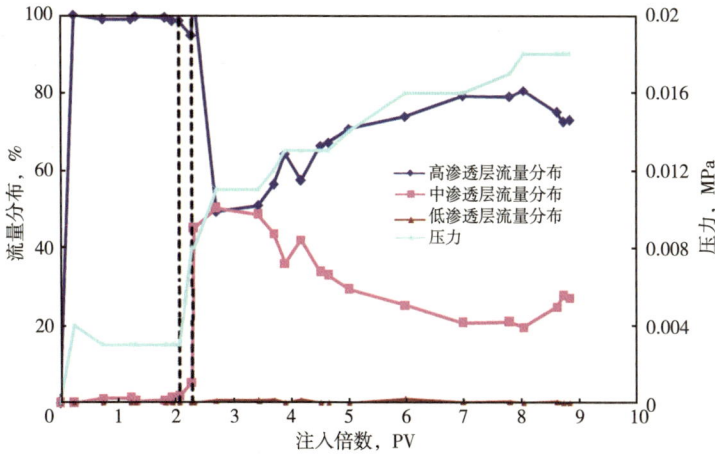

图 4-29　SMG$_{\mu m}$三管模拟实验流量分布、压力与注入体积倍数的关系

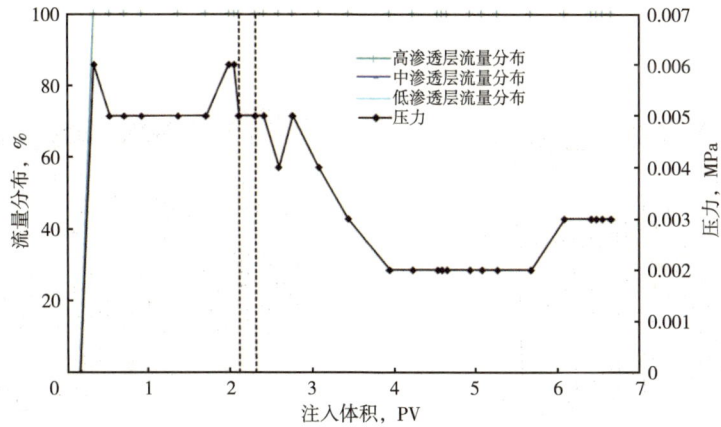

图 4-30　SMG$_{nm}$三管模拟实验流量分布、压力与注入体积倍数的关系

二、数值模拟技术

受制于物理模拟技术的发展，近年来深部调驱的数值模拟技术进展缓慢。对于交联聚合物凝胶调驱来说，目前通常采用聚合物驱的数模手段，将凝胶作为一种"超级聚合物溶液"来处理，即远远高于聚合物溶液的黏度、阻力系数和残余阻力系数；而对于分散体系（如 SMG）目前尚难建立描述其过程的数学模型。

对于分散体系调驱数值模拟，中国石油勘探开发研究院技术团队在分析分散体系调驱过程为地层中岩石和流体带来的影响和作用的基础上，研究其核心科学问题和主要矛盾，将其体现在对数模模型中关键反应和油、气、水渗流性质的改变上，以解决分散体系调驱数值模拟问题。经研究发现，分散体系调驱剂受到地下储层条件如温度、盐度、渗透率、流体性质等的影响和作用主要是调驱剂吸水膨胀的反应速度和反应生成物大小尺度。分散体系调驱剂给岩石带来的作用主要是使岩石的油、气、水渗流能力的改变，即改变油、气、水各相的相对渗透率以及吸附滞留带来的绝对渗透率的改变。因此，在数值模拟模型设计中可以在组分定义中考虑调驱剂地下反应物和生成物的区别，在化学反应中考虑反应速率与目标区块岩石和流体的匹配，在调驱剂对相对渗透率的影响因子设置中考虑关键因素的影响。这些都需要物理模拟实验考察，通过岩心物理模拟实验的历史拟合来修正相关系数，完善深部调驱数模模型。

因此分散体系调驱数值模拟一般要分3步：第一步是对岩心物理模拟实验进行历史拟合来修正数模模型中调驱剂化学反应系数和对相渗的影响因子；第二步是对油藏尺度的开采历程进行历史拟合进一步修正相关因子；第三步是进行深部调驱指标预测与计算。

下面用3层非均质岩心不同阶段的剩余油分布结果来体现利用缓膨颗粒和SMG两种颗粒类调驱剂对多级非均质岩心进行分级调驱的效果。3层岩心的渗透率值从下至上依次为高、中、低。充分水驱后，注入水沿高渗透层低效、无效循环，中低渗透层原油大量残留，如图4-31（a）所示；注缓膨颗粒进行一级调驱，抑制高渗透层后，中渗透层剩余油有效动用，低渗透层剩余油仍基本未动用，如图4-31（b）所示；注SMG抑制次级优势通道中渗透层后，低渗透层得到有效动用，如图4-31（c）所示。可见，分级调驱使高渗透层、中渗透层、低渗透层原油都有效动用。采出程度和含水率分级调驱效果曲线如图4-32所示，各分层采出程度分级调驱效果如图4-33所示。

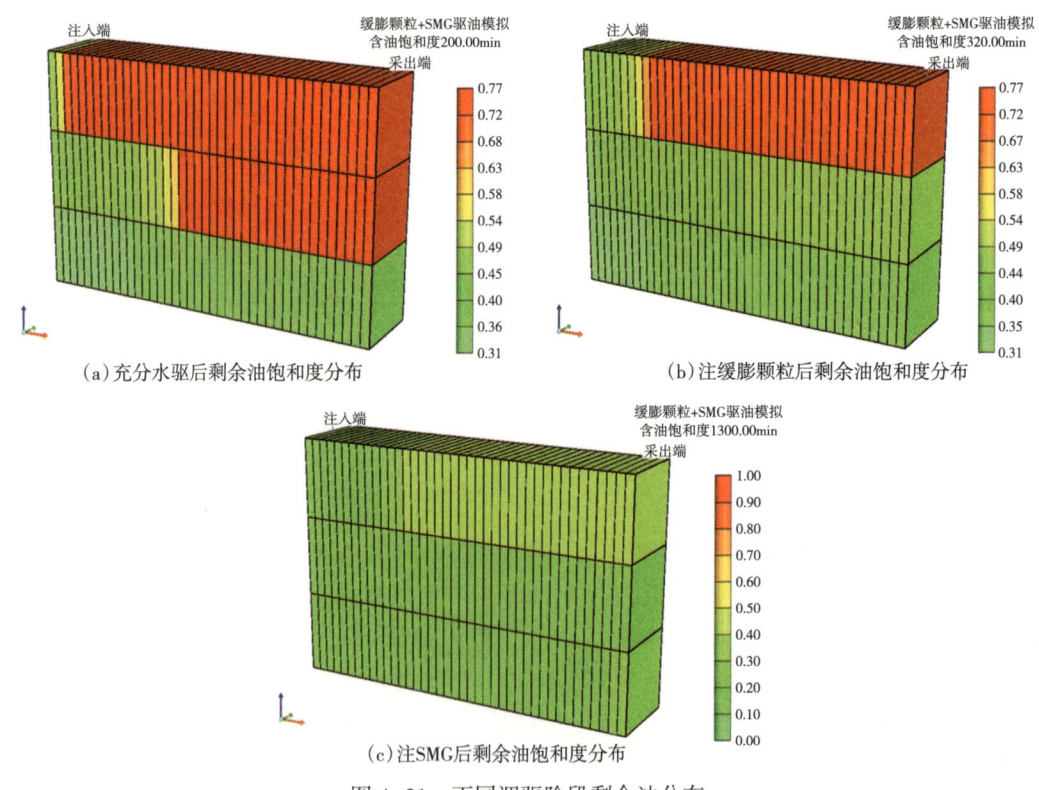

（a）充分水驱后剩余油饱和度分布　　　　　　（b）注缓膨颗粒后剩余油饱和度分布

（c）注SMG后剩余油饱和度分布

图4-31　不同调驱阶段剩余油分布

深部调驱数值模拟的发展应考虑如下几方面：

（1）加强物理模拟技术研究，观察各种调驱体系在岩心中的性能变化和调驱规律并建立其数学描述方程是发展深部调驱数值模拟技术的关键。但深部调驱体系的研发不断推

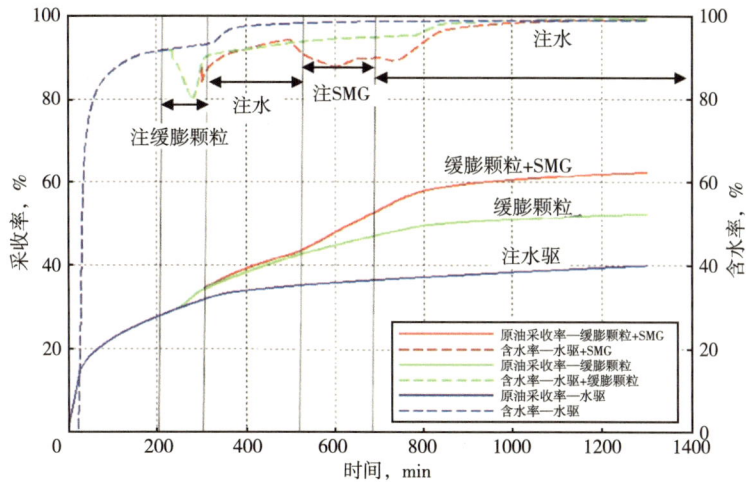

图 4-32　采出程度和含水率分级调驱效果

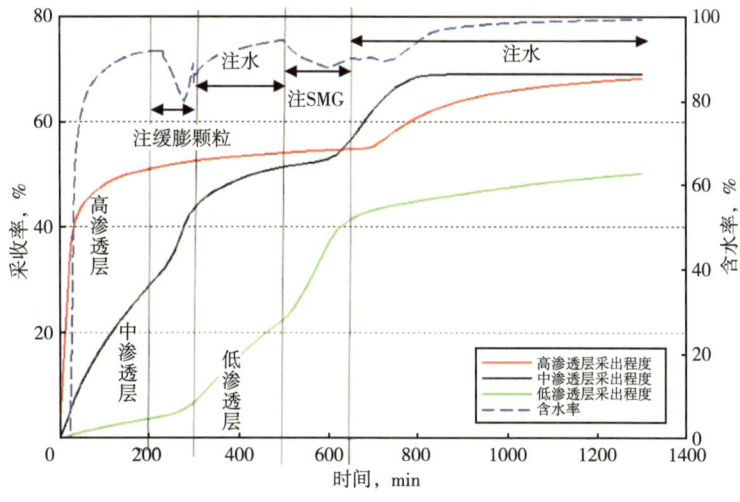

图 4-33　各分层采出程度分级调驱效果

进，新型调驱剂不断出现，不同调驱剂在储层中的运移特征和调驱规律往往不同，开发一套普适于当前甚至未来调驱剂的数值模拟软件不现实。

（2）当前的商业化数值模拟软件在油气水渗流和计算稳定性上具有优势，不应随意抛弃，未来应该利用商业化数值模拟软件的成熟模块，并开发出灵活接口，这样，在新型调驱剂出现后，通过室内和矿场实验研究其调驱机理，特别是其对储层中油、气、水、岩石的影响机理和其自身反应、变化，形成数值描述后，嵌套进数值模拟软件。经岩心实验拟合修正某些关键系数，最终形成该新型调驱剂调驱数值模拟模型与软件。

（3）优势渗透通道识别与量化描述结果如何准确地体现在深部调驱数值模拟地质模型中是当前技术瓶颈，未来可在优势通道形成和扩大的影响机理研究的基础上，研究优势通道形成和变化的数值描述，并将其与深部调驱数值模拟模型结合。

三、方案优化设计

方案的优化设计对于深部调驱的成败非常关键，由于物理模拟调驱机理研究尚需深入，同时缺乏数值模拟技术手段，科学规范的方案优化设计目前还难以实现。但是方案优化设计意识已经逐渐形成，工作的基本程序和方法也初步成型，未来随着物理模拟和数值模拟技术的发展，可不断地完善和提高深部调驱的方案设计。

2012年，在大连召开的辽河油田深部调驱技术研讨会上，中国石油勘探开发研究院专家提出"注得进，走得远，堵得住，驱得出"的12字深部调驱指导方向。通过国家级和省部级多项课题的攻关，中国石油勘探开发研究院研究出深部调驱方案优化设计方法。深部调驱方案优化设计包括选井选层、段塞配方设计、段塞用量设计、施工参数设计、方案比选等。

选井选层：在选井过程中，要综合考虑井况、窜流通道发育程度、注水井对应的有效厚度等。在选层过程中要综合考虑有效厚度、渗透率、孔喉半径、渗透率变异系数、砂体连通系数、砂体钻遇率、夹层钻遇率、面积、储量、剩余油储量、剩余油可采储量、平均水淹厚度、采出程度、层内吸水比例、多向受效比例、水驱控制程度、井网完善程度、窜流通道发育程度等诸多因素。而这些因素有的是定性的，有的是定量的；有的是越大越需调，有的是越小越需调。因此对选井的结果自然也就不同。运用模糊综合评判方法，将影响深部液流转向效果的因素定量化、归一化，并加以不同的权重，建立数学模型求解优选施工井、层。井层优选指标与流程如图4-34所示。

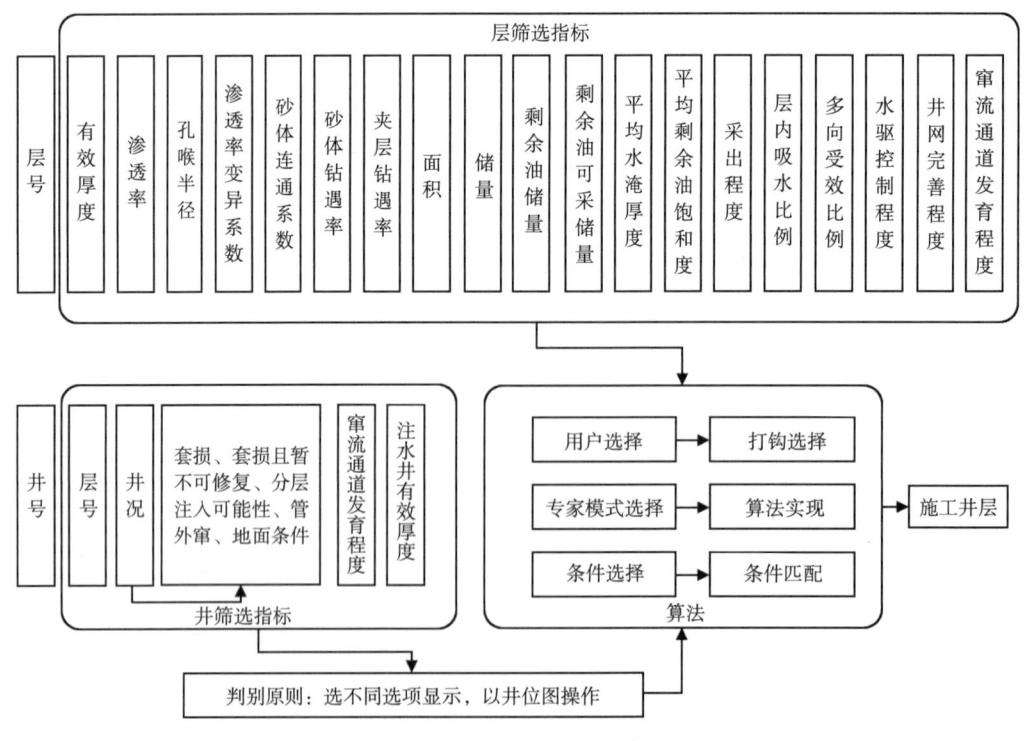

图4-34 井层优选指标与流程

段塞配方设计：参考层的温度、矿化度、钙镁离子含量、pH 值、渗透率、孔喉半径和窜流通道的类型，结合堵剂库进行匹配，参照物理模型实验结果设计段塞组合。在实际问题中，根据对优势通道级别和大小的认识和描述，往往需要复合几种调驱剂调驱，将连续性黏性体系和分散体系分段塞组合使用。

段塞用量设计：一种是根据各井点层的有效厚度、渗透率、孔喉半径、优势通道大小和规模进行设计，是经验性的设计；一种是基于数值模拟方案预测的设计，与方案比选结合进行。

施工参数设计：主要包括注入速度和注入压力等，根据目标储层吸水能力和承压能力等，并结合施工经验进行设计。

方案比选：基于上述参数设置多个方案后，依据增油量、阶段采出程度增幅、提高采收率、单位药剂成本增油量、内部收益率、净现值 6 个指标。对以上 6 个指标的设置权重。对各指标进行归一化处理，运用模糊综合评判方法计算各个方案的综合因子进行排序优选最优方案。方案比选指标与流程如图 4-35 所示。

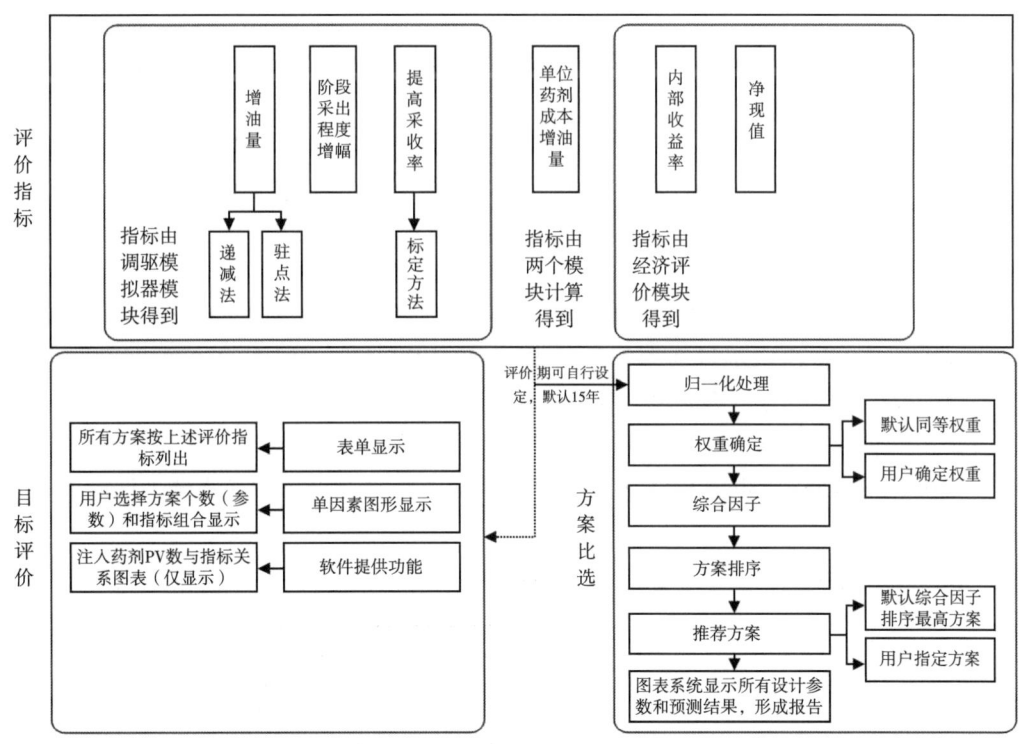

图 4-35　方案比选指标与流程

以大庆油田某试验区聚合物驱后复合调驱数值模拟与方案优化设计为例阐述方案优化设计方法过程。

1. 段塞设计

段塞设计总体思路如下：（1）调、堵、驱有机结合，充分发挥协同效应；（2）设置高强度前置封堵段塞，封堵储层主要窜流通道；（3）主体段塞采用分散体系，复合使用表面活性剂或表面活性剂+碱，调驱同步；（4）防止后续注水对主体段塞的破坏，设置高强度后置保护段塞。

试验区复合调驱段塞设计见表4-4。

表4-4　复合调驱段塞设计

段塞设置	主要作用	作用对象
封堵段塞	封堵储层主要窜流通道	主要窜流通道
主体段塞	调驱同步，提高采收率	次级通道和非优势流动通道区
保护段塞	保护主体段塞	近井地带

2. 用量及浓度设计

试验区井网为9注16采，总孔隙体积为$147.78×10^4m^3$。根据以往复合调驱施工经验初步设计总用量PV数，同时为了评价不同段塞用量对技术经济效果的影响，本试验施工总用量设计为0.4PV、0.5PV、0.6PV 3种，对应注入液量分别为$59.1×10^4m^3$、$73.9×10^4m^3$、$88.7×10^4m^3$。

根据优势流动通道识别结果，优势流动通道占0.076倍孔隙体积，因此封堵段塞用量设计为0.076PV，即$11.27×10^4m^3$。

根据调驱现场实践经验，保护段塞设计为0.0028PV，即$4200m^3$。主体段塞用量的设计要考虑上3种总用量，即0.4PV、0.5PV、0.6PV情况，计算得到3种主体段塞用量分别为0.321PV（总量0.4PV时）、0.421PV（总量0.5PV时）、0.521PV（总量0.6PV时）。

3. 方案模拟与优化

考虑3种主体段塞组成，即SMG、SMG+表面活性剂S、SMG+表面活性剂S+碱A，每种段塞组成考虑3种段塞用量0.4PV、0.5PV、0.6PV，组成9组方案，分别进行指标预测，预测指标包括产油量、含水率、年增油量、提高采收率等。

（1）不同复合调驱体系情况下产油量与含水率预测：以0.5PV为段塞大小，分别模拟计算SMG、SMG+S、SMG+AS 3种调驱体系情况下的日产油量和含水率，如图4-36和图4-37所示。

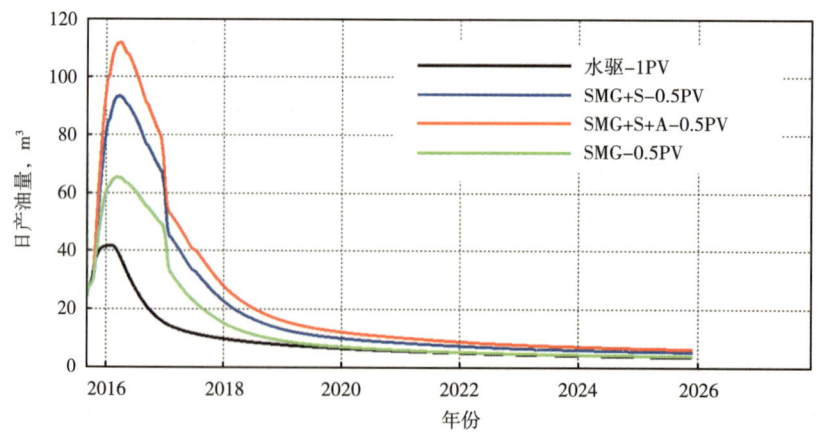

图4-36　3种调驱体系注入0.5PV情况下日产油曲线

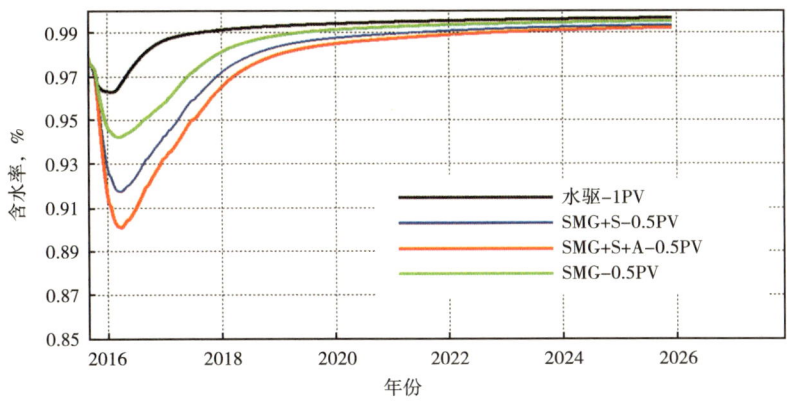

图 4-37　三种调驱体系注入 0.5PV 情况下含水率曲线

（2）SMG+AS 体系不同段塞大小情况下产油量与含水率预测：以 SMG+AS 为主体段塞组成，分别模拟计算 0.4PV、0.5PV、0.6PV 3 种段塞用量情况下的日产油量和含水率，如图 4-38 和图 4-39 所示。

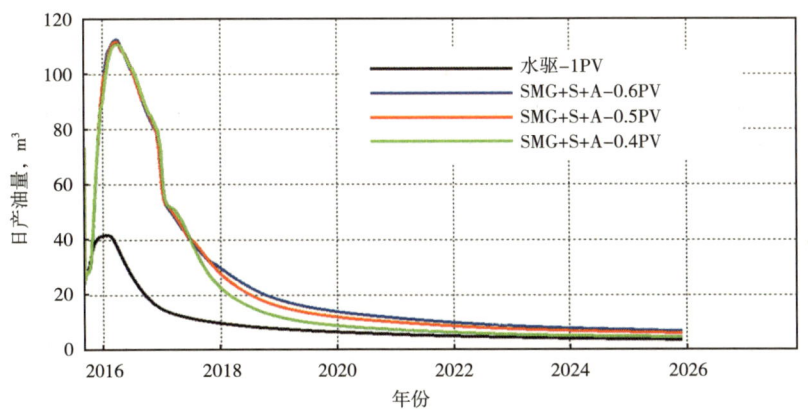

图 4-38　SMG+AS 体系不同段塞大小情况下日产油曲线

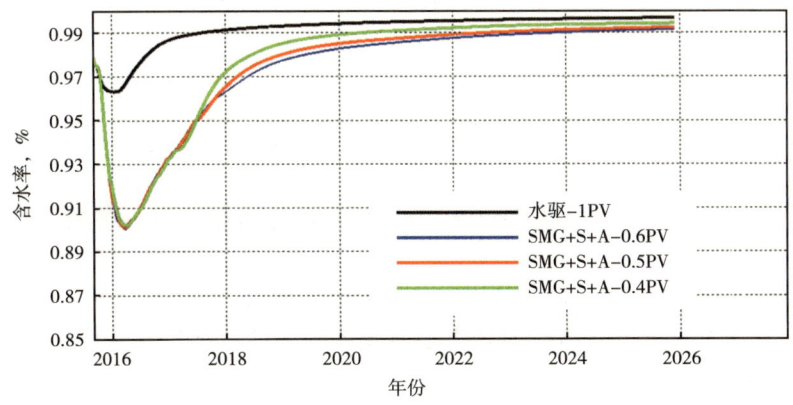

图 4-39　SMG+AS 体系不同段塞大小情况下含水率曲线

（3）复合调驱年增油量与提高采收率预测：以 0.5PV 为段塞大小，分别模拟计算 SMG、SMG+S、SMG+AS 3 种调驱体系情况下的年增油量和提高采收率，结果如图 4-40 所示。可见，段塞大小 0.5PV 情况下，SMG 体系调驱提高采收率 3.33%，SMG+S 体系调驱提高采收率 4.91%，SMG+AS 体系调驱提高采收率 6.54%。

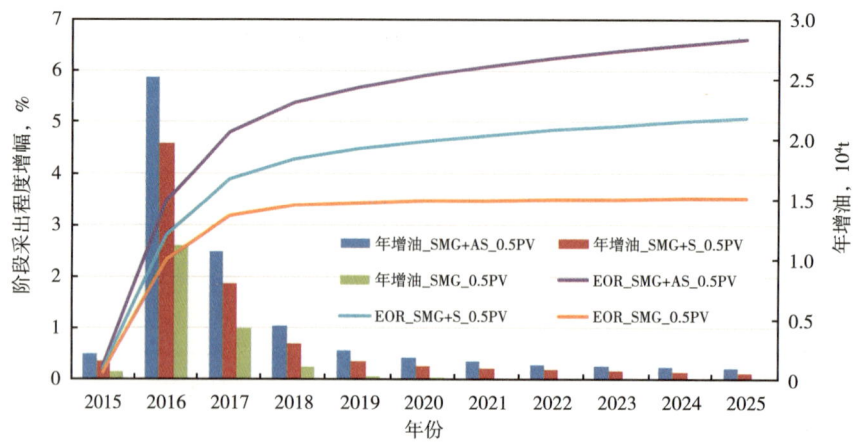

图 4-40　3 种调驱体系注入 0.5PV 情况下年增油和提高采收率预测结果

以 SMG+AS 为主体段塞组成，分别模拟计算 0.4PV、0.5PV、0.6PV 3 种段塞用量情况下的年增油量和提高采收率，结果如图 4-41 所示。可见，主体段塞为 SMG+AS 情况下，段塞用量为 0.4PV 可提高采收率 5.67%，段塞用量为 0.5PV 可提高采收率 6.54%，段塞用量为 0.6PV 可提高采收率 7.15%。

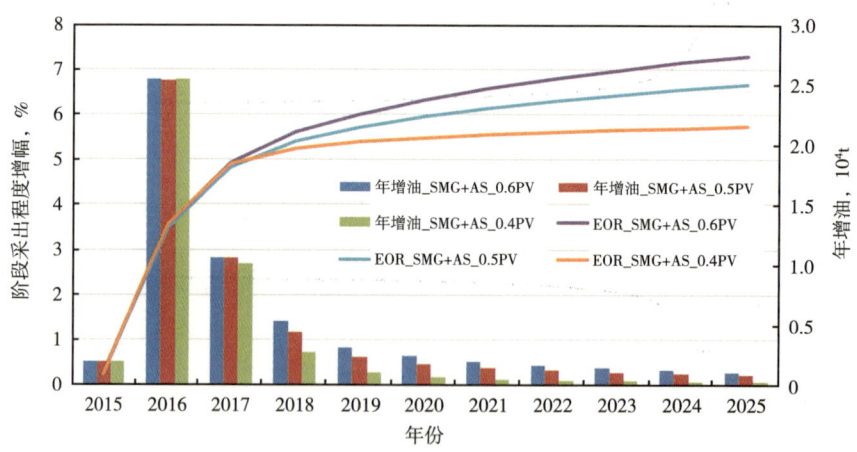

图 4-41　SMG+AS 体系不同段塞大小情况下年增油和提高采收率预测结果

（4）预测结果汇总：本方案采用 SMG、SMG+S、SMG+AS 3 种体系，对每种体系分别计算 0.4PV、0.5PV 和 0.6PV 3 个段塞大小情况下的增油量和提高采收率，共 9 组方案，结果汇总见表 4-5。

综合考虑油价、成本、增油量等因素进行财务盈利能力分析，得出最优方案为使用 SMG+AS 体系，段塞大小为 0.5PV 的方案。

表4-5　不同调驱方案主要开发指标预测结果汇总表

主体段塞组成	0.4PV		0.5PV		0.6PV	
	增油量 10^4t	提高采收率 %	增油量 10^4t	提高采收率 %	增油量 10^4t	提高采收率 %
SMG	2.30	2.83	2.70	3.33	3.07	3.79
SMG+S	3.37	4.16	3.98	4.91	4.41	5.43
SMG+AS	4.60	5.67	5.30	6.54	5.79	7.15

第七节　注入工艺流程技术进展

深部调驱的注入工艺流程较容易被忽视。目前，采用交联聚合物凝胶的深部调驱一般沿用传统的单井井口调剖流程或以该流程为基础的井组流程，泵的剪切损失、施工质量等较难监控；对于SMG分散体系发展了较为成熟、简单的在线加药流程。由于深部调驱一般需要多段塞、甚至多调驱体系组合，因此发展一套撬装、多功能（可注入颗粒、粉剂、乳液、膏体等）调驱在线注入工艺流程成为当前急需解决的问题。

调驱剂注入、控制工艺流程示意图如图4-42所示，注入设备如图4-43所示。深部调驱剂经泵注入注水管线与注入水经混合器在线混合后注入地层。

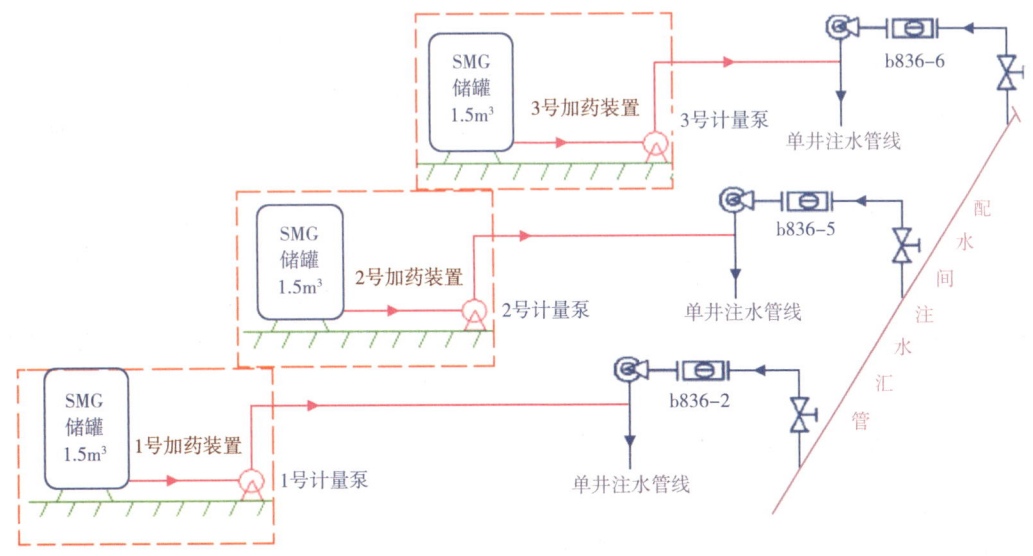

图4-42　调驱剂注入、控制工艺流程示意图

图4-43　深部调驱注入设备

第八节　矿场应用进展

自2007年至今，分类分级调驱技术方法已经在华北、新疆、辽河、青海、渤海、大港等油田不同温度（28~126℃）、不同原油黏度（4~165mPa·S）、不同地层水矿化度（2000~200000mg/L）、不同含水率（80%~98%）和不同采出程度（15%~48%）的多个油藏进行了矿场试验或应用，均取得明显效果，该项技术也得以不断完善。

本文通过以柔性微凝胶SMG为主的分类分级调驱技术方法在8个油藏矿场应用的技术经济效果分析，对此进行了研究。统计计算了这8个实例的增产油量的桶油成本和投入产出比。采用中国3个NOC惯用的投资大小对比指标——百万吨产能建设投资，以一个实例的数学模型为基础，按照百万吨产能计算的一般标准，测算了该实例采用分类分级调驱技术增加的产能折算为百万吨产能建设所需的投资数额，并进一步将该模型改造为一个虚拟的、但更具普遍代表意义的代表油藏，模拟预测其增油效果，并折算出其采用分类分级调驱技术方法百万吨产能建设的投资大小。建立一个经济评价模型，利用已有的新老区产能建设投资资料，对这8个方案的结果进行了比计算分析。

一、8个油田实例的技术经济效果分析

1. 油田实例基本介绍

分类分级调驱技术方法已经在8个条件各异的油藏开展了不同注入规模（0.004~0.3PV）的矿场试验或应用，都取得了良好的技术经济效果[5]。油藏的地质和开发基本情况见表4-6，采用的分类分级调驱技术参数和经济参数见表4-7。

分类分级调驱技术于2007年首次在DGBB油田进行矿场试验，它是一个高温、高采出程度、高含水率、濒临废弃的油田，进行的一个很小规模的矿场试验，实施后很快见到明显的增油降水效果，初步验证了SMG的性能和同步调驱的机理。

表 4-6 8 个油藏的地质和开发基本情况

油藏参数	案例 1	案例 2	案例 3	案例 4	案例 5	案例 6	案例 7	案例 8
	DGBB	Z70	LHSC	DGXJ	QHGS	XJ6	HBDY	QHD32
岩性	砂岩	砂岩	砂岩	砂岩	砂岩	砾岩	砂岩	砂岩
渗透率，mD	225	341	396	49	51	649	176	3000
孔隙度，%	17	22.3	20.9	17.6	14.3	18.8	20	35
温度，℃	105	93.4	70	113	126	24	90	65
矿化度，mg/L	8139	8159	4000	36235	180000	4212	8590	4500
原油黏度，mPa·s	1.36	156	5.84	3.64	1.76	80	6.3	120
采出程度，%	64.4	15	28	43	43.3	25.5	37.13	9.55
含水率，%	97.5	86	95	97	85	81.4	84.6	81.8
井网类型	不规则	不规则	五点	不规则	排状	五点	不规则	反九点
井距，m	200~350	250	150	180~200	300~350	125	200~300	500~600
总水/油井数	3/4	9/18	10/21	19/25	7/17	33/49	12/29	8/38

Z70[6] 在之前的开发历史中由于较强的非均质性和较大的油水黏度比曾注入聚合物弱凝胶段塞提高了采收率，收到一定的效果，但聚合物的注入对储层伤害较严重，导致其后继注水压力居高不下。该区块于 2010 年 1 月开始注入 SMG 后，产油上升和含水率下降非常显著，该试验从矿场监测资料角度验证了分散相颗粒型聚合物 SMG 的同步调驱机理。该区块自 2011 年按原方案设计段塞注完后，一直到目前仍然根据需要在部分井部分时段间歇注入 SMG，将区块的生产维持在较好的状态。

LHSC[7] 是一个纵向多层、层间矛盾严重、层内水驱不均的高凝油油藏，是 8 个案例中设计注入 PV 数最大的油藏，0.3PV 的注入量基本达到提高采收率方法常规的注入量，大庆传统聚合物驱一般注入 0.3~0.7PV。注入方案设计为前置聚合物弱凝胶段塞携带体膨大颗粒 PPG 段塞+SMG 主段塞，注入后压力升高较大，为满足注入要求在地面流程中增加了增压泵，后期发现前置段塞对储层造成了堵塞，SMG 主段塞很难注入储层深部发挥作用，因此降低了 SMG 的注入粒径，但太小粒径的 SMG 即使注入深部，作用也打了折扣，在前期取得明显效果的情况下，由于 SMG 的效果受到抑制并转差，在注入完成 0.27PV 后暂停了化学剂的注入，恢复注水。在注入能力有所恢复后，于 2015 年 8 月恢复注入剩下的 0.03PVSMG，这阶段的注入根据每口井的情况有区别的不断调整参数断续注入，增油效果较好。

DGXJ 区块[8] 井网对应不完善、高采出程度（43%）、特高含水率（97%），是温度达113℃、纵向多层、非均质严重且窜流通道较发育的复杂油藏。注入方案设计为前置聚合物凝胶段塞+SMG 主段塞，由于封堵抑制窜流通道的聚合物凝胶耐温能力有限，主段塞SMG 的效果未能充分发挥，技术经济效果总体可以接受，但却是 8 个案例中最差的，如果封堵抑制窜流通道的化学剂有所突破，则该类油藏应用分类分级调驱技术方法的效果会有提升。

QHGS 储层条件比 DGXJ 还要恶劣，实施效果略好于 DGXJ，主要问题与 DGXJ 类似，前置封堵段塞的性能未达到要求。

表4-7 8个案例采用分类分级调驱技术参数和经济参数

参数		案例1 DGBB	案例2 HBZ70	案例3 LHSH	案例4 DGXJ	案例5 QHGS	案例6 XJ6ZD	案例7 HBDY	案例8 QHD32
注入时间区间		2007年10月—2008年2月	2010年1月—2011年8月	2010年12月—2014年1月/2015年8月	2011年8月—2015年8月	2012年6月—2013年12月	2013年3月—2015年1月	2014年7月—2016年2月	2012年6月—2015年9月
注入PV		0.01	0.1	0.3	0.08	0.1	0.12	0.06	0.004
最大日增油, %		107	87.7	126.4	51.99	56	84.3	40	66.7
最大降水率, %		5.8	6.3	5.2	1.39	9	32.7	1.5	29.1
累计增油量, t		5756	90587	43525	75930	15000	86500	30000	94774
累计降水量, bbl①		—	511	5000.5	445.6	438	1967.5	33.4	1198
EOR, %		—	5.02	4.9	3.59	2.1	4.58	2.6	—
水驱桶油成本, 美元/bbl		54	21.1	52.1	41.1	24.9	21.8	21.1	25.3
总投入, 千美元		303	2868.2	6886.5	15940.9	3000.1	10985	3245.5	2310.6
EOR桶油成本, 美元/bbl		7.16	4.31	21.53	28.56	27.21	17.28	14.72	3.32
总产出, 千美元	30美元/bbl	1269.2	19974.4	9597.3	16742.6	3307.5	19073.3	6615	20897.7
	40美元/bbl	1692.3	26632.6	12796.4	22323.4	4410	25431	8820	27863.6
	50美元/bbl	2115.3	33290.7	15995.4	27904.3	5512.5	31788.8	11025	34829.4
投入产出比	30美元/bbl	1:3.95	1:6.62	1:1.35	1:1.00	1:1.06	1:1.67	1:1.96	1:8.56
	40美元/bbl	1:5.26	1:8.75	1:1.75	1:1.32	1:1.38	1:2.18	1:2.56	1:11.36
	50美元/bbl	1:6.66	1:11.07	1:2.21	1:1.67	1:1.75	1:2.76	1:3.24	1:14.37

注：① 1bbl=158.9873dm³。

　　XJ6[9]是砾岩普通稠油油藏，是增油降水幅度最大的案例，技术经济效果都很明显，这个案例说明了分类分级调驱技术主要是治理储层非均质导致的水驱不均，储层岩性对分类分级调驱技术的实施效果影响不大。

　　HBDY[10]是一个采出程度较高的复杂断块油藏，该案例在技术和经济上都取得了成功，教训是方案设计不合理，实施过程中调整不及时，前置聚合物凝胶段塞由于质量问题未达到性能要求，后继注入的 SMG 颗粒粒径小，在储层里产生效果不明显，当调整注入与储层匹配的粒径的 SMG 时，只剩下约总设计总量的 30%，这 30% 的 SMG 实现了显著的效果。

　　QHD32[11]是海上油藏，是所有案例中单井注入量最小的，也是单个井先后注入的，没有注入井间的协同作用，严格说达不到 EOR 的应用标准，但获取了非常显著的效果，展现了这一技术在海上油田应用的前景。

　　2. 油田实例技术经济效果分析

　　这 8 个油藏（试验区域）一方面储层条件复杂，另一方面注入孔隙体积 PV 数偏小，且大部分属于试验注入阶段，不是在一个优化的注入方案下（如 LHSC 因注入堵塞），因此使效果受到一定程度的影响，总体的提高采收率值（2.1%~5.02%）不大，个别案例由于注入量太少，如 QHD32 增油降水的幅度很大，但难以进行提高采收率值的计算。

　　根据每个案例的累计增油和总投入可算出每吨 EOR 产油的总成本，可分别按油价 30 美元、40 美元、50 美元计算出总收入，每个案例的不同油价下的总收入除以总投入可得出该案例的投入产出比的值。其中总投入包括注入工艺设备费用、化学药剂费用、含人工管理的注入费用等；累计增油量统计时，已过增油有效期的按实际计算，还在有效期的采用截至目前的累计增油量。

　　评价结果见表 4-7。8 个 EOR 项目折算出来的桶油成本在 3.32~28.56 美元，分别与油藏水驱桶油成本对比，只有案例 5 QHGS 的 EOR 成本 27.21 美元，略高于其基础水驱桶油成本 24.9 美元，其他都不同程度低于基础水驱成本；如前述案例 5 的前置段塞问题若得到解决，其桶油成本也将低于基础水驱成本。

　　对 8 个案例在 30 美元油价下的投入产出比进行计算（表 4-7），最低案例 4 是 1.00，最高案例 8 达到 8.56，所有案例都不小于 1，说明了低油价下分类分级调驱这种提高采收率技术的生命力。8 个案例在 40 美元、50 美元油价下的产出投入比都相应有较大提升。

二、华北 Z70 断块油田

　　1. 试验区基本情况

　　Z70 断块油田是一个受 SHN 大断层所控制的断鼻构造，油藏被 5 条断层切割成 6 个次一级小断块（图 4-44）。油层中部埋深 2400m，含油面积 0.86km²，地质储量 175×10⁴t，原油黏度 165mPa·s，储层为河流相沉积，具有较强的非均质性，平面渗透率级差 31.6，纵向渗透率极差 34.8，渗透率分布范围在 11~2290mD 之间，平均渗透率 341mD，平均孔隙度 24.9%，油层连通率 72.8%，取心井岩心分析，储层孔喉宽度分布在 0.5~47.5μm 之间，其中 76% 的孔喉宽度分布在 5~15μm 之间。1998 年 11 月开始衰竭开发，2001 年 12 月开始注水开发。油田共有采油井 16 口，注水井 6 口，截至 2010 年 1 月底综合含水率 76%，采出程度 16%。

该油田水驱开发存在以下问题：一是地下原油黏度为 165mPa·s，油水黏度比 550，二是储层非均质性强，层间、平面矛盾突出，统计 6 个注水井组，连通 16 口采油井，注水快速突进的井占 35.7%，缓慢推进的井 50.1%，水驱效果不明显的井 14.2%。据注水井吸水剖面资料统计，不吸水/弱吸水层数比例 44.2%，次吸水层占 38.5%，主吸水层占 17.3%。以上原因导致注入水指进、舌进、含水上升快，水驱效率低。

2. 前期交联聚合物凝胶注入试验

因为油藏温度高达 93℃，超出传统聚合物的承受范围，2002 年在该区域开始注入交联聚合物凝胶，该交联体系可以在油藏温度下保持一定时间的稳定，且可以在同等的聚合物浓度下获取更高的注入黏度。注入聚合物浓度 800～1300mg/L，成胶后的黏度 2000～3000mPa·s，累计注入 PV 数 0.13。如图 4-44 所示，在注入交联聚合物凝胶后，注入压力上升速度快、幅度高，平均注入压力由 11.5MPa 提高到 20.2MPa，抬升压力 8.7MPa。如图 4-45 所示，连通采油井有明显反应，初期产量由明显提升，后期不明显，对含水率的控制作用明显，但有效期较短，含水率在波动中持续上升，交联聚合物驱阶段含水率上升率仍然达到 3.8%。

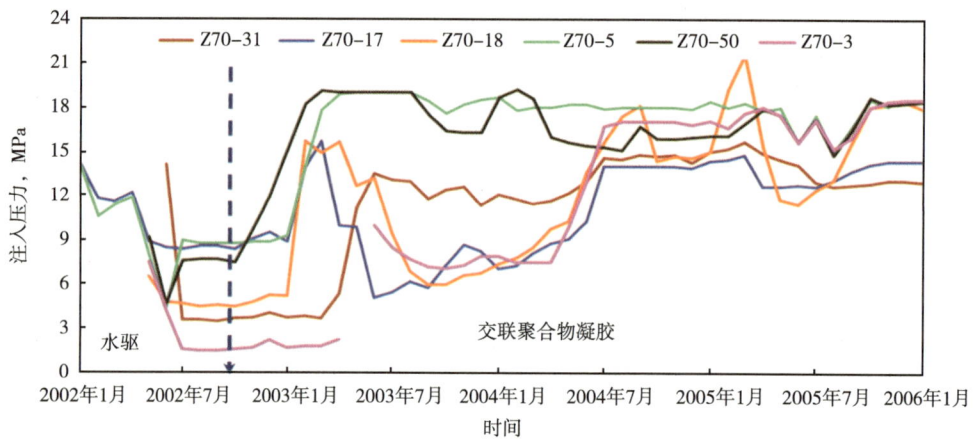

图 4-44　交联聚合物凝胶驱注入压力

在注入过程中，曾 4 次造成井筒堵塞，只能解堵后继续注入，并因此造成储层堵塞污染，平均视吸水指数 3.6m³/(d·MPa) 降至 3.0m³/(d·MPa)，且导致后继注水困难、只能在较高的注入压力下进行，增加了能耗。从吸水剖面的监测结果看，预期的剖面调整作用也不明显。

3. SMG 调驱实施过程

传统的聚合物驱技术，聚合物溶液是一种连续相黏性流体，通过设计注入的聚合物溶液的黏度可以调整油水两相的流度比，达到扩大波及体积、改善水驱效果的目的，对于注水开发的普通稠油油田，也有许多室内研究和现场应用的项目，大部分项目都取得一定程度的成功，但也暴露出一些不足，一方面传统聚合物的理化性能决定了其在高温高盐储层的应用受到限制，另一方面，对于稠油油藏注入的聚合物溶液的黏度往往仍然大大低于储层原油的黏度，不利的流度比仍然存在，聚合物溶液仍然会窜出；而高黏的聚合物溶液驱动高黏的原油，也导致更高的注入系统压力和低的油井产液能力。SMG 体系是一种非连续

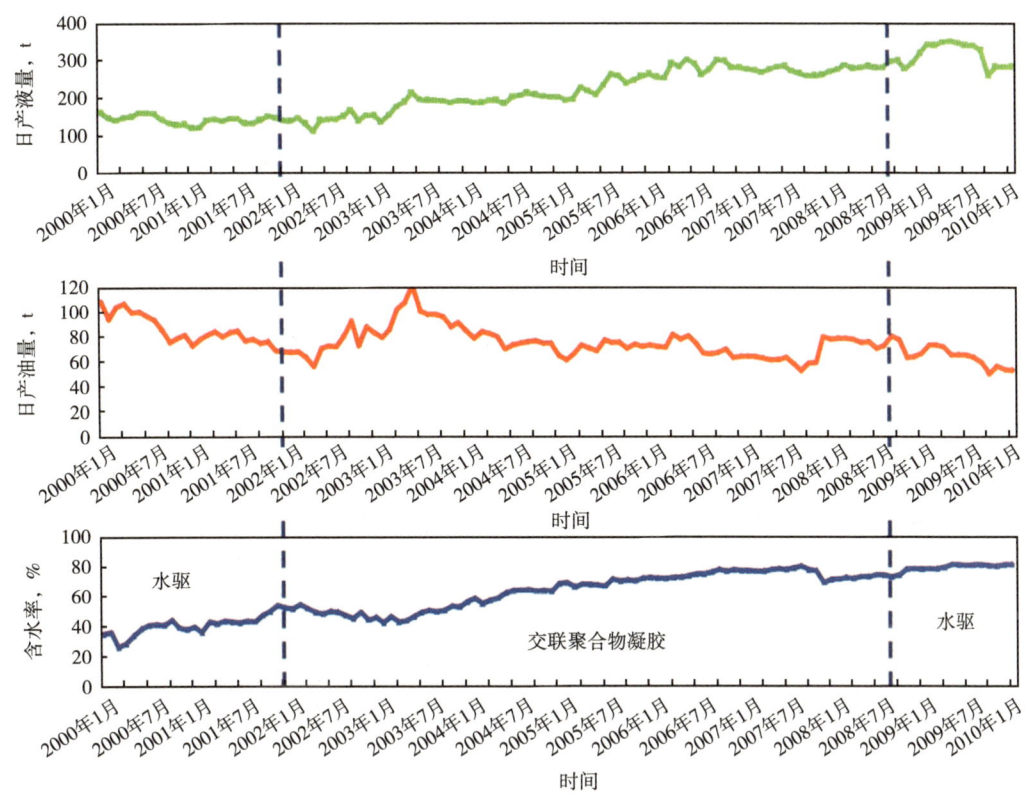

图 4-45　Z70 断块交联聚合物凝胶驱生产曲线

型分散液体系，该体系表观黏度低，易于进入储层深部，其调驱原理前文已叙述。

根据 Z70 断块的渗透率大小及孔喉大小分布，确定以 $SMG_{\mu m}$ 为主体段塞，在注入过程中根据情况对需要的注入井向上或向下调整注入 SMG 的粒径级别。项目于 2010 年 1 月开始施工，表现出注水井爬坡压力小，体系注入性好的特点。注入压力上升幅度在 0.3~3.6MPa，平均爬坡压力 1.0MPa，注入过程中部分井对 SMG 的颗粒直径有相应的调整，断块油田 6 口注入井的注入参数及过程调整结果见表 4-8。例如 Z70-31 井在注入过程中因为注入压力上升缓慢，将注入的 $SMG_{\mu m}$ 调整为 SMG_{mm}，该井在注入 SMG 一个月后，对应的 3 口生产井全部明显见效，在注入压力升高到 0.5MPa 时，对对应的生产井 Z70-28 井、Z70-30 井进行了调参、换泵提液等工作，随之将 Z70-31 井的日注速度进行了相应的增加，从而将注水强度与采液强度的比值匹配至较高的水平，这个过程中产油量持续上升，含水率持续下降（表 4-9）。2010 年 7 月到 2013 年 1 月期间的生产状况如图 4-46 所示。

表 4-8　Z70 断块新型聚合物调驱情况表

井号	浓度 mg/L	爬坡压力 MPa	累计注入量 m³	备　注
Z70-31X	3000	1.0	20677	粒径由微米级调整为亚毫米级
Z70-17	3000	0.5	20097	
Z70-18X	3000	3.6	19209	

续表

井号	浓度 mg/L	爬坡压力 MPa	累计注入量 m³	备 注
Z70-5	3000	1.0	7566	
Z70-50	3000	0.3	35000	粒径由微米级调整为纳米级
Z70-3	3000	1.2	15110	粒径由微米级调整为纳米级
合计		1.7	117659	

表 4-9　Z70-31X 井组调驱见效后提液统计表

井号	注入日期	治理 内容	措施前				措施后				对比			
			日产液 t	日产油 t	含水率 %	动液面 m	日产液 t	日产油 t	含水率 %	动液面 m	日产液 t	日产油 t	含水率 %	动液面 m
Z70-30	2010 年 7 月 19—22 日	换大泵 提液	14	3.8	72.9	438	41	10.5	74.4	0	27	6.7	1.5	-438
Z70-28	2010 年 7 月 17 日	调参 提液	44	4	90.9	358	57	5.7	90.0	364	13	1.7	-0.9	6
合计			58	7.8	86.6	398	98	16.2	83.5	182	40	8.4	-3.1	-216

4. 实施效果及分析

Z70 主断块总注入 SMG 0.086PV，总液量为 20.9×10⁴m³，注入 SMG 分散体系后 1 个月开始见效，日产油量最高时由 47.6t 上升至 91.2t；含水率下降最大时由 81.1% 降至 74.8%，截至 2015 年 1 月底增产原油 6.08×10⁴t（图 4-47）。油藏含水率保持平稳并略有下降，曲线继续向采收率 30% 的理论曲线靠近，计算 SMG 分散体系深部调驱技术提高采收率 5.8 个百分点（图 4-48）。目前 SMG 分散体系深部调驱技术仍然有效，另外因为自 2013 年始先后有 3 口注入井因故障停止注水，油藏产液量大幅下降，产油量也受到较大影响，使总体的提高采收率效果打了折扣。例如 2013 年 3 月份始 Z70-31 井因为砂埋等故障，注入压力持续升高并最终停注待修（图 4-47）。经济测算显示，当油价为 100 美元/bbl 时，投入产出比为 1:9.6，当油价为 40 美元/bbl 时，投入产出比为 1:3.9，该断块油田注 SMG 前水驱时桶油成本为 28.8 美元，注 SMG 后为 19.2 美元，桶油成本降低 9.6 美元。

6 口注入井对应的 16 口生产井都不同程度见效，且在后继注水期间保持了长时间的效果。对照注入井的吸水剖面在注 SMG 前后的变化可得出，SMG 的注入不仅对注水井纵向上的剖面有所调整，更重要的是大大提高了主产层的层内微观波及效率，这是 SMG 分散体系深部调驱技术在 Z70 取得如此显著效果的主要原因。如图 4-49 所示 Z70-5 井在注水时（2009 年 9 月）主要是 1 号层吸水，2 号层吸水量只占 7.2%；在 SMG 分散体系深部调驱初期（2010 年 10 月）剖面没有变化，主要增油效果来自 1 号主力层；在 SMG 分散体系深部调驱一定时间后，纵向压力对比发生变化，启动了 3 号层开始吸水，但主产层仍然为 1 号层；对于 Z70-31X 井来说，注水期间和 SMG 分散体系深部调驱期间，在纵向上的吸水剖面没有大的变化，都是 1 号主产层吸水，其吸水比例达到 70%~80%，2 号层和 3 号层只吸一点水（图 4-50），但是井组的增油降水效果却很好（图 4-51），其中 Z70-19X

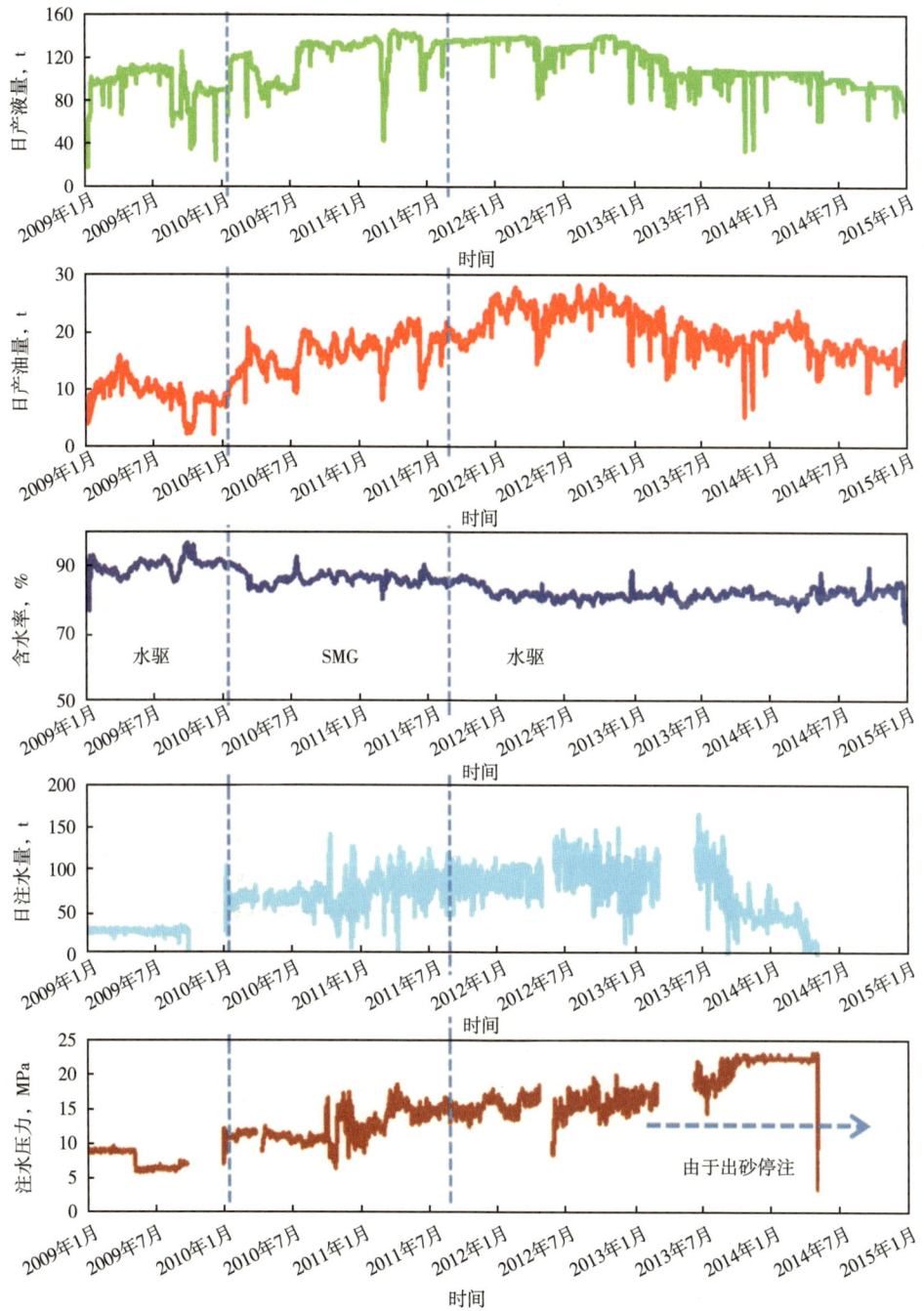

图 4-46　Z70-31 井 SMG 驱生产曲线

井效果尤为显著，在剖面没有大的变化的情况下，只能说明层内的微观波及效率有非常大的提高。2 号和 3 号低渗薄层的吸水能力没有下降，也说明 SMG 这种分散液不会对低渗透储层造成伤害。

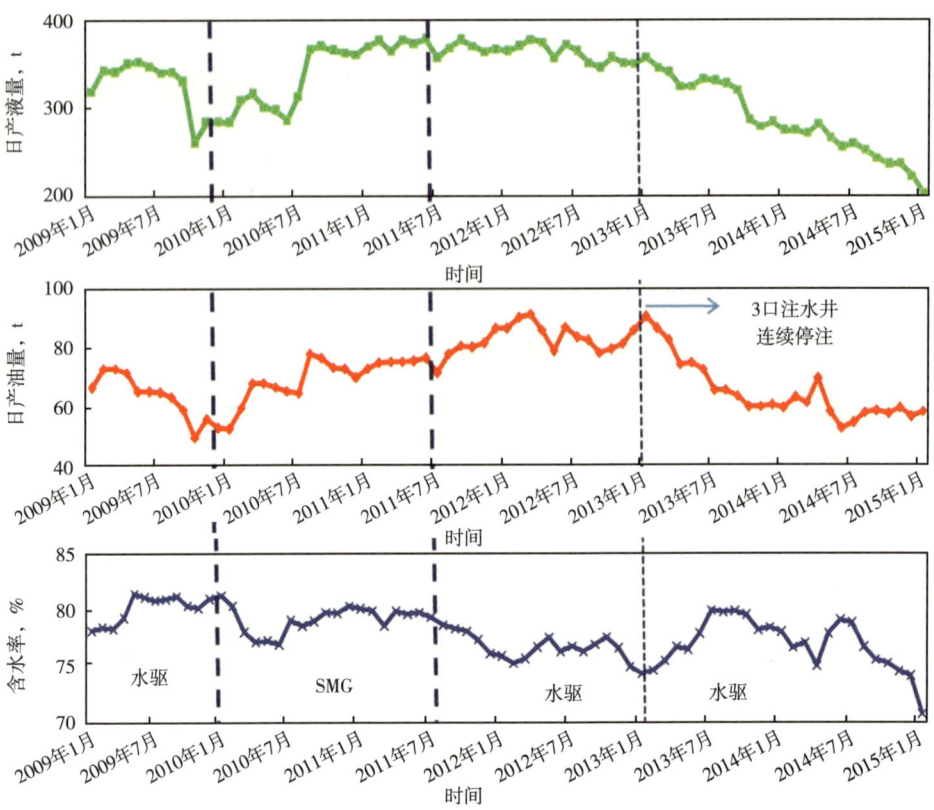

图 4-47 Z70 断块 SMG 驱生产曲线

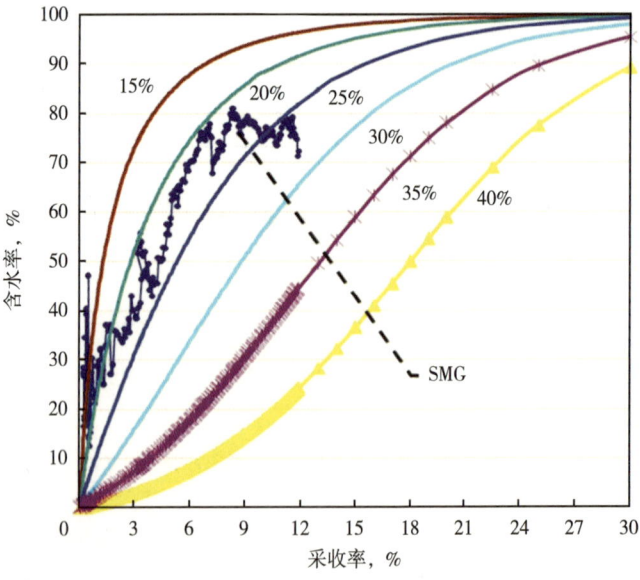

图 4-48 Z70 断块含水率与采出程度关系图

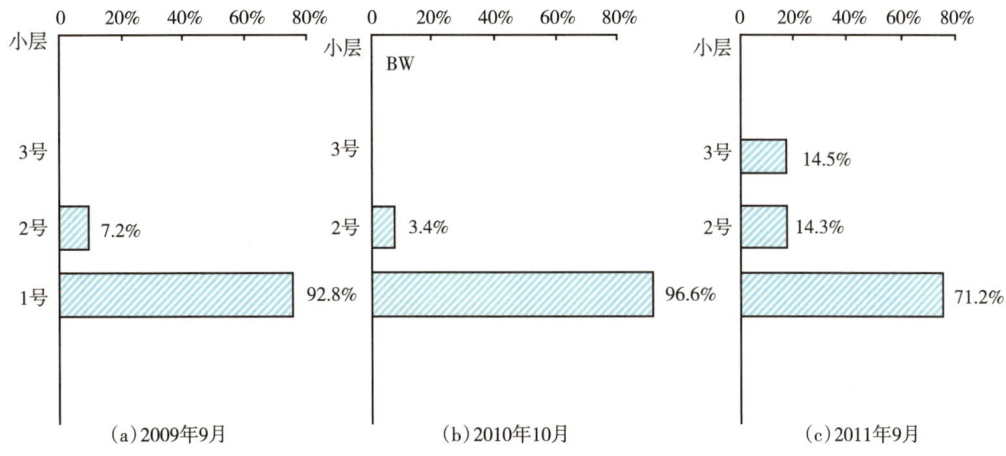

图 4-49　Z70-5 井注入 SMG 前后吸水剖面对比

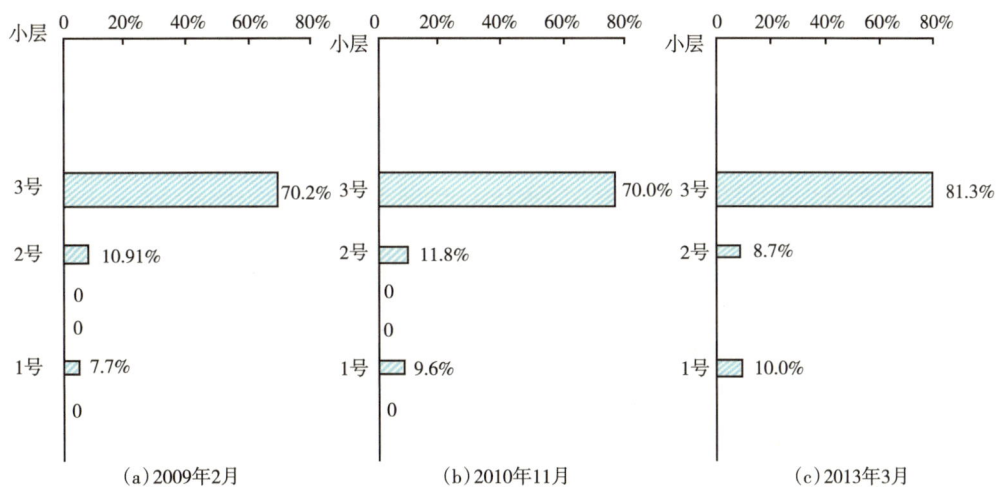

图 4-50　Z70-31X 井注入 SMG 前后吸水剖面对比

5. 小结

（1）SMG 深部调驱技术在泽 70 断块油藏的应用取得了显著的技术经济效果，颗粒型聚合物 SMG 比传统的聚合物耐温，可用油田污水配注且不怕剪切，地面注入流程简易价廉且由于为水分散液、黏度低、易于注入，在注入期间压力升幅很小，降低了能耗。

（2）SMG 深部调驱技术的注入压力上升幅度小，甚至有的井注入压力并未明显上升，SMG 易于注入储层深部；未改变主吸入层、产层，但增油降水效果显著，说明高效启动了微观的分散的剩余油，从矿场证明了微观同步调驱的机理。

（3）从经典的流度比的公式［式（4-1）］来分析，传统聚合物连续相黏性流体与新型聚合物分散相低黏流体的作用机理差异在于传统聚合物驱技术是通过调整 μ_w 来调整流度比的，而 SMG 深部调驱技术则是动态调整储层微观孔隙的 k_w 来实现的，考虑储层是亿万个孔隙结构单元集合体，尤其对于稠油油藏来说，恰恰调整 k_w 可能要比调整 μ_w 的效率更高，对于特别高渗透的储层来说在保证调整好 k_w 的基础上辅助调整 μ_w 的效果可能会更

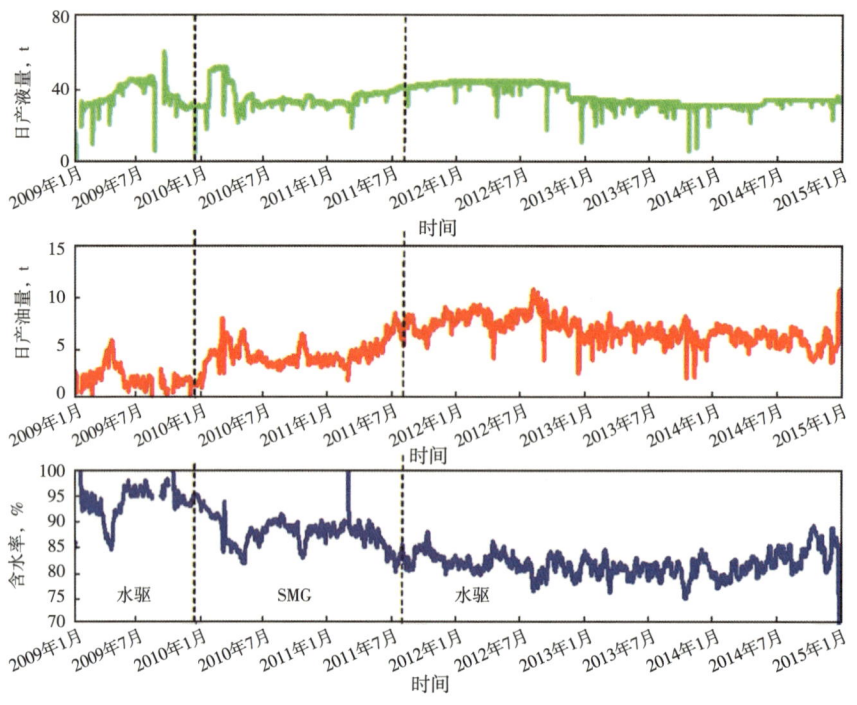

图 4-51　Z70-19X 井生产曲线

好。后继注水期间 SMG 深部调驱技术的效果维持时间较长，推测认为对渗透率的调整作用效果比对黏度的调整要长，这个还需进行严格的对比实验研究。

（4）SMG 深部调驱技术包含多学科的综合性的成套技术，矿场试验以及应用均取得了令人满意的技术经济效果。室内实验和矿场应用的深入开展及该项技术的不间断改进对于非均质水驱后期老油田的有效开采极为重要。

三、新疆六中东 XJ6

1. 试验区基本情况

XJ6 为 2 条逆断裂夹持的断背斜构造，构造顶缓翼陡（图 4-52），埋藏深度380~430m，

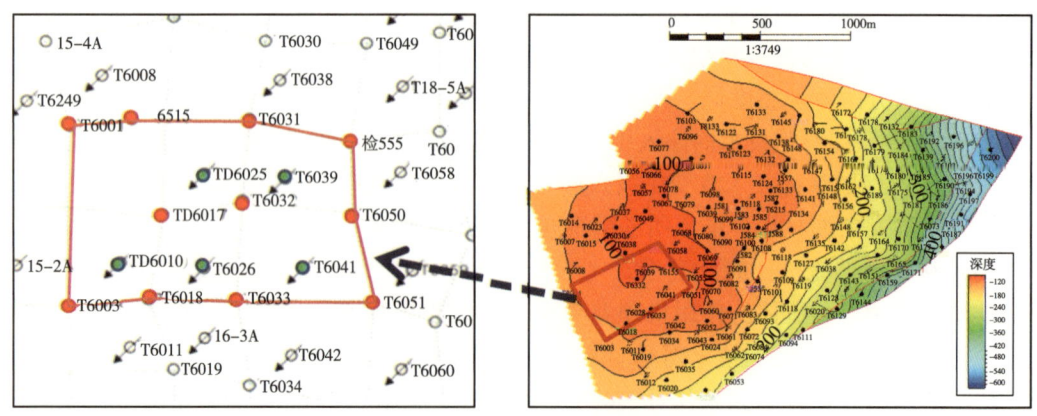

图 4-52　XJ6 试验区井网图

总油层厚度平均为 25.4m，划分为 2 个砂层组 7 个小层，其中 S_7^2、S_7^3 为主力油层（图 4-53），储层原油黏度 80mPa·s，储层温度 20.6℃，地层水矿化度 4212mg/L。

根据取心井岩心分析，平均孔隙度 19.9%，算术平均渗透率 649mD。总的来看，S_7^{2-3} 单砂层的渗透率最大，平均为 1016mD，向上和向下储层渗透率都呈降低的趋势。S_7^2 和 S_7^3 单砂层储层渗透率级差 54.4~92.8，渗透率变异系数在 0.81~1.60 之间（表 4-10），储层非均质性强。

XJ6 油藏为冲积扇沉积体系、储集体的岩性复杂，可以划分为砾岩、砂砾岩和砂岩 3 大类型。孔隙结构为复模态—双模态、双模态—单模态，砾岩储层以粒间孔和粒间溶孔为主，以发育复模态结构为主（图 4-54），孔隙大小以中孔—粗孔组合为主，孔喉分布不均。

XJ6 油藏历经 40 年开发，目前采用 5 点法面积井网，注采井距 125m，截至 2012 年 5 月底，单井平均日产油量 2.2t，含水率 80.8%，采出程度 25.5%。由于岩相变化快、孔喉结构多样，储层非均质严重导致含水率上升快、产量递减明显，储层自下而上水流优势通道逐渐形成，水驱效率不断下降（图 4-55）。由于砾岩油藏特有的双模态和复模态结构使得储层同时存在单一、双重—多重孔渗系统，大量剩余油存在于低孔低渗透区域无法有效采出（图 4-54）。

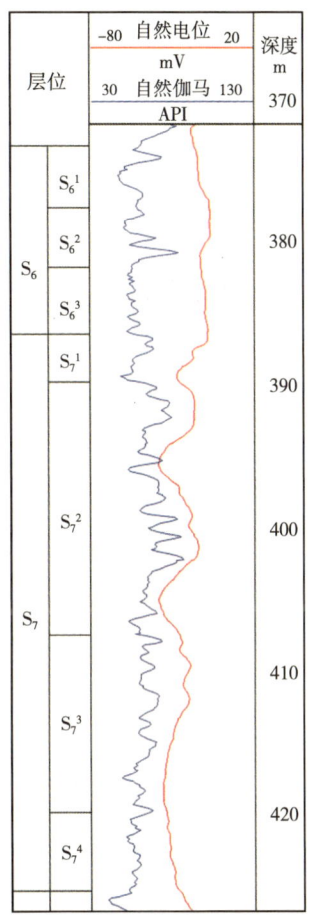

图 4-53 测井曲线

表 4-10 XJ6 油藏层间非均质性

层位	样品编号	渗透率			变异系数	偏差因子
		最大值	最小值	平均值		
S_6^3	2	862	55.5	230.0	15.5	1.24
S_7^1	8	4400	68.5	380.3	64.2	0.95
S_7^{2-1}	27	3660	54.5	366.9	67.2	1.09
S_7^{2-2}	25	5000	54.4	494.2	91.9	1.40
S_7^{2-3}	76	3800	69.8	1016.2	54.4	0.81
S_7^{3-1}	76	4700	54.2	653.4	86.7	0.90
S_7^{3-2}	28	5000	53.9	808.8	92.8	1.20
S_7^{3-3}	14	4460	51.2	436.7	87.1	1.60
S_7^4	9	3700	51.9	258.6	71.3	1.68
合计	265	5000	51.2	649	97.7	1.02

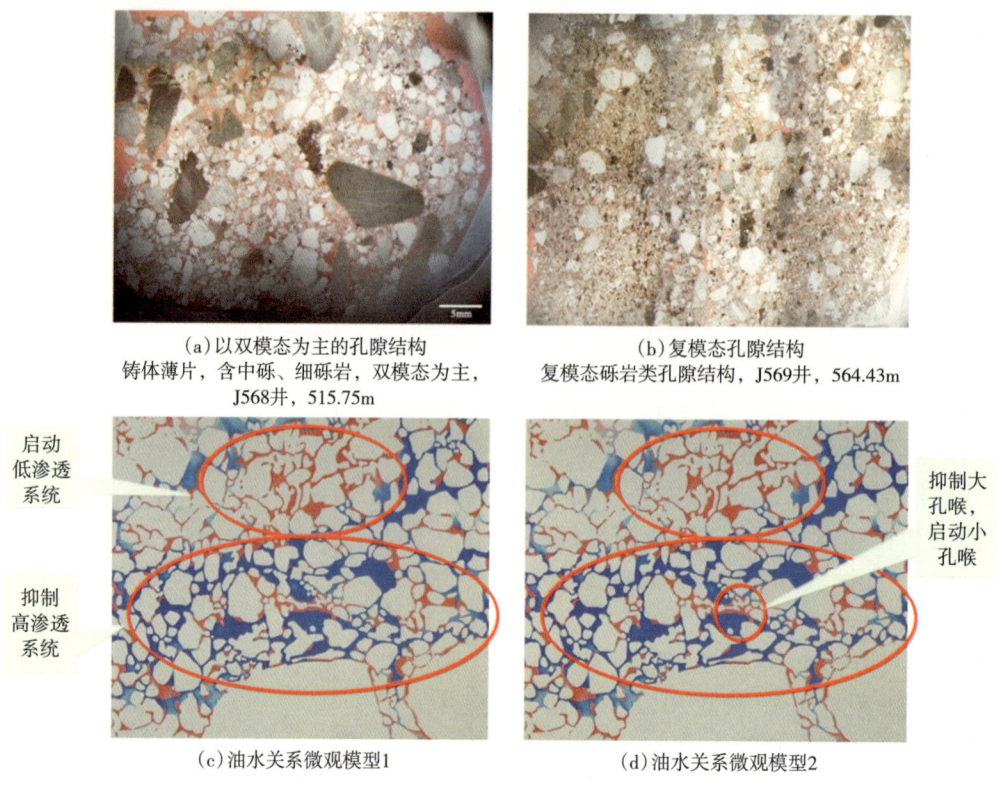

（a）以双模态为主的孔隙结构
铸体薄片，含中砾、细砾岩，双模态为主，
J568井，515.75m

（b）复模态孔隙结构
复模态砾岩类孔隙结构，J569井，564.43m

启动
低渗透
系统

抑制
高渗透
系统

抑制大
孔喉，
启动小
孔喉

（c）油水关系微观模型1

（d）油水关系微观模型2

图4-54　复模态储层孔隙结构及油水关系微观模型图（红色油，蓝色水）

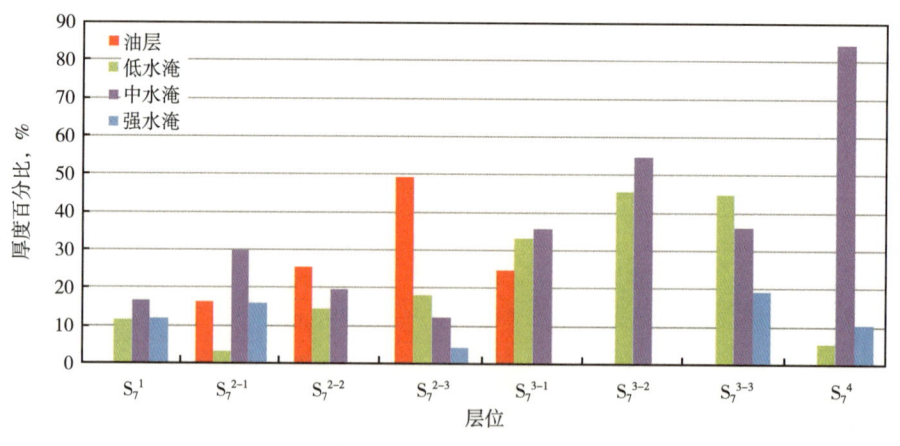

图4-55　油层含水状况

2. 优势水流通道的识别、量化和分级

1）铸体薄片

如图4-54和图4-56所示，岩石薄片统计结果反映储层喉道大小分布变化大，其中 S_7^1 层以中喉为主，其次则为粗喉。S_7^{2-1}、S_7^{2-2}、S_7^{2-3}、S_7^{3-1}、S_7^{3-2}、S_7^4 层以粗喉为主，最大直径可见 100μm 以上，反映特粗—粗—中—细喉系统共存，S_7^{3-3} 层喉道偏小，以中—细喉为主。孔隙大小以中孔为主，S_7^1 和 S_7^{2-1} 层以小孔（小于 25μm）为主，其次为

大孔。中孔和特大孔相对较少，其他层则以中孔为主，其次为大孔，特大孔较少。

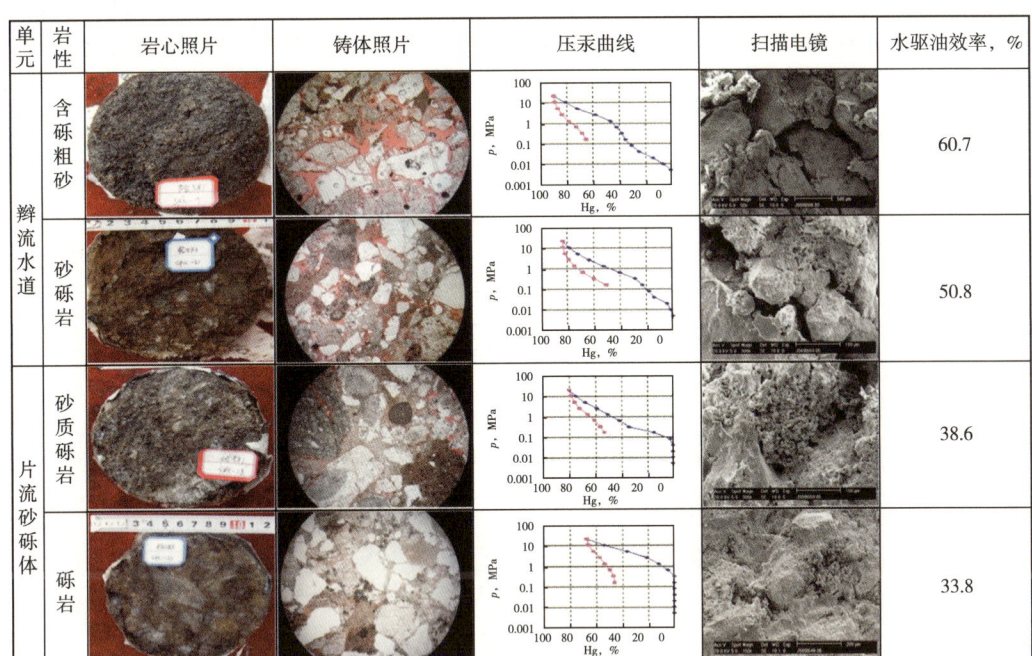

图 4-56　储层孔隙结构综合对比

2）压汞实验测试

压汞资料分析该区砾岩、砂砾岩和砂岩主要发育粗喉细孔、中喉中孔、细喉中孔和多喉多孔等类型，反映了冲积扇沉积体系储层微观结构的多样性和复杂性。该区岩心的最大孔喉半径在 0.86~94.0μm 之间变化，砂砾岩储层的最大孔喉半径平均值为 51.5μm，比砂岩、含砾砂岩和砾岩的平均最大孔喉半径都大，孔喉半径均值反映孔喉大小的总体分布，各类岩石的平均孔喉半径均值在 1.19~3.53μm 之间，平均 2.72 μm。

3）示踪剂测试

开展了 3 个井组的示踪剂监测实验，结果显示 3 个井组 9 个方向见剂，井组见剂率 50%左右；示踪剂运移速度 1.0~31m/d，见剂速度最大相差 17 倍，表明油藏平面及层间非均质严重，水窜通道形成，大大影响波及效率（表 4-11）。

表 4-11　XJ6 油藏示踪剂测试结果

层位	示踪剂产出率 %	不同运移速度的示踪剂比例,%			平均水流速度，m/d
		≥20m/d	20~10m/d	<10m/d	
S_7^{3-1}	50	57.2	7.1	35.7	26
S_7^{3-2}	50	49.6	12.5	37.9	22.4
S_7^{3-3}	44	35.3	35.3	29.4	27.7

示踪剂采出曲线按形态可分为单峰偏态型、双峰型、多峰型和单峰正态型 4 类（图 4-57）。单峰偏态型反映注入水推进快、高渗层薄、等效渗透率大、渗透率级差大，这类曲线有 15 井层，占产出井总数的 45.5%。双峰型反映注采井之间纵向上存在 2 个或 2 个以上的窜流

通道，这类曲线有 3 井层，占产出井总数的 9.1%。复合多峰型是由 2 个或 2 个以上的次级峰组成，反映注采井之间示踪剂窜流通道存在多个渗透性相近的通道，这类曲线有 4 井层，占产出井总数的 12.1%。单峰正态型反映示踪剂窜流通道渗透率相对较低，油水井间水淹层厚度越大，示踪剂峰值浓度越大，产出时间越长，注采井之间水窜不严重，这类曲线有 11 井层，占产出井总数 33.3%。

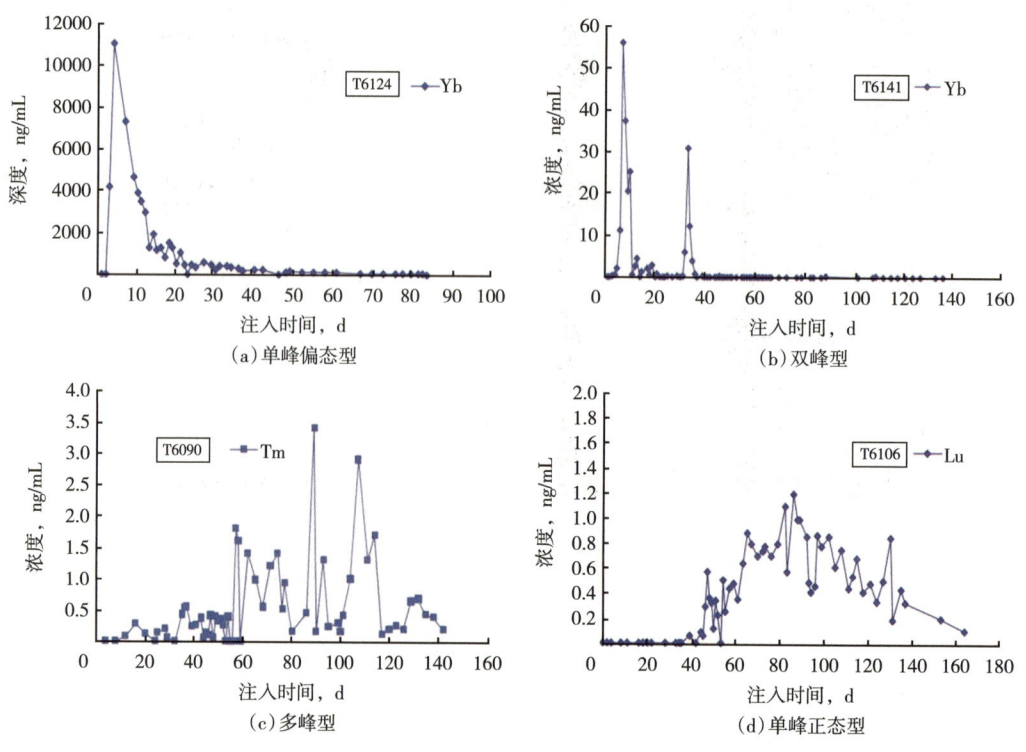

图 4-57　示踪剂采出曲线

4）综合资料模拟计算

综合前述数据资料，应用地质建模和数值模拟技术模拟预测了储层最大孔喉半径和孔喉半径均值的空间展布，并对优势水流通道的分布及分级进行了确定。

最大孔喉半径的空间分布图和剖面图显示（图 4-58），S_7^3 层的平均孔喉半径为 16.7~25.9μm，其中 S_7^{3-2} 层孔喉半径最大，为 104.7~177.3μm。最大孔喉半径在六中东北部较大，向东南变小，孔喉半径横向变化快，整体呈现东部小而西部大的特点。以主力层 S_7^{3-1}、S_7^{3-2}、S_7^{3-3} 3 个单砂层的孔喉半径均值为例（图 4-59），数值大于 7μm 的范围（黄色）零星分布，范围较小，整体以均值大于 3μm 的范围（浅蓝绿色）居多。

优势水流通道的分布、分级标准及所占体积定量化结果见表 4-12、表 4-13 和图 4-59，从 S_6^3 到 S_7^4 单砂层，各级优势通道总体积 58.87×10^4m³，占储层总孔隙体积的 11.98%。S_7^{3-1} 层水流优势通道分布的范围最广，Ⅰ—Ⅳ级水流优势通道的孔隙体积为 17.14×10^4m³，占该层总体积的 15.77%。S_7^{3-1} 层与 S_7^{3-2} 层、S_7^{3-3} 层Ⅰ—Ⅳ类水流优势通道的孔隙体积合计为 27.76×10^4m³，占这 3 个层总孔隙体积的 11.3%。总的来看，Ⅰ级水流优势通道的厚度小，展布范围小，但对水流量及方向起比较明显的控制作用。

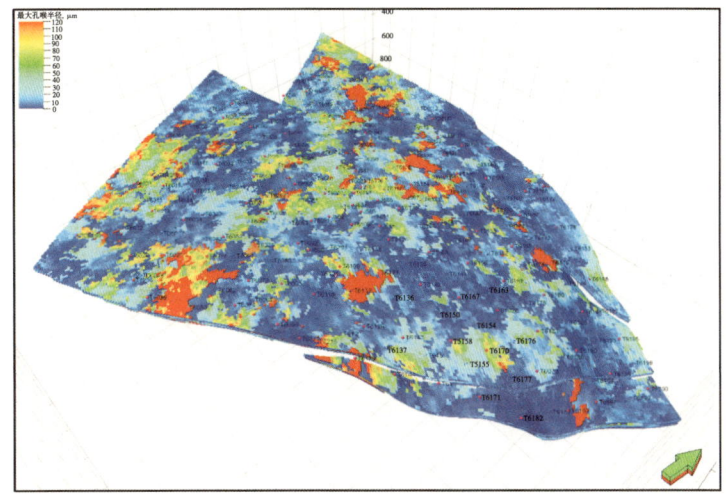

（a）最大孔喉半径立体图

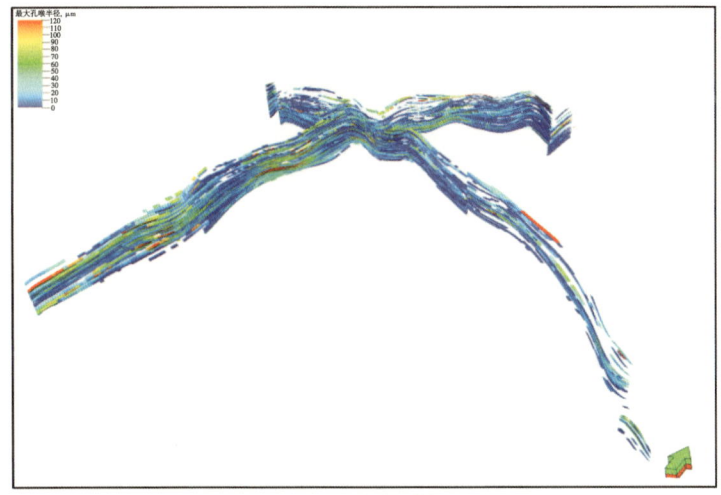

（b）最大孔喉半径剖面图

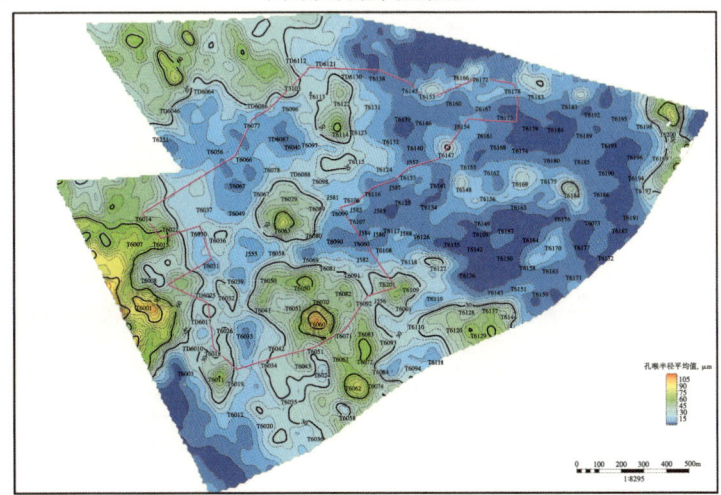

（c）S_7^{3-1}层孔喉半径平均值平面图

图 4-58 孔喉大小及分布模拟结果

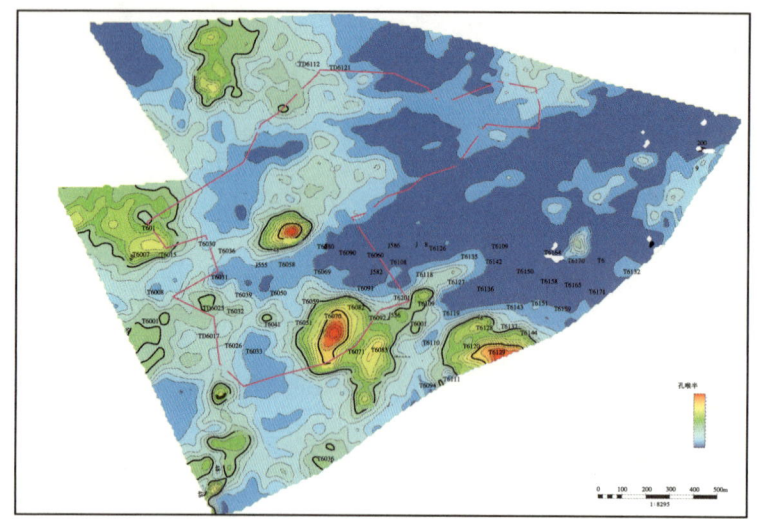

（d）S_7^{3-2}层孔喉半径平均值平面图

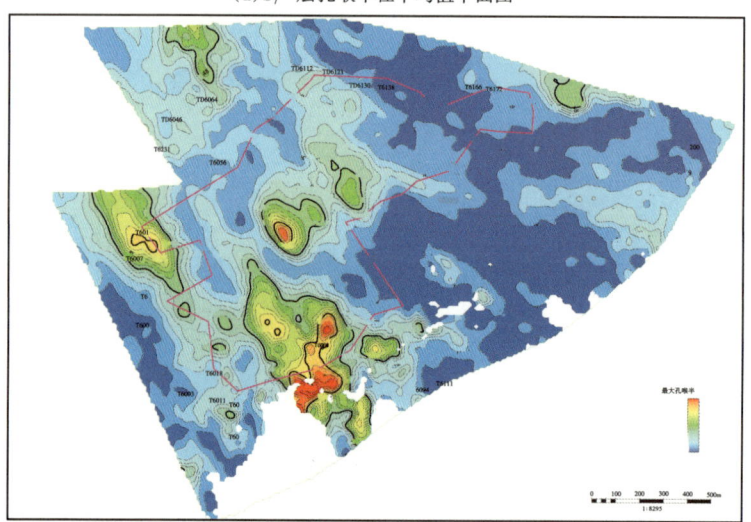

（e）S_7^{3-3}层孔喉半径平均值平面图

图 4-58　孔喉大小及分布模拟结果（续）

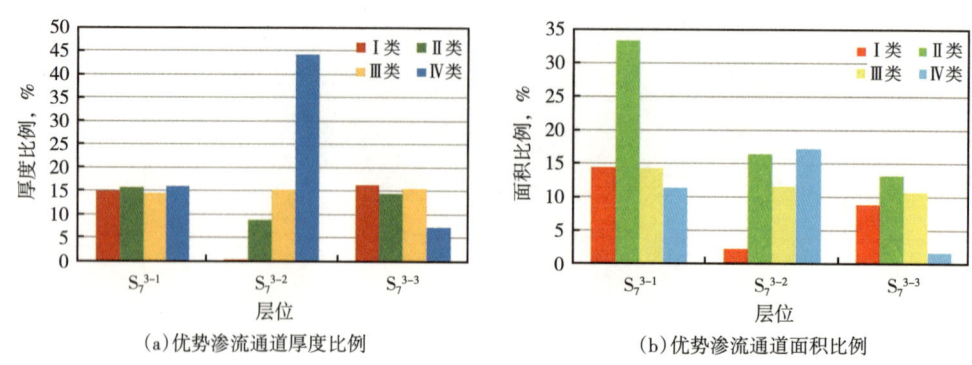

（a）优势渗流通道厚度比例　　　　　　（b）优势渗流通道面积比例

图 4-59　优势通道厚度及面积分布图

表4-12 六中东克下组水流优势通道分类表

最大渗透率 K_m mD	平均渗透率 K_a mD	渗透率级差 K_d	优势通道级别
>2000	2000~50	>17	I
2000~500	2000~50	>17	II
>2000	2000~50	17~8	III
2000~500	2000~50		
500~50	500~50	>17	IV

表4-13 水流优势通道孔隙体积计算表

层位	水流优势通道孔隙体积，$10^4 m^3$					总孔隙体积 $10^4 m^3$	占总体积百分比 %
	I级	II级	III级	IV级	小计		
S_6^3	0.63	1.89	0.08	0.00	2.60	14.94	17.40
S_7^1	0.50	1.46	1.05	0.21	3.22	26.19	12.29
S_7^{2-1}	0.64	0.90	1.16	0.15	2.85	31.44	9.06
S_7^{2-2}	1.02	1.08	0.82	1.65	4.57	34.82	13.12
S_7^{2-3}	1.95	4.65	5.22	2.05	13.87	82.00	16.91
S_7^{3-1}	2.49	8.31	3.94	2.40	17.14	108.66	15.77
S_7^{3-2}	0.34	2.18	1.14	2.11	5.77	58.58	9.85
S_7^{3-3}	1.52	1.70	1.47	0.16	4.85	79.20	6.12
S_7^4	0.29	0.92	1.02	1.77	4.00	55.75	7.17
合计	9.38	23.09	15.90	10.50	58.87	491.58	11.98

3. 方案设计

1）技术思路——分类分级调驱技术方法

根据前文的同步调驱技术理论和分类分级调驱技术方法，结合XJ6油藏的地质和开发矛盾，方案设计思路采用交联聚合物凝胶（LPG）携带缓膨颗粒先对I级水流优势通道进行较强的封堵和抑制，避免后继注入的颗粒型聚合物SMG的水分散液沿原来的大孔道窜流，为不同颗粒大小分布的SMG聚合物颗粒在II级到IV级优势通道中适度发挥"暂堵—突破—再暂堵—在突破"的重复过程，在这一过程中使分散液中的水转向进入相对低渗透或小孔隙中，驱出其中的剩余油。由于注采井间有150m的井距，为使I级水流优势通道中的封堵抑制作用和II级到IV级优势通道的暂堵-转向驱动作用协同，根据I级和II级到IV级优势通道的体积比例设计"（LPG+缓膨颗粒）+SMG"交替段塞注入。

2）段塞设计

试验区选在油藏东南部的"5注11采"井区（图4-52），开展相应的物理模拟和数值模拟研究工作，确定的具体的段塞参数见表4-14，注入段塞总体积设计为0.25PV，其中"LPG+缓膨颗粒"占比20%，SMG段塞占比80%。

表 4-14　段塞设计

段塞	参　　　　　数	优势通道级别
封堵段塞 1	缓膨颗粒（半径为 1~4mm，浓度为 0.3%~0.5%）+ LPG（0.25% 聚合物 + 0.2% 交联剂+0.02% 辅助剂）	Ⅰ 级
封堵段塞 2	缓膨颗粒（半径为 1~4mm，浓度为 0.1%~0.3%）+ LPG（0.25% 聚合物 + 0.2% 交联剂+0.02% 辅助剂）	
主体段塞（变换四次）	SMG（亚毫米或微米级别，浓度为 0.25%~0.3%）	Ⅱ 级到Ⅳ 级
	LPG（0.25%聚合物+ 0.2% 交联剂+0.02%辅助剂）	

4. 实施过程及效果

施工时间为 2013 年 4 月至 2015 年 1 月，2015 年 2 月开始恢复后续注水。如图 4-60 所示，试验开始后 1 个月即开始见效，日产油最高由 16.1t 升至 62.2t；含水率下降最大由 82.0%降至 35.8%，2 口中心井效果体现更为明显。如图 4-61 所示，日产油最高时由 4.0t 升至 25.1t；含水率下降最大时由 19.7%降至 16.5%，单个生产井的生产曲线如图 4-62 和

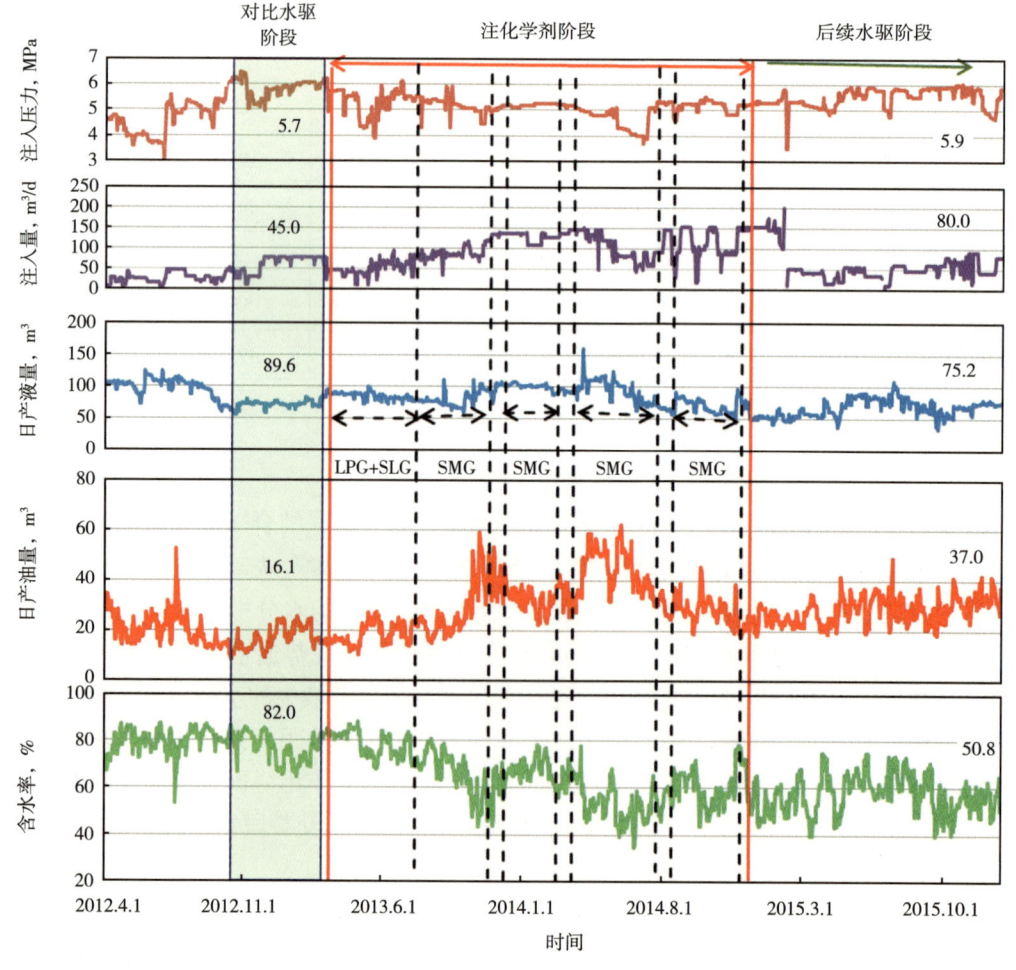

图 4-60　试验区（5 注 11 采）开采曲线

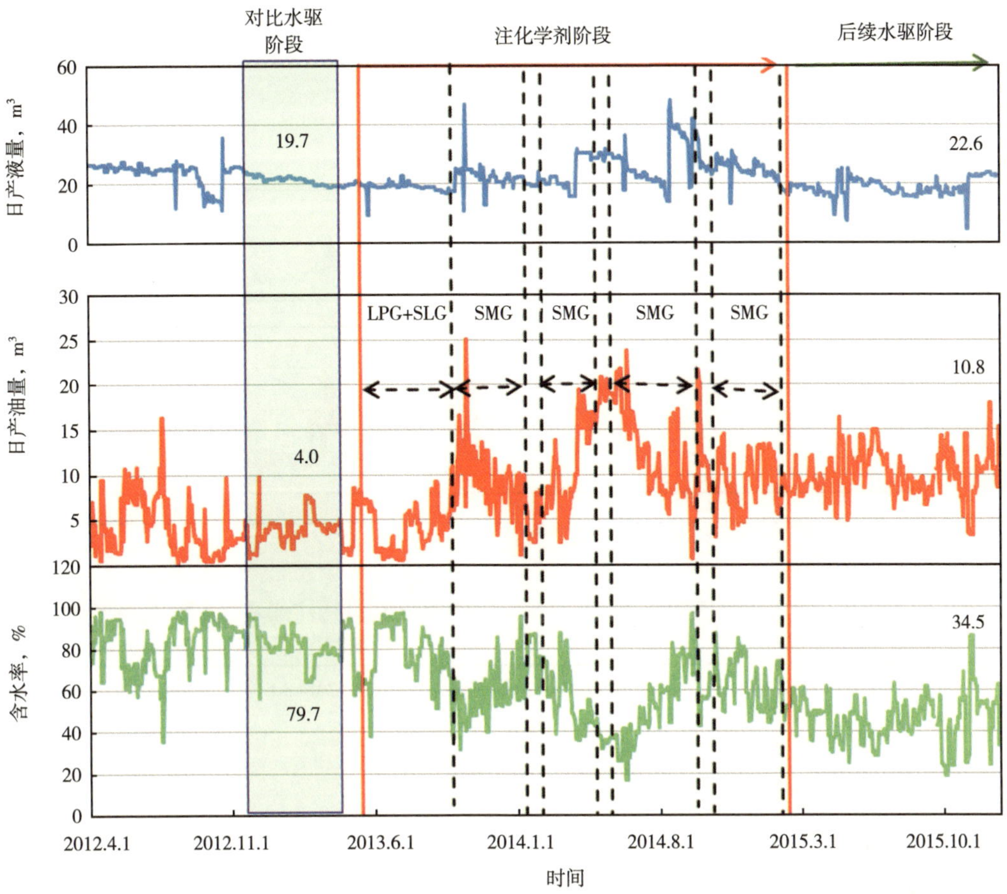

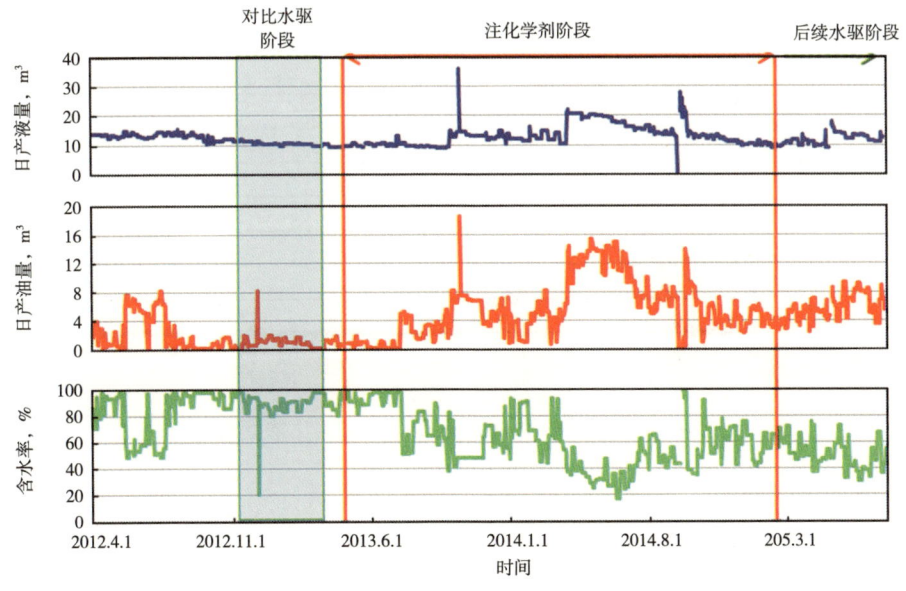

图 4-61 中心井区开采曲线

图 4-62 T6032 井开采曲线

图 4-63 所示，无论在注聚合物期间还是后继水驱阶段都体现了显著的效果。另外，因为自 2014 年 6 月始先后有四口生产井因井况、泵况故障关井，不然试验区总体的效果还会更好。

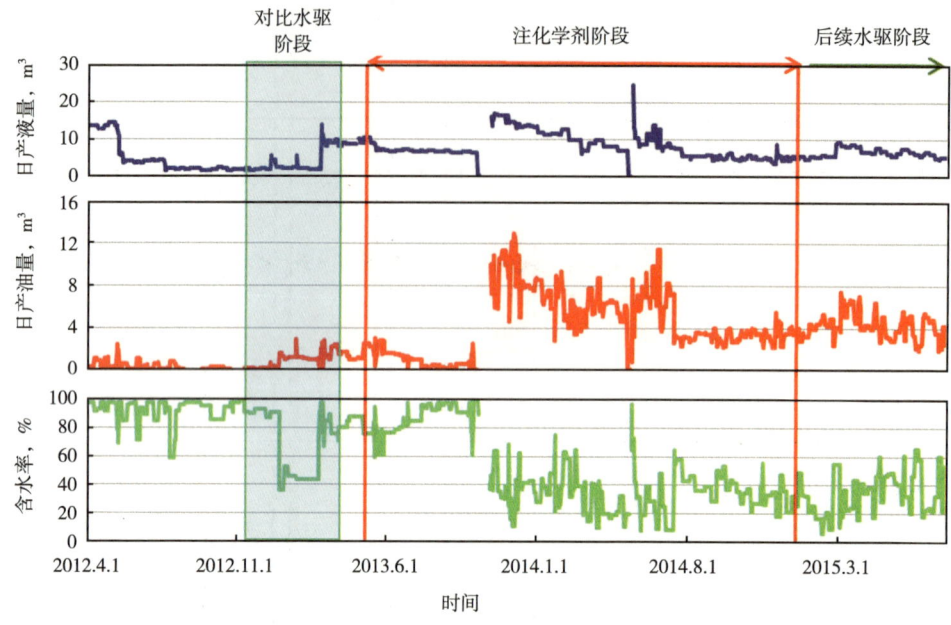

图 4-63　J555 井开采曲线

对 T6026 井组试验前后的示踪剂监测结果对比可见，SMG 聚合物注入后对应油井的示踪剂峰值速度、回采率降低，曲线呈宽峰形态（图 4-64、图 4-65），说明水驱不均问题得到较好解决，水驱效率大幅提高。

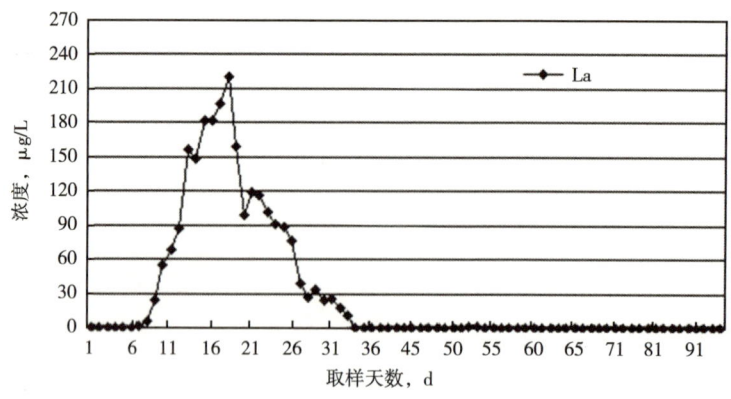

图 4-64　TD6017 井试验前示踪剂 La 产出浓度曲线

5. 小结

新疆 XJ6 砾岩油藏储层孔隙结构复杂、大小差异大、水窜通道发育，且储层原油黏度比较大，采用新型颗粒型聚合物 SMG 技术，试验取得了显著的成功，进一步证明了非连续相分散驱油体系的同步调驱机理。

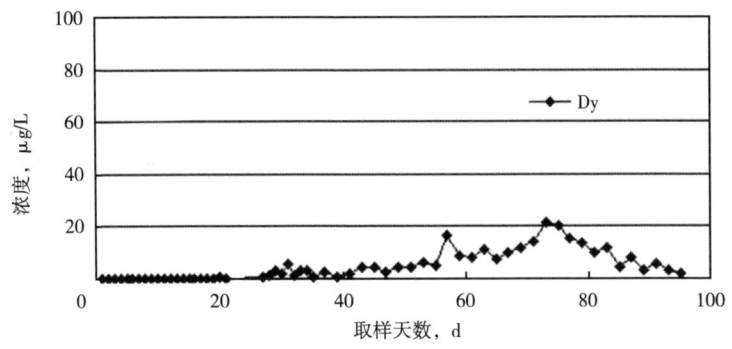

图 4-65　TD6017 井试验后示踪剂 Dy 产出浓度曲线

试验方案设计遵循了分级调驱技术方法，符合油藏实际情况，效果显著。在段塞注入过程中，如能密切跟踪注入压力以及生产井产液及含水率的变化反应，及时优化调整各段塞的参数和大小，将使 SMG 驱油效果更好。

四、辽河油田沈 84-安 12 块 LHSC 油藏

1. 辽河 LHSC 油藏概况

LHSC 是一个断鼻状半背斜构造（图 4-66），总油层厚度平均为 78.4m，划分 4 个亚段（S_3^1、S_3^2、S_3^3、S_3^4）、12 个油层组、40 个砂岩组、93 个小层。其中 S_3^3、S_3^4 为主力油层，储层原油黏度 14.5mPa·s，储层温度 66℃，地层水矿化度 3570mg/L。

根据取心井岩心分析，平均孔隙度 22.4%，平均渗透率 934mD，S_3^4Ⅲ-1-1 单砂层的渗透率最大，平均为 1788mD，储层向下渗透率都呈降低的趋势，渗透率变异系数在 0.21~1.49（表 4-15），储层非均质性强。

表 4-15　LHSC 油藏层间非均质性

层位	样品编号	渗透率，mD			变异系数	偏差因子
		最大值	最小值	平均值		
S_3^4Ⅲ-1-1	37	1409	2167	1788	1.54	0.21
S_3^4Ⅲ-1-2	41	146	2620	1038	17.95	1.05
S_3^4Ⅲ-2-3	42	100	3114	870.8	31.14	1.49
S_3^4Ⅲ-2-4	43	14	171	92.5	12.21	0.85
S_3^4Ⅲ-2-5	44	53	1887	911.8	35.6	0.77
S_3^4Ⅲ-2-5	45	117	2565	997.5	21.92	0.95
S_3^4Ⅲ-2-5	46	72	2741	1291	38.07	0.74
S_3^4Ⅲ-3-6	47	56	1704	674.1	30.43	0.86
S_3^4Ⅲ-3-6	48	21	1503	815.3	71.57	0.91
S_3^4Ⅲ-3-7	50	357	1520	863	4.26	0.49
均值		235	1999	934	26.47	0.82

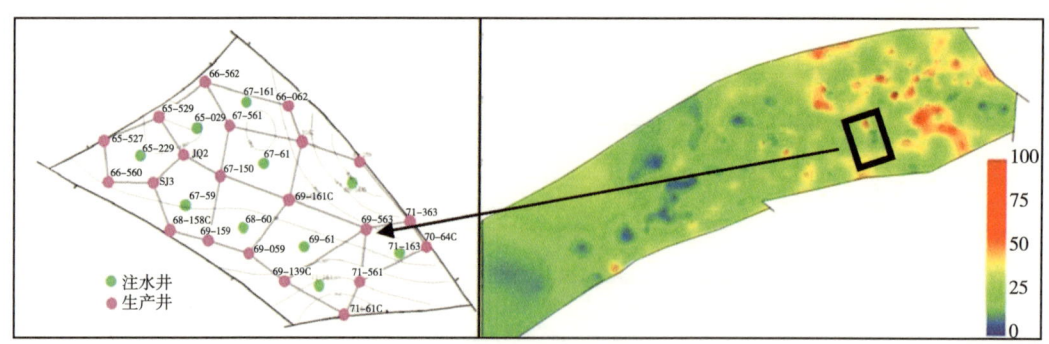

图 4-66　LHSC 油藏等高线和井位图

　　LHSC 油藏历经 30 年开发，目前采用 5 点法面积井网，注采井距 150m，截至 2010 年 6 月底，单井平均日产油量 1.5t，含水率 93.9%，采出程度 22.7%。由于纵向上层多且层内较强的非均质，导致水驱含水率上升快，目前进入高含水开发阶段。10 个井组的试验区，截至 2010 年 6 月底，单井平均日产油量 1.3t，含水率 95.3%，采出程度 24.8%。SMG 分散体系深部调驱目的层 $S_3^4Ⅲ$ 段见表 4-15。

　　2. 方案设计及实施过程中的调整

　　1）技术思路

　　根据前文的同步调驱技术理论和分类分级调驱技术方法，结合 LHSC 油藏的地质和开发矛盾，方案设计的思路是采用交联聚合物凝胶（LPG）携带预交联缓膨颗粒先对强吸水层或近井地带可能存在的较大的水流优势通道进行较强的封堵和抑制，避免后继注入的颗粒型聚合物 SMG 的水分散液窜流，使不同颗粒大小分布的 SMG 聚合物颗粒能够进入储层深部次级优势通道中适度发挥"暂堵—突破—再暂堵—在突破"的重复过程，在这一过程中使分散液中的水转向进入相对低渗或小孔隙中，驱出其中的剩余油。

　　2）段塞设计

　　试验区选在油藏东南部的"10 注 21 采"井区（图 4-66），开展了相应的物理模拟和数值模拟研究工作，前置封堵段塞：采用交联聚合物凝胶（复合离子 0.2%~0.4%）携带预交联体膨颗粒（0.1%~0.5%）颗粒尺寸设计 0.5~2mm，用量 $7.4×10^4m^3$。SMG 主段塞设计注入段塞尺寸 0.3PV，注入溶液总液量 $50.56×10^4m^3$，注入 SMG 用量为 1053.2t，日配注 $550m^3$。采用三级段塞注入方式，段塞 1 [0.05PV×亚毫米级 SMG×3000mg/L] +段塞 2 [0.2PV×微米级 SMG×2000mg/L] +段塞 3 [0.05PV×微米级 SMG×1500mg/L]，注入时间 2.5 年。

　　3）实施过程及跟踪调整

　　2010 年 12 月开始注入前置段塞，2011 年 6 月开始注入 SMG 段塞，2013 年 12 月底因注入困难暂停，其时已注入 0.27PV，2015 年 8 月有 3 口井恢复注入 SMG，累计注入约 0.29PV，目前已经停注。在此过程中根据生产井产油量、含水率以及注入井的压力变化，进行了多项调整工作。

　　（1）在实施过程中，部分井压力升高较大，为满足注入要求在地面流程中又增加了增压泵，后期发现前置段塞对储层造成了堵塞，导致后继的 SMG 主段塞很难注入储层深部发挥作用，不得已降低了 SMG 的注入粒径，虽然相对较小粒径的 SMG 能够注入储层深部，但发挥的作用打了折扣，如图4-67所示，2012年12月始增产效果受到影响开始下降。

（2）针对部分井升压不明显，部分时间段或将SMG的注入浓度由3000mg/L调整至4000mg/L，或将SMG注入粒径由微米级调升至亚毫米级，调整后对应生产井产油量均明显上升，含水率明显下降。

（3）为了进一步提高储层的动用程度，5口井开展了SMG分层注入工艺，吸水厚度比例由45.3%提高到67.8%。

（4）针对2口井注入压力持续增高达到了21MPa以上的问题，进行了小型压，裂使注入压力降低2~5MPa，基本达到了油藏配注要求。

3. 实施效果及分析

SMG注入后，试验区产量明显上升，日产油量由空白水驱的27.0t最高上升至58.5t，含水率由95.3%下降到91.1%，累计增产原油3.2×10⁴t，降水52.63×10⁴m³。SMG停注改水驱后生产形势依然向好，效果持续依旧保持稳定，在如此苛刻的油藏条件以及并不顺利的注入条件下，取得了不错的技术和经济效果。

1）产油和含水

如图4-67所示，自2010年10月前置段塞开始注入后，日产油量明显上升，含水率明显下降，产量由空白水驱阶段（2010年12月）的27.0t上升至58.5t（2012年2月），含水率由95.3%下降到91.1%；2011年6月开始注入SMG段塞后，产油量和含水率分别有一定程度的上升和下降，2012年12月由于近井地带的堵塞日益严重，SMG注入困难，将粒径由亚毫米级改为微米级后，继续注入SMG直到2014年1月改为单纯注水，这一期间，由于注入储层深部的是小粒径的SMG，其效果打折扣，增油降水效果相应比之前变差，但仍比之前水驱效果要好，停注SMG后继注水期间，随着贮留储层中的SMG颗粒的不断运移分布，继续发挥作用，生产形势逐渐向好发展（这一期间未做其他措施），2015年只在3口井恢复了间断性的SMG的注入，直到目前试验区整体维持在较好的状态。

这一过程体现了SMG深部调驱技术的规律，即SMG在储层中通过"暂堵—突破—再暂堵—再突破"的亿万次重复过程，不断使注入水转向进入相对低渗透储层或小孔隙中，

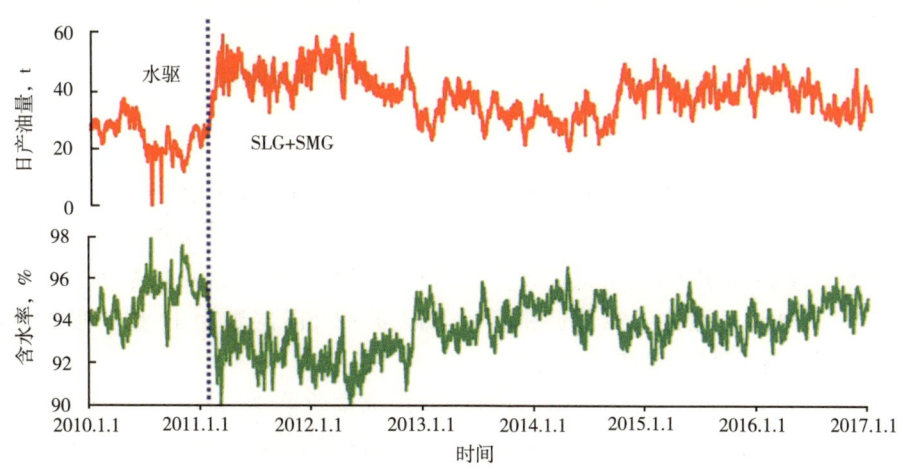

图4-67　LHSC油藏SMG调驱开采曲线

驱出其中的剩余油，这一规律证明了 SMG 的有效期长。如图 4-68 和图 4-69 所示，两口典型的单井生产曲线体现了同样的规律。

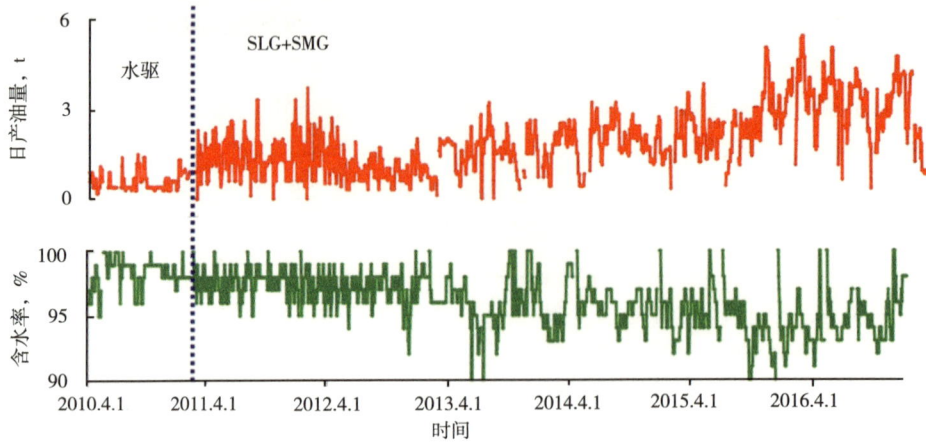

图 4-68　深部调驱生产井 L65-527 的开采曲线

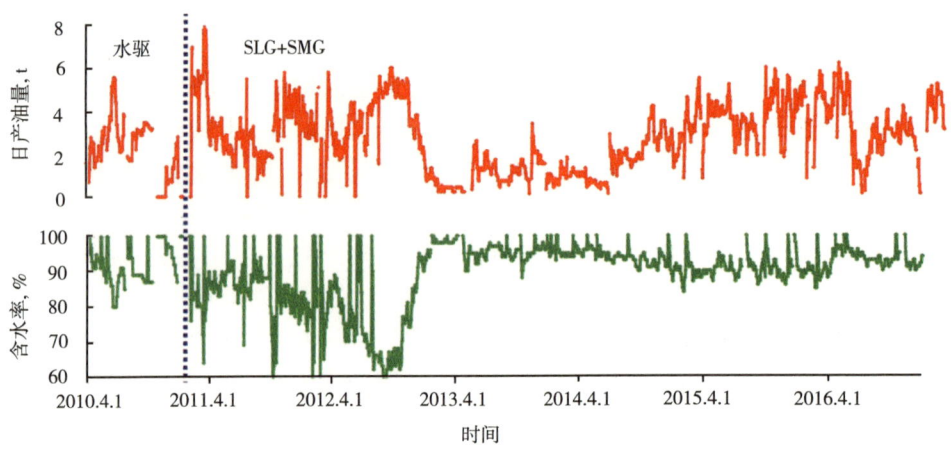

图 4-69　深部调驱生产井 L67-159 的开采曲线

2）监测和响应

（1）吸水和产液剖面得到拓展。对 10 口注入井吸水剖面资料统计表明，吸水厚度比例由 SMG 分散体系深部调驱前的 51.2% 提高到 SMG 分散体系深部调驱后的 60.7%，如图 4-70 所示，L68-60 井 SMG 分散体系深部调驱前吸水厚度 15.0m 层数为 5 层，吸水厚度比例 28.1%，SMG 分散体系深部调驱后吸水厚度 38.6m 层数为 11 层，吸水厚度比例 72.3%，对比前后吸水厚度提高了 44.2%。

如图 4-71 所示，L69-561 井 SMG 分散体系深部调驱前 28 号层为主产液层，占全井产液量的 56.7%，SMG 分散体系深部调驱后 28 号产液量有所下降，比例为 42.3%，而其他低产液层如 46 号层由 SMG 分散体系深部调驱前的 3.6% 提高到 SMG 分散体系深部调驱后的 10.6%。

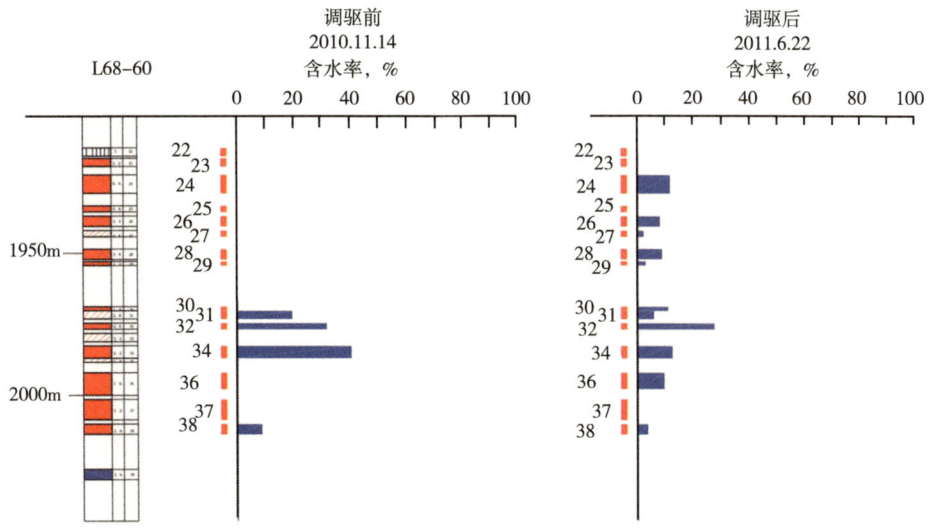

图 4-70 注入井 L68-60 调驱前后吸水剖面对比图

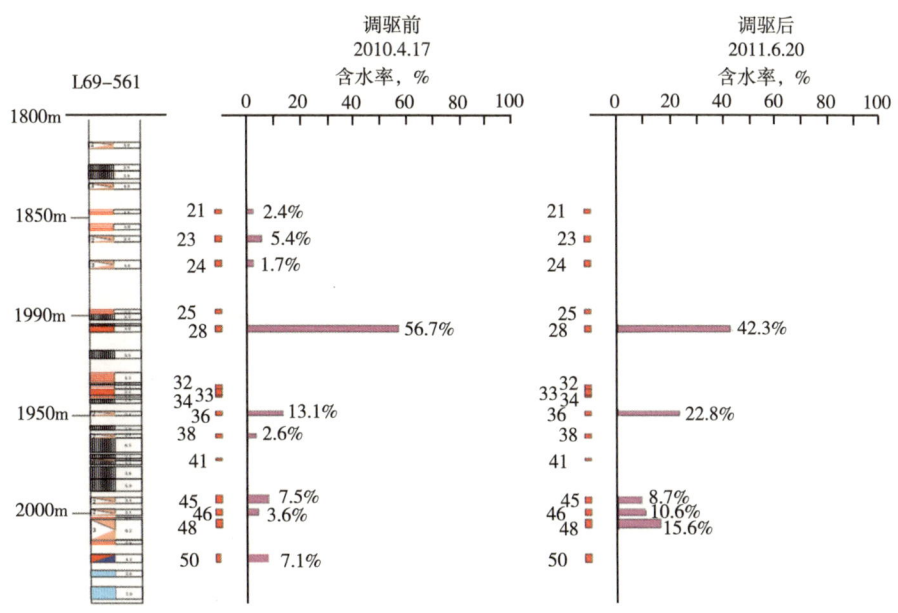

图 4-71 生产井 L69-561 调驱前后产液剖面对比图

（2）生产井见效率增加。SMG 分散体系深部调驱前后，油井的见效方向发生改变见表 4-16，油井单向受效比例由 SMG 分散体系深部调驱前的 42.9% 下降到 SMG 分散体系深部调驱后的 28.6%，双向受效方向的比例由 42.9% 上升到 47.6%，多向受效比例由 14.2% 提高到 23.8%。

（3）注入压力上升、视吸水指数降低。统计了 10 口注水井在 SMG 深部调驱前后的注水压力、视吸水指数的变化，见表 4-17，结果显示：①在 SMG 体系注入过程中，压力均有不同程度的上升；②SMG 体系深部调驱后的注水压力有一定程度的抬升，单井平均上升 4.5MPa；③视吸水指数有不同程度的降低，降低幅度约为 1.4%~74.7%，平均降幅为 27.1%。

表 4-16   LHSC 井区生产井见效情况

项目	总生产井数口	受效井数口	单方向		双方向		多方向	
			生产井数口	受效比例 %	生产井数口	受效比例 %	生产井数口	受效比例 %
SMG 分散体系深部调驱前	21	21	9	42.9	9	42.9	3	14.2
SMG 分散体系深部调驱后	21	21	6	28.6	10	47.6	5	23.8
差值			−3	−14.3	1	4.7	2	9.6

表 4-17   SMG 分散体系深部调驱前后典型注入井注入压力和视吸水指数

注入井	SMG 驱压力增加量 MPa	SMG 驱前			SMG 驱后			压力增加量 MPa	视吸水指数减少幅度 %
		压力 MPa	注入率 m³/d	视吸水指数 m³/(d·MPa)	压力 MPa	注入率 m³/d	视吸水指数 m³/(d·MPa)		
L65−029	0.5	14	51	3.6	18.0	60	3.3	4.0	8.5
L65−229	2.0	9.5	50	5.3	12.0	60	5.0	2.5	5.0
L67−59	1.0	13.0	65	5.0	14.2	70	4.9	1.2	1.4
L67−61	3.7	11.5	81	7.0	23.0	41	1.8	11.5	74.7
L68−60	0.5	13.0	60	4.6	16.5	65	3.9	3.5	14.6
L67−161	2.5	11.0	60	5.5	17.5	80	4.6	6.5	16.2
L68−560	3.5	12.0	72	6.0	17.0	67	3.9	5.0	34.3
L69−61	3.6	11.7	50	4.3	15.5	60	3.9	3.8	9.4
L71−161	0.5	14.0	40	2.9	14.5	40	2.8	0.5	3.4
L71−163	6.5	11.5	81	7.0	18.0	58	3.2	6.5	54.3

图 4-72 为数值模拟预测 LHSC 油藏深部调驱实际注入过程及优化过程产油量变化曲线，在实际注入过程中（曲线 A）出现堵塞造成增油效果在中间形成塌陷，无法真实体现

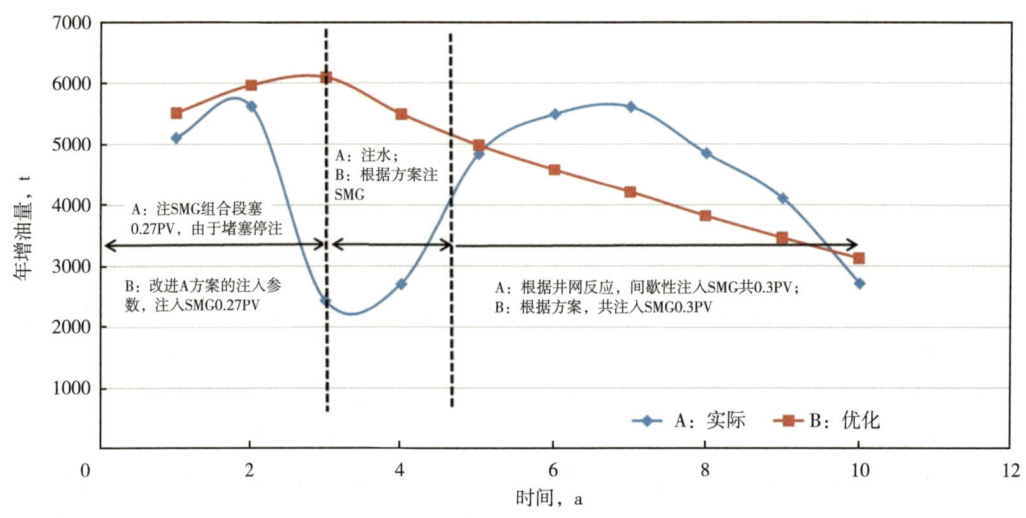

图 4-72   LHSC 油藏深部调驱实际注入过程及优化注入过程增产油量变化对比曲线

EOR 效果；优化注入过程中（曲线 B），优化相关段塞参数重新计算 SMG 分散体系驱油的过程，使该过程能顺利注入，消除实际注入过程中的堵塞、增压注入的影响后预测其生产效果。两个方案具体数据见表 4-18，实际 SMG 分散体系深部调驱提高采收率 4.9%，而优化注入的提高采收率为 5.3%。

4. 经济评价

按逐年实际价格计算（2017 年后为预测油价），项目实际总收入 2.12 万美元，全部按 30 美元/bbl 的低油价计算，总收入为 0.96 万美元，项目总投入 0.69 万美元，计算实际投入产出比为 1:3.1，即使在 30 美元/bbl 的低油价下仍然可以取得 1:1.4 的投入产出比，项目仍然具有较好的盈利能力；如果考虑在优化情况下完成项目，按逐年实际油价和 30 美元/bbl 的低油价下计算，经济效益还要好一些，投入产出比分别为 1:4.1 和 1:1.8。项目实际 EOR 桶油操作成本为 21.5 美元，优化后的 EOR 桶油操作成本为 16.8 美元，而 LHSC 的水驱采油桶油操作成本为 52.1 美元，桶油操作成本有大幅的下降（表 4-18）。投入产出比计算方法参见文献［12］。

表 4-18　LHSC 井区 SMG 分散体系深部调驱经济评价参数

时间 a	实际注入			优化注入			年实际油价 美元/bbl
	年产油 增量 t	年收益 （实际油价） 千美元	年收益 （30 美元/bbl） 千美元	年产油 增量 t	年收益 （实际油价） 千美元	年收益 （30 美元/bbl） 千美元	
1	5110.7	3905.8	1126.9	5510.7	4211.5	1215.1	104.0
2	5626.6	4183.3	1240.7	5967.0	4436.4	1315.7	101.2
3	2440.8	1734.4	538.2	6096.0	4331.9	1344.2	96.7
4	2709.5	969.7	597.4	5492.0	1965.5	1211.0	48.7
5	4843.0	1674.5	1067.9	4981.0	1722.2	1098.3	47.0
6	5494.9	1981.5	1211.6	4578.0	1650.9	1009.4	49.1
7	5613.0	2058.1	1237.7	4213.0	1544.8	929.0	49.9
8	4853.0	1845.6	1070.1	3818.0	1452.0	841.9	51.7
9	4115.0	1589.9	907.4	3459.0	1336.4	762.7	52.6
10	2719.0	1235.9	599.5	3122.0	1419.1	688.4	61.8
累计增油量，t	43525.5			47236.7			
增加采收率，%	4.9			5.3			
总收益，美元	—	21178.7	9597.4	—	24070.6	10415.7	
总投资，美元	6886.5			5825.9			
每吨油 EOR 成本，美元	21.5			16.8			
投入产出比	—	1:3.1	1:1.4	—	1:4.1	1:1.8	

5. 小结

LHSC 是一个多层、非均质强的高凝油油藏，在含水率高达 95.3% 的情况下，采用以颗粒型聚合物 SMG 为主的深部调驱技术取得了技术经济成功。如能吸取经验，进一步优化注入方案，技术经济效果还有提升的空间。

经济评价表明，SMG 分散体系深部调驱的桶油操作成本仅为 21.5 美元，较该油田水驱桶油操作成本 52.1 美元有大幅的下降；该目前实际投入产出比为 1:3.1，即使按 30 美元/bbl 的低油价计算，该项目投入产出比仍然可以达到 1:1.4，项目在低油价下有较强的生命力。

在低油价时期，大量的常规老油田处于盈亏平衡点附近，面临关闭或低价甩卖，但仍然有可观的剩余储量，采用高效的 EOR 技术可降低其生产成本，扭亏为盈。对于油公司来说，在低油价时期选择应用先进的 EOR 技术盘活老油田对保持公司的平稳运营是有战略意义的。

第九节　发　展　方　向

随着油田开发矛盾的日益复杂，深部调驱技术在解决更复杂难题的同时也将在各个方面取得发展。在理念方面，将从储层深部水驱方向的调整发展到整个注采流场的流动控制，以更精准适度的驱动分散的剩余油、更大幅度地提高采收率；在化学剂（材料）方面，将进一步提高耐温耐盐性能、降低成本，向智能化发展；在方法方面，将进一步优化组合应用不同类型化学剂（材料），充分发挥不同类型调驱剂的性能特点，提高对油层中的高渗透带及注水优势通道的封堵强度和驱替效果，提高注水井深部调驱效果，延长有效期；在应用范围方面将有更大的拓展，比如由目前的调水驱发展应用到调气驱，因为对于非均质油藏的气驱来说，其气驱不均的问题更严重。

一、复合调驱

不同类型调驱体系段塞的优化组合，充分发挥不同类型调驱剂的性能特点，提高对油层中的高渗透带及注水优势通道的封堵强度和驱替效果，提高注水井深部调驱效果，延长有效期。复合调驱是采用不同的调驱技术达到宏观、微观角度共同提高采收率的效果，是分类分级调驱概念的进一步升华。例如：聚合物携带缓膨颗粒等技术对油藏优势通道进行封堵，再用 SMG 等深部调驱技术深度挖掘小孔喉中的剩余油。根据油田实际需要，可以加入表面活性剂，提高微观洗油效率。

复合调驱的效果优于化学剂的单独使用效果。结合室内实验结果、油藏数值模拟技术和矿场试验经验来研究目标区块或油藏适宜的调驱方式、化学剂的类型，具体段塞优化组合方式，以最大限度地提高石油采收率、更好地发挥协同作用。

二、调气驱（二氧化碳防窜等）

低渗透油田水驱开发难度大，气驱（尤其二氧化碳驱）已成为一种行之有效的开发方式。非均质油藏中二氧化碳驱的气窜比水窜更难以发现和调控，要用与水驱完全不同的理念认识二氧化碳驱所面临的气窜问题。目前国内外的封气窜技术，都是从改善二氧化碳的流度或者利用化学剂封堵窜流层带入手来减缓或控制气窜，目前提出的封窜方法主要有水气交替（WAG）、二氧化碳泡沫、二氧化碳增稠、泡沫凝胶（泡沫+凝胶段塞）等方法，但都没能有效解决低渗透油层二氧化碳驱气窜问题，二氧化碳防窜封窜技术基本处于研发应用初级阶段，没能形成成熟有效的气窜防治及控制技术。将深部调驱技术理念、方法借鉴到解决气驱矛盾是重要的研究方向。

气窜防治与调控技术的发展方向，主要有两个方面的建议：一是结合二氧化碳驱油藏特点，利用二氧化碳驱导致的油藏环境，研发出二氧化碳响应就地凝胶的封窜体系；二是利用现有的耐酸耐油长效泡沫，研发形成耐酸抗油型泡沫凝胶体系等。

三、智能材料

高含水油田深部调驱转向技术，涉及众多调驱转向剂材料，其中交联聚合物凝胶是目前现场应用最广泛的转向剂材料，施工注入和地层中的深部运移导致凝胶剪切破损或破碎，使其对优势通道的封堵性能及效果大幅降低。此外，交联聚合物凝胶通常是聚合物溶液通过添加交联剂及助剂来实现和控制凝胶化过程及性能，但由于地层中不同化学物质的色谱分离差异，体系溶液到达地层封堵目标位置时的组成配方早已面目全非，交联性能难以保证，深部调驱转向效果大打折扣。为此，研发具有自修复性能或能借助环境条件实现凝胶化反应的智能型转向剂新材料，已成为转向剂材料研发的一个新方向。

智能型深部调驱转向材料的智能性主要体现在以下几个方面：

（1）根据油藏地层非均质优势通道的级次差异，通过优化分类使不同作用机理的调堵剂材料实现自适应的智能组合，达到理想的分级分类调驱效果。

（2）利用油藏环境中的本源物源，就地完成凝胶化形成深部优势通道封堵材料，如利用油藏高盐物源形成本源无机微凝胶、利用二氧化碳驱油藏就地形成二氧化碳响应凝胶等。

（3）研发出具有自修复能力的智能凝胶材料。

参 考 文 献

[1] WU X C, MENG Q C, XIONG C M, et al. An Innovative EOR Theory for the Target of 70% Recovery Factor—Synchronous Diversion-flooding Technology Mechanism and Verification by Physical Modeling and Pilot Test [C]. IPTC 18642-MS, 2016.

[2] WU X C, WU H B, BU Z Y, et al. An Innovative EOR Method for Waterflooding Heterogeneous Oilfield—Graded Diversion-flooding Technology and Verification by Field Comparison Tests [C]. SPE 187845-MS, 2017.

[3] WU X C, XIONG C M, HAN D K, et al. A New IOR Method for Mature Waterflooding Reservoirs: "Sweep Control Technology" [C]. SPE 171485-MS, 2014.

[4] WU X C, XIONG C M, XUN H B, et al. A Novel Particle-type Polymer and IOR/EOR Property Evalution [C]. SPE 177421, 2015.

[5] WU X C, QU D B, XU H B, et al. The Economic Analysis and Application Strategies of EOR Technology in Low-oil-price Period [C]. SPE 182145-MS, 2016.

[6] WU X C, SONG S M, XIONG C M, et al. A New Polymer Flooding Technology for Improving Heavy Oil Reservoir Recovery-from Lab Study to Field Application-case Study of High Temperature Heavy Oil Field Z70 [C]. SPE 174511, 2015.

[7] WU X C, XIONG Y, WU Y, et al. Successful Field Application of a New Polymer Flooding Technique Suitable for Mature Oilfields Against Low-oil-price Background—A Case Study from East China [C]. SPE 185524-MS, 2017.

[8] WU X C, YANG Z J, XU H B, et al. Success and Lessons Learned from Polymerflooding a Ultra High Tem-

perature and Ultra High Salinity Oil Reservoir－A Case Study from West China ［C］. SPE 179594－MS, 2016.

［9］ WU X C, ZHANG S, XIONG C M, et al. Successful Field Test of a New Polymer Flooding Technology for Improving Heavy Oil Reservoir Recovery—Case Study of Strongly Heterogeneous and Multi－layer Conglomerate Heavy Oil Reservoir XJ6 ［C］. SPE 179791, 2016.

［10］ WU X C, ZHANG J C, LIANG W Q, et al. Technical and Economic Evaluation of EOR Technology in Low－oil－price Period—A New Polymerflooding Case Study From China ［C］. SPE 185375-MS, 2017.

［11］ WU X C, CHEN W Y, XIONG C M, et al, Successful Sweeping Control Technology Test for Offshore Heavy Oilfield—Case Study of QHD32 Reservoir in Bohai Bay ［C］. OTC 27107-MS, 2016.

［12］ ZHONG Y S, YE Z J, CHEN G H, et al. Economic Assessment of Relations between Investment in Oilfield Productivity Construction and Daily Single－well Output ［J］. SINO－GLOBAL ENERGY, 2009 （14）: 52-56.

第五章　精细分层注水技术

注水是保持油层压力、实现油田高产稳产和改善油田开发效果的有效方法。中国油田储集层中92%为陆相碎屑岩沉积，纵向非均质性强，注水开发过程中注入水易沿高渗透层水窜。为提高水驱油田总体开发效果，应加强中渗透层和低渗透层注水。发展分层注水技术，实现多油层有效注水，是高含水后期、特高含水期继续提高水驱采收率的主攻方向之一。多年来，为满足油田不同开发阶段的技术需要、解决油田开发层间矛盾、实现高效有效注水，经过不断研究和技术创新，配水工艺从笼统注水发展到分层注水、从起下管柱调整发展到投捞水嘴调整再到地面直读测调，资料录取从单参数发展到多参数、从卡片划线发展到电子存储再到地面直读，分层注水管柱从固定式分层注水、活动式分层注水、常规偏心分层注水发展到同心集成分层注水、桥式偏心分层注水、桥式同心分层注水，配套测调技术从钢丝投捞发展到电缆直读测调[1]。近年来，针对分层注水动态合格率低、无法获取分层注水过程中分层参数的连续数据，进而无法满足油藏动态模拟的迫切需求，中国石油开展了分层注水全过程监测与自动控制技术，在井下长期放置温度、压力、流量传感器和流量控制系统，实现注水过程中分层参数的实时监测和配注量的自动测调，代表了中国石油目前分层注水工艺的最高水平，是下一步分层注水的发展方向。

同时，我国主力水驱油田已经相继进入高含水开采期，井液含水率普遍已达90%以上。由于含水率的不断上升，造成油井举升费用过高，油井开采接近甚至到达经济开采极限。当生产井采出液含水率超过98%，就不具备经济开采价值，需要停产关井，影响稳产；由于油水处理量逐年递增，地面工程改造量日益增多；随着液油比上升，系统回压升高，集输效率降低；大量产出水经过长程循环，导致集输系统能耗增加。控水、稳油、节能、降耗已成为提高我国主力油田经济效益的主要方向。采用井下油水分离技术是解决该问题的有效途径之一。通过开展井下油水分离装置研制，将现有的油井举升系统进行改进并与油水分离工艺相结合，对采出液进行井下油水分离，分离出的水直接回注到注入层，无地面水处理机构，分离出的油水混合液（含油较高的井液）则被举升至地面，实现在同一生产井筒内注水与采油工艺同步进行。井下油水分离同井注采技术对于特高含水期油田开发，在降低原油生产成本、减少地面污水排放、减少地面采出液处理量等方面具有独特优势，实现特高含水井高效节能、安全环保生产，是目前高含水油田控水、稳油、节能、降耗的有效手段之一。

第一节　桥式同心高效测调分层注水工艺

桥式偏心和电缆测调技术目前应用最为广泛，是主体分注技术。但是桥式偏心对定向井和大斜度井适应性较差，主要体现在投捞成功率低以及仪器对接成功率低等方面。为此，中国石油近年来又发展应用了桥式同心高效测调分层注水工艺，具有同心对接、同心测调的特点，能够实现在线直读测调和验封，无须投捞，对定向井、大斜度井、深井具有较强的适应性。桥式同心高效测调分层注水工艺原理如图 5-1 所示。注水井在作业完井时下入桥式同心配水器，用于实现分层注水。需要验封和测调时，由测试绞车携带仪器实现井下分层流量的调节和分层参数的监测，无须投捞作业。由于井下仪器与配水器同心对接、同心调整，而且具有桥式通道，采用电缆直读测调，因此被称为桥式同心高效测调分层注水工艺，在定向井和大斜度较为普遍的长庆、冀东等油田广泛应用，应用总井数超过6000 多口[2]。

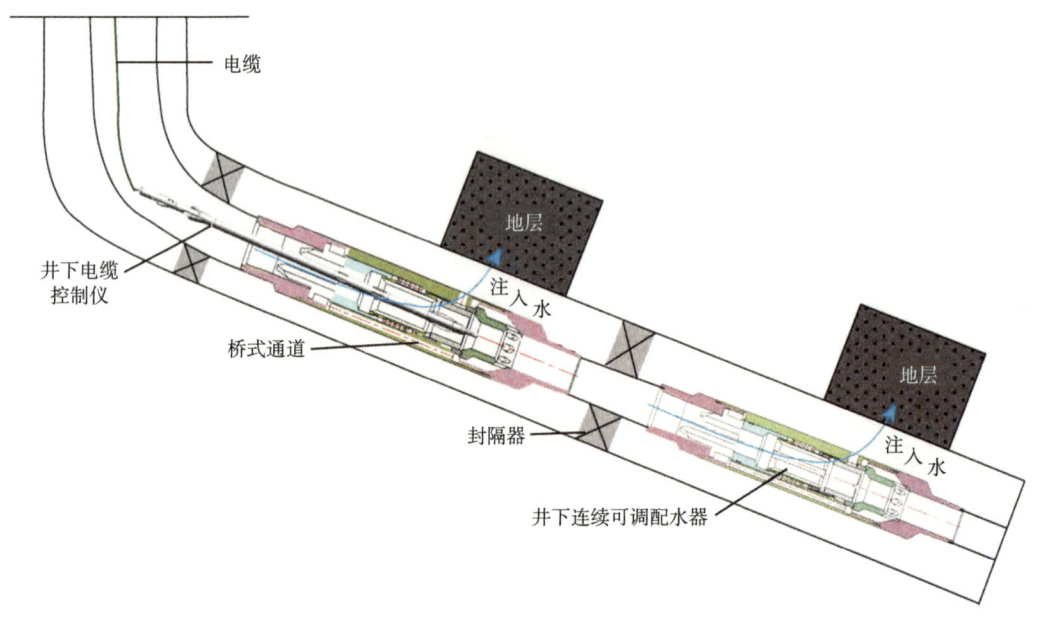

图 5-1　桥式同心高效测调分层注水工艺

一、桥式同心配水器

桥式同心配水器是桥式同心分层注水技术的核心工具，用于注水井井下分层配水。配水器集成连续可调水嘴，采用平台式定位机构，同心对接、同心调整，具有桥式过流通道。根据连续可调阀的位置不同可分为桥式同心 I 型配水器和桥式同心 II 型配水器两种类型，如图 5-2 和图 5-3 所示，不同之处在于水嘴的位置分别在配水器的同心位置和偏心位置。

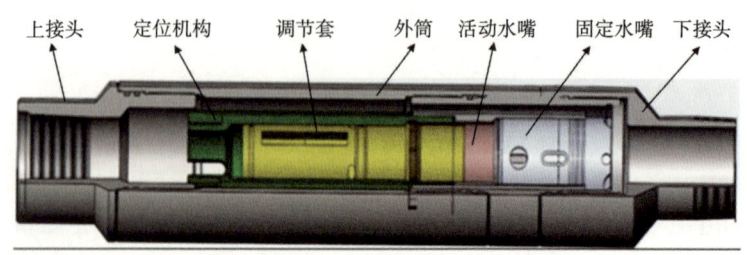

图 5-2　桥式同心 I 型配水器示意图

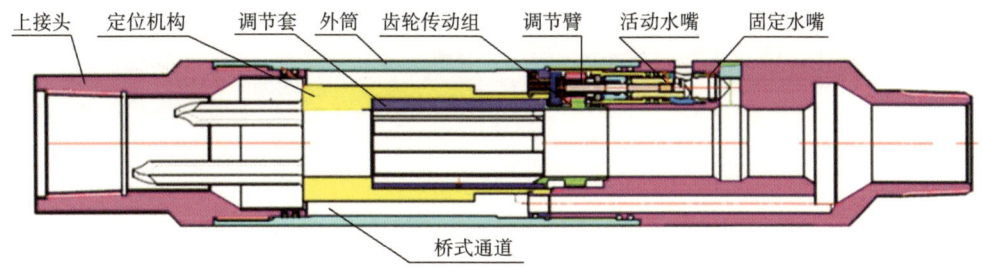

图 5-3 桥式同心Ⅱ型配水器示意图

桥式同心配水器主要由定位机构、外筒、调节套、活动水嘴、固定水嘴、上接头和下接头等组成，随分注管柱一起下入井中。当需要验封和测调时，地面测试车携带电动验封仪和测调仪下到分注管柱，与桥式同心配水器对接，带动同心配水器调节机构旋转，带动可调水嘴旋转，实现在线测调。

二、桥式同心直读测调仪

桥式同心直读测调仪用于桥式同心注水井的分层测调。直读测调仪从功能上主要包括流量计、扶正器、磁定位装置、集成控制装置、动力传递部分和电动调节部分等，实物如图 5-4 所示。工作时，电缆携带直读测调仪下入井下，与同心配水器对接，仪器集成温度、压力、流量传感器，实现上述参数的在线监测。同时，调节臂带动配水器调节套旋转，实现分层水量的在线调节，无须投捞，测调效率进一步提高。

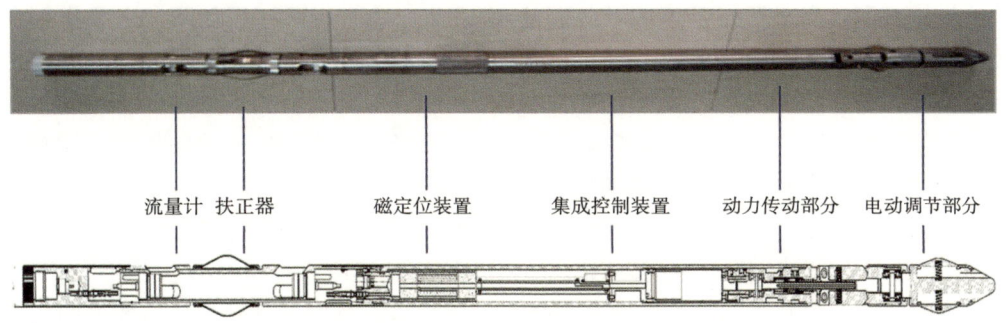

图 5-4 桥式同心直读测调仪

三、桥式同心直读验封仪

桥式同心直读验封仪用于桥式同心注水井的封隔器在线验封。直读验封仪包含了机械式验封仪所有功能，并增加了磁定位、地面直读和电动机控制等三种模块，由电动机旋转驱动密封件坐封和解封，实物图如图 5-5 所示。工作时，电缆携带直读验封仪下入井下，与同心配水器同心对接，仪器集成油管和嘴后两路压力传感器。验封过程在井口主动形成压力变化台阶，如果验封仪监测的嘴后压力不随油管压力的变化而变化，则封隔器密封，否则不密封。验封过程从下到上或者从上到下，一次完成，验封效率大幅度提高，风险进一步降低。

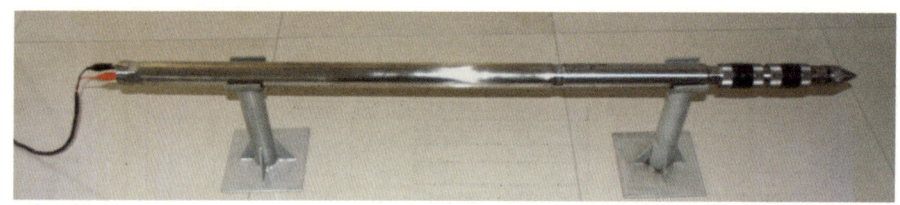

图 5-5　桥式同心直读验封仪

四、地面控制箱

地面控制箱是桥式同心高效测调分层注水工艺的配套地面设备，集供电、控制、数据采集、数据处理于一身。地面控制箱采用系统供电模块和程控电源模块相结合的方式，为整个系统供电。由主控制模块对不同指令和数据进行有效编码和解码，实现地面对井下仪器的实时控制，实现井下数据的实时采集，控制井下仪器完成验封和测调等工作任务。

五、应用案例

截至 2017 年底，桥式同心高效测调分层注水工艺在长庆、冀东、大港、华北、辽河、吐哈、新疆等油田应用总井数超过 6000 多口，测调成功率从 72% 提升到 90% 以上，单层测调误差由 10%~15% 减小到 5%~10%，平均单井测调时间由 1~2d 缩短到 6h 以内，封隔器验封时间由 5h 缩短到 2h 以内，验封成功率由 68% 提高到 95%，提升了分注技术在大斜度井、深井、多层小卡距井以及采出水回注井上的应用范围，改善了注水开发效果。

以冀东油田某大斜度井为例，最大井斜 50.7°，人工井深 3600m，三级三段，井下配水器采用桥式同心配水器，要求上下各配注 50m³/d。具体测调过程如下：电缆携带电缆直读测调仪下入任意一层配水器，在配水器上部 50m 左右，地面控制仪器支撑臂打开，继续下入，与当前层配水器一次性同心对接，地面控制调节臂旋转，根据地面直读结果自动或手动调整水嘴开度，按照地质要求实现配水。完成当前层测调后，地面控制直读测调仪上提，按照同样程序完成其他层段测调。从测调结果可以看出，第三层配水器要求配注 50m³/d，实测配注 41.6m³/d，单层调配误差 16.8%；第二层配水器要求配注 50m³/d，实测配注 56.4m³/d，单层调配误差 12.8%；第一层配水器要求配注 0m³/d，实测配注 0m³/d。所有层段的配注均能满足油田单层误差 20% 以内的要求。案例井管柱、井口和测调成果曲线如图 5-6 和图 5-7 所示。

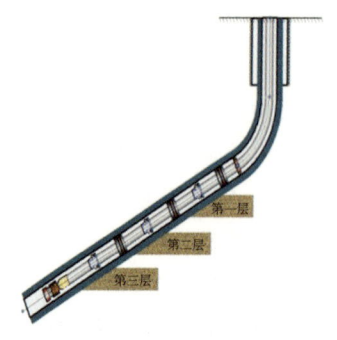

图 5-6　桥式同心高效测调分层注水工艺管柱结构和井口

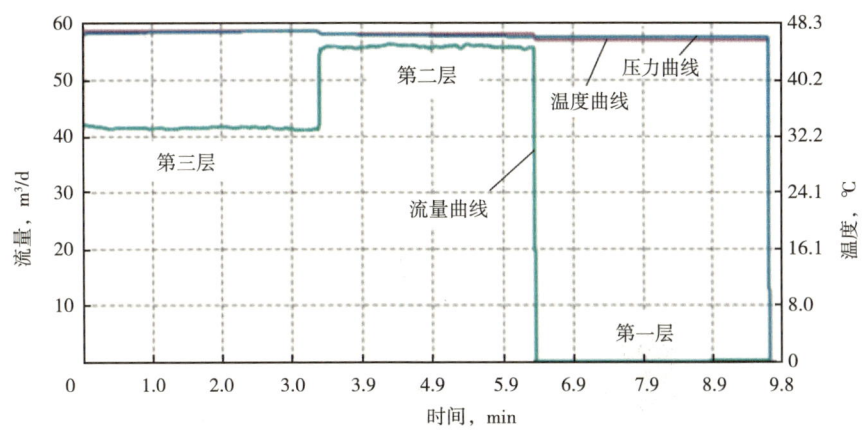

图 5-7　桥式同心高效测调分层注水工艺现场测调成果曲线

第二节　分层注水全过程监测与自动控制技术

桥式偏心和桥式同心分层注水技术实现了电缆直读测调，测调效率和精度得到了进一步提升，构成了中国石油第三代分层注水技术。经过几十年的发展，国内油田分层注水技术无论从细分程度还是应用规模上都达到了国际领先水平。随着中国石油主力老油田进入高含水和特高含水开发后期，注采关系更加复杂，驱替场动态变化频繁，无效低效循环严重，对配水精度和测调周期要求更高，如何进一步挖掘剩余油仍面临很多挑战，主要表现在：（1）现有技术测调效率低，难以满足日益增长的测调工作的需要，注水合格率下降快，水驱效果差。据统计，大庆油田 6 个月注水合格率下降 30%，长庆油田 6 个月注水合格率下降 40%；（2）现有技术只有在测调过程才能够实现分层参数的监测，获得的数据是有限的、随机的，无法对分层流量和嘴后压力等重要参数进行长期、实时、持续的监测等，无法为油藏分析和管理提供注水全过程数据，进而无法实现注水方案的实时优化。针对上述挑战，中国石油发展形成了适应不同油藏开发特点的第四代分层注水技术，旨在实现注水井单井分层压力和注水量的数字化实时监测，实现区块和油藏注水动态监测的网络信息化，实现注水方案设计与优化和井下分层注水实时调整为一体的油藏、工程一体化，有效提高水驱动用程度，控制含水率上升，提高水驱开发效果。第四代分层注水工艺的核心是能够实现分层注水全过程监测和配注量自动（手动）控制，按照施工工艺和数据传输方式的不同分为有缆式和无缆式。有缆式分层注水工艺的特点是完井过程油管外绑缚单芯电缆，通过管外电缆实现井下分层参数的实时监测。而无缆式分层注水工艺的特点是监测全过程数据存储在井下，需要读取数据时下入通信仪器实现数据的读取[3]。

一、预置电缆分层注水全过程监测与自动控制工艺

预置电缆分层注水全过程监测与自动控制工艺原理如图 5-8 所示，主要由一体化配水器、过电缆封隔器、地面主机（含操作界面）、配套的电缆连接器和电缆卡子等组成。完井过程中，油管外电缆随油管柱一起下入，从套管通道连接到地面控制箱。单芯电缆的作

用包括：（1）对井下配水器供电，为电路板、电动机和传感器等提供电能。（2）通过载波通信技术实现井下分层流量、嘴前压力、嘴后压力和温度等参数的实时监测。（3）通过载波通信技术实现对井下控制指令的下达。这项技术的主要优势是地面供电，不受电量限制，数据双向通信的实时性好，相当于植入井下的"眼睛"和"手"，可实时获取分层参数，实时调整分层流量[4]。

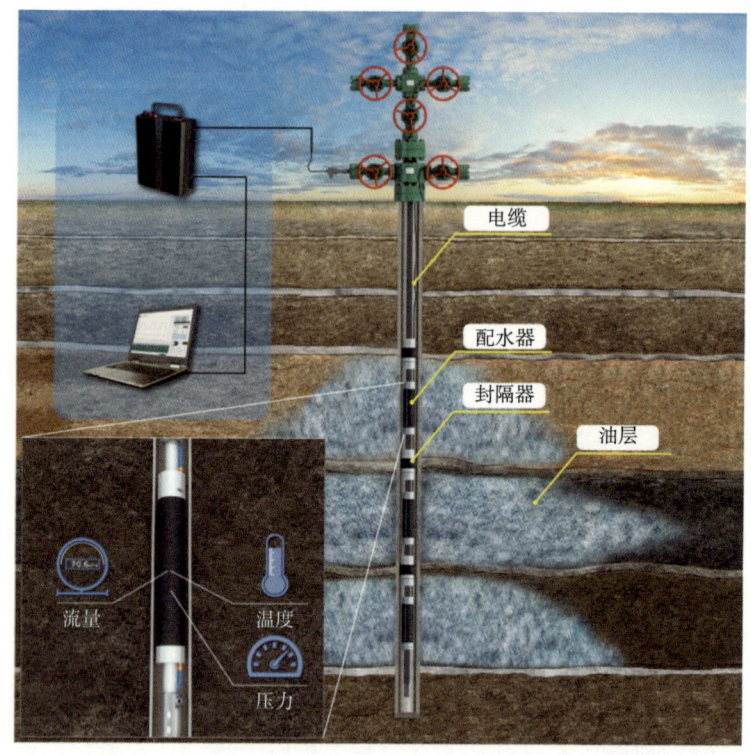

图 5-8　预置电缆分层注水全过程监测与自动控制工艺

1. 预置电缆一体化配水器

预置电缆一体化配水器是缆控分层注水全过程监测与自动控制工艺的核心，配水器集成电动机传动总成、堵塞器、流量计、流量监测和处理器、两路压力监测器等，典型预置电缆一体化配水器如图 5-9 所示，由不同功能柱组成，分别实现流量监测、两路压力监测（嘴前和嘴后）、流量调节和双向载波通信。

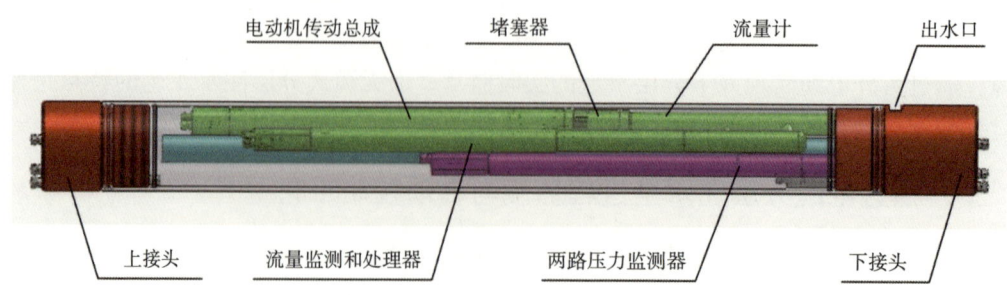

图 5-9　预置电缆一体化配水器示意图

流量计是井下配水器最关键的部件。目前常用流量计有井下涡街流量计、电磁流量计和超声波流量计，每种流量计各有优缺点。图5-10为井下涡街流量计原理示意图，其原理是在所测流体通道内设计发生体以产生卡曼旋涡，旋涡产生的频率与流量在一定范围内呈线性关系，通过检测卡曼涡街的频率就可以得到对应的流量数据。

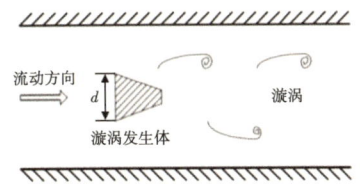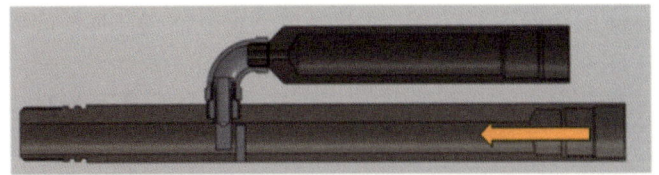

图5-10　井下涡街流量计原理示意图

高精度陶瓷水嘴是井下调节流量的关键部件，目前一般选用高纯度 Al_2O_3 陶瓷为原材料，采用高精度模压技术，制造成定型的水嘴。而对于执行电动机的要求是要求井下减速电动机体积小，还要提供足够大的扭矩，需选用低速高扭矩减速电动机，并设计精密的机械传动系统。典型水嘴和减速电动机实物如图5-11所示。

(a)减速电动机　　　　　　　　　　(b)水嘴

图5-11　井下减速电动机和水嘴

2. 可洗井过电缆逐级解封封隔器

可洗井过电缆逐级解封封隔器是能够过电缆的封隔器，主要用于配套预置电缆分层注水全过程监测与自动控制工艺，一般要求过电缆封隔器能够不占用主通道，以免影响注水井吸水剖面测试等工艺。典型可洗井逐级解封封隔器内部结构如图5-12所示，由坐封活塞套、锁环定位环、销钉挂、隔环、注水座、洗井阀座、内衬管、电缆高压连接组件、上

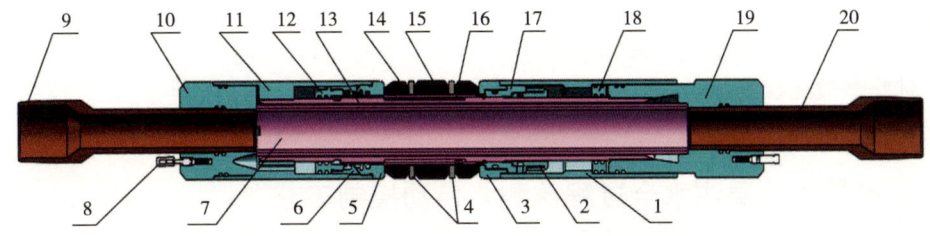

图5-12　可洗井过电缆逐级解封封隔器内部结构

1—坐封活塞套；2—锁环定位环；3—销钉挂；4—隔环；5—注水座；6—洗井阀座；7—内衬管；
8—电缆高压连接组件；9—上接头；10—上主体；11—洗井阀套；12—洗井阀；13—中心管；14—边胶筒；
15—中胶筒；16—衬管；17—销钉座；18—坐封活塞；19—下主体；20—下接头

接头、上主体、洗井阀套、洗井阀、中心管、边胶筒、中胶筒、衬管、销钉座、坐封活塞、下主体、下接头等部件组成。

可洗井过电缆逐级解封封隔器具有如下功能。

（1）坐封：从油管内憋压，液压经连接头的孔眼作用在坐封活塞上，坐封活塞推动坐封活塞套及销钉座，剪断坐封销钉压缩胶筒，坐封活塞套与锁环完成定位锁定；同时洗井阀在液压作用下下移关闭洗井通道，封隔油套环形空间。泄掉油管压力后，因坐封活塞套与锁环分瓣卡瓦锁在一起，胶筒不能弹回，始终处于封隔油套环形空间的状态。

（2）洗井：从套管内注入不小于 0.1MPa 压差的带压水流，液压经内衬管孔眼作用在洗井阀上，推动洗井阀上行，洗井阀被打开，水流便经内衬管水槽、内外中心管环形空间及锁套水槽流到封隔器下部的油套环形空间，达到反洗井的目的。

（3）解封：上提管柱，上接头带动内中心管和连接头向上运动，连接头拉动洗井阀套上行，而坐封活塞套、中心管、锁套以及分瓣卡瓦等零件由于胶筒与套管之间有摩擦力保持相对不动，锁套与分瓣卡瓦分离，剪断解封销钉，胶筒即可弹回，恢复原状，完成解封过程。

3. 地面控制箱和软件系统

地面控制箱主要用于发送同步测调指令和存储回传数据，并通过电缆为井下配水器提供动力电源。地面控制和储存硬件平台，实现发送控制指令、录取数据和大容量数据存储等功能，地面控制箱实物如图 5-13 所示。软件系统用于读取注水井工艺数据和数据分诉、判断、提示和报警等，形成数据成果表并统计月、年表报等。

图 5-13　地面控制箱实物

预置电缆分层注水全过程监测与自动控制工艺最大的特点是实时性好，不受井下电池影响，对井型适应性强，适应于直井、斜井和定向井，测试、验封、调配等操作都无须动用测试车，综合成本低。

二、可投捞分层注水全过程监测与自动控制工艺

预置电缆分层注水全过程监测与自动控制工艺是一种有缆式分注工艺，具有实时性好的优点，但是也存在施工简单的问题。因此，近年来形成了可投捞分层注水全过程监测与自动控制工艺，它的核心功能与预置电缆分注工艺相似，不同之处在于它是电池供电，作业与常规作业一样，管外无电缆，需要读取数据时下入通信短节实现连续数据的读取。

可投捞分层注水全过程监测与自动控制工艺涉及机械、电子、自动控制等技术领域，包括井下电源管理、井下流量计量、流量控制调节、嘴后压力测量、温度测量、地面与井下接力通信、投捞定位等一系列技术和工艺。可投捞一体化配水器长期工作于井下，完成注水量的控制与调整，以及井下流量、压力和温度等参数的监测和存储。当地面需要与井下可投捞一体化配水器进行通信时，施工车辆通过钢管电缆下入通信短节，通信短节与井下各配水器之间进行无线通信，完成可投捞一体化配水器数据读取以及控制指令的注入[5]。若可投捞一体化配水器电池电量耗尽或配水器出现故障，可下入投捞工具，对任意一层配水器进行打捞，更新配水器后再投入到相应层，可投捞分层注水全过程监测与自动控制工艺原理如图5-14所示。

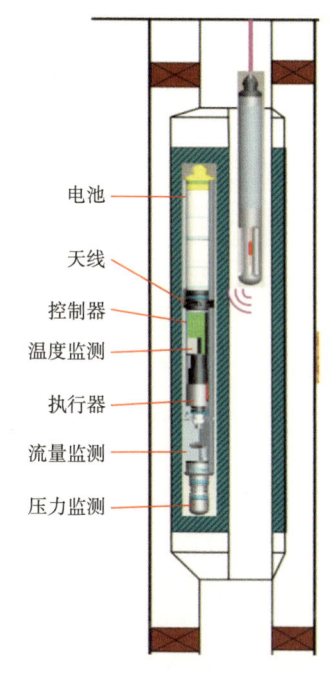

电池
天线
控制器
温度监测
执行器
流量监测
压力监测

图5-14 可投捞分层注水全过程监测与自动控制工艺原理示意图

1. 可投捞一体化配水器

可投捞一体化配水器由壳体、电池组、无线通信模块、控制电路、减速电动机、平面水嘴、压力传感器和流量计等组成，整体设计方案如图5-15所示。系统以电池作为电源，减速电动机为执行器件，水嘴开度可动态调整，可投捞一体化配水器上集成流量传感器、嘴后压力传感器和温度传感器，可实时采集井下数据，监测井下状态并根据设定自动调整注水量。通过天线与通信工具进行无线通信，实现地面指令的注入和井下数据的读取。可投捞一体化配水器壳体由高强度不锈钢制造，无线通信窗口部分采用PEEK材料（聚醚醚酮），既能保持整体强度，又能保障无线信号的良好传输。

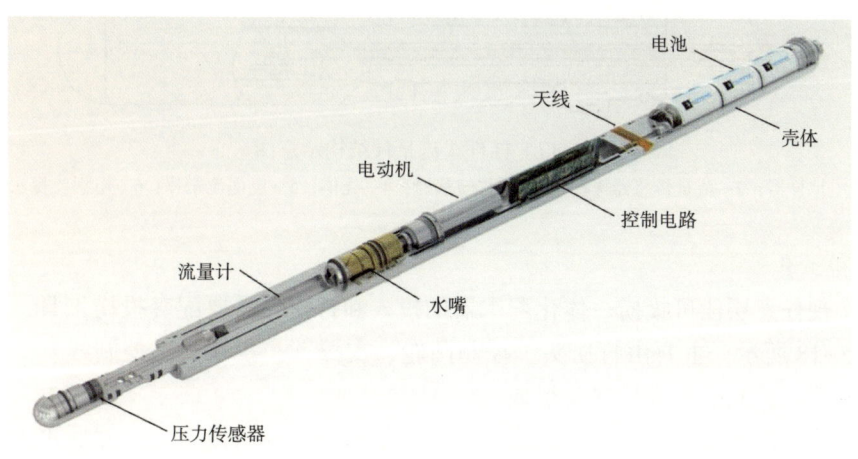

电池
天线
壳体
电动机
控制电路
流量计
水嘴
压力传感器

图5-15 可投捞一体化配水器整体设计方案

采用平面水嘴技术，与目前油田普遍应用的轴向水嘴相比，平面水嘴具有全关无泄漏、受力对称、耐污染、无卡死工况、可自洁等诸多优点，但是高压差下难以打开，设计难度大，其结构示意图如图5-16所示。该水嘴以高纯度氧化锆陶瓷为原材料，采用高精度模压技术制成，形状简单，寿命长。

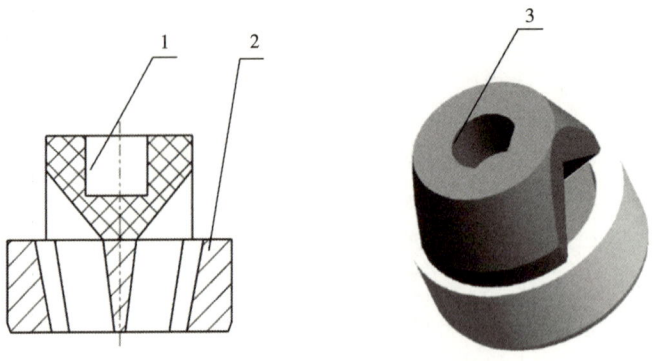

图5-16 平面水嘴结构示意图
1—主动阀片；2—阀座；3—平面水嘴轴测图

可投捞一体化配水器由于需要投捞，受到其尺寸限制，现有井下流量计难以应用。针对配水器结构，应用了一种杠杆式流量计，结构示意如图5-17所示。主要包括取样器、流量传感器探杆、位移转移杆、壳体、电涡流靶片和电涡流探头等组成，当水流经取样器时，冲击取样器的斜面，促使流量传感器探杆产生偏转位移，该位移通过位移转移杆带动电涡流靶片产生位移，电涡流探头检测电涡流靶片的位移，其大小与水的流量成一定函数关系。杠杆流量计具有结构小巧、抗干扰能力强、功耗低、量程比宽、耐高压等诸多优点，很好地满足了一体化配水器要求。

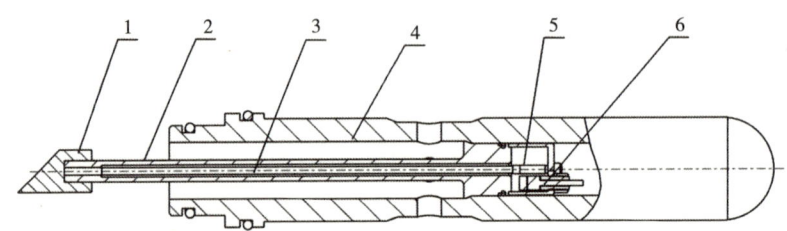

图5-17 杠杆式流量计结构示意图
1—取样器；2—流量传感器探杆；3—位移转移杆；4—壳体；5—电涡流靶片；6—电涡流探头

2. 投捞工具

为了实现任意层段可投捞一体化配水器的投入和打捞，需要配套投捞工具，投捞工具示意如图5-18所示，主要由打捞头、控制凸轮、支撑臂、投入头、控制线、一体化配水器、工具主体、控制机构和导向头组成。

当进行投入配水器作业时，首先将投捞工具下入到目标层段下方，然后再上提，投捞工具的控制机构将沿偏心配水管柱的导向槽转动，将投捞工具打开方向对准偏心管柱的偏心方向，实现导向。导向完成后，凸轮机构的凸台和偏心管柱的凹槽卡住，当上提力达到某一阈值时，投捞工具的控制机构解锁，继续将投捞工具和一体化配水器上提，其产生的位移被控制线传导到控制凸轮，并拉动空间凸轮旋转，一体化配水器被弹出，此时再次下

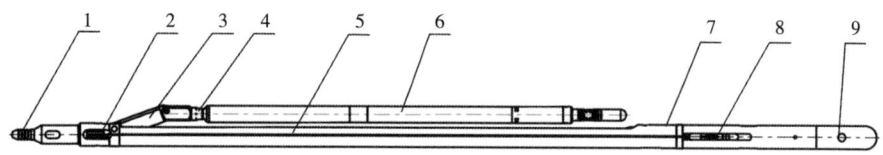

图 5-18　投捞工具结构示意图

1—打捞头；2—控制凸轮；3—支撑臂；4—投入头；5—控制线；
6—一体化配水器；7—工具主体；8—控制机构；9—导向头

放投捞工具，一体化配水器将被投入到卡座中并卡死，然后上提投捞工具，将连接投捞工具和一体化配水器的固定销子剪断，提出投捞工具，完成井下配水器的投入。打捞可投捞一体化配水器时，投捞工具完成导向定位、解锁、弹出等工艺后，打捞头将可投捞一体化配水器抓取并解锁，将可投捞一体化配水器捞出。投捞工具可完成可投捞一体化配水器投入和打捞工作，以完成电池更换、系统升级和故障处理等工作，从而延长系统寿命。

3. 通信短节

通信短节能够完成指令注入和数据传输等工作，结构示意如图 5-19 所示。可投捞分层注水全过程监测与自动控制工艺采用了接力通信实现地面和井下的数据传输，通信短节起到了桥梁作用。通信工具通过电缆与地面控制中心相连，并通过电缆调制方式同时实现通信工具的供电和双向通信。同时，通信工具以无线方式和可投捞一体化配水器通信，完成地面指令的下达以及可投捞一体化配水器测量数据的上传。

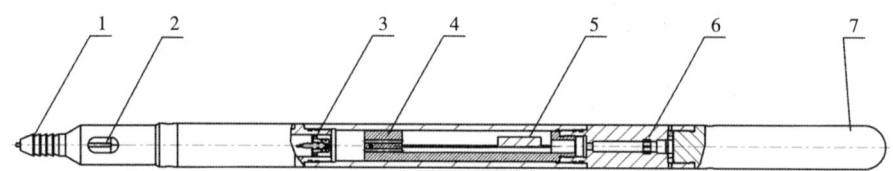

图 5-19　通信短节结构示意图

1—打捞头；2—钢管电缆；3—密封适配器；4—支座；5—主控板；6—无线通信天线；7—加重杆

4. 偏心配水管柱

为了不占用中心通道，配水管柱采用偏心结构。偏心配水管柱示意如图 5-20 所示，主要由管接头、偏心封头、导向槽、锁止机构、定位板、基座、导向凸轮和保护接头组成，保护接头主要用于运输过程中的螺纹保护。

可投捞分层注水全过程监测与自动控制工艺最大的特点是井下配水器可投捞，当电池没电或者系统故障时，能够不动管柱实现配水器的更换。但是也有明显缺点，首先数据不

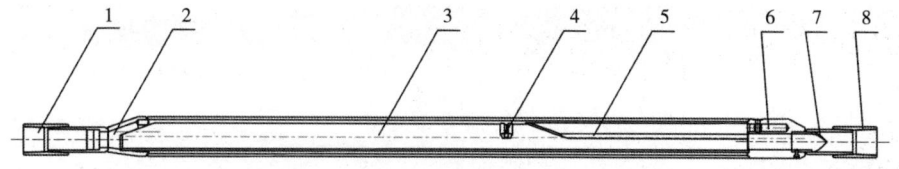

图 5-20　偏心配水管柱结构示意图

1—管接头；2—偏心封头；3—导向槽；4—锁止机构；5—定位板；6—基座；7—导向凸轮；8—保护接头

是实时读取，需要测试车下入通信短节读取存储的连续数据。另外，对于定向井和大斜度井，投捞成功率会大幅度下降。

三、可充电式分层注水全过程监测与自动控制工艺

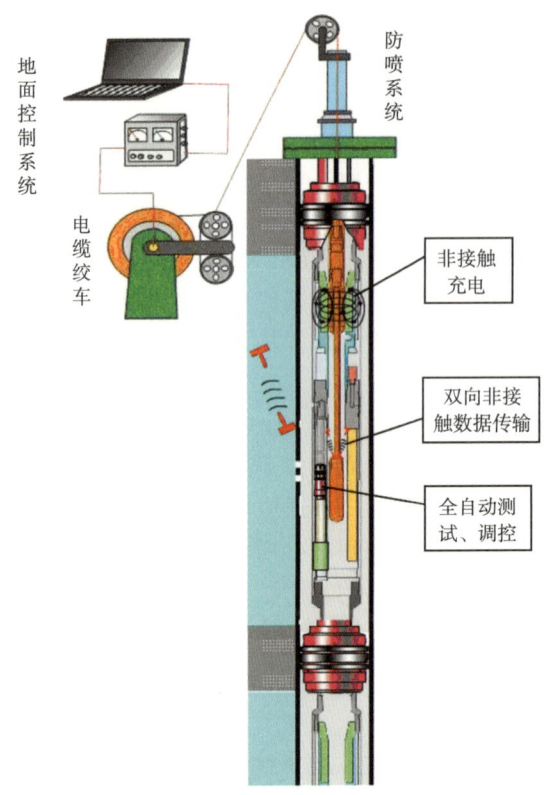

图 5-21　可充电式分层注水全过程监测
与自动控制工艺示意图

可充电式分层注水全过程监测与自动控制工艺与可投捞分层注水工艺类似，能够实现注水全过程连续数据的监测和存储，以及配注量的自动测调。当需要下达指令或者读取井下数据时，同样需要施工车辆通过钢管电缆下入通信短节，通信短节与井下各配水器之间进行无线通信，完成可充电一体化配水器数据读取以及控制指令的注入。两者不同之处在于井下配水器不可投捞，通过在线充电的方式实现井下能量的供给。可充电式分层注水全过程监测与自动控制工艺原理示意如图 5-21 所示。

1. 可充电一体化配水器

可充电一体化配水器由流量传感器、压力传感器、温度传感器、测控电路板、天线、流量控制阀、电池组、电能转换器接收端组件等组成，实物如图 5-22 所示。流量传感器、压力传感器、温度传感器、测控电路板构成了工作参数采集组件；测控电路板上的水下无线数据传输模块、天线构成了数据通信组件；流量控制阀采用大扭矩电动机加减速器驱动传动轴总成控制阀芯的开度，实现流量电控调节执行组件；电能转换器次级、测控电路板上的电源管理电路、电池组构成电源管理组件；各组件由测控电路板上的主逻辑处理电路进行统一管理，协调工作。在主逻辑处理电路中一体化测调算法的控制下，工作参数采集组件和流量电控调节执行组件形成闭环反馈系统，实现分层流量的自动测调。测调周期、监控周期、目标配注量、调配精度等信息记录在主逻辑电路的存储器内，数据可通过前端控制器进行修改。当调配周期到达时，配水器

图 5-22　可充电一体化配水器实物图

主逻辑电路自动唤醒，按预定配注量进行流量调配，调配完成后记录数据并进入休眠状态[4]。当测试仪到达指定配水器后，配水器重新进入唤配状态并通过无线通信组件接收地面的控制信息，实现流量人工测调，历史记录上传、调配参数修改等功能。

2. 可充电实时监测分层注水工艺井下测试仪

可充电实时监测分层注水工艺井下测试仪是地面数据与井下数据相互传输的桥梁与纽带，它具有数据读取和充电的双重功能。当需要对井下可充电一体化配水器的工作参数重新调整或需要对历史监测数据进行上传时，电缆携带测控仪下入井下，应用磁信号定位原理在井下配水器定位对接，采用电缆通信与无线通信相结合的方式进行数据传输。井下测试仪由充电功能模块和测控功能模块组成（图5-23）。配水器应用电池组为压力计、流量计、流量控制阀等用电设备供电，当配水器内的电池组剩余电能下降需要补充时，下入电源管理仪，利用非接触方式与配水器建立连接。电力通过主机传送到电池管理仪发射端组件，该组件应用电磁感应原理形成交变电磁场向外辐射。在配水器内部的接收端模块上产生偶合交变电磁场并形成感应电流，经滤波、整流及充电电路实现电池组电力补充。

充电功能模块　　　　　　　　　　　　测控功能模块

图5-23　可充电实时监测分层注水工艺井下测试仪

3. 地面主机

地面主机是可充电式实时监测分层注水工艺中的一个关键环节，它既是数据通信的中转站也是计量测试仪供电的核心模块，同时对仪器的工作状态直接进行显示。地面主机电源系统一般要求具有如下性能指标。（1）具有宽电压输入范围，适合AC220V供电系统和AC380V供电系统；（2）对现场电动机或者变频器引起的干扰信号进行隔离，特别是在用逆变器供电的场合能够很好地起到净化电源、稳定系统可靠性；（3）面对复杂的用电环境，电源系统自身具有包括过载保护、防浪涌电路、差模抑制电路、共模抑制电路、过压保护等保护措施；（4）设置了监测仪表，用于监控系统的工作状态，通过读取仪表读数判断测试仪的工作状态；（5）预留了一个备用插座，用于笔记本电脑供电，方便现场使用。

第三节　第四代分层注水技术应用案例

一、第四代分层注水技术特点

第四代分层注水技术实现了分层注水全过程监测和自动控制，使"眼睛"和"手"延伸到各个层段，对各层的认识更加精准，对各层的调控更加快捷。截至2017年10月底，中国石油的大庆、长庆、吉林和华北等油田现场应用了150口井。从工艺上看，第四代分层注水技术主要具有以下特点。

（1）实现了注水过程分层压力、分层流量等参数的实时监测，可方便地测试分层注水指示曲线，及时判断各层吸水状态，测试过程无须测试车。此外，还能方便进行在线静压测试和分层压降测试，实现井下关井试井。

（2）可以实现分层流量的定时自动测调，也可以根据注水量变化随时手动调整，便于加密测试，使分层注水动态合格率长期处于合格水平，提高水驱开发效果。

（3）便于层间周期轮注等方案的实施。层间轮注是指每个层轮换注水，初期可以根据吸水情况放大日注水量，但保持整个周期总注水量不变。层间轮注既能满足单层配注要求，又能减少层间调配。吉林新立油田现场试验表明：层间轮注既可以减少测调工作量，又能降低注入压力，有利于防治套损。针对注水比较困难的低渗透油藏，建议扩大层间轮注应用范围。

（4）通过实时监测嘴后压力，严格控制嘴后压力界限，减少套损井比例。套损严重是中国石油各油田的普遍性问题，大量套变井的存在，严重影响了注采井网的完善程度，限制了分层注水的实施。嘴后压力是影响套损的重要参数。第四代分层注水技术能够实时监测嘴后压力，进而严格控制注水压力，降低套损率。

（5）免除了大量的现场测试施工，全生命周期综合成本得到有效控制。应用2~3年后总费用就可以与现有技术持平，连续工作超过3年后，综合成本就能低于现有技术。

二、现场应用过程中的典型功能曲线

（1）典型自动测调曲线如图5-24所示。大庆某井第二层，要求配注方案60m³/d，允许调配误差±10%以内，自动测调周期设置为20d，每20d测调一次，保持注水合格率长期处于合格水平。

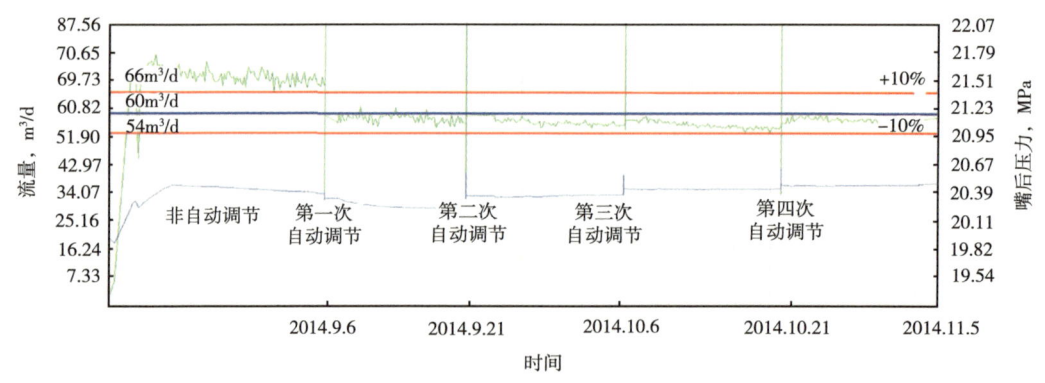

图5-24　典型自动测调曲线

（2）异常点监测曲线。工艺不仅可以连续监测到投产施工后的压力恢复过程，同时也能监测到配注过程中存在的配水间维修停注等现象。

（3）可充电配水器在线充电曲线如图5-25所示。下入仪器可以实现对井下配水器的在线充电，单层充电时间为2.5h。

（4）分层流量、压力实时监测曲线如图5-26所示。大庆某井第2层方案配注量为30m³/d，调整合格后该层段注入量逐步下降，一周后配注量已不合格，不采取任何措施，一个月后该层段配注量下降到了18m³/d，只有通过实时监测工艺才能够发现。

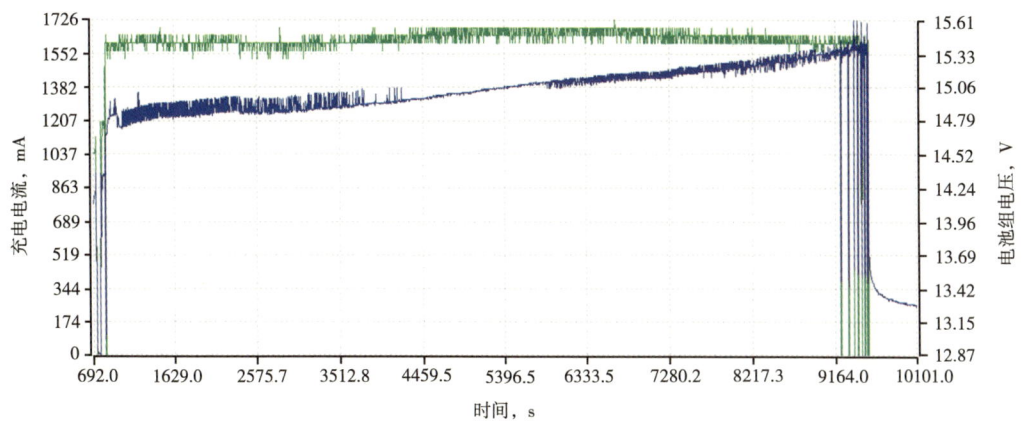

图 5-25　可充电配水器在线充电曲线

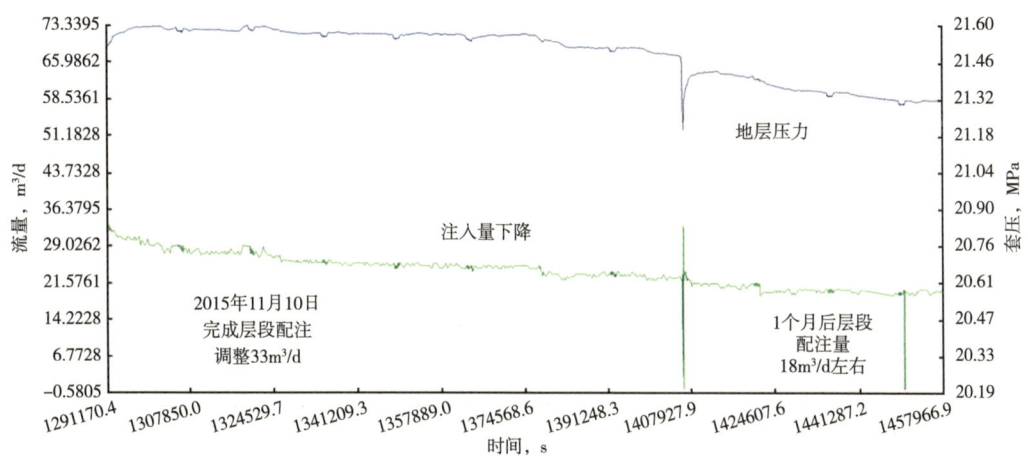

图 5-26　分层流量、压力实时监测

（5）在线指示曲线测试如图 5-27 所示。利用该工艺，方便实现了注水指示曲线在线测试，无须动用测试车。井口主动产生压力变化台阶，直接观察嘴后压力、嘴前压力的变

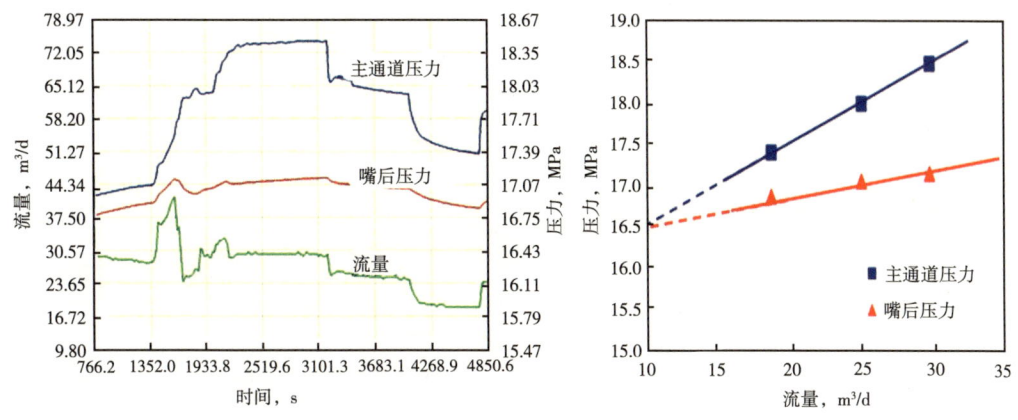

图 5-27　指示曲线的在线绘制

化，据此绘制出嘴前压力的指示曲线和嘴后压力的指示曲线。

（6）在线静压测试如图 5-28 所示。该工艺实现了注水井停层不停井的静压测试，改变了传统静压测试方法，降低了对生产井的影响。图 5-28 为某层段静压测试曲线，曲线显示：2d 后，压力曲线出现水平段，由 20.7MPa 下降至 17.9MPa。

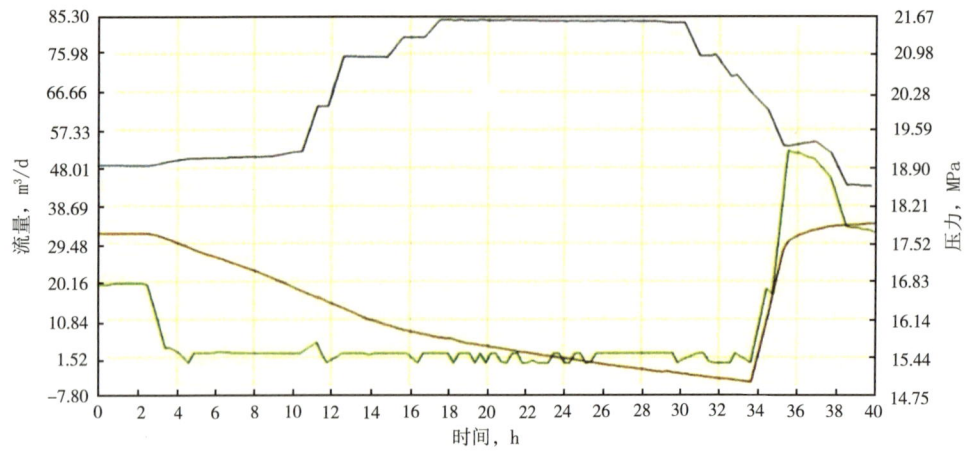

图 5-28　在线静压测试

（7）层间干扰测试曲线如图 5-29 所示。主动改变一层配注量（图中偏 5 配注量），同步观察其他层的流量、压力的变化，便于测试层间干扰。

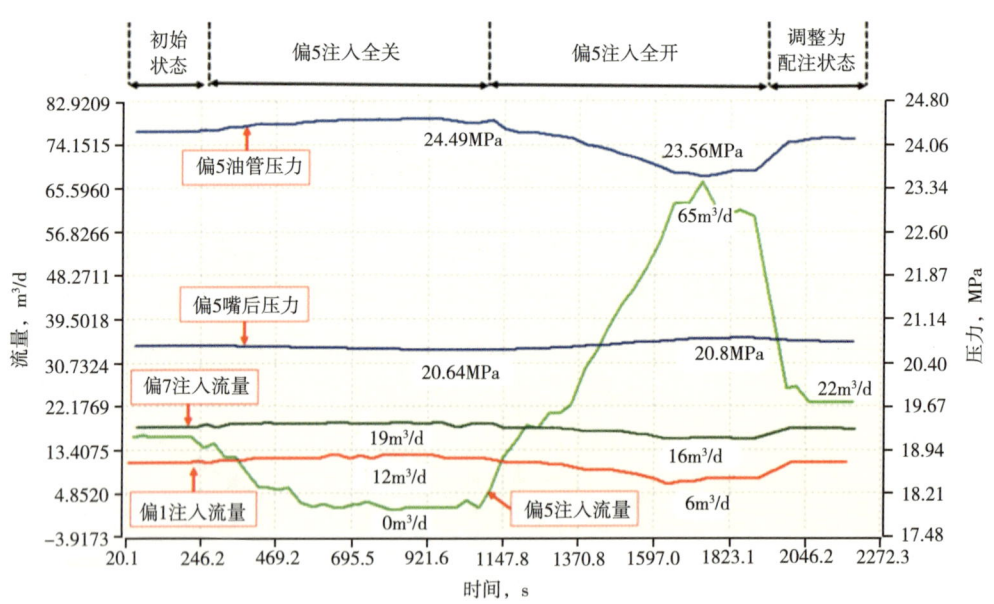

图 5-29　层间干扰测试（G133-S315 井测试数据，1h）

（8）在线验封曲线如图 5-30 所示。在线进行封隔器验封，无须特殊工艺，验封效率显著提高。图 5-30 为偏 I 层关闭、偏 II 层开启时验封曲线。从曲线可以看出：偏 II 层嘴后压力随油管压力变化，偏 I 层嘴后压力不变，表明偏 I 层和偏 II 层间封隔器密封良好。

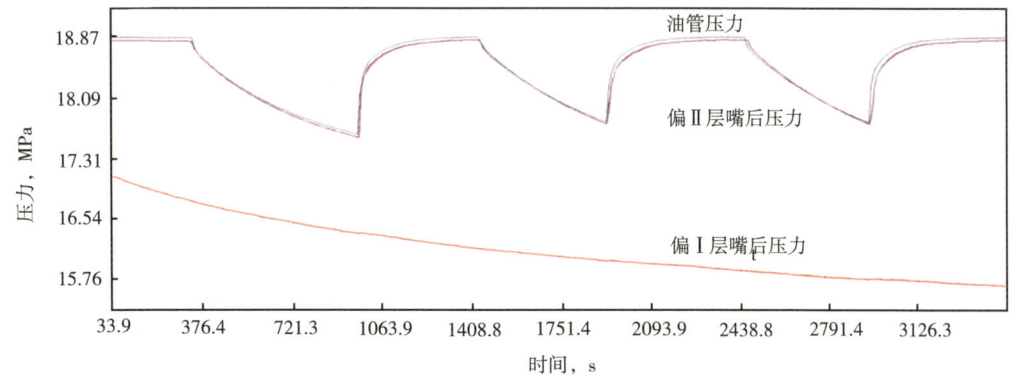

图 5-30　在线验封曲线

从开发效果上看，精细分层注水新技术规模应用后效果已经凸显。统计大庆油田某采油厂试验区注水井组（10 注 25 采），实施后综合含水率得到有效控制，对应井组日产油量稳定在 14~15t 之间。以井组典型井为例，实施一年后，突进层得到有效控制，动用程度提高，吸水剖面得到改善，4 口连通油井月含水率上升速度由 0.025% 下降到 -0.01%，实现了含水率不升。

第四节　井下油水分离同井注采技术

当生产井含水率超过 98%，就不具备经济开采价值，需要停产关井，影响稳产；由于油水处理量逐年递增，地面工程改造量日益增多；液油比上升，系统回压高，集输效率低；大量产出水经过长程循环，导致集输系统能耗增加。控水、稳油、节能、降耗已成为提高我国主力油田经济效益的主要目标。

采用井下油水分离技术是实现控水、稳油、节能、降耗的途径之一，该技术将现有的油井举升系统改进并与油水分离工艺相结合，对产出液进行井下油水分离，分离出的水直接回注到注入层，分离出的油水混合液（含油较高的井液）则被举升至地面，实现在同一生产井筒内注水与采油工艺同步进行。

井下油水分离系统具有如下优点。（1）减少了将大量油井采出水提升至地面的动力费用。（2）减少地面水处理设备的扩建、运行费用（增压、化学剂、防腐和注水井钻凿）和地面水污染的清理费用。（3）提高了对原油的可采能力。在正确进行油藏模拟基础上，可按计划周期性地调整油藏注水模式，改变油藏内水流分布，提高单井采油量和油藏最终采收率。（4）缓和了环境伤害的风险。在井下脱出大部分水，使油田地面环境改善；在产层的下方注水，减少了对上部淡水层的威胁；减少了对越来越严格的环保法规的冲击（特别是海上油田）；由于化学处理剂的用量减少，也大大减少了有毒物质对环境的污染[6]。

井下油水分离技术对于特高含水期油田开发，在降低原油生产成本、减少地面污水排放、减少地面采出液处理量等方面具有独特优势，实现特高含水井高效节能、安全环保生产。

一、井下水力旋流器

井下水力旋流器是用于井下油水分离的重要部件，具有分离速度快、效果好、简单可靠等特点。其工作原理是：利用水力旋流器将油水混合物在井下直接分离。由于油水密度不同，在压力作用下油水混合物进入水力旋流器高速旋转，密度较大的水被甩到外侧，密度较小的油则在水力旋流器中间聚集，从而实现了油水分离，如图 5-31 所示。

20 世纪 80 年代 Martin Thew 教授设计了一种双锥液—液分离用旋流器单体结构，其设计采用的是标准的双锥段结构形式，这种旋流器被称为 Thew 式水力旋流器，该旋流器成为用于井下油水分离的最重要的旋流器类型。后来为了提高分离效果，研究人员在 Thew 式水力旋流器的基础上开发了三次曲线式水力旋流器，使分离效果进一步提升，如图 5-32 所示。

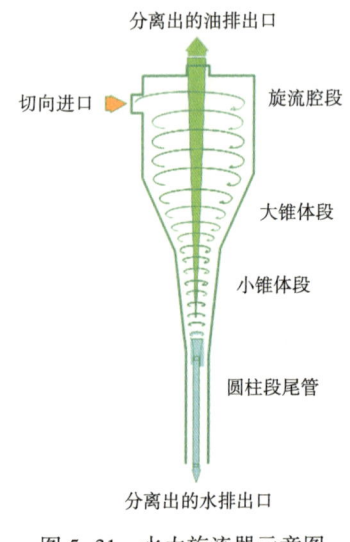

图 5-31　水力旋流器示意图

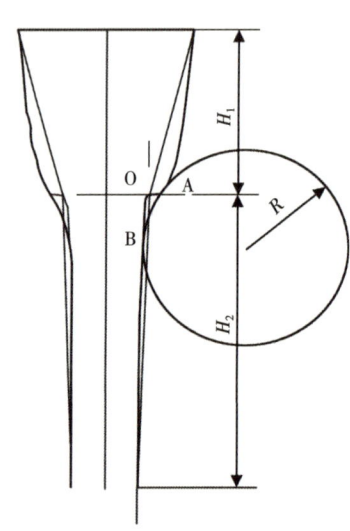

图 5-32　三次曲线式井下水力旋流器结构简图

二、同井注采管柱

螺杆泵—螺杆泵分离工艺：采用一套地面驱动系统，带动两个螺杆泵分别实现分离液体的举升和回注，水力旋流器作为动力和扭矩传递部件在井下随螺杆泵旋转（图 5-33）。

螺杆泵—电泵旋流分离工艺：螺杆泵—电泵注采配套系统仍沿用注采泵位于水力旋流器两端结构布局，引入电泵替代螺杆泵作为注入泵。油层产出液经井下水力旋流器进行油水分离，分离后的采出液由螺杆泵举升至地面，分离后的水由电泵回注至注入层，从而实现在一口井内注入与采出（图 5-34）。

与螺杆泵旋流分离工艺系统相比，利用电泵替代螺杆泵作为注入泵，具有以下几点优势：电泵承压高，注入能力强；水力旋流器不承担动力传递，静态更利于流场稳定；注入与采出采用两套驱动系统，实现注入和采出排量实时独立可调，保证旋流器分流比稳定，保证分离效率。

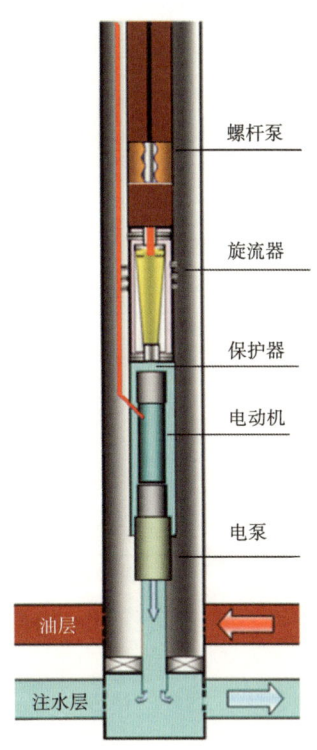

图 5-33　螺杆泵—电泵工艺管柱图

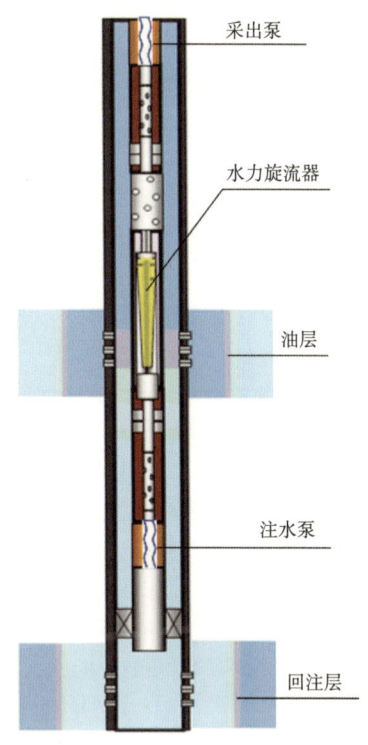

图 5-34　螺杆泵—螺杆泵工艺管柱图

三、配套技术研究

1. 封隔管柱

井下油水分离及同井注采管柱下部封隔器的作用是将采出层和回注层分开，防止分离前、后的流体发生混合，一般用于"采上注下"，采出层和回注层的关系较为复杂时，需要特定的封隔管柱将不同的采出层和注入层分隔开。封隔管柱由 Y445 封隔器、采出器、配注器、Y341 封隔器、防转锚、插入密封段、不同尺寸的油管等组成（图5-35）。其中内油管和外油管的环形空间组成外通道，内油管和插入密封段组成内通道，配合配注器的桥式通道形成双通道，内通道注入，外通道采出，施工方便，可实现同一口井不同层位同时配注配产。

2. 井下注入流量与压力实时监测技术

井下注入流量与压力实时监测装置主要位于注入泵下端，通过高精度传感器采集注入的

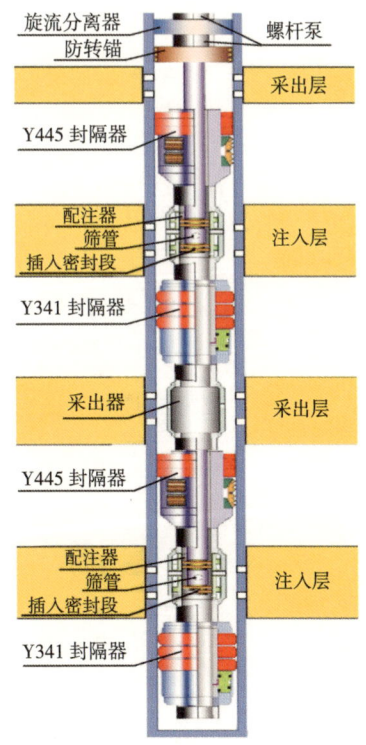

图 5-35　封隔管柱示意图

流量和压力数据，利用电力载波技术将采集得到的数据传输到地面控制箱，地面控制箱通过计算，得到该时刻井下流量压力值，然后将数据进行储存；地面控制箱同时可以通过无线数据传递技术，接收现场计算机上发送的命令，控制井下监测设备的工作状态和数据传输。

如图5-36和图5-37所示，井下数据采集设备将采集的压力、流量信号进行电力载波调制，通过单芯电缆传输到地面控制箱，地面控制箱将接收的信号转化为流量计压力计数据，通过无线通信方式发送给现场无线控制计算机设备。

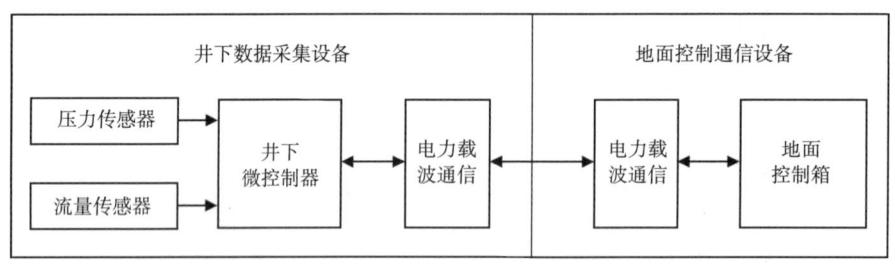

图5-36　电器方案示意图

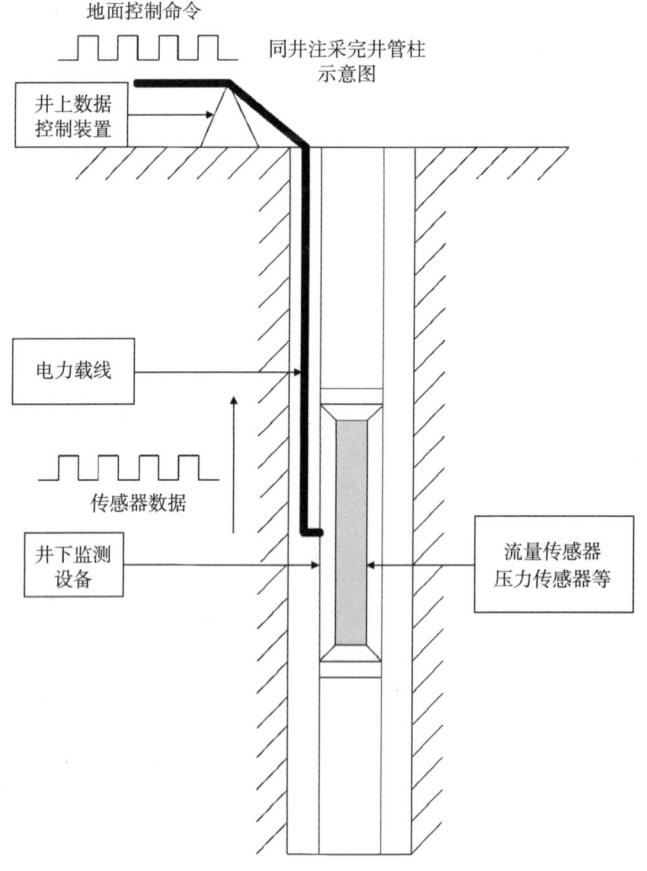

图5-37　同井中电力载波数据传输方案图

3. 远程监测技术

井下油水旋流分离系统远程监测及控制装置（图5-38）工作原理：系统主要由电参数测试模块、载荷测试模块、数据收集（RTU）及发送处理模块（DTU）等四部分组成。电参数测试模块测试机采设备功率、电流及电压参数，载荷测试模块测试机采井载荷参数，测得数据由RTU进行收集处理，利用GPRS网络由DTU传输至服务器，随后利用专用软件对数据进行分析处理，最终通过web发布，用户可对测试数据进行分析处理、在线浏览和报表制作、保存、打印等操作。监测平台如图5-39所示。

图5-38　远程监测控制子系统

GPRS数据无线传输过程：首先装置中的智能控制器通过RS232或RS485接口与GPRS DTU终端相连，通过GPRS DTU终端的内置嵌入式处理器对智能控制器自动采集到的机采井运行特征参数数据进行处理、协议封装后发送到GPRS无线网络。随后，数据经GPRS网络空中接口功能模块进行解码处理，转换成在公网数据传送的格式，通过中国移动的GPRS无线数据网络进行传输，最终传送到监控中心。监控中心RADIUS服务器接受GPRS网络传来的数据后先进行AAA认证，后传送到监控中心计算机主机，通过系统软件对数据进行还原及分析处理（图5-40）。

目前通过该平台，已经实现了对螺杆泵扭矩、转速、功率、电压、电流，回注电泵的频率、电流等参数的远程监控。

井号	测试时间	扭矩(N·M)	转速(r·min)	频率(HZ)	有功功率(kW)	电压(V)	电流(A)
北2-6-40电泵	2015-11-23 14:31:00	184.77	1559.4	51.98	30.17	678.70	26.98
北2-6-40电泵	2015-11-23 15:00:00	176.45	1591.2	53.04	29.4	678.23	26.32
北2-6-40电泵	2015-11-23 15:30:00	181.29	1590.9	53.03	30.2	677.45	27.05
北2-6-40电泵	2015-11-23 16:00:00	181.02	1590.6	53.02	30.15	676.63	27.05
北2-6-40电泵	2015-11-23 16:30:00	180.42	1590.6	53.02	30.05	674.42	27.04
北2-6-40电泵	2015-11-23 17:00:00	179.58	1590.6	53.02	29.91	676.37	26.85
北2-6-40电泵	2015-11-23 17:30:00	179.34	1590.6	53.02	29.87	679.14	26.71
北2-6-40电泵	2015-11-23 18:01:00	179.16	1590.6	53.02	29.84	680.39	26.62
北2-6-40电泵	2015-11-23 18:30:00	178.08	1590.6	53.02	29.66	681.43	26.41
北2-6-40电泵	2015-11-23 19:00:00	178.32	1590.6	53.02	29.7	681.13	26.48
北2-6-40电泵	2015-11-23 19:30:00	179.4	1590.6	53.02	29.88	682.30	26.61
北2-6-40电泵	2015-11-23 20:01:00	179.4	1590.6	53.02	29.88	682.21	26.61

图 5-39　井下油水旋流分离系统工况在线监测平台

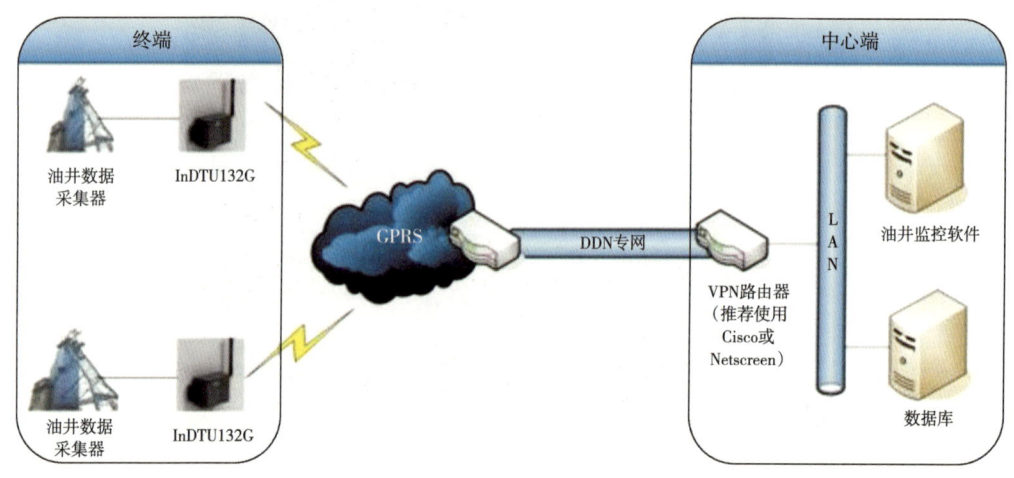

图 5-40　GPRS 数据无线传输示意图

四、应用案例

井下油水分离及同井注采技术已经在大庆、冀东等油田开展了现场试验，以 B2-D4-53 为例，分析该种方案的实现过程及效果。

B2-D4-53 井为螺杆泵旋流分离工艺系统现场试验井，该井 2008 年 6 月因油井高含水进行了机械封堵，层位为 $S2_{15+16}$、$S3_{3+4}$、$S3_{5+6}$。封堵前产液 $160m^3/d$，含水率 97.1%。2010 年 8 月将机堵层作为注入层（$S2_{15+16}$—$S3_{5+6}$）下入同井注采封堵工艺管柱，同时下入产能、含水监测生产管柱，对该井采出层进行不同生产液面下的产能监测。2013 年 5 月下入同井注采工艺管柱。

表 5-1　B2-D4-53 井基础数据表

套管规范，mm	13	套管深度，m	1228.6	人工井底，m	1215.3	套补距，m	1.18
套管壁厚，mm	7.72	套损信息	无	水泥返高，m	738	机采方式	螺杆泵
射孔顶界，m	891.2	射孔底界，m	1175.8	射孔层位		S11-G230	
上次作业时间		2008 年 6 月 5 日		作业原因		控含水机械封堵	
封堵层位		$S2_{15+16}-S3_{5+6}$		封堵位置，m		952.6~982.6	

该井螺杆泵旋流分离工艺系统注入泵采用 GLB600-20 泵，采出泵采用 GLB300-21 螺杆泵，生产转速 100r/min，井下水力旋流器进液口深度 913m。

第一阶段：2013 年 5 月开始下井试验，措施后，日产液量由 98.6m³ 降至 26.5m³，含水率由 97.2% 降至 89.6%，下降了 7.6 个百分点，产水量下降了 75%，稳定运行 312d，初步见到了较好的效果（图 5-41）。

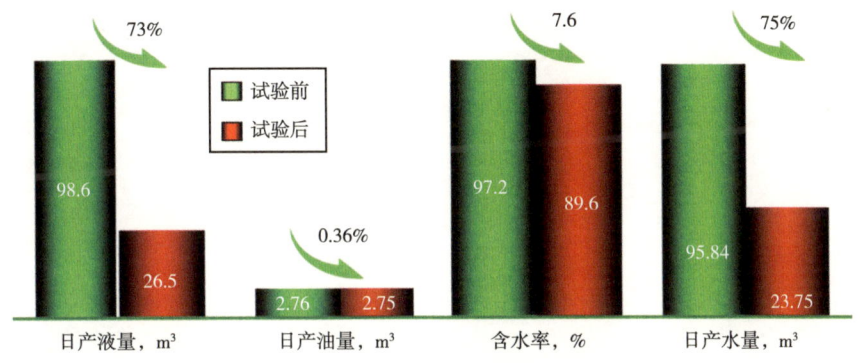

图 5-41　试验井措施前后对比图

措施后产液 26.5m³/d，含水率 89.6%，系统扭矩 1416N·m，动液面 237m。措施前后数据对比见表 5-2。

表 5-2　B2-D4-53 井措施前后生产数据对比表

序号	措施	采出液量 m³/d	含水率 %	产油量 m³/d	有功功率 kW	动液面 m	套压 MPa
1	措施前	98.6	97.2	2.76	10.4	241	0.51
2	措施后	26.5	89.6	2.75	16.8	237	0.52

由表 5-2 可以看出，与措施前相比，措施后产油量降低了 0.36%，折算注入液量 72.1m³/d。折算井下水力旋流器分离效率为 99%。

参 考 文 献

［1］刘合，裴晓含，罗凯，等 . 中国油气田开发分层注水工艺技术现状与发展趋势［J］. 石油勘探与开发，2013，40（6）：733-737.

［2］刘合，肖国华，孙福超，等 . 新型大斜度井同心分层注水技术［J］. 石油勘探与开发，2015，42（4）：512-517.

［3］刘合，裴晓含，贾德利，等．第四代分层注水技术内涵、应用与展望［J］．石油勘探与开发，2017，44（4）：608-637.

［4］刘合．分层注水高效测调工艺技术及管理［M］．北京：石油工业出版社，2016：75-153.

［5］ZHENG L C，PEI X H，LIU H，et al. Electronic Control Separate Layer Flooding—A Case Study in Jilin Oil field［C］．SPE 176426，2015.

［6］刘合，高扬，裴晓含，等．旋流式井下油水分离同井注采技术发展现状及展望［J］．石油学报，2018，39（4）：463-471.

第六章　完井技术

随着勘探开发对象的不断深入，油气资源的类型更为复杂多样，油气田开发对完井工艺和技术提出了新的要求和挑战。一方面，非常规低渗透油气资源大量涌现，使完井过程中需要采取诸如水力压裂等增产措施，有效降低施工难度，诱导裂缝方向，改善缝网系统，提高生产改造效果成为完井技术面临的难题之一。另一方面，分层（段）开发是提高采收率的重要手段，通过优化和改进完井方法，降低边底水和油藏非均质等不利因素影响，同时实现各个层段数据监测和资料录取，提高各个层（段）油气资源均匀动用程度，是完井技术需要解决的重要问题。此外，大量深井、超深井、海上油气田等高难度、高风险资源的开发，急需安全可靠、控制方便、综合成本低的新型完井技术手段[1]。

油气田开发的迫切需求促使完井技术有了新的发展和进步，3D 射孔完井技术、智能完井技术、AICD 完井技术等一批新型完井工艺和技术的不断涌现和逐步在油气田得到推广应用，为非常规油气藏、边底水断块油气藏、深层油气藏、海上油气资源的合理动用提供了技术支持，为多层（段）油气井和复杂结构井的安全高效开发提供新手段[2-5]。本章主要介绍 3D 射孔完井技术、智能完井技术的原理、技术组成和应用情况。

第一节　3D 射孔完井技术

3D 射孔技术包括定面、定向、定射角等一系列新型的射孔技术以及其互相结合应用的工艺，该类型射孔技术的核心是通过控制布孔方式、射孔方向、射孔角度，形成工程需要的应力集中面，达到控制裂缝启裂、延伸方向，优化生产改造效果的目的[6-9]。3D 射孔原理如图 6-1 所示。

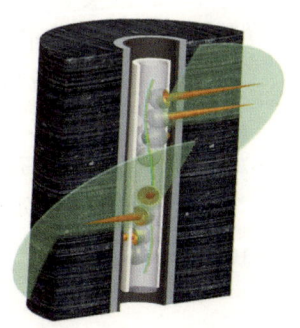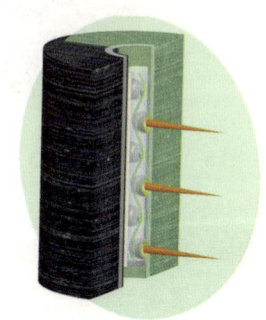

图 6-1　3D 射孔原理图

一、3D 射孔器

3D 射孔器主要由射孔枪、射孔弹、弹架组件、弹托组件等组成（图 6-2），其核心是弹托组件，通过控制弹托组件的角度及布置方式，并调整射孔枪的射孔方位，即可达到定面、定向、定射角的目的，弹托组件一般有塑料弹托、焊接弹托等多种类型。

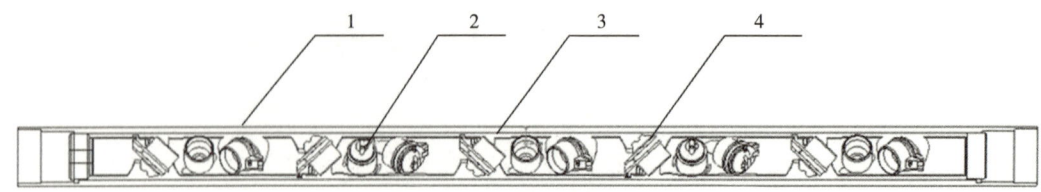

图 6-2　3D 射孔器结构简图

1—射孔枪；2—射孔弹；3—弹架组件；4—弹托组件

3D 射孔器可以采用油管或钻杆、连续油管、电缆等输送方式射孔完成，既适用于直井射孔作业，又适用于水平井射孔作业。

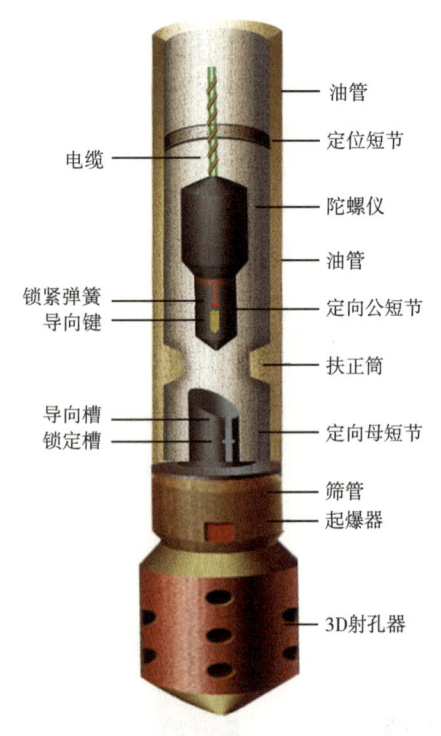

图 6-3　油管输送 3D 射孔管柱示意图

二、3D 射孔完井工艺

1. 油管输送 3D 射孔技术

油管输送 3D 射孔管柱如图 6-3 所示，包括 3D 射孔器、起爆器、筛管、定向装置、扶正筒、陀螺仪、定位短节、油管等，具体管柱结构可根据实际射孔参数进行增减。如单独进行定面射孔时，不需要定向装置、陀螺仪等，管柱结构与常规油管输送射孔管柱结构一致；如需要进行定向、定射角射孔时，在常规油管输送射孔管柱的基础上，在起爆器与深度短节之间接入一方位短节，通过该方位短节实现定向定射角功能。将该管柱依次下入井内，深度准确定位后，用电缆将带有导向装置的陀螺方位仪下入油管中进行方位角测量，根据测量结果在地面转动全井管柱调整射孔器方位，直到测量方位角与设计的目标方位角一致，或在允许误差范围内后，起出仪器进行射孔点火。

主要技术特点及参数如下：适用于 $4\frac{1}{2} \sim 7$in 套管直井定面、定向、定射角；最高耐温 160℃，最高耐压 105MPa；定向精度小于 10°；井斜小于 10°。

2. 电缆输送 3D 射孔技术

电缆输送 3D 射孔管柱（图 6-4）包括定位支撑装置、坐封装置、磁性定位器、电缆、方位测量装置、3D 射孔器等，具体管柱结构可根据实际射孔参数进行增减。如单独进行定面射孔时，不需要定位支撑装置、方位测量装置等，管柱结构与常规电缆输送射孔管柱结构一致；若需进行定向、定射角射孔，需要进行两次或三次电缆下井作业，利用定位支撑装置和方位测量装置等达到精确定向、定射角的目的。

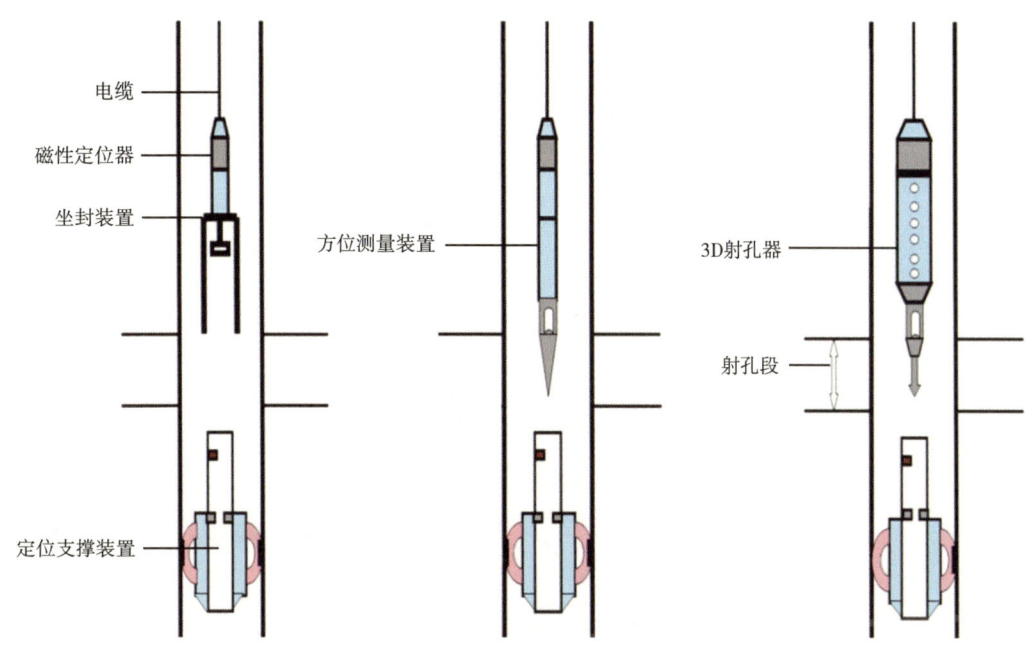

图 6-4　电缆输送 3D 射孔管柱示意图

　　主要技术特点及参数如下：适用于 4½~7in 套管直井或斜井定面、定向、定射角；最高耐温 160℃，最高耐压 105MPa；定向精度小于 5°；井斜小于 30°。

　　3. 水平井油管输送 3D 射孔技术

　　水平井油管输送 3D 射孔管柱如图 6-5 所示，包括定位短油管、筛管、射孔枪、起爆装置、扶正器、枪尾等，具体管柱结构可根据实际射孔参数进行增减。水平井油管输送定面、定向、定射角一般采用射孔器材偏心设计或配重设计来达到定向目的。

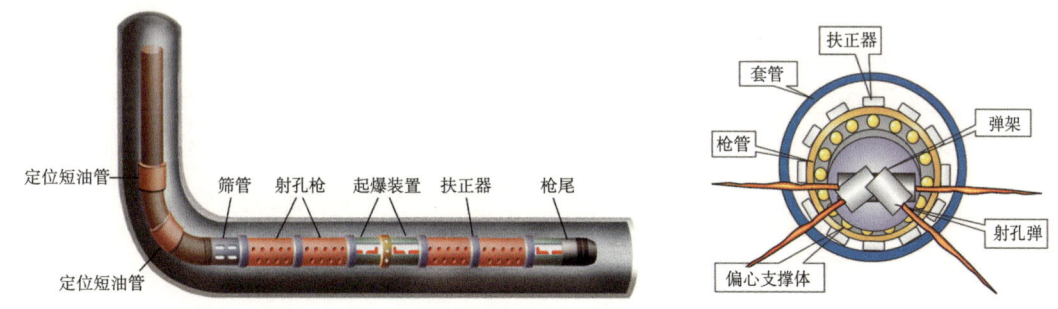

图 6-5　水平井油管输送 3D 射孔管柱示意图

　　主要技术特点及参数如下：适用于 4½~7in 套管水平井定面、定向、定射角；最高耐温 160℃，最高耐压 105MPa；定向精度小于 5°；

　　4. 水平井电缆输送 3D 射孔技术

　　水平井电缆输送 3D 射孔管柱如图 6-6 所示，下井管柱包括复合桥塞、桥塞坐封工具、多套选发短节、多套 3D 射孔器、直通接头、磁性定位器、加重、打捞头等，具体管柱结构可根据实际射孔参数进行增减。水平段的定向射孔一般采用射孔器材偏心设计或配重设计来达到定向目的。

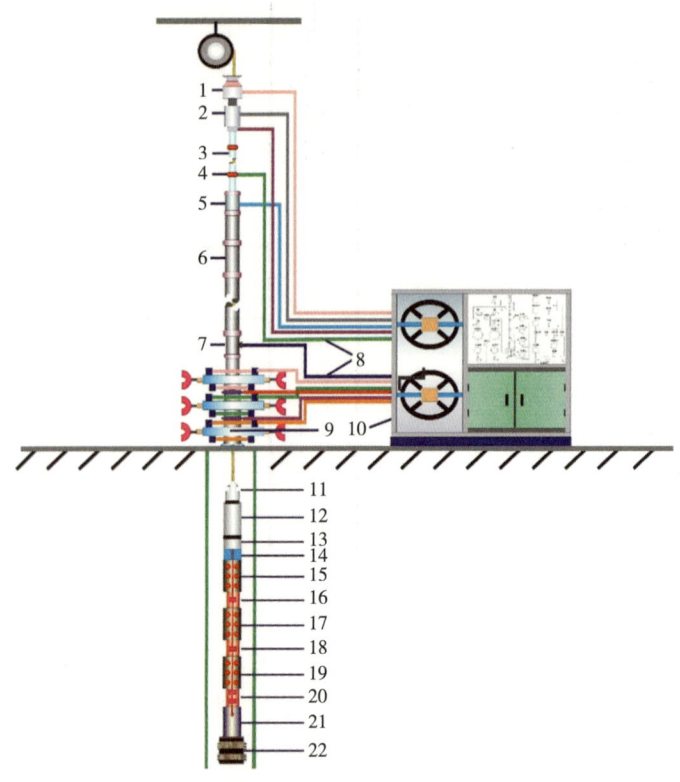

图 6-6　水平井电缆输送 3D 射孔管柱

1—防喷盒；2—刮绳器；3—阻流管；4—注脂头；5—抓卡器；6—防喷管；7—防落器；8—高压管线；9—BOP；
10—注脂液控装置；11—打捞头；12—加重；13—磁定位；14—直通接头；15—射孔器 3；16—选发短节；
17—射孔器 2；18—选发短节；19—射孔器 1；20—选发短节；21—桥塞坐封工具；22—桥塞

地面井口防喷装置包括防喷盒、刮绳器、阻流管、注脂头、抓卡器、防喷管、防落器、高压管线、BOP、注脂液控装置等，防喷管可以根据实际下井管串长度进行相应的增减。水平段的泵送及分簇射孔点火作业按照常规水平井电缆输送分簇射孔作业进行。

主要技术特点及参数如下：适用于 4½~7in 套管水平井定面、定向、定射角；最高耐温 150℃，最高耐压 105MPa；定向精度小于 5°；一次下井可实现 20 级定面、定向、定射角射孔作业。

5. 连续油管输送 3D 射孔技术

连续油管输送射孔作业能力强，具有较强的复杂井况通过能力，因此在水平井 3D 射孔时也采用连续油管输送进行射孔作业，其管柱如图 6-7 所示。

下井管柱主要包括连续油管、转换接头、循环接头、丢手装置、校深装置、多套 3D 射孔器、多套隔板延时点火装置、压力起爆器、桥塞坐封工具、复合桥塞等，具体管柱结构可根据实际射孔参数进行增减。若不需进行分簇射孔，只需连接常规的 3D 射孔器和起爆装置即可。3D 射孔器的定向功能采用传统的内置偏心加重方式进行水平井定向，定面和定射角功能由 3D 射孔器弹托组件、弹架孔布置方式等决定。

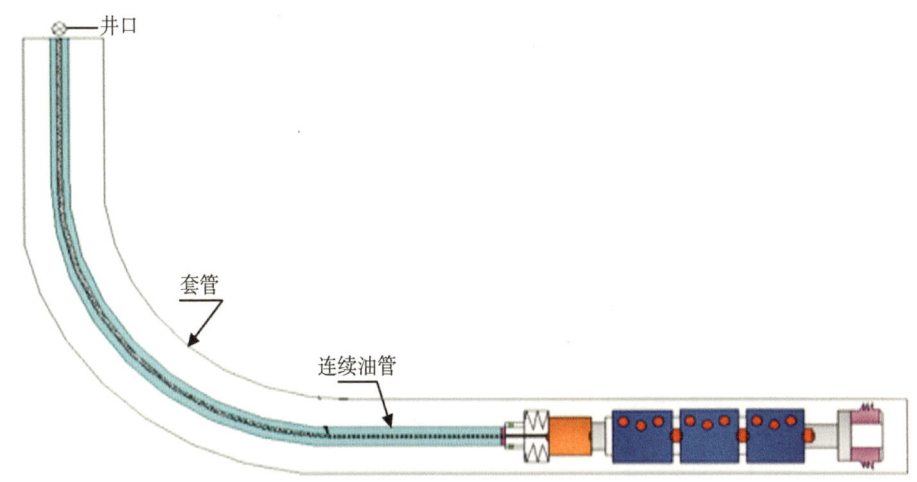

图 6-7 连续油管输送 3D 射孔管柱

该管柱下井后，通过校深装置进行深度校正，调整好射孔管柱后，加压起爆坐封复合桥塞，复合桥塞坐封完成后，上提射孔管柱至预定位置，再次加压起爆最下面一支 3D 射孔器，待射孔完成后，立即上提射孔管柱，等待延时射孔第二支、第三支等 3D 射孔器。

主要技术特点及参数如下：适用于 4½ ~ 7in 套管水平井定面、定向、定射角；最高耐温 160℃，最高耐压 105MPa；定向精度小于 5°；一次下井可实现无限级定面、定向、定射角射孔作业；隔板延时时间 10min。

三、应用案例

吉林油田黑 H 平 73 井是一口 7 段水平井，其中第 1 段、第 3 段、第 5 段、第 7 段采用螺旋射孔，第 2 段、第 4 段、第 6 段采用 3D 射孔。从图 6-8 施工曲线分析 3D 射孔段施工压力明显低于螺旋射孔段施工压力，起裂时平均压力由 36.5MPa 下降为 31.0MPa，降幅 15.1%；裂缝延伸时平均压力由 24.6MPa 下降为 19.6MPa，降幅 20.3%。数据表明 3D 射孔后，在孔眼处形成了应力集中面，降低了储层破裂压力，更容易是裂缝起裂和延伸，因此在压裂过程中，能够有效降低压裂施工难度，提高作业效果。

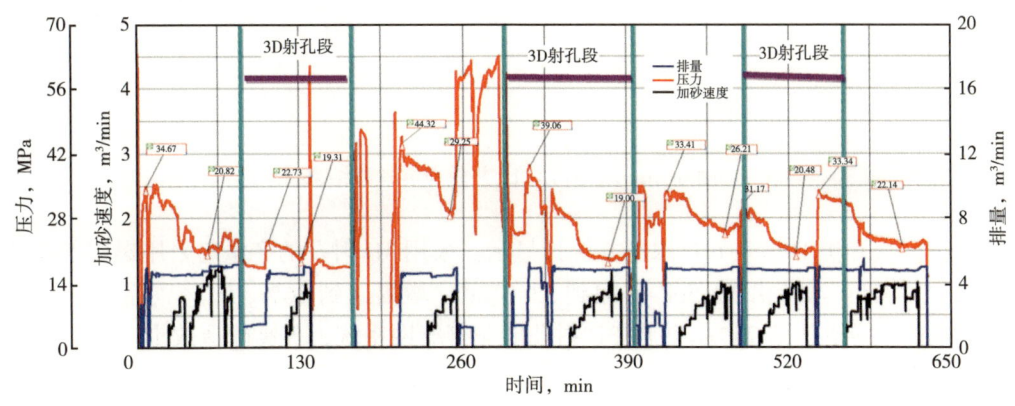

图 6-8 黑 H 平 73 井施工曲线

　　海 S 区块天然裂缝为北偏东 80°，海 S 平 1 井初次压裂与天然裂缝方向相同，2015 年同区块海 S+13-13 井应用 3D 射孔进行了重复压裂，按照工程设计，射孔面方向为北偏西 70°，射孔后微地震解释显示，裂缝网络方向为北偏西 70°，裂缝实现转向。试验证明，3D 射孔可诱导近井裂缝走向（图 6-9、图 6-10）。

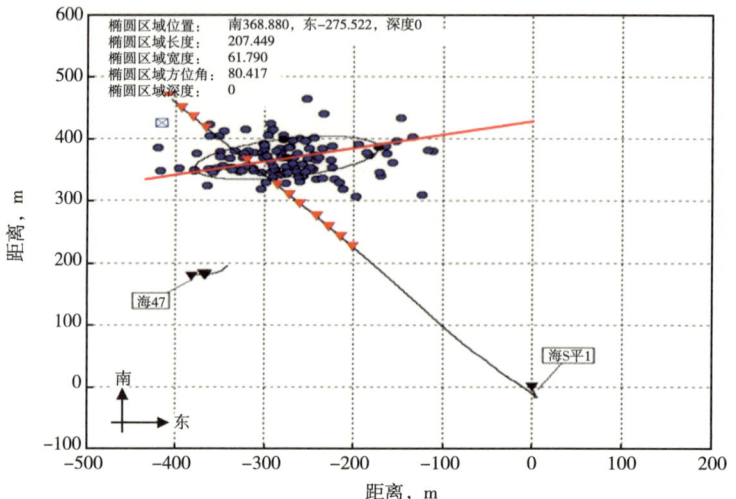

图 6-9　海 S 平 1 井微地震解释结果

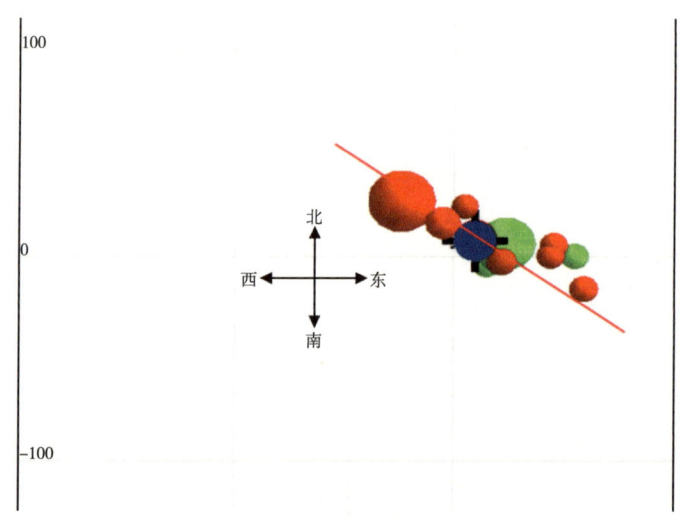

图 6-10　海 S+13-13 井微地震解释结果

　　让 53 区块和黑 H 区块 6 口水平井统计显示：采用 3D 射孔的产量与采用螺旋射孔的产量相比，平均日产液量由 17.5m³ 增加到 23.87m³，增幅达到 36%，日产油量由 3.3m³ 增加到 5.77m³，增幅达到 75%。说明 3D 射孔能完善缝网系统，提高改造效果。

表 6-1 螺旋射孔和 3D 射孔产量对比

序号	井号	施工参数			3D 射孔（投产半年）				螺旋射孔（投产半年）			
		排量 m³/min	砂量 m³	产液量 m³	日产液量 m³	日产油量 m³	累计产液量 m³	累计产油量 m³	日产液量 m³	日产油量 m³	累计产液量 m³	累计产油量 m³
1	让 53 平 12-2	11.5/14/5.8	487	14618	36	6.8	9652	1845				
2	让 53 平 9-5	12/14/6.1	536	16080	23.8	5.2	6852	1389				
3	让 53 平 14-4	11.5/14/5.9	479	14375	24.7	5.9	7552	1409	17.5	3.3	4942.7	1046.8
4	让 53 平 12-4	12/14/6.2	504	15122	29	7.8	8519	1809				
5	让 53 平 10-4	12.2/14/6	398	11944	18.7	4.6	5200	1158				
6	黑 H 平 73	4.8/5.4	268	2150	11	4.3	2670	956				
	平均				23.87	5.77	6740.83	1427.67	17.5	3.3	4942.7	1046.8

第二节 智能完井技术

智能完井系统（Intelligent Well System，简称 IWS）也称作智能井，是一种由永久安装在井下的温度、压力、流量、微地震仪等传感器组和井下可遥控元器件组所组成的，可从地面实时监测、分析、控制、管理油井的完井系统[10]。智能完井是近年来发展起来的集井底动态监测与生产实时控制为一体的前沿技术，能够优化生产、管理油藏和提高采收率，是符合当前油气开采发展趋势的代表性技术。

当油井进行常规完井以后，人们从地面通过各种物理手段（电、声、光纤等）进行井下流体测量（流量、流体组分、流体黏度）、油藏压力和温度的测量、井下油藏可视化等工作，通过对测量数据的采集、筛选、分析和研究，得出油气井优化开采方案，进一步通过地面控制设备遥控安装在井下油层的智能测量和控制设备（操作阀或滑套开关、井下油水分离器等），在不动管柱的情况下根据油井、注水井、注采井情况和生产需要灵活控制各油层流量、注入水流量、井下生产处理设备等，以达到优化生产和最终提高采收率的目的（图 6-11）。

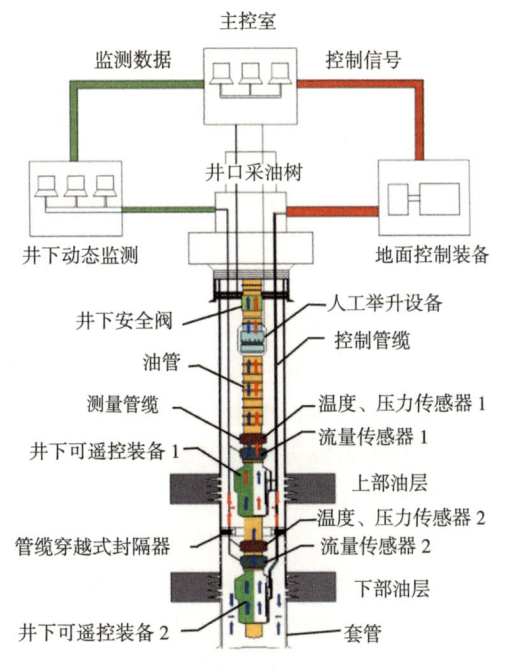

图 6-11 智能完井工作原理示意图

一、智能井系统的组成

智能完井系统主要由以下四个部分组成：井下动态监测子系统、井下流动控制子系统、油井优化开采系统和智能完井工艺及管柱。其中，井下动态监测子系统和井下流动控制子系统均可单独应用于油气井。井下动态监测子系统是智能完井系统的"眼睛"，是构成主系统的核心部件和关键因素。目前应用光纤传感器进行井下各参数测量是井下动态监测系统的发展趋势和主要方向。在井下光纤传感器中，井下温度压力传感器和分布式测温光纤是用途最广泛的传感器。井下流动控制子系统是智能完井系统的执行部件，是构成主系统的必要因素和核心部件，主要包括井下控制阀、地面控制站和管缆穿越式封隔器。由于液压控制的可靠性，目前使用的井下控制阀多采用液压控制方式。油井优化开采系统通过对井下各项监测数据进行存储、处理和分析，依据油藏优化开采理论，确定出最佳优化开采方案，交由实时流动控制系统执行，实现合理开采。智能完井工艺及管柱直接关系到系统实施优化生产的成败。智能完井系统的组成结构如图 6-12 所示。

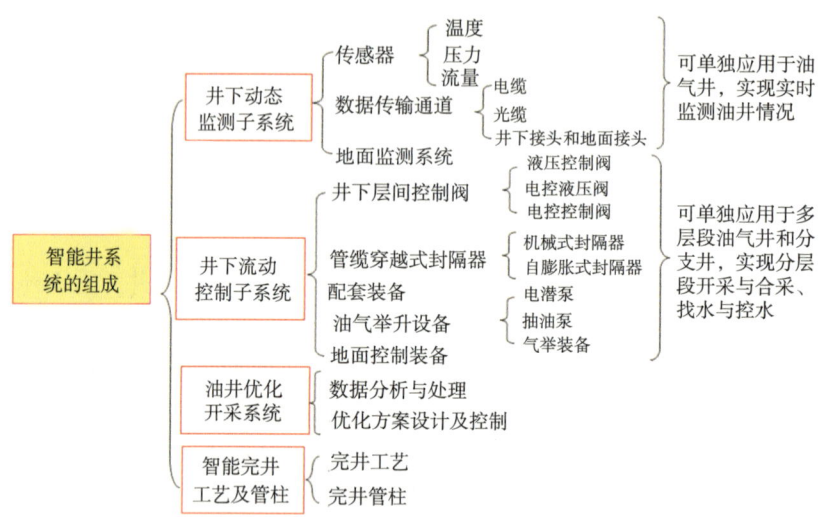

图 6-12　智能完井系统的组成结构图

二、井下光纤动态监测技术

近年来，光纤传感技术作为井下动态监测系统的重要组成部分，凭着自身独特的优点在石油领域中得到了重视、应用和发展。传统的电子传感器无法在井下恶劣的环境下工作（如高温、高压、腐蚀、地磁地电干扰），而光纤传感器可以克服这些困难，其对电磁干扰不敏感而且能承受极端条件，包括高温、高压（几十兆帕以上）以及强烈的冲击与振动，可以高精度地测量井筒和井场环境参数；同时，光纤传感器具有分布式测量能力，可以测量被测量的空间分布，给出剖面信息。由于光纤传感器没有井下电子线路、易于安装、体积小、抗干扰能力强等特征，因而具备长期工作的稳定性和可靠性，这正是进行井下储层参数实时监测所必需的。

1. 井下光纤温度—压力传感器测量[11]

井下单点的压力传感器和温度传感器都是一体的，一般称为井下温度—压力计，原因是温度和压力互相影响，比如只有在已知压力时，才能测得此压力时的温度值；相反，只有知道温度，才能得到相对应的压力值。

F-P 腔（Fabry-Perot，法帕腔）干涉原理主要用来测量单点温度、压力，目前被广泛应用在光纤温度—压力传感器中，这种原理制成的传感器能满足井下的高温高压环境，光纤 F-P 腔传感器结构如图 6-13 所示。

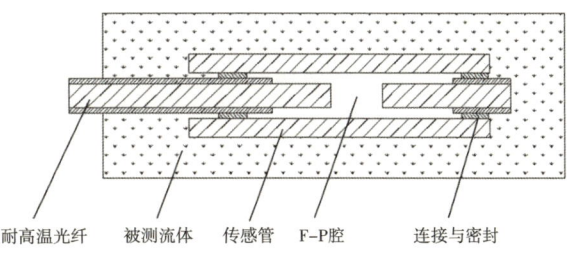

耐高温光纤　被测流体　传感管　F-P 腔　连接与密封

图 6-13　光纤 F-P 腔传感器原理

光纤 F-P 腔传感器主要是基于光的多光束干涉原理，利用温度、压力变化与光纤 F-P 腔之间的对应关系，实现温度、压力测量。其结构是将两根光纤的端面加工为镜面作为反射面，然后使两光纤端面严格平行、同轴，形成一个固定腔长的密封光纤 F-P 腔。当激光通过一端光纤入射到 F-P 腔内时，在光纤的两端面发生多次反射，形成多光束干涉，反射光沿原路返回。两次反射的激光在探测器表面形成干涉，干涉光谱由 F-P 腔腔长唯一决定，在频率域为正弦波。通过测量正弦波的周期和相位，则可以精确得知腔长。测量时外界压力 P 将压缩 F-P 腔，导致两根光纤端面之间形成的 F-P 腔的腔长随着外界压力的变化而变化。因此，通过测量 F-P 腔的腔长，可以反推出外界的压力 P，通过标定可同时确定对应温度值。

2. 井下分布式测温光纤传感器技术

分布式温度测量（Distributed Temperature Sensing，简称 DTS）技术是一种用于实时测量空间温度场分布的传感技术，利用光纤作为传感和传输媒介，通过 DTS 测量，分析出沿光纤传输方向的温度分布。目前这种 DTS 已经成功应用于油田当中。DTS 的两个主流原理一个是前面提到的布拉格光栅，另一个就是利用 OTDR 原理、激光拉曼散射原理，采用波分复用器、光电检测器等对采集的温度信息进行放大并将温度信息实时地计算出来。在目前的油田应用中，基于散射原理的 DTS 系统应用的更为广泛。

3. 油气井井下光纤动态监测系统

油气井井下光纤动态监测系统主要由三部分组成：井下传感器部分、信号传输部分和地面解释部分（图 6-14）。井下传感器部分主要包括井下单点温度压力传感器、分布式测

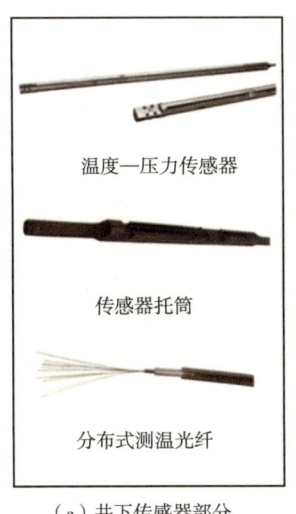

（a）井下传感器部分

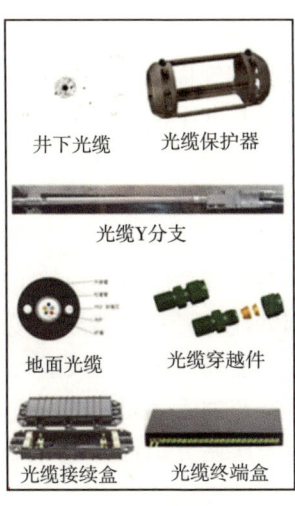

（b）信号传输部分

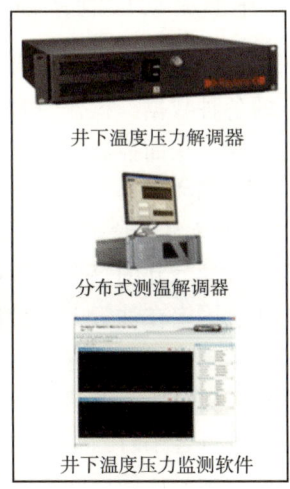

（c）地面解释部分

图 6-14　光纤动态监测系统的组成

温光纤、流量传感器、微地震传感器等，这些传感器一般需要以托筒为载体，其中分布式测温光纤则以光缆为载体；信号传输部分主要包括光缆以及相应的连接和密封部件；地面解释部分主要包括各种解调器和解调软件。油气井井下光纤动态监测系统如图 6-15 所示。

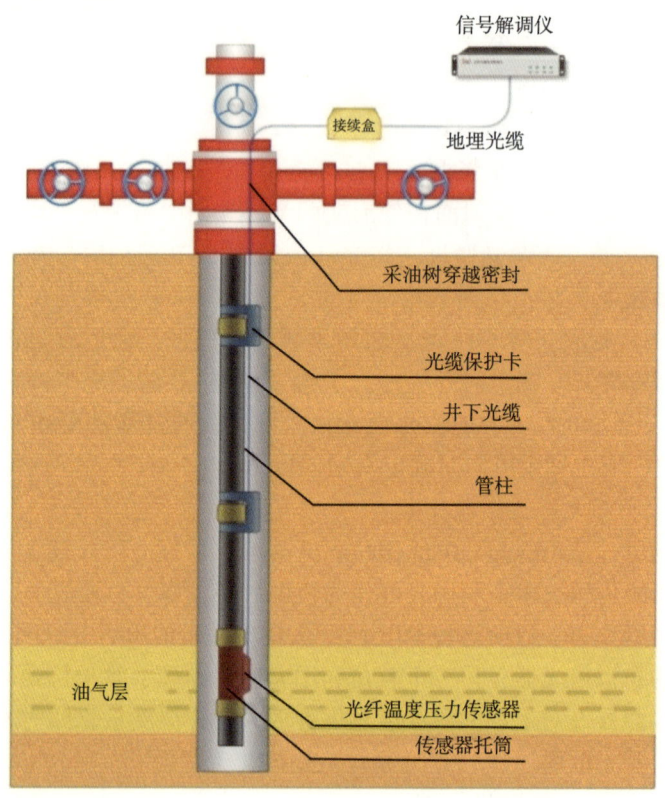

信号解调仪

接续盒

地埋光缆

采油树穿越密封

光缆保护卡

井下光缆

管柱

油气层

光纤温度压力传感器

传感器托筒

图 6-15　油气井井下光纤动态监测系统示意图

三、井下流动控制系统

井下流动控制系统是智能井系统实施优化生产的执行系统。油井优化开采子系统通过分析井下的各种数据，操作者根据其对井下流动提出的调控措施和建议，遥控处于井下的生产控制装置，从而控制井下流体的流量和流动特性。井下流动控制系统主要包括地面控制系统、层间隔离工具、井下控制阀三部分。井下流动控制系统如图 6-16 所示。

1. 井下流动实时控制原理

在多层段油气井的每个层段的射孔部位附近的油管上各安装一个井下可遥控滑套，每个滑套均通过固定在油管上的控制管线（液压管线或电缆）与地面控制站相连。各层段之间使用管缆穿越式封隔器进行封隔。需要对某个层段进行流量调控时，由地面控制站通过液控管线对滑套打压，调整油套环空与油管之间连接通道的面积的大小，实现调控流量的目的。需要进行合采时，则由地面液压站分别打开各层段的滑套；若需要关闭某层段，同理由地面控制站操作该层的滑套关闭即可。

2. 井下可遥控流动控制阀

井下可遥控流动控制阀 ［Remote Inflow Control Valve（RICV），以下简称滑套］ 是智

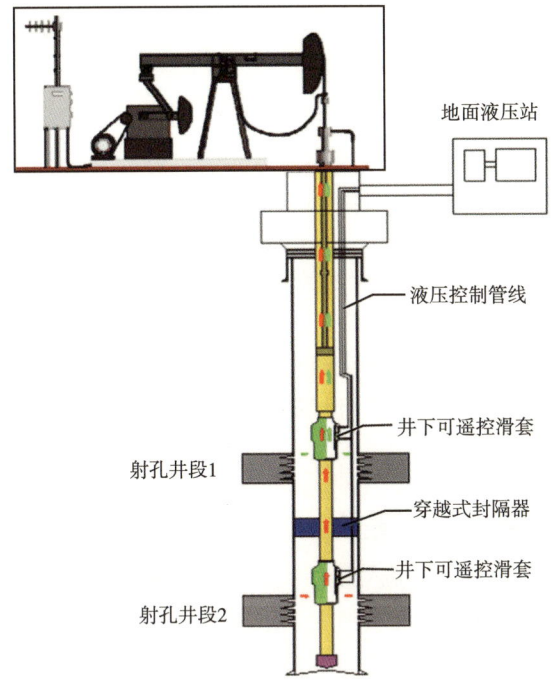

图 6-16　井下流动控制系统示意图

能井系统的关键部件和核心装备，是井下流动控制系统的直接执行机构，主要作用是控制某一层段流体的流入与流出，并控制流体流量的大小。当滑套关闭时，油套环空内的液体不能流入油管内；当滑套打开时，操作者从地面控制使其中的机构沟通油套环空和油管，从而使得定流量的液体流入油管，达到控制流入液体流量的目的。因此，滑套的性能指标直接关系到井下流动控制的成败，其重要性不言而喻。

目前国外成熟的井下滑套按流量调节方式可分为开关、多级和无级三种；按驱动方式可分为液压控制、电液控制、电动控制三种。各种滑套各有其优点。液压控制滑套通过液压进行远程控制，控制可靠性高，适用范围广，但由于用于控制的液压管线数量繁多，因而控制的油层数量也受到限制，且井下滑套的状态在地面难以获知；电液控制和电动控制滑套的控制简单方便，容易实现无级调节流量，需要的管缆数量少，但由于井下电子元件的可靠性问题，导致其在高温高压深井上的使用受限。液压控制滑套的工作原理如图 6-17 所示。

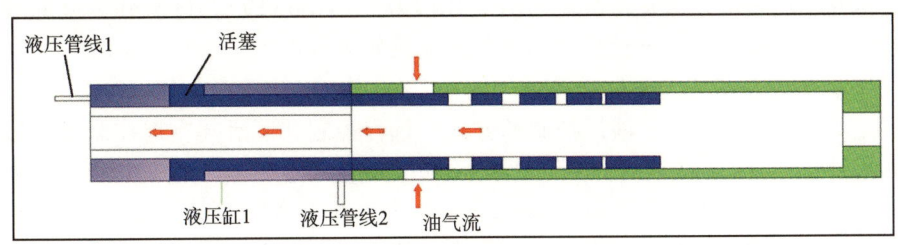

图 6-17　液压控制滑套工作原理图

液压控制滑套一般由两根地面液压管线驱动，依靠压力响应打开、关闭和调控流量。如图 6-17 所示，两根液压管线驱动活塞上行或下行，使活塞上不同直径的油嘴对准外套上的过流孔，从而调节进入油管的油气流的大小。

电动控制滑套使用电流驱动井下滑套，一般仅使用一根电缆采用分时控制方式驱动多个滑套。每个滑套或智能生产调节器都采用一种无级可调油嘴，由井下电动机驱动，可使阀的位置开启到任意角度，实现井下流量的无级调节。

国外各大公司研制的井下滑套中，威德福公司主要采用液压控制方式，研制出了ROSS、ROSS-V、Shrouded ROSS、ARC 型等多种液压控制滑套；贝克休斯公司研制出了全电子智能系统 InCharge，其中的滑套采用电动控制方式，可以无级可调流量，同时也开发出了 HCMTM 遥控液压控制滑套；油井动态公司开发的 Smart Well 智能井系统中，开发出了 HS-ICV 液压控制阀（开关或多级流量调节）、MCC-ICV 控制阀（电液控制或液压控制，无级可调）。

3. 管缆穿越式封隔器

管缆穿越式封隔器是智能完井系统的关键部件，是实现分层开采的关键工具，主要作用是封隔油层段并提供各种管缆的穿越通道。其整体结构与普通封隔器区别不大，但由于井下空间小，管缆需要从封隔器的胶筒和卡瓦下穿越，管缆的穿越两端需实现密封，因此存在相当大的设计难度和加工难度。中国石油勘探开发研究院开发出了适用于裸眼井的管缆穿越自膨胀封隔器，能够承受工作压差 30MPa，耐温 100℃（图 6-18）。

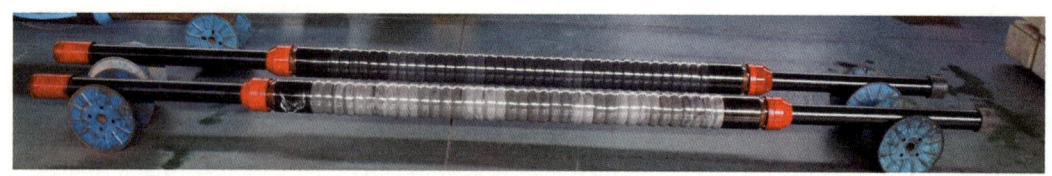

图 6-18　管缆穿越自膨胀封隔器

4. 地面控制站

地面控制站是智能井系统的关键部件，是井下流动控制系统的控制单元，主要作用是通过液压或电流对井下滑套进行远程控制，并在地面反映井下滑套的运动状态。按照控制方式的不同，分为地面液压控制站和地面电动控制站。

四、应用实例

"十二五"期间，形成了两种类型的智能井系统：液压控制型智能完井系统（HIC-RIPED）和电动控制型智能完井系统（EIC-RIPED）（图 6-19）。这两种类型的智能完井系统在辽河油田、吐哈油田进行了现场试验，应用效果良好。

1. 液压控制型智能完井系统

井下流动控制部分采用了液压控制的方式，远程控制井下滑阀实现控制各层段的流动状态及流量［图 6-19（a）］。各井下滑阀通过固定在油管上的液压控制管线与地面液压控制站相连接。液压控制管线的数量（$n+1$ 个）取决于井下滑阀的数量（n 个），其中一根液控管线作为公共管线而存在。由于井下滑阀安装在每个层段的射孔部位附近，因此需要采用管缆穿越式封隔器对各层段进行封隔。同时，为实现井下实时监测和监控井下滑阀状

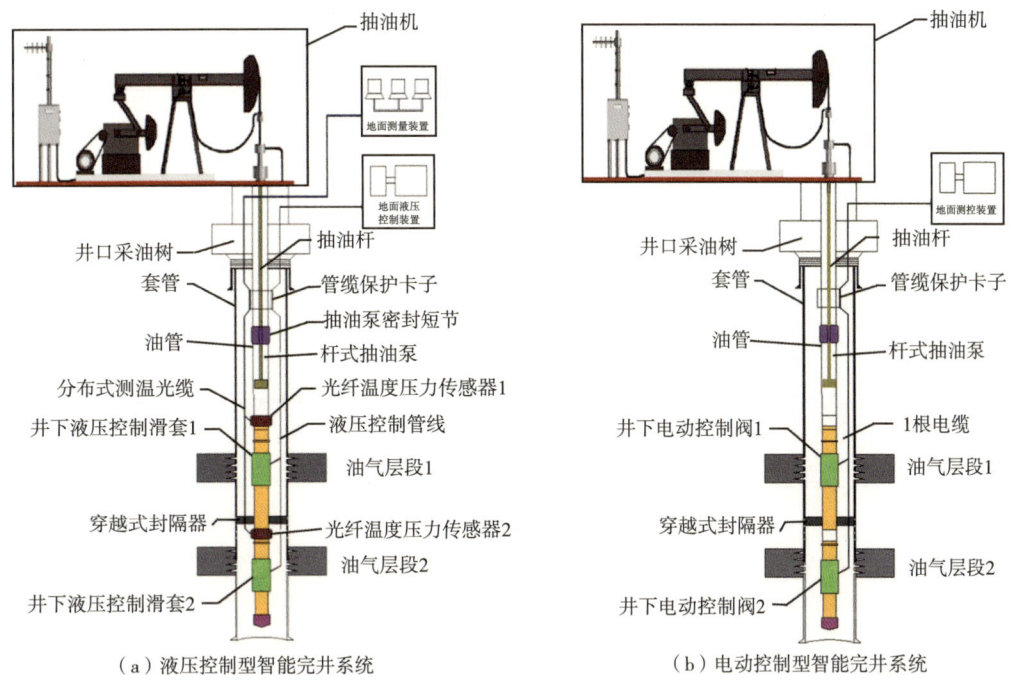

（a）液压控制型智能完井系统　　　　（b）电动控制型智能完井系统

图 6-19　两种智能完井系统

态的目的，系统配备了光纤动态监测系统，可以实时监测井下各层段的温度、压力和整个井筒的温度剖面。液压控制型智能完井系统的主要特点和参数如下：

（1）主要适用于高温高压深井（6000m 以内）的实时测控。

（2）井下液控滑套可多级调节流量；耐压 70MPa，耐温 150℃；通过远程控制，能够在不动管柱的情况下实现油井的分层开采与合采、控制某层段的出水量、注水井的注入流量分配。

（3）能够实现井下三个油层段以内的分采与合采和单个层段的多级流量可调。

（4）井下光纤温度压力传感器能实时持续测量井下单点参数，测温范围 0~150℃，精度 0.5℃，测压范围 0~70MPa，精度 0.05MPa。

（5）采用井下分布式测温光缆实时持续测量井筒温度分布曲线，测温范围 0~120℃，精度 0.5℃，空间分辨率 0.25m。

（6）管缆穿越式封隔器：用于封隔油层并提供光缆、液压管线的穿越通道。液压坐封，上提解封；密封上、下压力为 35MPa 和 40MPa，压差 5MPa，耐温 120℃。

液压控制型智能井系统在吐哈油田开展了现场试验。系统使用管缆穿越式封隔器将油井分隔为两个层段，在每个层段上各部署了一套井下液压控制滑阀和一套井下单点光纤温度压力传感器，全井段采用分布式测温管缆测量井筒温度剖面。管柱下井期间井下滑阀呈打开状态。在完井管柱到位后，为进行封隔器坐封，通过地面液压站远程打压使两个滑套成功关闭。之后打开上层的液控滑阀进行开采，在开采一段时间后，通过光纤压力传感器的数据可以看出，上层压力（5MPa）明显小于下层压力（24MPa），证明封隔器坐封良好［图 6-20（a）、图 6-20（b）］。

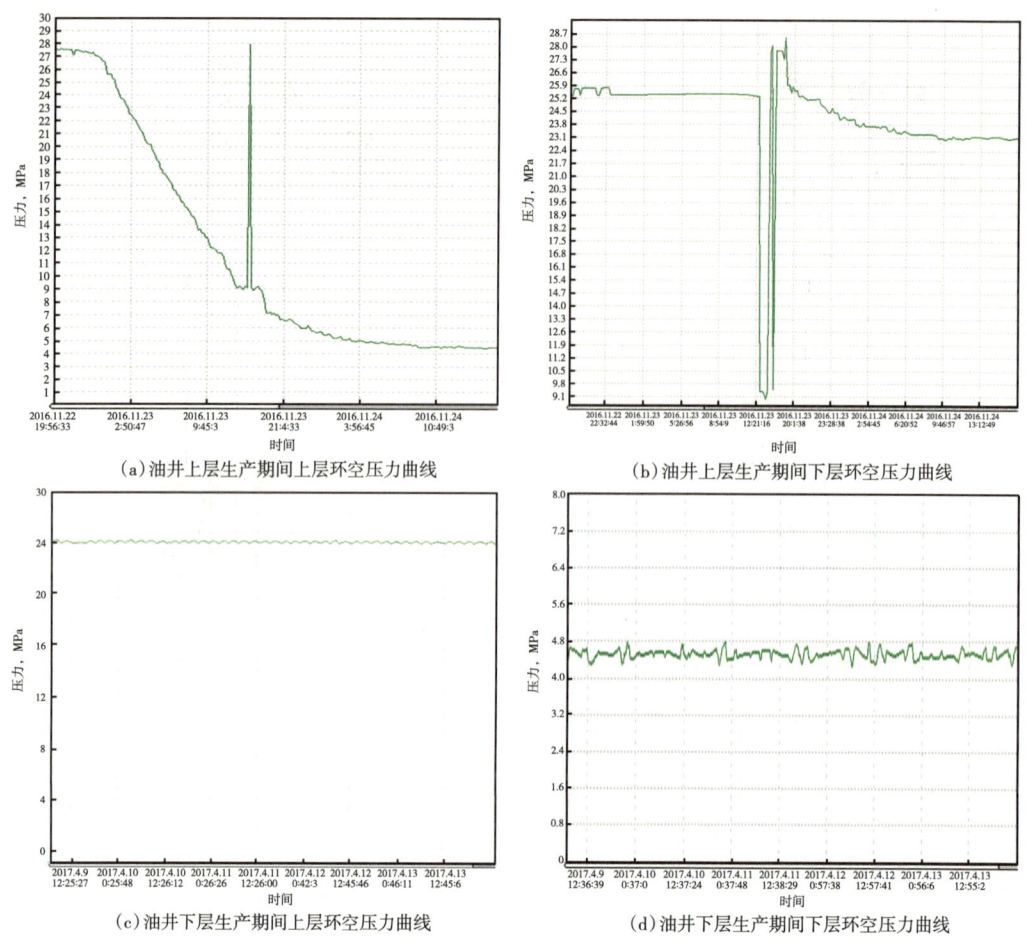

(a) 油井上层生产期间上层环空压力曲线　　(b) 油井上层生产期间下层环空压力曲线

(c) 油井下层生产期间上层环空压力曲线　　(d) 油井下层生产期间下层环空压力曲线

图 6-20　油井生产过程中环空压力对比曲线

在油井上层生产一个月时间后，上层产状已摸清的情况下，从地面远程关闭了上层滑套，并打开下层滑套以开采下部油层（图 6-21）。在经过 4 个月的开采并完成试验任务后，操作者成功将智能完井管柱顺利起出，完成了液压控制型智能完井的全过程现场试验。现场实验结果表明：针对多层段油井，液压控制型智能完井系统准确实现了不动管柱情况下的分层开采与合采，系统提供的各项实时监测数据基本准确和可靠，现场应用效果良好，解决了井下实时监测和多层分采的技术难题，为高温高压深井的分层测控提供了技术解决手段。

2. 电动控制型智能完井系统的技术特点与参数[12]

电动控制型智能完井系统采用单根单芯钢管电缆控制井下电动控制智能配产器，可实现对油井各层段生产动态的远程监测和控制 ［图 6-19（b）］。电动控制型智能井系统主要包括电动控制智能配产器、井口控制器、远程测控系统、管缆穿越式封隔器和钢管电缆等。电动控制智能配产器是该系统的核心工具，集井下流量控制和数据测量两个模块于一身。井口控制器通过钢管电缆与井下电控智能配产器相连接，同时也通过无线传输方式与远程测控系统进行双向数据传输。电动控制型智能完井系统的主要特点和参数如下。

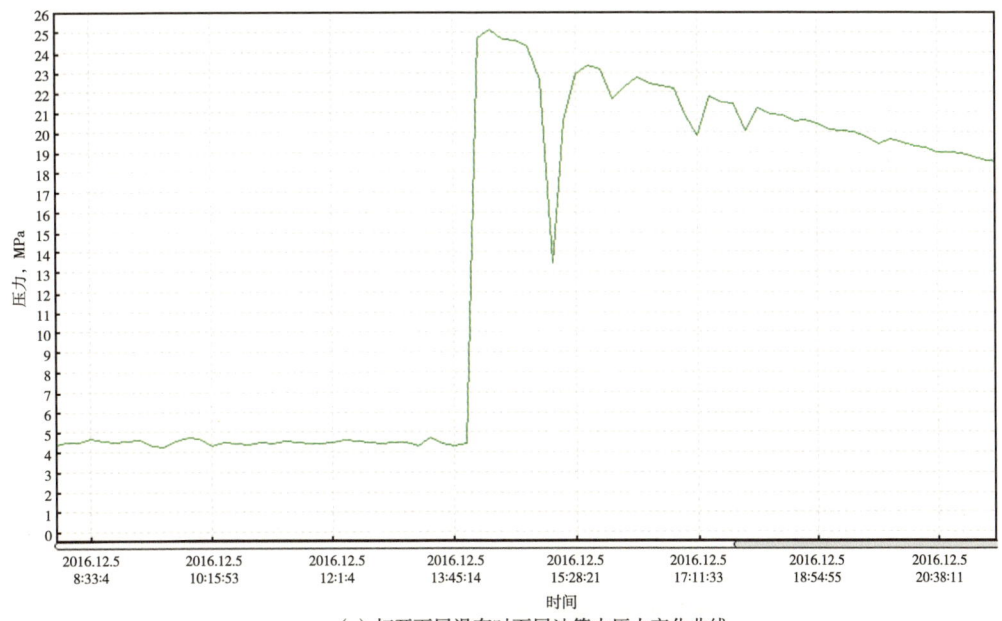

（a）打开下层滑套时下层油管内压力变化曲线

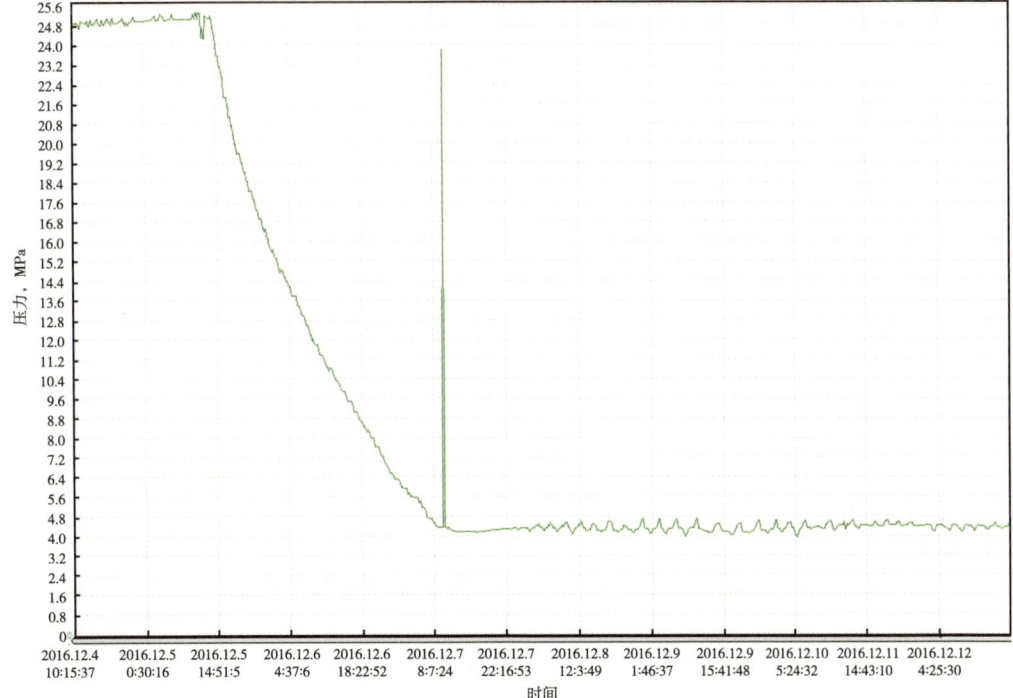

（b）打开下层滑套期间下层环空压力变化曲线

图 6-21　调层生产过程中压力变化曲线图

（1）系统主要适用于 4000m 以内中深井的实时测控。

（2）采用电动控制智能配产器控制流体在环空和油管之间的流动，能够实现流量的无级调节（0~φ12mm 油嘴），耐压 50MPa，耐温 120℃。

（3）采用远程电动控制方式，操控方便快捷（2min）。

（4）电控智能配产器上集成有单点温度压力传感器，可持续测量配产器位置的温度和压力，测温范围0~125℃，精度0.5℃；测压范围0~50MPa，精度0.05MPa。

（5）全井使用单根电缆实现井下信号和动力的传输，能够实现三个以上配产器的测量和控制。

（6）可以在互联网范围内实现远距离实时测控油井。

电动控制型智能完井系统在吐哈油田顺利下井并完成封隔器验封，油井生产、测控正常。该井完钻井深2532m，为落实该井新射孔段的油藏潜力，提高单井产能，决定对该井实施智能找堵水和分段生产。油井分两段生产，在每段各部署了一支电动控制型智能配产器，通过穿越式封隔器独立控制各层生产状态，配产器通过电缆连接至井口控制箱。

首先生产下层，以落实该层液性和液量，因此上层配产器为全关状态。8月12日下层配产器为全开状态，开始进行正式生产。图6-22为正常生产时连续监测得到的下层段压力和温度随时间变化的曲线，下层段温度略有增加，但增幅较小，而管内和管外压力则在不断降低，由约15MPa降低为约7.5MPa，同时注意到初始时压力降低速度较快，之后降低速度趋缓并趋于稳定。

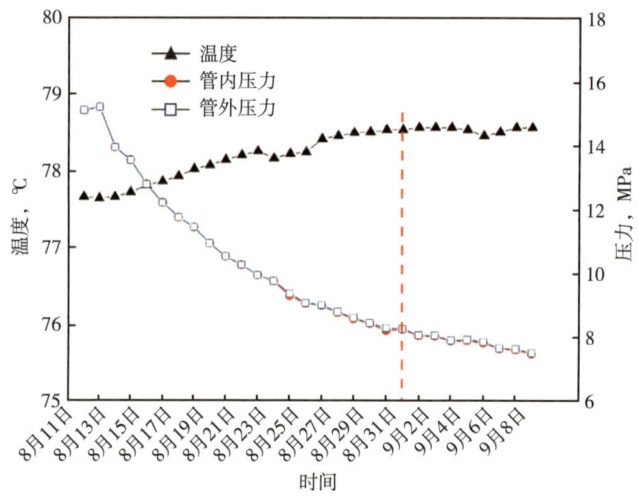

图6-22　电动控制智能井正常生产时下层段压力和温度变化曲线

由采油厂对产出液的测量结果发现，该井下层段（新射孔油藏）含水率较高，产量较低。因此调整上层配产器油嘴为全开、下层配产器油嘴为全关，从而只生产上层段，但对产出液的测量结果表明上层段的含水率也较高。9月对该井进行了停井操作，截至停井时，电动控制智能完井系统共连续运行29d，状态正常。

试验中，通过井口控制箱，试验人员从3000km外的办公室实时提取到了井下各层的压力温度数据，并对配产器成功进行了多次流量调节。

参 考 文 献

[1] 刘合，王峰，王毓才，等．现代油气井射孔技术发展现状与展望［J］．石油勘探与开发，2014，41（6）：731-737．

[2] 刘合，王素玲，许建国，等．水平井定面射孔条件下水力裂缝起裂机理［J］．石油勘探与开发，2015，

42（6）：794-800.

［3］ GAO Y, LIU H, WANG L G, et al. The Application of Face Direction Perforating in Unconventional Reservoirs［R］. SPE 176404, 2015.

［4］ BAKKER E, VEEKEN K , BEHRMANN L, et al. Technology of dynamic negative pressure perforation［J］. World Well Logging Technology, 2004, 19（5）：48-60.

［5］ 贺红民，路利军，慕光华，等. 动力旋转定方位射孔工艺技术［J］. 测井技术, 2013, 37（4）：451-454.

［6］ 张少程，张锋，周骎，等. 定射角定方位射孔新技术［J］. 测井技术, 2012, 36（1）：68-72.

［7］ 朱海燕，邓金根，刘书杰，等. 定向射孔水力压裂起裂压力的预测模型［J］. 石油学报, 2013, 34（3）：556-562.

［8］ HORNBY B E, YU J H. VSP：beyond time-to-depth［J］. The Leading Edge, 2006, 25（4）：446-452.

［9］ GRECHKA V, MATEVA A. Inversion of P-wave VSP data for local anisotropy：Theory and a case study［J］. Geophysics, 2007, 72（4）：69-79.

［10］ 沈泽俊，张卫平，钱杰，等. 智能完井技术与装备的研究和现场试验［J］. 石油机械, 2012, 40（10）：67-71.

［11］ 张建华. 高温稠油井温度压力光纤传感监测系统［J］. 测井技术, 2006, 30（3）：243-245.

［12］ 廖成龙，张卫平，黄鹏，等. 电控智能完井技术研究及现场应用［J］. 石油机械, 2017, 45（10）：81-85.

第七章 低油价下工程技术一体化管理的模式

新时期石油工业的稳定发展，主要依靠老油田稳产和低品位—非常规油气大规模开发，工程技术的不断发展起到了支撑保障作用，随着近几年油价持续走低，工程技术领域面临着低油价和成本控制的巨大挑战，在油田开展节约生产成本与创新管理模式已经成为新时期中国石油实现可持续发展的重要手段。本章介绍了采油工程管杆再制造技术与集约化建井管理新模式，并总结了这些技术在油田的推广过程、取得的应用效果以发展建议。

第一节 采油工程管杆再制造技术

随着我国稠油、低渗透等特殊油藏开发的不断深入，油水井的腐蚀、出砂状况日益严重，油管、抽油杆长期在恶劣的环境中工作极易发生失效，导致每年产生数量巨大的废旧管杆。现有修复技术仅适用于部分损伤较轻的废旧管杆，并且修复后的管杆仅能获得降级使用，造成资源的极大浪费。

再制造是一种对废旧产品及其元器件或零部件实施高技术修复和改造的产业。以损坏或报废的产品及零部件为基础，采用一系列的相关先进再制造技术，使再制造产品质量达到或超过新品的质量和性能。再制造作为绿色制造、循环经济的典型形式，是实现工业循环式发展的必然选择。利用先进再制造技术对废旧管杆实施再制造，可以大幅度延伸管杆使用寿命，提高检泵周期，减少作业费用，显著降低综合成本，实现良好的经济、社会和环境价值，具有广阔的应用前景[1,2]。

一、管杆使用现状及常规修复工艺

1. 管杆使用现状

我国油井管（油管、套管、钻杆等）、抽油杆年生产能力居世界首位，年使用量需求巨大。据统计我国油井管的年生产能力已经达到 $1000 \times 10^4 t$（超过全球的三分之二），国内油田的年使用量约 $300 \times 10^4 t$。抽油杆的年生产能力约 $2 \times 10^8 m$（居世界之首），国内油田的年使用量约 $1.2 \times 10^8 m$[3]。

截至 2015 年底中国石油 15 家油气田有油井、气井、水井约 32.8 万口，井下油管逾 $4.4 \times 10^8 m$，合计超过 $400 \times 10^4 t$；中国石化 12 家油田有油井、气井、水井约 7 万口，井下油管逾 $2.2 \times 10^8 m$，合计超过 $200 \times 10^4 t$；延长油田油井、气井、水井也超过 11.7 万口。国内每年产生的废旧油管约 $70 \times 10^4 t$，废旧抽油杆上千万米，数量巨大（图 7-1）。以吉林油田为例，2015 年在用油管共 $17.42 \times 10^4 t$，待修复油管 3503t，修复油管 6948t，报废油管 2182t，废旧油管合计 $1.26 \times 10^4 t$，占油田总占有量的 7.3%；在用抽油杆共 $6931 \times 10^4 m$，待修复抽油杆 $97.9 \times 10^4 m$，修复抽油杆 $14.3 \times 10^4 m$，报废抽油杆 $4756.7 \times 10^4 m$，废旧抽油杆合计 4868.9×10^{4}m，占油田总占有量的 70.2%，给油田造成了严重的经济损失和资源浪费。

图 7-1 油田废旧油管

2. 废旧油管、抽油杆常规修复工艺

目前废旧油管、抽油杆的处理缺乏统一的行业标准，各油田企业根据各自情况以及管杆的损伤程度制定了企业判断报废标准。如中国石化制定了《修复油管质量要求》，规定了管体螺旋形弯曲、内孔严重堵塞、管壁腐蚀穿孔破裂（图 7-2 至图 7-4）等油管的报废条件；大庆油田制定了《旧油管判废标准》和《20CrMo 工艺型抽油杆与 30Mn2SiV 材料型抽油杆的判废标准》，表 7.1 为废旧油管的判别评估标准，表 7.2 为 20CrMo 工艺型抽油杆的判废评估条件[4]。

图 7-2 腐蚀

图 7-3 螺纹损坏

图 7-4 管体破裂

表 7-1　废旧油管判别评估

序号	管体外观	管体		外螺纹	接箍	判别评估
		管壁	垢层			
1	油污	油污	无	磨损黏扣	腐蚀	旧油管
2	腐蚀较轻	磨损轻微 12.5%以下	无定形粉末状	磨损黏扣	腐蚀	一级垢管
3	结垢、锈蚀严重	磨损25%	坚硬	断裂	磨损	二级垢管
4	弯曲、全部堵塞	磨损25%以上	坚硬	断裂	腐蚀磨损	报废

表 7-2　20CrMo 工艺型抽油杆判废技术条件

杆径，mm	裂纹值，mm		
	合格杆[①]	降级杆[②]	报废杆
φ16	≤0.21	>0.21~0.35	>0.35
φ19	≤0.33	>0.33~0.54	>0.54
φ22	≤0.46	>0.46~0.74	>0.74
φ25	≤0.62	>0.62~0.99	>0.99

注：①合格杆：载荷60kN条件下可以运行一个检泵周期；

②降级杆：载荷30kN条件下可以运行一个检泵周期。

　　根据现有的判废标准，可修复的油管按照分选、清洗、校直、探伤、修扣、换接箍、试压等常规修复工艺进行修复，废旧油管修复工艺如图7-5所示；可修复的抽油杆按照分选、清洗、表面检测、探伤打磨、校直、修扣、超音频淬火、二次探伤打磨、抛丸、试压等常规修复工艺进行修复，废旧抽油杆修复工艺如图7-6所示。常规修复技术适用范围小，修复后仅能获得降级使用，管杆腐蚀、磨损造成的几何缺陷并没得到根本修复，在分选、探伤、试压等环节中都面临着产品报废，极易导致资源的浪费，不能满足我国倡导的绿色循环经济。

(a)校直机　　　　　　　　(b)漏磁探伤检测　　　　　　　　(c)管螺纹专用车床

(d)双管试压机　　　　　　(e)油管除锈打砂机　　　　　　　(f)自动打标机

图 7-5　废旧油管修复工艺

(a)矫直　　　　　　　　(b)探伤　　　　　　　(c)超音频表面淬火

(d)抛丸　　　　　　(e)修复杆浸漆　　　　(f)修复杆装配包装

图 7-6　废旧抽油杆修复工艺

二、油管再制造技术

再制造是以产品全寿命周期理论为指导，以优质、高效、节能、节材、环保为准则，以先进技术和产业化生产为手段，进行修复、改造废旧设备产品的一系列技术措施或工程活动的总称。我国再制造技术起步于 2000 年，是在维修工程、表面工程基础上发展起来的，主要采用尺寸恢复法和性能提升法，可使再制造率显著提高、资源能源消耗显著降低，具有突出的节能减排效益。2010 年 5 月 31 日国家发展改革委等十一个部门联合发布《关于推进再制造产业发展的意见》，加大发展再制造产业的力度。再制造作为对废旧产品实施高技术修复和改造的高新产业，针对的是损坏或将报废的零部件，在性能失效分析、寿命评估分析的基础上进行再制造的工程设计，采用一系列相关的先进再制造技术，使再制造产品达到甚至超过新品。废旧油管再制造涉及石油管工程、材料表面工程和采油工程，具有较大的技术研究价值。近五年我国每年油管的生产能力为 $1000 \times 10^4 t$，全国油管的年需求量为 $200 \times 10^4 t$，全国每年的旧油管大于 $100 \times 10^4 t$，许多油田的废油管堆积如山。因此，废旧油管再制造可以变废为宝，可以最大限度延长油管的生命周期，并进一步延长检泵周期，降低采油成本，提高原油产量，还可以节约钢材，减少能源消耗，具有很大的经济效益和社会效益。

油管再制造技术以废旧油管为基础，采用先进的表面工程处理技术，成本是新油管的 50%，而在使用性能上到达甚至超过新油管，同时油管再制造技术完全可以实现批量化、产业化的生产方式，对环境的不良影响显著降低。目前，国内已经成功研发了纳米复合电刷镀技术、喷涂技术、激光熔覆技术、纳米涂料技术等多种油管再制造技术，获得了较好的应用效果。抽油杆再制造技术目前还处于起步阶段，未见规模应用。再制造后的管杆规格、尺寸和使用性能均发生改变，现有管杆产品标准已不适用，需要建立管杆再制造的产品标准，指导再制造管杆的生产应用。

1. 技术原理及流程

目前比较成熟的油管再制造技术是离心自蔓延技术，利用高温合成原理将 Fe_2O_3 与 Al 粉末按比例混合反应，其基本反应为 $2Al+Fe_2O_3 = Al_2O_3+2Fe+836kJ/mol$。反应放出大量热量，生成物为液态的 Al_2O_3（即刚玉）和 Fe，在离心力作用下，密度较小的 Al_2O_3 分布于钢管内表面，密度较大的铁分布在陶瓷层和钢管之间，自动充填油管内壁的腐蚀坑和犁沟，并和油管融为一体 [图7-7（a）]，最终形成的陶瓷内衬复合钢管。从内到外分别为刚玉陶瓷层、铁含量逐渐增加的金属陶瓷过渡层、铁层以及外部的钢管层，实现废旧管杆再制造 [图7-7（b）]。再制造的金属陶瓷油管防腐、防磨、防垢等性能大大提高，配合完善的端口和螺纹保护技术，其使用寿命达到普通油管的 3 倍以上。

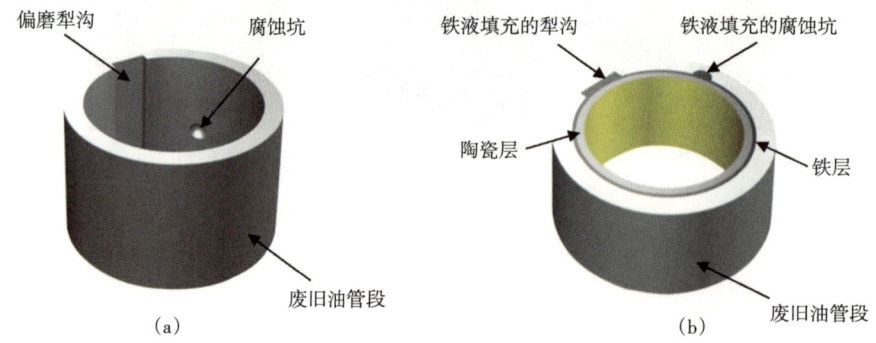

图 7-7　废旧油管再制造模型示意图

废旧油管再制造工艺如图7-8所示，主要包括预处理、内衬陶瓷、螺纹加工、检验、包装等五大部分。

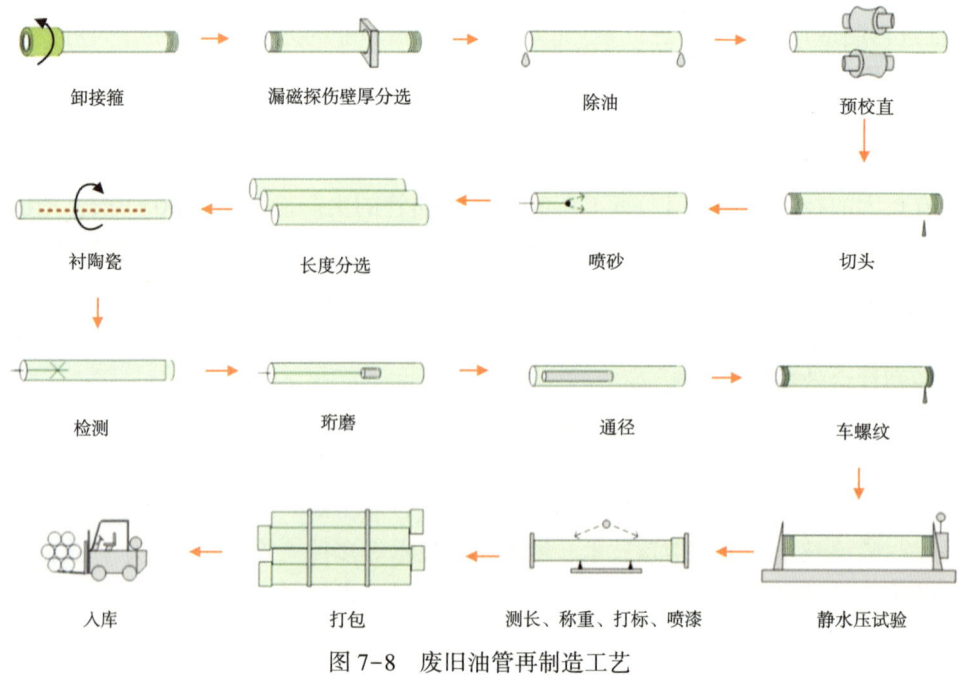

图 7-8　废旧油管再制造工艺

废旧油管再制造主要利用高温自蔓延原理，其化学反应过程如图7-9所示。

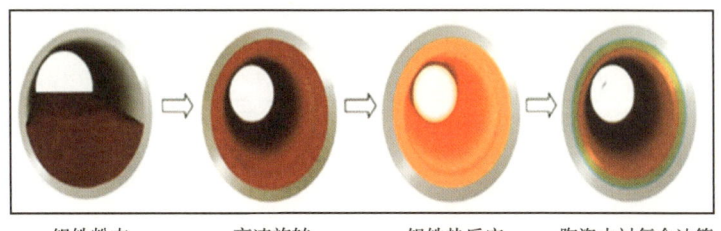

铝铁粉末　　　高速旋转　　　铝铁热反应　　陶瓷内衬复合油管

图7-9　自蔓延生产工艺流程示意图

废旧油管再制造技术采用高分子复合材料制造的端口保护环和管箍密封圈对油管和螺纹连接处进行保护，既可以防止端口陶瓷在井下作业过程中受到损坏，又可以保护油管螺纹在高腐蚀性油气井不受腐蚀，与陶瓷内衬组合起来，实现油管内壁全面防腐（图7-10、图7-11）。

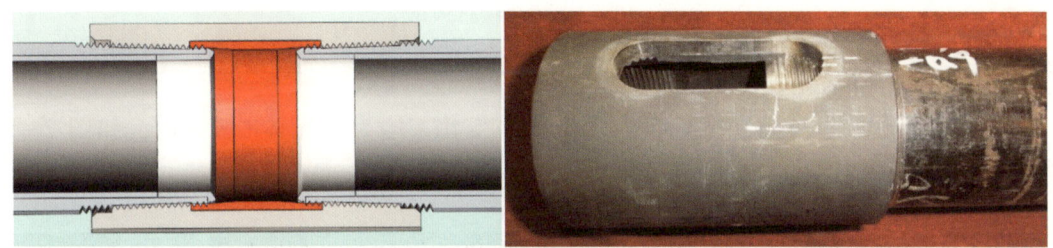

图7-10　再制造油管螺纹连接处

图7-11　再制造油管高分子保护环及螺纹端口

再制造油管的机械性能见表7-3。

表7-3　废旧油管再制造后的机械性能

性能	介质	检测方法	检测结果
耐温性能	液氮和加热炉	850℃降至室温再置于-50℃环境中重复3次	陶瓷层无开裂，无明显变化，机械性能无下降
拉伸强度	取3个平均值	与标准数据进行对比 API>443.5MPa API>645MPa	J55为680MPa（68t） N80为716MPa（71t）
结合强度	取3个平均值	用压头将陶瓷与管体压脱	J55为36.68MPa N80为47.61MPa
压溃强度	取3个平均值	径向从外向内压溃	J55为624.6MPa N80为771.5MPa
疲劳试验		5kN压力，循环73124次	陶瓷层无变化
弯曲性能		支点距离8.8m侧向弯曲0.87m	陶瓷层无变化，陶瓷复合管最大弯曲半径11710mm
抗冲击		73mm油管，10kg重锤，750mm高度冲击	73.5J

废旧油管再制造前后金相组织未发生明显变化，均为珠光体+铁素体，如图7-12所示。

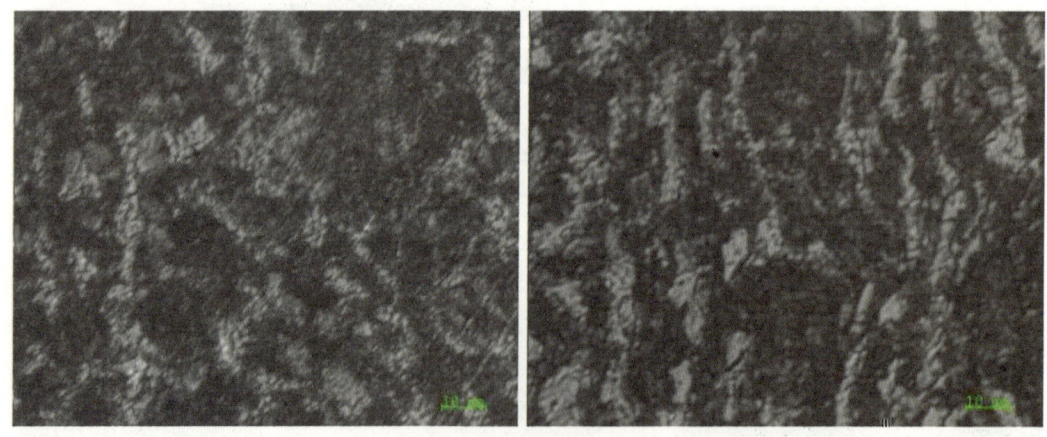

图7-12　废旧油管再制造后的机械性能金相组织

2. 现场应用

废旧油管再制造技术已在吉林、长庆、大庆、胜利、延长等油田规模应用，经济与社会效益明显。在吉林油田，利用离心自蔓延技术将9505t废旧油管再制造成7967t金属陶瓷复合油管，在300多口油水井中应用3年多未发现腐蚀、磨损、结垢，寿命达到普通新油管的3倍以上，减少了2倍的油管投资。以吉林油田乾安采油厂情东区块为例，该区块腐蚀严重，矿化度达到26100mg/L，Cl^-浓度9100mg/L，陶瓷油管在该区域使用6年后无明显腐蚀（图7-13）。吉林油田2015年使用再制造油管$13×10^4$m，累计使用量约$100×10^4$m。

图 7-13 吉林油田再制造油管应用效果

长庆油田自 2010 年 2 月以来，在其第五采油厂黄九区块腐蚀、结垢最严重的 13 口油水井中应用金属陶瓷复合油管 333t，现场试验证明金属陶瓷复合油管具有良好的防腐、耐磨、防垢性能及寿命。以黄 2-6 注水井为例，该井腐蚀严重，油管平均寿命低于两年，结垢、穿孔是井下油管的常见问题（图 7-14）。2010 年 5 月 2 日全井更换再制造陶瓷油管 1996m，2014 年 5 月 4 日起井检查，全井油管无腐蚀、结垢现象（图 7-15）。

图 7-14 长庆油田受腐蚀油管

截至 2015 年底，长庆油田 9 口油井在使用再制造油管后作业次数由原来的 66 次下降到 10 次，节省作业费用 73 万元，增油效益 79 万元。4 口水井运行良好，至今未发现腐蚀、磨损现象。长庆油田第五采油厂 2000 根废旧油管生产 1881 根再制造油管用于 7 口注水井，再制造率达到 94%。目前新疆油田，大港油田也在积极开展再制造油管的井下试验。

现场试验表明金属陶瓷复合油管的寿命是新油管的 5 倍以上，节省投资、节约资源，具有广泛的推广使用价值。

图 7-15　长庆油田再制造油管使用效果

若将国内每年 $70×10^4$ t 废旧油管再制造成金属陶瓷油管，油田将减少 $140×10^4$ t 新油管的投资。再制造油管的费用是购买普通防腐油管的 90%，按照普通防腐油管平均 85 元/m，再制造 $70×10^4$ t 废旧油管节约资金约 6.5 亿元。同时 $70×10^4$ t 再制造油管可用于 5 万口油水井中，由于再制造油管防腐、防磨、防垢，可以延长水井修井周期至少 50%，综合节约资金数十亿元。另外，再制造 $70×10^4$ t 废旧油管，意味着减少 $210×10^4$ t 钢材的生产，可减排二氧化碳 $420×10^4$ t，节能 $195×10^4$ t 标准煤，节约新水 $945×10^4$ t，经济效益和环境效益潜力巨大。

三、管杆再制造技术发展方向

"十二五"期间，国家大力发展"绿色再制造技术"，推进再制造产业发展，推广循环经济典型模式，目前已在废旧机电产品、汽车零部件等领域规模应用，取得了显著效果。再制造技术在石油装备领域的应用尚处于初期阶段，以油管、抽油杆、柱塞、减速机等为代表的石油装备再制造技术需求十分迫切，均具有推广应用潜力。为了响应国家政策号召，实现石油工业在低油价新常态下的健康稳定发展，需要大力推进再制造技术在石油装备领域的规模应用。本节结合国内现有再制造技术的成功经验，认为石油装备再制造技术会在以下几个方面迅速发展。

（1）再制造技术。未来石油行业将大力发展绿色拆解与清洗技术、无损检测与寿命评估技术、表面工程再制造技术等再制造关键技术，以油管、抽油杆再制造为重点，逐步扩大试点范围到减速机、柱塞等部件，推动再制造技术在石油装备领域的应用。

（2）再制造产品标准化、系列化、规范化。结合现有管杆判废标准和常规修复工艺标准，重新界定废旧管杆再制造的判别条件和再制造管杆的性能评价和质量检测体系，建立废旧管杆再制造评估标准和再制造产品行业标准。

（3）资产管理模式优化，解决再制造技术大规模应用的管理难题。在国内石油企业会计实务中，管杆常规修复通常作为维修费用列支为企业的费用化支出，而再制造技术修复后产品的质量、技术性能均达到或超过新品，该类投入作为企业技改技措项目，可列支为企业的资本化支出。在国内石油企业财务、资产的管理制度中，应为再制造产品管理进行明确，同时简化管理流程、提高效率，为再制造技术的规模推广创造条件。

第二节　集约化建井高效采油技术

面对资源品质的逐年变差，多井、低产、低效的发展走势将长期持续。传统的产能建设模式与技术面对"低油价、低品质"的双重挑战，在提产能、降投资与降运行成本方面显现出较大的不适应，导致效益建产难度不断增加，产能建设规模逐年萎缩，严重影响到油田的发展。集约化建井即以"集中""节约"等新理念为指导布局油田生产体系，与常规建井相比具有提高土地使用效率、运行及管理成本低、投资回收期短等优势。本节以在吉林油区新立油田常规低渗透油藏开展大井丛平台效益建产的成功实践为例，介绍了集约化建产模式下的采油相关技术及应用效果。

一、集约化建井技术

1. 集约化建井模式下，采油工程技术多专业联合优化

常规建产模式下，油藏、钻井、采油、地面各专业顺序设计，是在油藏指标已确定前提下的被动设计。而集约化建井模式下，需要跨专业联合设计，投资与成本综合考虑，从方案源头实现效益建产。作为产能建设重要环节，采油工程以有效实现油藏工程目标为基本出发点，以安全和环保为前提，以经济效益为中心，以实现长效举升、有效分注、发挥平台井产能为最终目标，以现有手段为依托进行多方案优选，注重方案设计的及时调整，提高方案设计针对性，形成以斜度分级为基础的采油工程一体化优化设计方法，为实现效益建产提供方案和技术保障。

2. 应对集约化建井复杂井况，平台井防偏磨措施综合配套

对于常规直井来说，有杆抽油系统运动时就必然存在磨损，这也是影响免修期的主导因素。随着井斜增加，采用常规技术防磨效果明显变差。新立油田 2015 以前年在地面受限地区部署了 11 口零散定向井，井斜角在 17°～24°，采用了 2⅞in 油管、扶正器等常规举升技术，投产后 120～450d 即出现了偏磨上修现象，与直井平均水平 650d 免修期有一定的差距。新立油田集约化建产井井斜角更大，平均在 30°左右，油管磨损量是常规油井的 3 倍，如果防偏磨措施不到位造成频繁上修，也就体现不出集约化建产井运行成本低的优势。因此采油工程转变观念，防偏磨措施由常规井的配套技术升级为集约化建产井的主体技术，并从偏磨原理出发提出了防偏磨针对性措施。

1) 降低管杆接触压力

吉林油田常用举升管柱为 2⅞in 油管，随井斜增大管杆接触压力急剧上升。抽油杆管接触压力与抽油杆管间磨损量为正相关关系，抽油杆管间磨损量随着接触压力增加而增大。根据计算，在投产 1 年时间内，直井磨损深度为 0.999mm，而大斜度井磨损深度为 3.111mm，故直井采用 2⅞in 光油管可行，而大斜度井需要重新进行油管设计。

根据计算结果，总体上随着管内径增大，管杆接触压力变小（图 7-16）。不论采用何种油管，接触压力与井斜角关系不大，与狗腿度正相关，造斜段是重点防偏磨井段。采用 3½in 油管举升可有效降低管杆接触压力，提高免修期。

2) 提高接触面的光滑程度

聚乙烯材料耐磨耐腐蚀，易成管，弹性好，易于与各种添加剂混合改性，价格适中，

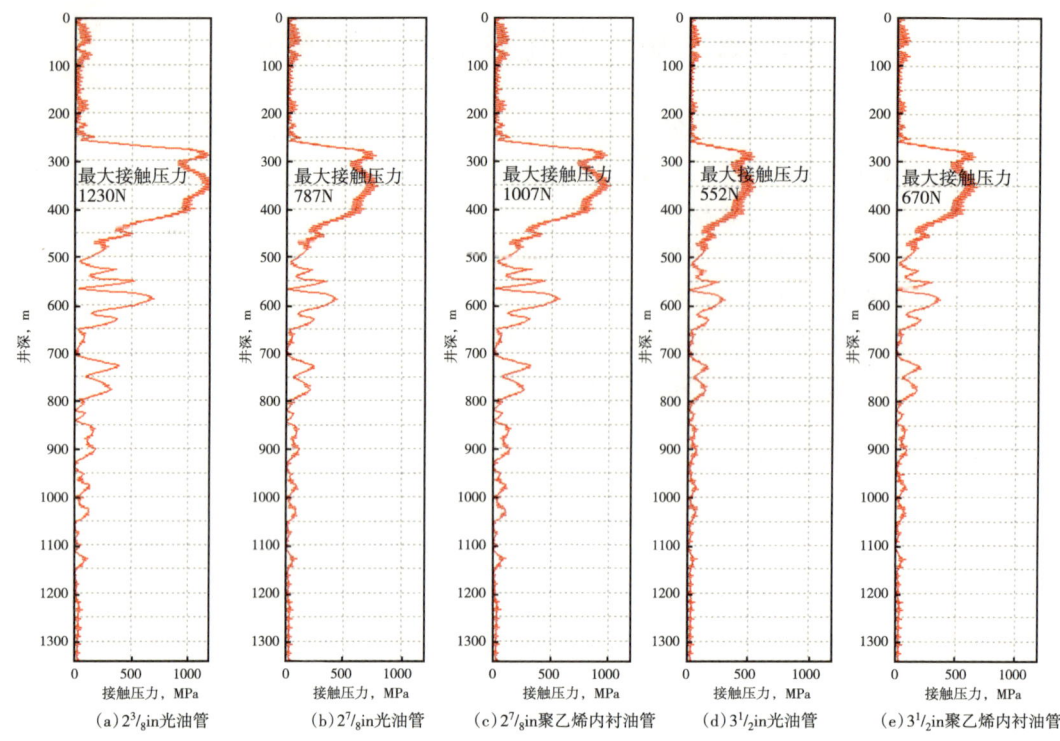

图 7-16　不同类型油管接触压力计算

是较好的油管防磨防腐内衬材料。摩擦系数是影响磨损的重要参数，聚乙烯摩擦系数为
0.16~0.23，钢材摩擦系数为 0.4~0.8。油管加聚乙烯内衬后，降低了抽油杆与油管之间
的摩擦系数。提高了耐磨和耐腐蚀性能。聚乙烯本身还是一种良好的抑制结蜡的材料，所
以聚乙烯内衬油管还具有防蜡性能，油井热洗清蜡周期可以大幅度延长。

采用聚乙烯内衬后由于缩小了油管内径，接触压力有所提高，但不论是 $2\frac{7}{8}$in 聚乙烯
内衬油管还是 $3\frac{1}{2}$in 聚乙烯内衬油管，总体上磨损量有效降低（图 7-17）。

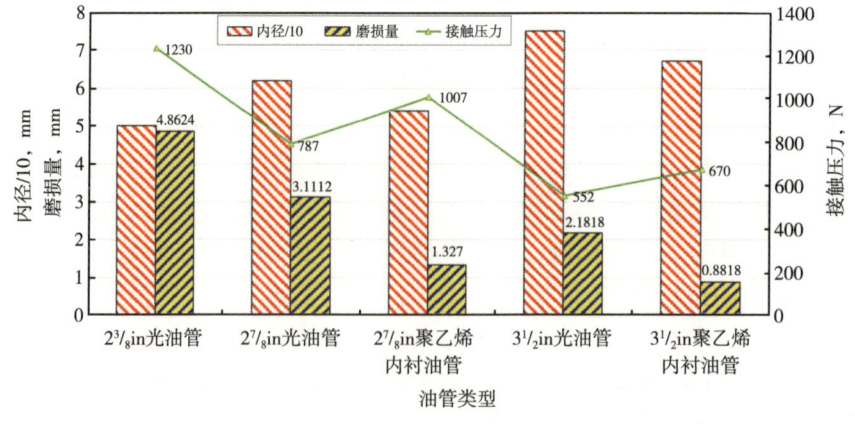

图 7-17　不同类型油管内径、磨损量接触压力关系图

3）杆管间建立隔离

根据室内不同接箍与不同类型油管对磨实验结果（图7-18、图7-19），横向对比，合金接箍与不同类型油管对磨的磨蚀率基本是常规接箍的一半。合金接箍与不同类型油管对磨内部对比，合金接箍与内衬油管组合减磨作用最明显。通过合金接箍的应用，在杆管间建立起隔离，是降低集约化建产井磨损量的又一有效措施。

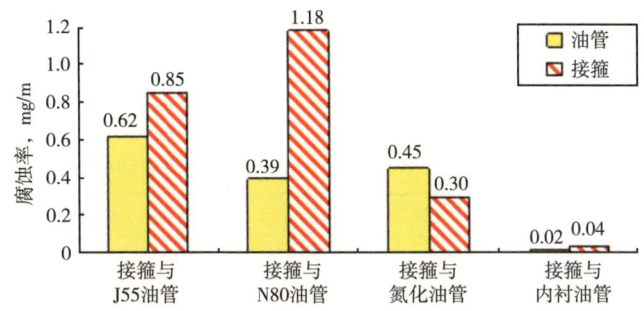

图7-18　常规接箍与J55、N80、氮化、内衬油管组合磨蚀率图

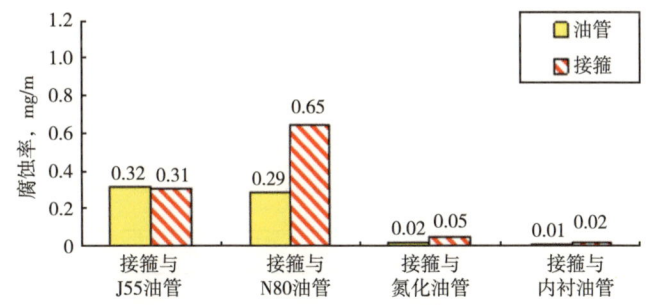

图7-19　合金接箍与J55、N80、氮化、内衬油管组合磨蚀率图

4）降低杆管接触频率

一定时间内接触次数越多磨损越严重，因此降低接触频率是减少磨损的有效途径，并且冲次增加会导致抽油杆中性点上移，工况变差情况下大大降低抽油杆使用寿命。长冲程排液，满足排液需求的前提下尽量降低冲次，改善抽油杆受力状态。

5）提高设备强度

根据计算，采用D级抽油杆也能满足新立部分集约化建产井的强度要求，但由于油井井斜、井底位移大，钻井出于防碰绕障需要造成井下轨迹复杂，并且H级杆与D级杆价格接近，性能指标却有较大提高，因此对于新立集约化建产井采用H级高强度抽油杆，防止投产后生产过程中偏磨杆断发生，小幅增加投资大幅提高使用效果（表7-4）。

表7-4　不同抽油杆力学性能指标

等级	材料	抗拉强度 MPa	屈服强度 MPa	伸长率 A %	断面收缩率 %
C	优质碳素钢或合金钢	620~795	≥415	≥13	≥50
D	优质碳素钢或合金钢	795~965	≥590	≥10	≥50
H	合金钢	965~1195	≥795	≥10	≥45

3. 以斜度分级为基础，集约化建产井举升工艺分级优化设计

新立油田集约化建井地区油井井斜角平均30°左右，具体分布在6°~52°，为提高举升工艺设计的针对性，在优选举升方式的前提下，根据井斜的不同合理优化举升工艺参数。

1）技术、投资、成本综合考虑，优选举升方式

新立油田集约化建产井井深范围1407~1748m，平均泵深1300m左右，产液量稳产阶段预计5~10m³/d，初期需满足10m³/d以上排液需求。原油黏度16~28mPa·s，凝固点为28~35℃，预测含砂影响小。通过对抽油机（含双驴头抽油机）、潜油往复泵、地面驱动螺杆泵举升方式的工艺成熟度、对大斜度井的适应情况、地面配套装置、初期投资及维护费用、管理运行等方面综合分析，优选举升方式（表7-5）。

表7-5　常用人工举升方式的适应性及目前达到的水平

项目	抽油机	螺杆泵	潜油往复泵
系统复杂程度	简单	简单	井下复杂
排量，m³	1~100	10~200	15以下
泵深，m	3000	1500	1500
定向井适应性	一般磨损严重	一般磨损严重	适宜
出砂	较好	适应	不适应
结垢	适应	不适应	不适应
调整工作制度	较方便	较方便	缺乏灵活性
检泵	管式泵动管柱	必须动管柱	必须动管柱
平均免修期，a	2	1	1.5
生产测试	基本配套	不配套	基本配套

首先对各种举升方式经济性进行排序，按照初期投资+10年成本费用由低到高分别为双驴头、螺杆泵、抽油机、潜油往复泵。随斜度增大，下泵深度越来越深，泵挂1500m以上时螺杆泵技术适应性变差。潜油往复泵属于无杆举升方式，从根本上解决了大斜度井偏磨问题，但目前技术不配套，井下泵及电缆寿命只有5年，在常用举升方式中运行成本最高，经济性最差，暂时不予考虑（表7-6、表7-7）。

表7-6　常用举升方式投资对比表　　　　　　　　单位：元

序号	项目	抽油机	双驴头	螺杆泵	潜油往复泵
1	油管	76640	76640	76640	76640
2	油管（内衬聚乙烯）	57600	57600	57600	
3	光杆	1000	1000	1000	
4	油杆	11954	11954		
5	油杆	19875	19875		
6	油杆			48880	
7	驱动头			29000	
8	油管扶正器			1920	
9	锚定器			3500	

续表

序号	项目	抽油机	双驴头	螺杆泵	潜油往复泵
10	管柱调节器			1200	
11	电缆				74594
12	井口	6600	6600	6600	10000
13	泵	3422	3422	14000	134100
14	双阀防渣器	1620	1620		
15	防洗井污染采油装置	2650	2650		
16	电缆保护套				30000
17	镍基合金防磨接箍	7200	7200	7200	
18	防砂管	1000	1000	1000	
19	其他	2000	2000	2000	20000
	八型抽油机（含电动机、护栏）	186400	150000		
	单井举升工程造价	377961	341561	250540	345334

注：泵挂 1300m，定向井。

表 7-7　常用举升方式运行成本对比表　　　　　单位：万元

项目	常规抽油机	双驴头	螺杆泵	往复泵
电费	2.8	1.79	2.04	1.91
作业费	1.65	1.65	1.65	1.24
材料费	0.74	0.74	0.83	0.39
折旧	2.18	2.07	2.94	5.26
合计	7.37	6.25	7.46	8.8

注：泵挂 1300m，定向井。

有杆泵是吉林油田主体举升方式，基本上形成了工艺参数优选、井下工况诊断、维修操作管理等系列配套技术。采用常规有杆泵举升方式既能满足直井，又能基本适应平台大位移斜井；产量适应范围较大，具有一定的调整产量的灵活性；生产操作费用较低；技术成熟，配套程度高。常规抽油机改进为双驴头抽油机后经济性最好，因此具备条件井采用双驴头抽油机，不具备条件井采用常规抽油机。

2）根据斜度不同区别设计下泵斜深

采油工程计算的下泵深度是指垂深，对于集约化建产井由于斜度的存在必须根据井眼轨迹数据折算下泵斜深。新立油田集约化建产井设计泵挂垂深 1150m、井斜角 <30° 的油井，实际泵挂斜深 1226m，泵挂垂深 1177m，斜深比垂深附加 50m 泵挂；30°≤井斜角 <40° 的油井，实际泵挂斜深 1315m，泵挂垂深 1168m，斜深比垂深附加 150m 泵挂；井斜角 >40° 的油井，实际泵挂斜深 1370m，泵挂垂深 1126m，斜深比垂深附加 245m 泵挂（图 7-20）。

3）优选防斜泵，提高大斜度井泵效

普通抽油泵在一定斜度井筒中工作时涉及失稳问题，阀球不易坐封导致漏失从而影响泵效。根据计算，普通抽油泵稳定工作允许的井斜角为 30°~35°。针对普通泵适应性差问

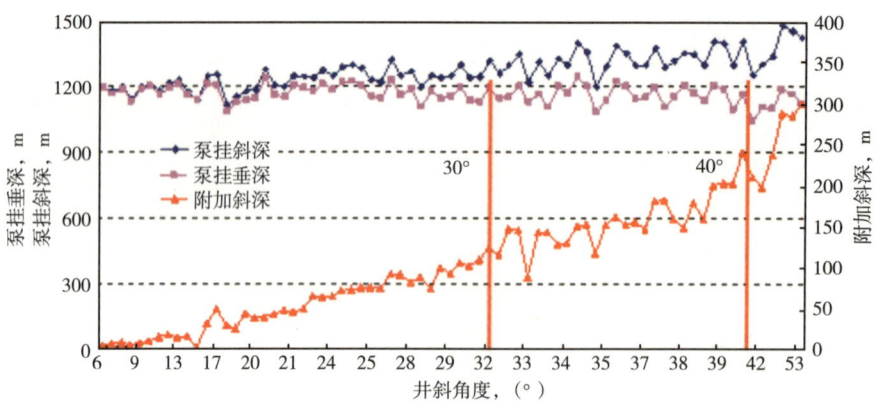

图 7-20　平台现场实际下泵深度及附加斜深统计图

题，30°以上油井采用斜井泵，游动阀及固定阀均有导向，解决了斜井泵阀球不易坐封现象，提高了泵效。防斜泵结构如图 7-21 所示。

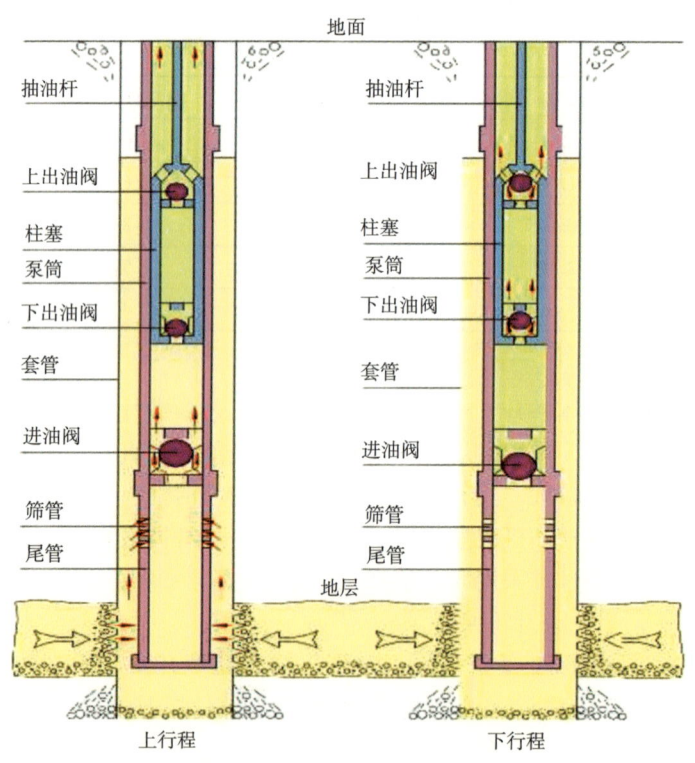

图 7-21　防斜泵结构示意图

4）量化分析大斜度井载荷增量，抽油机型分级设计

大斜度井抽油机载荷增加的原因有两个：一是井斜附加部分泵挂，增加了杆重；二是井斜变大，增加了摩阻。实际可以归结为井斜一个变量。现场不同斜度井载荷分化明显，说明机型分级设计的必要性（图 7-22、图 7-23）。

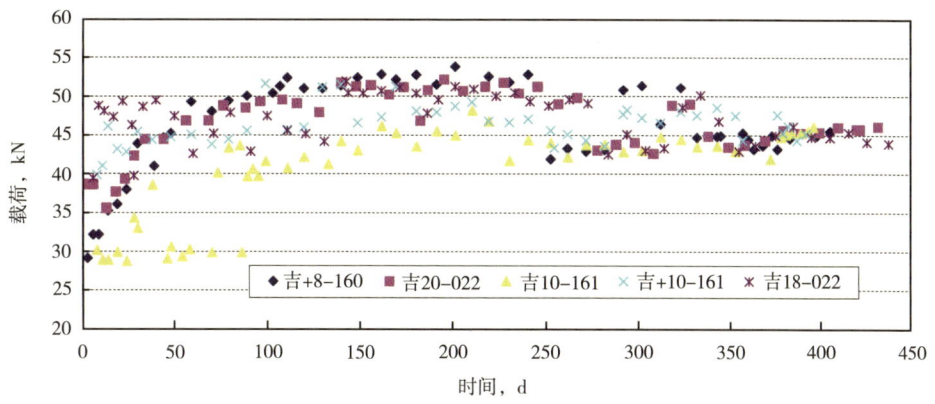

图7-22　新立油田1号、2号平台小斜度井载荷统计图

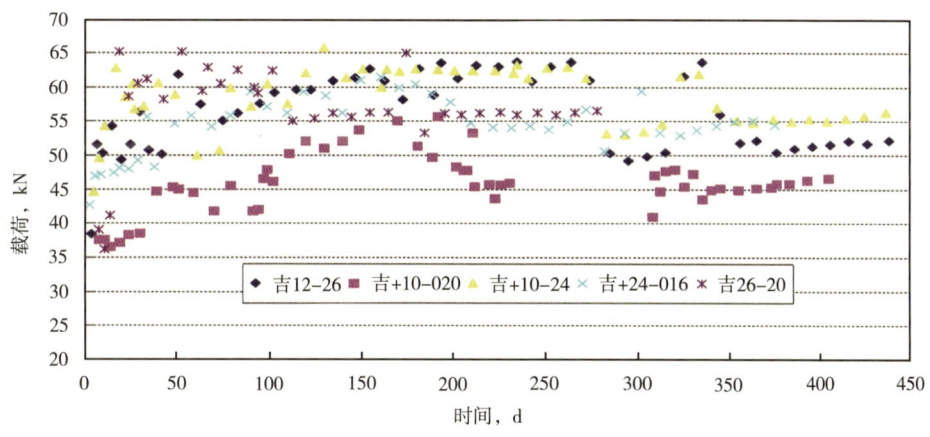

图7-23　新立油田1号、2号平台大斜度井载荷统计图

　　理论计算与数据统计相结合，确定机型增加的临界井斜角（图7-24、图7-25）。理论计算结果为机型增加临界角基本在40°以上，而数据统计确定的机型增加临界角基本在30°左右。对复杂井况摩擦系数认识不深刻，导致理论与实际有一定偏差。本着贴近实际

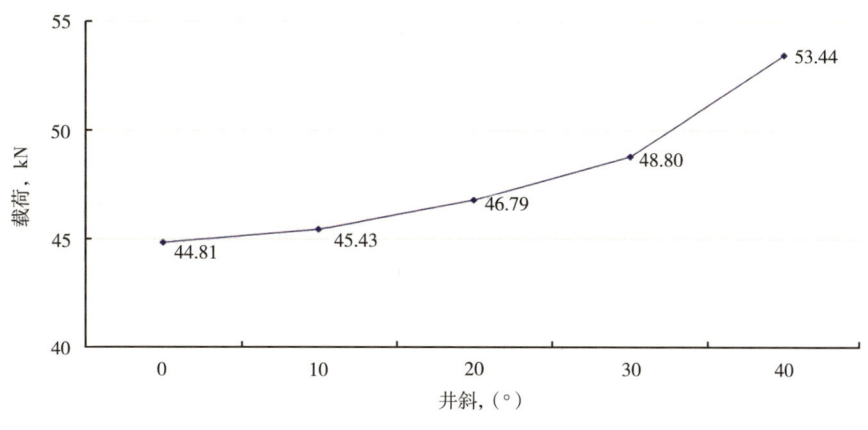

图7-24　理论计算抽油机增型井斜角

原则，新立油田集约化建产井机型增加临界角确定为 30°。井斜 30° 以下油井采用六型抽油机，井斜 30° 以上油井采用八型机。

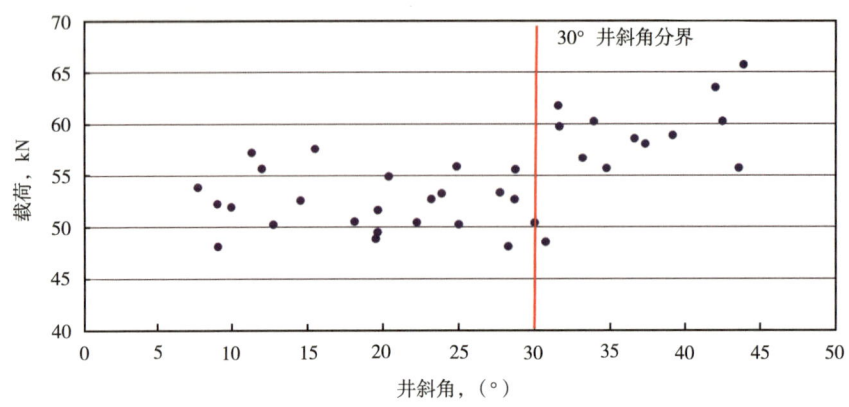

图 7-25 现场实际载荷分布图

4. 初期投资与运行成本相结合，确定合理的平台规模

集约化建井方式初期产建投资略高，但可显著降低后期人工等运行成本，时间愈长、整体综合费用节约愈明显。开展钻井、采油、地面工程一体化设计，从产能建设投资和运行成本综合效益最佳的角度进行平台部署的整体优化。

新立油田Ⅳ区块部署开发井 25 口（其中油井 17 口，水井 8 口），由 3 个小平台优化为 1 个大平台，采油工程投资增加 40 万元，开发 15 年投资及成本降低 3700 万元（图 7-26）。

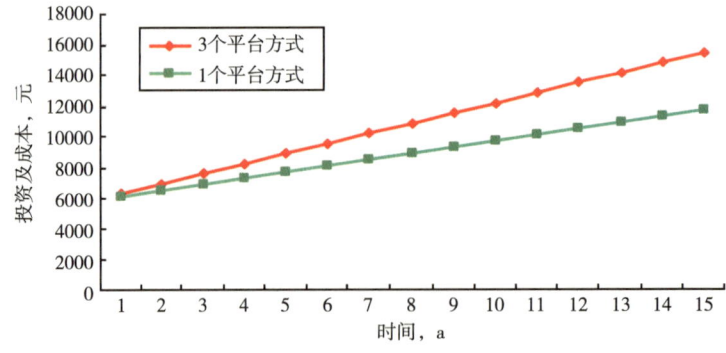

图 7-26 新立油田Ⅳ区块不同平台方式投资及成本整体费用逐年对比

随开发时间延长，大平台运行成本低的优势逐步发挥，因此理论上运行时间无限长时，平台规模越大越好。实际上大规模平台的优化还必须考虑投资回收期问题。新 215-1 区块部署开发井 42 口（其中油井 30 口，水井 12 口），开发第 15 年，1 个平台运行成本低的优势才开始显现。考虑投资回收期，由 3 个小平台优化为 2 个平台，并没有采用 1 个平台的布井方式。2 个平台方式下采油工程投资增加 150 万元，开发 15 年投资及成本降低 2200 万元（图 7-27）。

两个区块不同的平台规模优化结果说明，并非把所有井集中在一个平台上就是最优选择。平台井数达到一定数值时，大斜度井数急剧增多，运行成本中必须考虑一定的维护作业费用，运行成本降低幅度没有小平台大。因此平台井数越多，平台规模的论证越有必要。

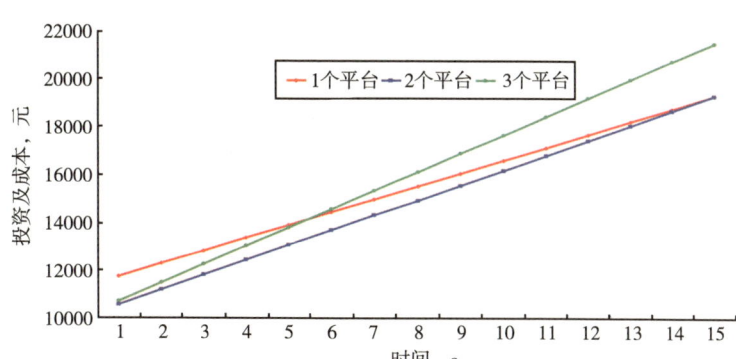

图 7-27　新 215-1 区块不同平台方式投资及成本整体费用逐年对比

二、集约化建井技术应用效果

1. 通过交互优化，大幅降低运行成本，实现效益建产

针对吉林油田近年来低品质资源难以效益动用的根本问题，通过开展以新立油田Ⅲ区块为代表的集约化建井现场先导试验，建立集约化钻完井、工厂化作业、一体化集中处理的集约化建井模式，实现提产量、提效益、降投资、降成本目标。通过实施地质工程一体化综合研究和交互优化设计，并在此基础上系统优化集约化平台采油工程技术，新立油田Ⅲ区块 1 号、2 号大平台集约化建井总投资节约逾 5000 万元，吨油运行成本降低 87%，内部收益率提高 4%，投产效率提高 72%，建井周期减少 2.7d，地面建设周期减少 26d。此后还推广到新立油田外围、大安等油田 10 余个集约化平台的建井。

通过采油工程技术优化，通过平台规模优化，可实现集约化建产井综合投资成本降低 15%；通过举升方式优选，可降低举升初期投资 20%，运行节电 30% 以上；通过防偏磨综合配套，与常规斜井相比可降低维护作业费用 30%。

2. 通过技术优化，集约化建产井主要生产指标处于合理水平

1）防偏磨多措施综合配套，平台井产能得到有效发挥

新立油田 1 号、2 号平台在斜度更大、井眼轨迹更复杂、下泵深度更深，通过技术综合配套，集约化建产试验区投产的 1 号、2 号平台投产截至 2017 年底，折算免修期近 1800d，并且未出现因井下杆管磨损导致大量修井现象，有效解决的大井丛平台油井采用常规有杆泵举升方式因井斜较大导致检泵周期短的问题。不仅降低修井作业费，还可减少不正常井影响产油量、材料费用损失、井场恢复等因素产生的费用。

2）加大非常规举升技术应用规模，有效降低一次性投资及运行成本

双驴头双井抽油机是把两台常规游梁抽油机组合一起，可以对两口油井同时采油作业，在其中一口油井下冲程不工作时，而另一口油井处在上冲程采油工作状态，把电动机非工作电流，应用到另一口油井上，理论上可节电 50%，实现了双井共用一台抽油设备，提高了设备和能源的利用率。在工作时利用两口油井互相平衡，可以随意调整工作参数，特别是当一口油井作业或停机时，可以作为单井抽油机对另一口油井单独工作，满足油田的采油要求。通过双驴头抽油机应用，可降低举升初期投资 20%，实际运行节电 30% 以

上。具体有以下特点。（1）采用伸缩游梁，当两口油井距离需要调整时，可以调整游梁的长度确定油井位置，当其中一口油井作业时可以把驴头缩回，另一口油井继续工作。（2）曲柄销中心可无级调整，当井距变化时可以保持抽油机冲程不变，可随意调整抽油机的冲程，当调整好冲程后可把曲柄销固定不动。（3）驴头曲率可弹性调整，随时可对悬点投影进行调整，当井距变化时需要改变驴头曲率半径，以保证悬点投影不变。（4）当两口油井同时工作时，两口油井的泵挂互相平衡，减速器齿轮无反向负荷，抽油机运行平稳，机械磨损小，延长整机工作寿命，电动机负荷更加合理，提高抽油机电能利用率。

表7-8 新立平台井免修期技术措施及应用效果统计表

类　　型		1号、2号平台小斜度井（20°左右）	1号、2号平台大斜度井（30°以上）
统计井数，d		17	12
井况条件	投产时间	2015年	2015年
	井斜，（°）	17~25	32~43
	井底位移，m	200~500	400~900
	泵挂，m	1180~1300	1250~1480
	泵挂垂深，m	1140~1240	1150~1250
	泵挂处井斜，（°）	11~23.5	28.5~42.4
	泵径，mm	38	38
技术路线	举升管柱，in	$2\frac{7}{8}$	$3\frac{1}{2}$
	防偏磨措施	合金接箍+内衬管	合金接箍+内衬管
	抽油杆级别	H	H
	最大载荷，kN	48.8~55.8	55.6~64.2
	机型	八型	八型
应用效果	载荷利用率，%	60~70	70~80
	检泵周期	作业以清检为主、无偏磨上修	作业以清检为主、无偏磨上修

3）通过防斜泵应用，基本消除了井斜对泵效影响

根据不同斜度井稳产期泵效统计，小斜度井泵效35%~50%，大斜度井泵效45%~55%（图7-28）。通过防斜泵的应用，解决了普通抽油泵阀球不易坐封从而影响泵效的问题。

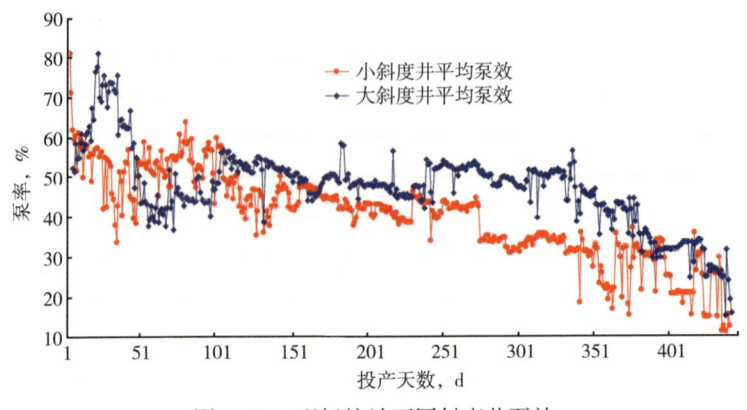

图7-28 现场统计不同斜度井泵效

4）大斜度井增加机型设计合理，现场实测载荷利用率较高

根据井斜不同，斜度井采用六型抽油机，大斜度井采用八型抽油机。通过整个生产周期的现场载荷统计，小斜度井载荷 40~55kN，载荷利用率 67%~92%，大斜度井载荷 55~65kN，载荷利用率 69%~81%。

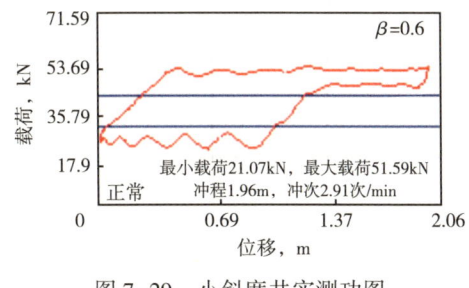

图 7-29　小斜度井实测功图
（泵挂 1220m、井斜 20°）

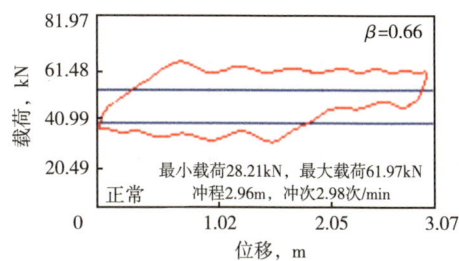

图 7-30　大斜度井实测功图
（泵挂 1480m、井斜 44°）

参 考 文 献

[1] 胡振峰，董世运，汪笑鹤，等. 面向装备再制造的纳米复合电刷镀技术的新发展 [J]. 中国表面工程，2010，23（1）：87-91.

[2] 梁秀兵，陈永雄，白金元，等. 自动化高速电弧喷涂技术再制造发动机曲轴 [J]. 中国表面工程，2010，23（2）：112-116.

[3] 宋建丽，李永堂，邓琦林，等. 激光熔覆成形技术的研究进展 [J]. 机械工程学报，2010，46（14）：29-39.

[4] 刘燕，梁秀兵，陈永雄，等. 面向再制造的电弧喷涂成形层热影响研究 // 第四届世界维修大会论文集 [C]，2008.

第八章　采油工程新材料与石油工程仿生技术

为了系统、全面地推动新材料、仿生学与石油工程的融合，实现石油装备和工具的跨越式发展，中国石油开展了新材料、仿生学在石油工程中的超前储备和应用技术研究，在遇水膨胀橡胶、形状记忆聚合物、可溶金属、仿生泡沫金属防砂、仿生膨胀锥、仿生振动波通信等方面取得了突破性进展。

第一节　遇水膨胀橡胶材料

遇水膨胀橡胶是在高吸水聚合物基础上相继开发的橡胶材料。橡胶主要由高度聚合的碳—氢链构成，通过物理共混法或化学接枝法在橡胶中填充高吸水聚合物或水溶性的聚氨酯来制备遇水膨胀橡胶。常见的吸水聚合物有淀粉/纤维素—丙烯接枝共聚物，聚乙烯醇交联物聚丙烯酸钠、聚丙烯酰胺、异丁烯—马来酸酐的交替共聚物等，这些吸水聚合物与橡胶共混，制得遇水膨胀橡胶。遇水接触时，水分子通过扩散、毛细及表面吸附等物理作用进入橡胶内，与橡胶中的亲水性基团形成极强的亲和力，亲水物质不断吸收水分，导致橡胶发生变形，发生膨胀。

温度对遇水膨胀橡胶的膨胀性能有很大影响。当温度低于某一高温值时，随着温度升高，橡胶分子运动加快，对吸水树脂的束缚力降低，导致吸水膨胀率增大，遇水膨胀橡胶的吸水速度提高；当温度高于某一高温值时，由于外界提供的能量增大，吸水树脂与水分子形成的氢键被削弱，链间疏水作用增强，水的流失率也在增大，吸水膨胀率随着温度的升高反而降低。该高温值由遇水膨胀橡胶本身的性质决定[1]。盐溶液离子强度和浓度对遇水膨胀橡胶的吸水速度及膨胀率也有一定影响。盐溶液的离子强度越高，吸水聚合物的吸水渗透压越低，导致遇水膨胀橡胶的吸水率越低，吸水速度越慢；盐溶液的浓度越高，离子强度越大，水分子在遇水膨胀橡胶中传递越难，膨胀率越低。相对于一价阳离子、二价阳离子的交联作用使交联密度提高，因此遇水膨胀橡胶在二价阳离子溶液中的膨胀率更低。

遇水膨胀橡胶是遇水膨胀封隔器的关键材料。遇水膨胀封隔器已用于油气井的压裂改造、控水增油。遇水膨胀封隔器关键密封部件采用遇水膨胀橡胶制成，通过吸收井内的地层水或完井液发生体积膨胀，从而实现密封。遇水膨胀封隔器无须地面操作即可实现封隔器坐封，胶筒膨胀率高，节省了施工时间，尤其适合不规则井眼和井径扩大率较大的井眼。

中国石油开发了 SZF 系列遇水自膨胀封隔器，现场试验表明，该封隔器满足了裸眼水平井完井工艺需求，与传统的机械式坐封封隔器相比，具有可靠性高、自动补偿环空间隙、适应性好、现场作业简便、成本低等优点[2]。

第二节 形状记忆聚合物材料

形状记忆聚合物（shape memory polymer，简称SMP）是一种特殊的高分子智能材料。这种材料具有保持临时形状的能力，在一定外界激励条件下，材料做出响应恢复到初始形状，表现出对初始形状的"记忆"性能。与记忆合金相比，SMP材料具有大变形（最大恢复应变超过400%）、低密度（1.0~1.3g/cm³）、转变温度可调（0~200℃）、加工性好（挤塑、注塑、模压等均适用）等优点。这种材料有望用于封隔器、桥塞胶筒和井下工具密封件。

SMP材料按照激励方式的不同可分为热致驱动型、电致驱动型、光致驱动型、磁致驱动型等。其中，热致驱动型为目前最常用的SMP材料，其形状记忆效应为提高材料温度至玻璃化转变温度（T_g）时，材料由玻璃态转变为高弹态，通过施加载荷使其改变形状；维持载荷不变而降低温度至常温，由于内部再次结晶，分子链被"冻结"其形状被固定下来；当温度再次升高至T_g以上时，材料又能恢复到原来的形状。

中国石油开发了一种形状记忆复合材料（shape memory polymer composites，简称SMPC），主要由具有形状记忆效应的纯SMP、增强相和中间弹性体组成[3,4]。选择炭黑颗粒作为SMPC的增强相，提高了SMPC的模量、恢复力和导热性，保证材料在井下苛刻环境中依然有较好的形状记忆效应。测试表明，SMPC比SMP在力学性能方面有显著提升，经过高温空气和液体试验后的SMPC材料硬度几乎无变化，拉伸强度比常温下降不超过12%和24%，扯断伸长率下降不超过22%和16%，低于石油工业标准的规定值。在模拟井中开展的记忆性能试验表明，低压对材料的恢复率影响很小，而当压力增大到一定程度时，形变恢复受到明显阻碍。延长时间可以显著提高恢复率，证明外界压力只是延缓了形变恢复速度，当时间足够长时，材料依然可以达到最终的形状恢复率。

第三节 可溶金属

可溶金属是近几年兴起的一种新型油气行业用金属材料，这种金属材料在特定条件下与井液以较快速度反应溶解，在低渗透油气储藏压裂改造方面具有广泛应用前景。采用可溶金属制造的井下工具，在施工作业完成后，可在井筒液体中产生物理或化学反应而快速消失，免除磨铣，大大降低作业风险和施工成本。

中国石油开发了系列可溶金属，研究了可溶金属的溶解特性和力学性能，并在油田现场进行了成功应用[5]。研究表明浸泡温度越高，可溶金属的溶解速率越快。温度对可溶金属的溶解速率和溶解产物的剥离速率有显著影响，当温度越高时，可溶金属的溶解速率越快，相同时间产生的溶解产物越多，溶解产物从可溶金属表面剥离的时间越短，从而试样的剩余质量就越小。

图8-1展示了一种可溶金属试样的形貌变化，其中（a）为原始形貌；（b）为试样在70℃的压裂液中浸泡5d后形貌，此时试样基本维持原始形状，表面覆盖白色固体溶解产物，并存在明显的腐蚀坑；（c）为试样在70℃的KCl溶液中浸泡5d后的形貌，试样体积明显减小，试样表面呈现多孔且不规则的腐蚀形貌，采用扫描电子显微镜观察试样表面为

疏松多孔结构。

（a）可溶金属试样
原始形貌

（b）试样在70℃的压裂液中
浸泡5d后形貌

（c）试样在70℃的0.5%KCl
溶液中浸泡5d后形貌

图8-1　可溶金属试样形貌变化

在压应力作用下可溶金属试样发生断裂，断口与正应力呈45°角，试样有镦粗现象，显示出较好的塑性；在断口上呈现出光亮的穿晶小亮面（解理面），它往往是晶体内原子排列密度较大的晶面，因这类晶面间结合力较差，所以容易沿该面劈开［图8-2（a）］。通过扫描电子显微镜断口分析，断口有大量韧窝存在，这些韧窝在剪切应力作用下被拉长呈现出许多台阶，裂纹表现为穿晶和沿晶混合断裂，整个断口具有韧脆混合断裂特征［图8-2（b）］。

（a）压缩断裂后宏观形貌

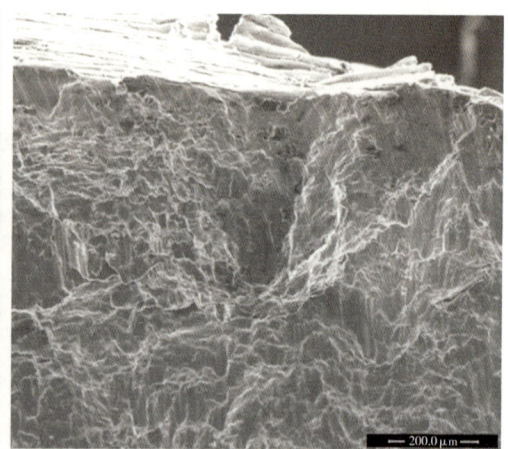
（b）断口的扫描电子显微图像

图8-2　可溶金属试样断裂形貌

第四节　仿生泡沫金属防砂技术

我国疏松砂岩油藏分布范围广、储量大，开采过程中油井易出砂，油井严重出砂会导致油井停产甚至报废，因此必须采取防砂措施。目前常规的割缝衬管、绕丝筛管、砾石填充等防砂工艺存在易砂堵砂埋、清理困难、寿命短、无法反洗等问题。因此，根据骨松质的三维立体结构，提出了一种仿生泡沫金属防砂技术。

泡沫金属由最初的泡沫镍发展到目前的泡沫不锈钢，其具有以下结构特点：质轻、相对密度小。泡沫不锈钢是金属和气体的混合物，相对密度仅为同体积钢的 $1/10 \sim 3/5$；孔隙率可控，孔隙率及孔径可根据制造条件及选择的方法进行控制，一般泡沫不锈钢的孔隙率在 $10\% \sim 90\%$；比表面积大，泡沫不锈钢的比表面积可达到 $10 \sim 40\text{cm}^2/\text{cm}^3$；孔径范围较大，通过工艺控制，可获得的孔径范围在微米级至厘米级之间。

泡沫不锈钢的力学性能主要取决于它的密度。在泡沫不锈钢内部存在许多的孔洞，通常用孔隙率、孔隙尺寸、孔的均匀性、孔的连通性及封闭性等来体现泡沫不锈钢的密度。当密度减小时，泡沫不锈钢的力学性能将急速下降，泡沫不锈钢的抗拉强度、弹性模量、屈服应力随孔隙率的增大而呈指数函数降低。泡沫不锈钢具有好的流通及渗透性能，且随孔径的增大而增大，但同时也受表面粗糙度和闭孔数目的影响，只有具有开孔结构的泡沫不锈钢才具有高的通透性。

仿生泡沫金属复合防砂筛管（图8-3）是以钻孔基管为支撑，以导流层/泡沫金属防砂层/表层防砂层为中间复合层，以冲孔保护网为保护罩，共7层的复合防砂结构，实现平面防砂到三维立体防砂结构的转变，具有渗流能力强、结构强度高的特点[7]。

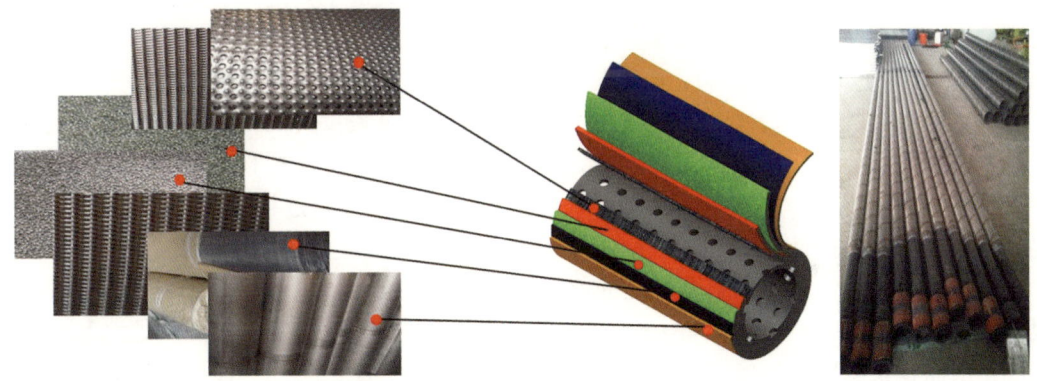

图8-3　仿生泡沫金属复合防砂管

仿生泡沫金属复合防砂筛管的关键是泡沫金属防砂层，泡沫金属内部为三维孔隙结构[8]［图8-4（a）］，砂体进入孔隙后沉积在其中，由于孔隙结构的三维特点，流通孔道不会被堵死，实现了常规平面防砂到三维立体防砂的转变［图8-4（b）］。

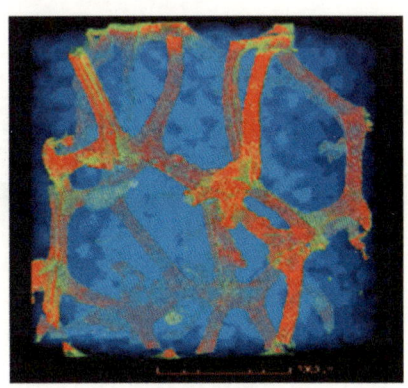

（a）泡沫金属实物图　　　　　　　　　（b）泡沫金属容砂Micro XCT

图8-4　泡沫金属复合防砂筛管

东部某井出砂非常严重，泵下挂防砂管柱，以往几次卡停都发生在换泵后 10d 左右，于 2012 年 9 月 1 日下入泡沫金属防砂管，2012 年 9 月 26 日，该井发生憋压情况，28 日将管柱起出，现场检测产出物泥质含量较高，油泥集中在表层防护层与外层冲孔保护罩之间的孔道，但内层泡沫金属依然具有较好的流通能力，防砂周期有所延长。

东北某水平气井分 5 层，出砂粒径中值 0.15mm，出砂较为严重，采用泡沫金属复合防砂管柱，使用 8 个月后起出，防砂效果良好。

第五节　仿生膨胀锥技术

膨胀管技术通过液力或机械的方法驱动膨胀锥使膨胀管发生永久塑性变形，从而完成修井、完井等作业全过程，其应用范围包括修补损坏的套管、开采深水油藏、延伸老井开采更深的油层、侧钻及多种类型油井建井等，对于解决复杂地层问题、套管补救等有良好效果。膨胀管在膨胀过程中发生金属冷变形，要求材料具有足够的强度及良好的塑性、冲击韧性、耐腐蚀和磨损性能。膨胀锥是膨胀管技术中的关键工具之一，膨胀锥在作业时将受到很大的界面应力，要求工具具有足够的强度、耐冲击性、耐磨损及耐腐蚀性等，膨胀锥的材质、形状、表面状态等因素对施工压力和作业质量等有重要影响[9]。

提高膨胀锥的耐磨损性能，对提高膨胀锥的寿命有至关重要的作用。自然界中的穿山甲具有坚硬的鳞片，在凿洞过程中坚硬的鳞片可以保护身体免受损伤，基于这种原理，如果在膨胀锥表面制备一层坚硬的涂层，来模拟穿山甲的鳞片，这样就能保护膨胀锥基体，提高膨胀锥的耐磨损性能。

在不改变膨胀锥基体材料和性能的前提下，在膨胀锥变径段和保径段表面设置硬质涂层减摩材料（图 8-5），可起到两方面的作用：第一，提高膨胀锥工作面的硬度和耐磨损性能，从而延长膨胀锥的使用寿命，增加膨胀管的打压长度；第二，硬质涂层有效隔离膨胀锥钢基体与膨胀管钢材的直接接触，避免了因摩擦产生局部高温导致的材料熔合，同时硬质涂层材料摩擦系数较低，达到降低摩擦阻力，提高耐磨的性能[10]。

图 8-5　仿生膨胀锥实物图及膨胀锥涂层区域扫描电镜图

采用显微硬度计测试了硬质涂层表面以及膨胀锥基体表面的维氏硬度（图 8-6），可以看出，仿生膨胀锥表面的压痕明显小于无涂层膨胀锥表面的压痕，说明硬质涂层抵抗外界硬物压入其表面的能力更强，硬度更高。经过计算仿生膨胀锥和普通膨胀锥的表面硬度分别为 1190 HV 和 741 HV，仿生膨胀锥表面硬度比普通膨胀锥提高了约 60%。

（a）普通膨胀锥 　　　　　　　（b）仿生膨胀锥

图 8-6　膨胀锥压痕形貌

　　仿生膨胀锥在多个油田进行了应用，主要用于修补井下损坏套管，膨胀锥在作业过程中表现良好，均成功完成套损段的修补。图 8-7 为现场应用 4 口井后仿生膨胀锥的实物图，该膨胀锥累计修复补贴长度 22 m，从图中可以看出，硬质涂层与膨胀锥基体结合良好，无脱落发生，局部放大图显示涂层完好，表面无明显磨损或刮伤现象。仿生膨胀锥具有良好的耐磨损性能，提高了作业施工可靠性，用于长井段的膨胀管补贴作业时更有优势。

图 8-7　现场试验后膨胀锥表面形貌

第六节　仿生振动波通信技术

　　通信是实现井下控制，实现采油工程由机械化向自动化、智能化方向发展的前提。目前广泛应用的多层多段压裂技术、分层注水技术、分层采油技术、油藏动态监测技术等，都离不开地面对井下的控制和通信。地面对井下控制的实现也经历了由油管（杆）直接控制、液压管线控制、投球控制、电缆和光缆控制、压力波控制、电子投球控制等发展阶段，这些控制和通信方式都在一定范围内得到了应用，但普遍存在着作业成本高、传输速率低、应用环境受限制等问题，有些场合甚至难以实现，无法满足现代油藏开采的需求，迫切需要开发新的通信和控制方式，以降低生产成本、提高生产效率，并实现井下信息的动态监测和传输。

　　油套管是油水井都具备的资源，且钢材具有对振动波衰减小、介质连续的优势，是良好的信息传输载体，因此，模仿动物如沙蝎、大象等利用振动波传输信息的方式，以油管

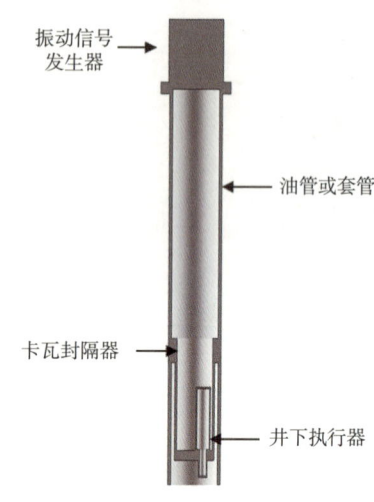

图 8-8　仿生振动波通信技术示意图

或套管作为传输介质，振动波为载波实现地面对井下的通信和控制，研发了一种仿生振动通信技术，相比于传统的通信技术具有投入小、成本低、速率高、传输距离远、管柱结构简单等诸多优点。

振动波通信是以振动信号发生器为波源，油管或套管为传输介质，振动波为载波，MEMS 为信号接收传感器，实现地面与井下信号传输的通信方法，如图8-8所示。其关键技术包括：振动信号发生器技术、信号调制与解调技术、信号编码技术以及井下信号接收与处理技术等[11]。

在振动波传输过程中，由于传输介质不是均一介质（管柱的长度和截面直径不同），从而导致振动波的传输频率并非连续的，经过分析测试，振动波在管柱中传播呈现通断特性，这是由于管柱长度和截面不断变化从而导致通断频率偏移发生偏移。

通过测试 2⅜~4in 油管通带频率范围，得出了 6 个频率宽度（表8-1）。

表 8-1　常用油管的通带计算

油管尺寸，in	通带 1 频率范围，Hz	通带 2 频率范围，Hz	通带 3 频率范围，Hz	通带 4 频率范围，Hz	通带 5 频率范围，Hz	通带 6 频率范围，Hz
2⅜	1~255	300~511	599~767	898~1023	1197~1279	1497~1535
2⅞	1~253	300~507	599~761	898~1015	1197~1270	1496~1524
3½	1~252	299~505	598~758	897~1012	1197~1265	1495~1519
4	1~252	299~505	598~759	897~1012	1196~1266	1494~1519

地面试验检验了振动波在油管中的传输特性，采用 3½in100m 管线，如图8-9 所示，试验表明输入力为4750N，频率为100Hz 时，信号增强约 5.5dB，频率为300Hz 时，衰减约为 5dB，证实了通过管柱实现振动波信号通信是可行的。

图 8-9　振动波地面实验

参 考 文 献

［1］ 马兰荣，王德国，韩峰，等．遇水膨胀封隔器关键技术研究 ［J］．石油钻探技术，2014（42）：27-31.

［2］ 沈泽俊，高向前，童征，等．遇水自膨胀封隔器在裸眼水平井完井中的应用 ［J］．石油矿场机械，2012（3）：740-744.

［3］ 童征，裴晓含，沈泽俊，等．橡胶基增强型热致形状记忆复合材料体系 ［J］．石油勘探与开发，2016，43（6）：1005-1013.

［4］ LIU H, SHI B R, ZHENG L C, et al. Prospects of Using Bionic Technologies in Oil/Gas Development ［J］. Applied Mechanics and Materials, 2013, 461：524-530.

［5］ 裴晓含，魏松波，石白茹，等．投球滑套分段压裂用可分解可溶球研制及应用 ［J］．石油勘探与开发，2014，41（6）：805-809.

［6］ 刘合，杨清海，裴晓含，等．石油工程仿生学应用现状及展望 ［J］．石油学报，2016，37（2）：273-279.

［7］ PEI X H, SHI B R, CHEN L, et al. Metal Foam Sand Control Screen ［R］. SPE 165829, 2013.

［8］ JIN X, SHI B R, ZHENG L C, et al. Bio-inspired Multifunctional Metallic Foams Through the Fusion of Different Biological Solutions ［J］. Advanced Functional Materials, 2014, 24（18）：2721-2726.

［9］ SHI B R, PEI X H, WEI S B, et al. Application of Bionic Non-smooth Theory in Solid Expandable Tubular Technology ［J］. Applied Mechanics and Materials, 2014, 461：476-481.

［10］ 魏松波，裴晓含，石白茹，等．硬质涂层膨胀锥减摩耐磨性能 ［J］．石油勘探与开发，2016，43（2）：297-302.

［11］ ZHENG L C, SUN F C, PEI X H, et al. Vibration Wave Communication-realise Remote Control for Zonal Production ［R］. SPE 171442, 2014.

第九章　采油工程技术发展趋势

采油工程技术伴随油气开发的整个生命周期，涵盖采油、注水、生产测试、修井、防砂、储层改造、堵水调剖等专业领域，是实现油气资源高效开发的核心。全面提升采油工程技术与装备水平，提高关键装备仪器研制能力，将已发现的资源经济有效地动用起来，提高油田的采收率，降低作业成本，提高开发效率，是解决我国资源供需矛盾的重要途径。以核心关键技术突破带动采油工程技术的整体协同发展，实现油田开发的数字化、智能化，为老油田高效开发和可持续发展提供技术手段，为国家油气能源安全保驾护航。

一、发展新型注采技术，厘清注采关系，提高开发效率

开展新一代分层注采开发技术研究，一是研究阀控分层注采技术，实现分层流量自动调整，减少后期测调工作量。二是在注入端发展以办公室为控制中心、水间为中继站、井下仪器为执行终端的集约化控制分层注水系统，以优化注水压力、降低综合成本，实现分层注水的自动化、智能化；在采出端实现井下分层段计量、产液量自动调整、信号无线上传、实现与举升一体化和远程控制，进而厘清注采关系，实现油藏开发方案的动态优化和调整，为数字化油田建设奠定基础。探索分层注气开发工艺，为老油田开发储备新技术，实现低渗透油气资源的高效开发，进一步提高资源采收率。

二、发展压裂和深部调驱新技术，提高采收率

在水力压裂方面，主要工作是研究新型压裂工艺和工具，提高裂缝监测能力，力求形成立体的裂缝网络系统，提高压裂效率和综合效益，降低压裂作业成本。开发低伤害清洁压裂液体系，加大分段改造级数和改造规模，加强深井、超深井增产改造技术研究，优化排采、监测等配套技术，逐渐实现非常规资源的规模有效开发。开展无水压裂技术的研究与应用，节约水资源、减小地下水污染。

在深部调驱方面，在理念上将从储层深部水驱方向的调整发展到整个注采流场的流动控制，以更精准适度地驱动剩余油，提高采收率；在化学剂上将进一步提高耐温耐盐性能、降低成本；在方法上将进一步优化组合应用不同类型化学剂，充分发挥不同类型调驱剂的性能特点，提高对油层中的高渗透带及注水优势通道的封堵精度和驱替效果，提高注水井深部调驱效果，延长有效期。

三、研究新型采油技术，实现降本增效

随着油藏品质的劣质化和开发方式的转变，新型人工举升技术成为降本增效的重要手段。在常规举升方面，针对特殊井、深井、超深井和稠油开发，研发经济可靠的长冲程、自动化抽油技术；提升潜油螺杆泵等无杆举升技术的可靠性和经济性，延长检泵周期；举升工艺与移动终端、油田网络深度融合，使采油工程的设计和管理从单井优化向区块优

化、油田优化转变，进而实现对油田采油工程的全寿命管理和优化。

四、设计新型油田开发管理模式，推进数字化、智能化油田建设

打造"全面感知、自动操控、预测趋势、优化决策"的"数字化智能油田"。以新型传感技术为信息感知手段，电控化、信息化注采装备为执行终端，可实现对油藏、地面装备技术参数的实时监测和注采参数的自动调整，借助互联网、数据挖掘技术，实现油藏开发方案的动态优化，建设数字化、智能化油田，大幅降低油田开发和管理成本。

五、新兴学科与能源学科交叉融合创新，为石油工业可持续发展储备新型技术

新兴学科与能源学科的交叉融合将是未来能源科技创新的有效路径。以纳米材料、仿生技术、大数据、云计算、人工智能为代表的新一代技术，与能源学科的交叉与融合创新正展示出跨越性、变革性、颠覆性的巨大能量，既为能源工业的转型发展提供了巨大机遇，也对能源工业的未来发展产生更加强烈、更趋深远的影响。